実験医学別冊

脂質解析ハンドブック

脂質分子の正しい理解と取扱い・データ取得の技術

編集／新井洋由，清水孝雄，横山信治

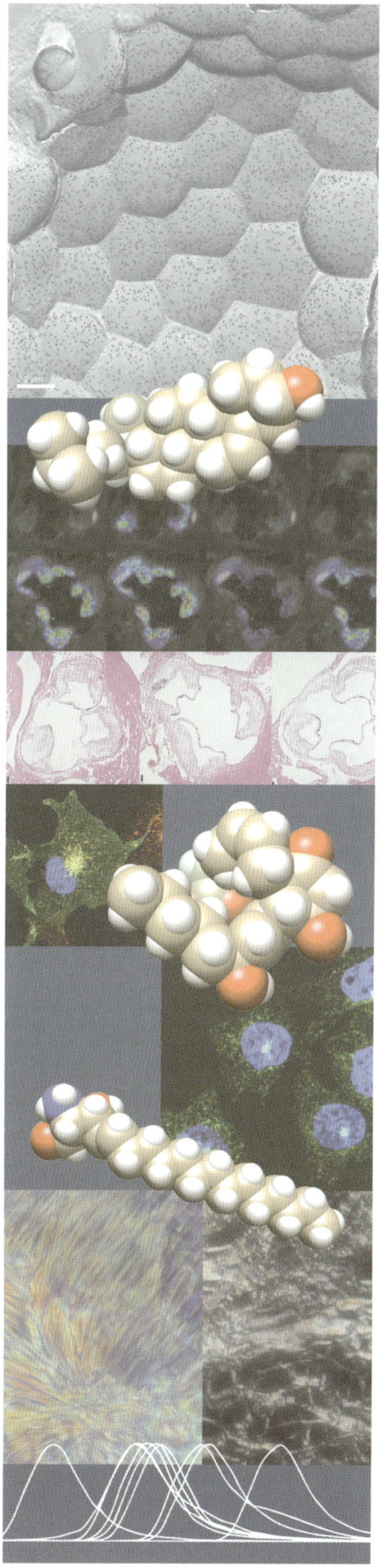

羊土社
YODOSHA

序

脂質とは何か．生化学の教科書における伝統的定義は「水に溶けず有機溶媒に溶ける生体分子」である．しかし，水に溶けないタンパク質や炭水化物は存在するし，水溶性として取り扱うべき脂質分子も存在する．そもそも，有機溶媒の定義も曖昧である．構造的には長鎖の炭化水素鎖をもつ生体分子ともも定義されるが「長鎖」の定義は恣意的でありステロール骨格には当てはまらない．つまり脂質は漠然とは定義されるが厳密には定義できない．分枝構造を含む（中長鎖）炭化水素鎖およびその派生構造をもつ生体分子，とでも定義すべきであろうか．

伝統的古典的脂質研究は，他の分野と同様に分子の構造の同定と代謝の解析であり，それは「水に溶けない物質」を相手の悪戦苦闘であって「脂質の古典的定義」の呪縛の中での格闘であったといえる．そしてそれは他の分野の研究者にとって超えがたい障壁と見えたかもしれない．しかし，細胞生物学・分子生物学の飛躍的展開と研究技術・研究環境の劇的な進歩と変化による生命科学の近代化とパラダイムシフトにより，今や「脂質研究」は特異な技術を基盤とする分野ではなく，ボーダーレスな生命科学の研究の展開の中でもはや障壁は感じられないように見える．多くの異分野の研究者が参入し，脂質研究は飛躍的な発展を遂げつつある．今後もこうした方向での研究の進歩は加速度的に進み，大きな成果をあげるであろうことに疑いはない．

しかしながら，忘れてならないのは，水を媒体に成立している生命における「水に溶けない分子」という脂質の存在の基本的命題である．ボーダーレスな生命科学の研究技術の適用がこうした対象に無定見に適用されることによる思わぬ落とし穴に気づかない危険が常に存在するのである．こうした視点に立ち，本書では，脂質研究における基本的問題について，その考え方から具体的技術的課題までを，新たに脂質研究に踏み込もうとする研究者への指針として，また脂質分野で活躍する研究者にはこの分野の原点を改めて確認する指標として，整理したいと考えた．

生命とは，宇宙の大法則の一つである「熱力学第二法則」に逆らい外部環境とは独立した生命体内部の複雑膨大で秩序だった物理と化学の反応体系を維持する努力である．個々の生命体は，そのための「エネルギー需要」を賄い，この体系を成立させている環境における酸化や宇宙線・紫外線，自然化学物質による生体物質の劣化を防ぐ「部品交換」のため，その材料・資源を「栄養」として体外より調達する．地球上のさまざまな生物は，長い年月をかけこうした生命維持に必要な物質「栄養素」を使い回すシステム，そして多様な生物がそれぞれ「分際」をわきまえ，皆で資源を共有ながら安定して暮らす「生態系」を作りあげてきた．しかし，個々の生命体が「熱力学第二法則」に逆らって永遠に存続するには無理がある．これを解決するために，「生殖」によるコピー個体の再生産を行うことで種としての存続を可能にしてきた．その再生産の設計図を遺伝子というdigital情報にして劣化を防ぎ，しかも設計図のコピー時に適度な「誤記」の機会を紛れ込ますことで常に環境の変化に適応できる可能性のある変異体を生み出す「進化」の機構まで組み込んだのである．

こうした生命体個体の基本的要素は，①外部環境から相対的に独立した反応体系の場，における②水を媒体とした反応体系の集合，である．この場合，外部環境も内部環境も水を媒体としており，内部環境を外部から独立して維持するには水に溶けない隔壁が必要である．この条件を満たす隔壁として柔軟で可塑性に富む構造によりその機能を果たすため，強い両親媒性・界面活性をもつ小分子の二重層をなす分子集合体の構造が選択された．つまり脂質分子の生命における最も基本的役割は，疎水性の炭化水素鎖を有する脂肪酸分子を基本構造としたリン脂質などによる細胞膜の構築である．これに加えて，脂肪酸分子はその炭化水素鎖のなかに効率よくエネルギーを蓄えることができることから，余剰のエネルギーの貯蔵にも利用されることになる．こうして脂質は生物にとって利用価値の高い生体分子となったといえる．生命が多細胞生物に進化するなかで，脂質にさらに分子特異的な第三の機能の派生をもたらした．半水溶性の脂質分子の特異的な「生理活性脂質」の機能の獲得である．細胞内のあるいは細胞間の情報伝達分子群であり，これらの多くはそれぞれの特異的な作用により動物個体の生命維持における高度な植物生理機能の制御にかかわるが，一部は中枢・末梢の神経系機能など動物生理機能の調節にもかかわる．

生命科学における脂質のこうした位置づけを土台として，その研究の基本的視点と技術的背景や限界を理解し，新たな研究に踏み込む上で，本書が多少なりともお役に立てることを願う．脂質の具体的な解析法を扱う第II部の各項目では，それぞれについて陥りがちな誤りや犯しがちな失敗をボックスや注釈などのかたちで示すことを試みた．初学者はもちろん，経験ある研究者の方々にも是非ご覧いただき，日頃行っている実験手技を見直す機会としていただけると幸いである．

内容に関しては，編者が一同に会する複数回の編集会議において各原稿を検討・議論し万全を期したが，なお不確かな部分や今後の研究の進展により変更すべき箇所もあるかもしれない．こうした点についての適宜の訂正やアップデートのためには，読者の皆様からの忌憚のないご批判ご助言を是非お願いしたい（正誤表・更新情報については，羊土社のウェブサイトにてご確認いただきたい）．

2019年7月

編者を代表して
横山信治

実験医学別冊

脂質解析ハンドブック

脂質分子の正しい理解と取扱い・データ取得の技術

目 次

第Ⅱ部　解析編

脂質の基本的な取扱い

サンプルごとの取扱い・処理の違い

脂質の抽出と分画

脂質を解析する技術

Technical Tips

カバー画像解説

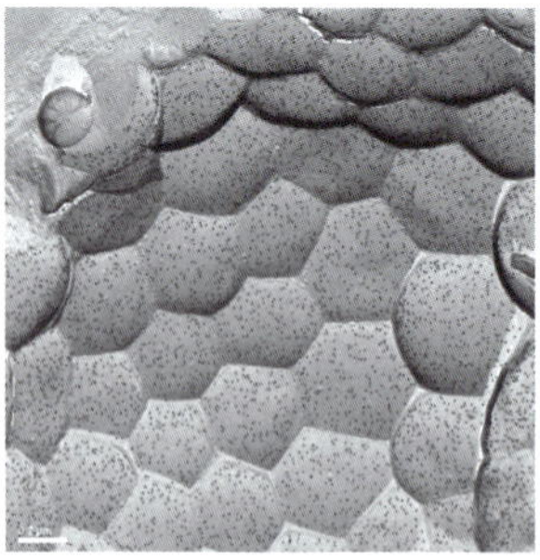

凍結割断レプリカ標識法による
イノシトール3リン酸の標識
本書Ⅱ-16（266ページ図5）参照

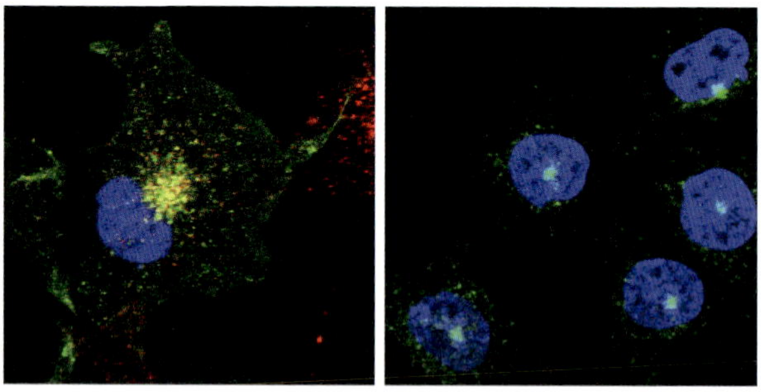

ホスファチジルセリン（PS）の可視化
画像提供：田口友彦先生（本書Ⅱ-15参照）

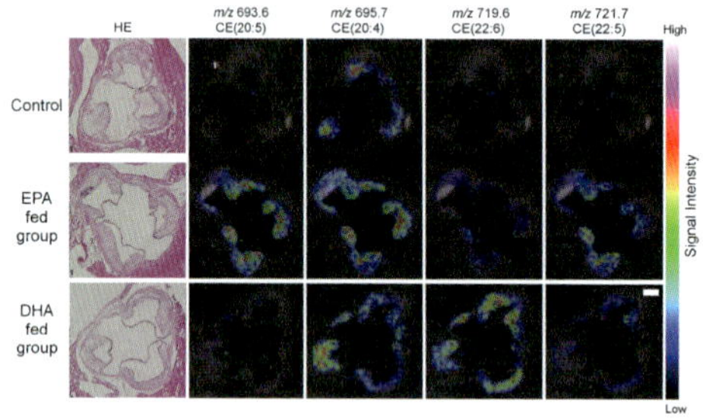

イメージングMS
画像提供：佐藤智仁先生（本書Ⅱ-17参照）

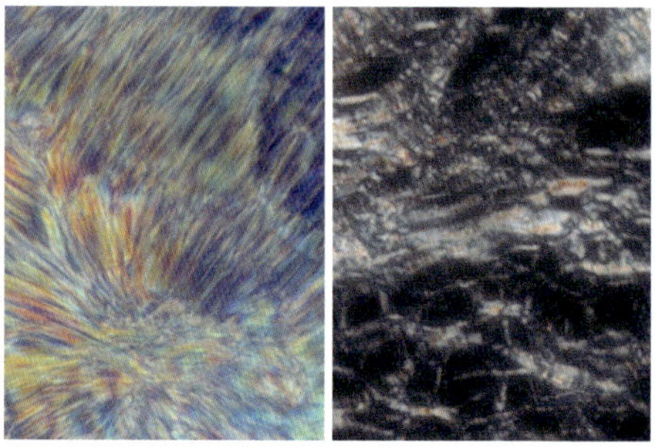

偏光顕微鏡による脂質の評価
本書Ⅰ-3（42ページ図5）参照

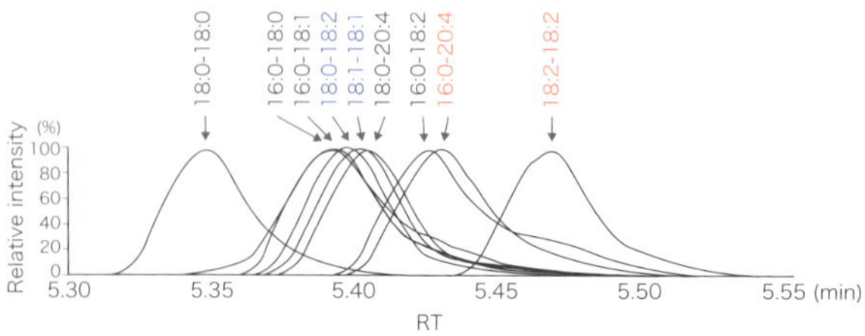

MRMトランジションによるPC分子種の分離
本書Ⅱ-12（221ページ図8）参照

第Ⅰ部
基礎知識編

1 脂質研究の魅力とリスク

清水孝雄

脂質研究は重要でかつチャレンジングな課題である．生命の誕生には最小単位としての細胞の誕生が必須で，閉じた空間を作るには，脂質による二重膜が必要であった．**脂質は生命の源であるだけでなく，生命の質を調節している**．実際，膜脂質合成酵素の変異マウスは胎仔致死を含む重篤な症状を呈する．ヒトでも脂質の代謝異常や受容体異常はさまざまな疾患（がん，炎症，免疫疾患，精神神経疾患，動脈硬化，肥満，生活習慣病など）に結びついている．ペプチドやタンパク質性因子と異なり，ゲノムの配列からは脂質の構造は推定できない．抽出やクロマトグラフィーを用いて単離精製する生化学的技術と，また，その構造の解析に必要な機器（質量分析計，核磁気共鳴装置（NMR），X線解析装置，原子間力顕微鏡，ラマン顕微鏡など）の開発と使いこなしが重要である．**脂質は魅力的な研究分野だが，しっかりした技術，手法を身につけないと誤りやアーチファクトが生ずる**．具体的には，購入した化合物の純度，保存や前処理中の変化，水溶液中での不均一性，界面活性作用による非特異的反応などである．このため，インパクトの高い雑誌に投稿された論文でもとり下げられた論文，あるいは追試の効かない論文も多数存在する．本稿では，脂質研究の魅力とともに，リスクについても概説する．

脂質の定義

脂質の定義は難しい．生物由来の分子であり，一般に水に溶けにくく，有機溶媒で抽出できるものの総称としてよばれてきた．しかし，水に良く溶け，逆に条件次第ではクロロホルムなどの有機溶媒に溶け難い分子もある．短鎖脂肪酸，リゾリン脂質，ペプチド性ロイコトリエン，スフィンゴシン1リン酸などはその例である．したがって，一般的定義を述べるより，脂肪酸誘導体，ステロール，プレノール，グリセロ脂質，トリグリセリド，グリセロリン脂質，スフィンゴリン脂質，スフィンゴ糖脂質，グリセロ糖脂質など具体的な名前をあげた方がわかりやすい．全体としては炭化水素を中心にした分子量100～1,000程度の疎水性分子であり，窒素原子，水酸基，リン酸基などを含む構造体である．

脂質の四大生理機能

生体内で脂質はさまざまな機能を営んでいる．大きく分けると，①生体膜成分，②効率的エネルギー貯蔵源，③シグナル伝達，そして④生体バリア機能と分けることができる[1)].

1. 生体膜成分

脂質のうち，グリセロリン脂質，コレステロール，スフィンゴ脂質などは両親媒性である．すなわち，一つの分子が疎水性部分と親水性部分の双方をもつということである．これが細胞膜の脂質二重膜を作るのに非常に便利であったことは言うまでもない．詳細は次節で述べる．

2. 効率良いエネルギー貯蔵源

栄養学の講義で，炭水化物が完全燃焼すると4キロカロリー/g，これに対して脂質は9キロカロリーと，同じ重量で脂質が効率的なエネルギー源と習った．実際，ほぼ同じ分子量をもつグルコース（$M_r = 180$）とラウリン酸（C12：0, $M_r = 200$）が完全にβ酸化を受けたときのエネルギー放出をATP換算で比較するとグルコースは約34個，脂肪酸は約100個できるという違いがある．さらに脂質は疎水性のため，細胞内でも水を弾き，相互に疎水結合し体積を小さくする性質があるため，エネルギーの貯蔵源としては理想的と言えよう．実際，氷河期，食物の少ない時期に，比較的，華奢でエネルギーを脂肪の形で蓄えることが出来，また，免疫能力に優れていた「ホモ・サピエンス」が生存に成功したと言われている[2)].

脂肪を蓄えるホモ・サピエンスの性質は，動きの少ない飽食の現代に肥満や生活習慣病を生んでいる．これと関連して興味深いのは，胎児期に栄養状態が悪いと（母親の過度のダイエットなど），出生後，過食により生活習慣病を起こしやすいという一連の疫学研究である（fetal origins of adult diseases：FOAD）[3)]．胎生期だけでなく，乳児～幼児の生活環境が成人後の健康に影響を与えることをDOHaD（Developmental Origins of Health and Disease）仮説とよぶ．

3. シグナル伝達での脂質の役割

シグナル伝達は細胞間の伝達と細胞内伝達に大きく分けることができる．細胞間のシグナル伝達にかかわり，主としてGタンパク質共役型受容体（GPCR）を標的とする一連の脂溶性化合物群を「生理活性脂質」とよび，プロスタグランジン，血小板活性化因子，リゾホスファチジン酸（LPA）などがこれにあたる（Ⅰ-7参照）．また，核内受容体を標的とするホルモン様の分子として各種のステロイドホルモン，また，ビタミンA, Dなどがある．ビタミンKの作用はγカルボキシラーゼの補助因子であり，血液凝固や骨形成に重要な役割を果たしている．ビタミンEは抗酸化作用が有名である．

細胞内の情報伝達においても脂溶性分子は重要な役割を果たしている．細胞外からのさまざまな刺激（GPCR経由，チロシンキナーゼ型受容体経由）に反応し，イノシトールリン脂質代謝が起こる．ここで生じた各種のイノシトールリン脂質はAKT, mTORなどの活性化に関連し，ホスホリパーゼCの働きで作られたジアシルグリセロールは，Cキナーゼ（PKC）の活性化を，また，イノシトール3リン酸（IP_3）は細胞内カルシウム動態に重要な役割を果たしている．スフィンゴミエリナーゼの活性化によって生じたセラミドとそのリン酸化体は細胞死などのシグナルをも担っている．

また，脂質，特にパルミチン酸，イソプレノイドなどはタンパク質の翻訳後修飾に重要で，細胞膜受容体やRasタンパク質などの細胞質ドメインを膜に組込む働きをしている．28 merペプチド性リガンドに脂肪酸（オクタン酸）を結合して，生物活性が生ずるグレリンのような脂質結合型生理活性ペプチドも存在する[4]．

4. バリア機能

1から**3**が脂質の「三大機能」と言われるものであるが，**新たに第4の機能として「バリア機能」が北海道大学の木原，東京大学の村上などから提唱されている**[5]．それは主として皮膚に存在するアシルセラミドのもつ，水を弾く撥水性に注目したものである．単に水を通さないだけでなく，病原体や抗原などを通しにくい性質をもっているため，この機能が弱くなると，さまざまな皮膚疾患の原因となる．例えば，トリグリセリドに含まれるリノール酸をセラミド，あるいは糖化セラミドに転移する酵素（PNPLA1）や，ω末端に水酸基を導入するCyp4F22などを遺伝的に欠損した患者は魚鱗癬の症状を引き起こし，遺伝子欠損マウスでも同じ表現型が得られている．各種のアレルギー性皮膚疾患，乾癬などとの関連も注目されている．この他，古くから知られていることだが，中枢神経に存在する糖脂質，プラズマローゲン等は軸索鞘の主成分であり，神経伝達における絶縁効果と有髄線維のもつ跳躍刺激伝導に重要である．さらに，皮下脂肪には低温や電気から身体を守る絶縁体の作用がある．電気を通しにくい性質を用いて，体脂肪率の簡易推定もできる．肺胞内に存在するサーファクタント脂質（図1）は，基本的には表面張力を低下させ，肺胞の虚脱を防いでいるが，同時に空気中の病原体や異物の侵入も抑えており，広い意味のバリア機能と言って良いかもしれない．サーファクタント脂質の中でもホスファチジルグリセロールにこの作用が強い．このように，さまざまな脂質分子はさまざまなバリア機能をもっていると考えられる．

脂質は生命の源である

脂質分子のあるもの（コレステロール，グリセロリン脂質，スフィンゴリン脂質など）は両親媒性（分子内に極性基と疎水基をもつこと）であり，この性質はコンパクトな脂質二重膜を形成するのに好都合である．脂質二重膜は通常は水溶性分子や水を通さないので，細胞膜という外界からの隔壁を作るには好都合である（図2）．転写，複製や触媒の起源はRNAと言われているが，大海の中で，生命体の誕生にはその単位である細胞の出現が必須であった．実際，カビ，細菌から高等動物に至るまで脂質二重膜はすべての種で同じ原理で作られており，閉ざされた環境の中で，複製し，代謝によりATPを合成し，細胞が動い

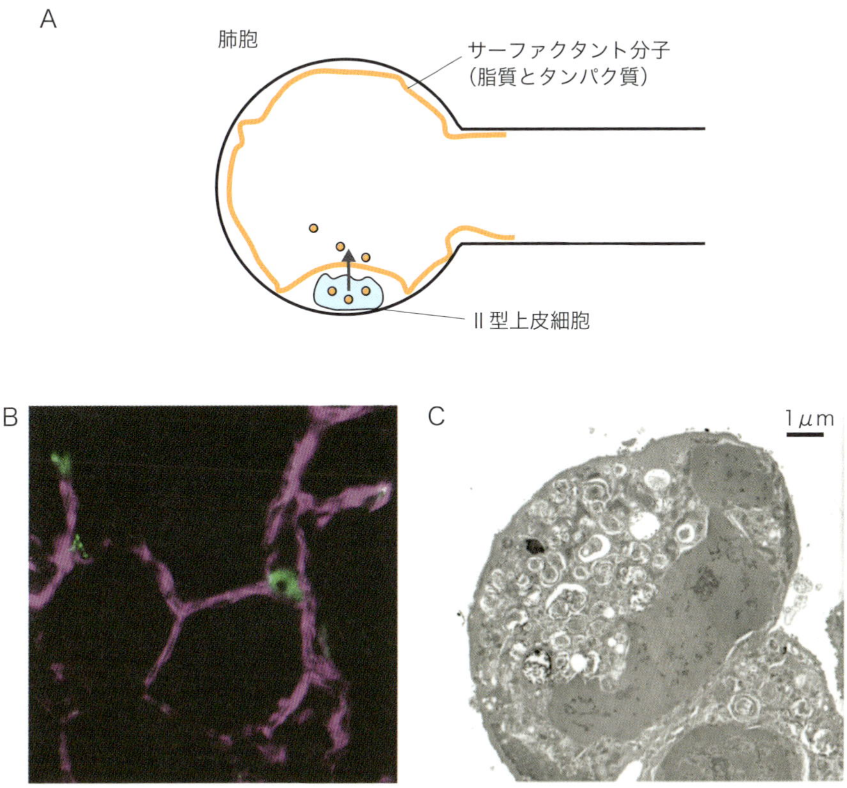

図1　肺サーファクタント脂質の生成と放出

A）肺胞の模式図．II型上皮細胞が分泌するサーファクタント脂質により表面張力が低下する．B）免疫組織染色：肺胞II型上皮細胞にLPCAT1遺伝子（グリーン）が見える．マジェンタはI型細胞．C）電子顕微鏡：II型上皮細胞のラメラ小体にサーファクタント脂質が蓄えられ，肺胞に放出される（諏訪部，清水ら）．

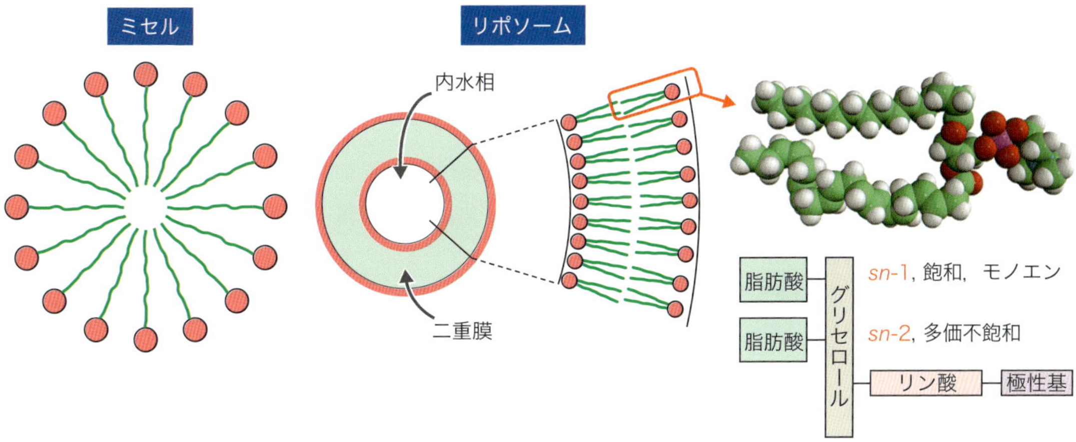

図2　両親媒性脂質分子によるミセルとリポソーム

言うまでもなく，リポソームは細胞膜の原型である．両親媒性のグリセロリン脂質は拡大するとグリセロール骨格*sn*-1位と*sn*-2位には異なる脂肪酸種が蓄積している．これが膜リン脂質の多様性と非対称性を形成している．

たり，変形したり，別の細胞とコミュニケーションをするには脂質二重膜が重要な役割を担っている．生命に必須である生体膜脂質，これは高等生物になるにつれ，多様化していく．例えば二重膜を作るだけなら，グリセロリン脂質やステロールなど1～2種類でも原理的には可能であり，**実際，細菌などの原核生物はホスファチジルコリンをもたず，ホスファチジルエタノールアミン，ホスファチジルグリセロールとカルジオリピンが主成分である．**その代わりにこれらに結合する脂肪酸は多様である．分裂酵母をはじめとする真核生物は生合成経路は異なるが，少なくとも6種類の極性基（エタノールアミン，コリン，セリン，イノシトール，グリセロール，カルジオリピン）を持つグリセロリン脂質を有するという点で共通している．大まかに言えば，極性基では真核生物がより多様性をもち，細胞間のコミュニケーションやオルガネラ形成を可能にしており，原核生物ではペプチドグリカンやリポ多糖を含む細胞壁に加え，分枝鎖，水酸基，環状基など多様な脂肪酸種を含む細胞膜リン脂質があり，温度変化や環境変化に順応していると言えよう．生体膜の多様性の生成原理と生物学的意味については，原山らの総説が優れている[6]．

脂質は代謝的，化学的に不安定である

脂質の多くは化学的に不安定である．光や酸素分子の作用で，二重結合の異性化（シスからトランスへ）や酸化反応が非酵素的に起こり，溶解度，クロマトグラフィー上での挙動，生物活性が変化する．このため，さまざまなアーチファクトを起こすリスクがある．他方，光による二重結合の異性化を利用した生物反応としては，光受容があげられる．11-シス-レチナールが可視光によりトランス体に変換し，これがオプシンの構造を変化させ，シグナル伝達をおこす例がある．また，紫外線や熱により，コレステロールから活性型ビタミンDが合成される．

脂質は生合成され，たゆみなく分解を受けている．生理活性脂質の一つであるプロスタグランジンやロイコトリエンは，細胞への刺激に応じて，前駆体のアラキドン酸より酵素的に作られ，作用を終えると強力な分解酵素で代謝され，構造変化に伴い生理活性を失う．生理活性脂質の寿命は数秒から数分であり，血液や尿では生理活性脂質そのものの量ではなく，その代謝物の総和から，産生量を推定する方法が正確である．**生理活性脂質の測定などで留意すべき事は，保存方法，保存時間などで酵素的，化学的に変化することを認識することである．組織をホモゲナイズし，抽出する過程でも産生されたり，分解されたりする脂質分子が存在する．**本書の第Ⅱ部でさまざまな生体サンプルの取り扱いに関して記述してあるのもそうした理由からである．

脂質は遺伝子に直接コードされていない

タンパク質やペプチドと異なり，塩基配列から，脂質の構造の推定はできない．単離には丁寧な生化学的手法が必要であり，構造決定には，質量分析計やＮＭＲなどの分析機器

と，それを使いこなす技術が必要である．さらに，生物機能を知るためには，合成酵素，分解酵素，受容体などの単離，その欠損マウスの作製などが必要である．ペプチド分子に関しては，2003年のヒトゲノム配列の発表後に，大手の製薬メーカーは推定されるペプチド分子のライブラリーを合成した．シグナル配列や，各種のタンパク質分解酵素切断部位の予測ができるからである．実際，1998年のオレキシン，'99年のグレリン以降は，新規に発見された生理活性ペプチドは数個（ニューロメジンS，イミダゾール酸化ペプチド，GPR15Lなど）である．これに対して，新規に同定された生理活性脂質は2000年以降，リゾリン脂質や，イノシトールリン脂質，プラスマローゲン誘導体など，急に増えており，また，グリセロールやセラミドへのアシル鎖の多様性などを加えると，まだまだ未知のものが多く，新たな機能も明らかになっていくであろう．背景にはオーファン受容体やオーファンチャネルのリガンド探索法の開発，また，微量で精密質量を測定できるシステムの開発と普及が大きい．

脂質はさまざまな疾患と関連している

脂質研究で興味深いことは数多くの疾患が脂質の代謝やシグナル伝達と関連していることである．実際に脂質分子を標的とした薬剤が多く上市されている．詳細は「実験医学」増刊号（脂質疾患学）に詳しいので，ここでは代表的な例を挙げる．

1．脂質が関連する疾患

1） 肥満，動脈硬化，糖尿病

代表的なものは血中LDLコレステロールの過剰による動脈硬化，脂肪肝，インスリン抵抗性などである．最近の疫学的調査では，血中トリグリセリド高値も心血管障害，脳卒中などのリスクを高めると言われている．パルミチン酸などの飽和脂肪酸は小胞体ストレスやTLR4刺激を介して炎症を促進し，インスリン抵抗性を高めると言われている．また，脂肪酸伸長酵素（elovl6, C16：0をC18：0に変換）の欠損でもインスリン抵抗性が起こることから，同じ飽和脂肪酸でも炭素数の違いが重要である可能性がある[7]．リゾホスファチジン酸受容体の一つであるLPA4を欠損させたマウスを高脂肪食で飼育すると皮下の脂肪組織は肥大するが，脂肪組織への炎症細胞の浸潤はなく，脂肪肝も起こらないことから，同じ肥満でも脂肪が脂肪組織に留まるか，あるいはそこが破綻して肝などに脂肪が輸送されるかで，健康肥満，糖尿病性肥満が決まるという考えも発表されており[8]，その因子の一つとして脂質メディエーターが関与している．

2） がん

代表的なものはシクロオキシゲナーゼ−2（Cox-2）とプロスタグランジンE2（PGE2）による大腸ポリープの発達とがん化の例であろう[9]．実際，Cox-2選択的阻害剤が開発され，大腸ポリープの患者に投与され，ポリープ数の減少や大きさの減少が観察されたが[10]，予期せぬ心血管イベントの発症により，販売は中止された（図3）[11]．スタチンやアスピリ

A

	ロフェコキシブ	メロキシカム	セレコキシブ
半減期	17時間	20時間	11時間
タンパク質結合率	85%	>99%	>97%
バイオアベイラビリティ	93%	89%	75%
代謝	肝臓，P450非依存的	肝臓P450，2C9および3A4	肝臓P450，2C9が主な経路
分布容積	100 L	10～15 L	429 L
製薬企業	メルク	ベーリンガーインゲルハイム	サール/ファルマシア/ファイザー

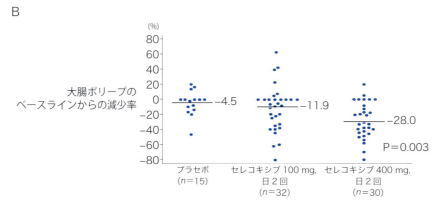

B

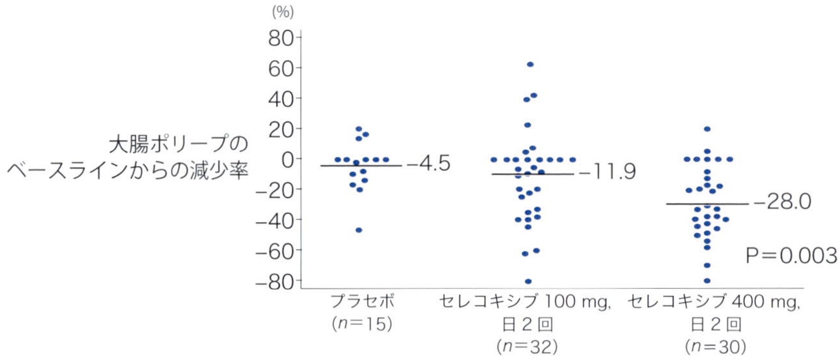

6ヶ月の臨床試験で大腸ポリープの数の減少が見られた！

C

ところが，大きな問題が！
Cox-2阻害薬は血栓，心障害を作りやすい

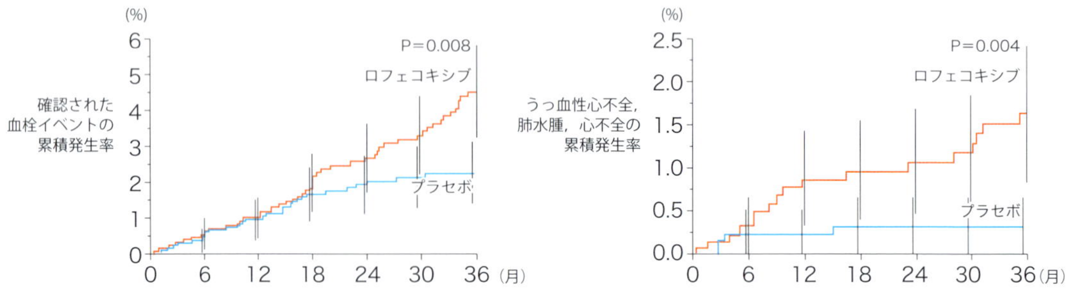

No. at Risk							
ロフェコキシブ	1287	1129	1057	989	938	896	727
プラセボ	1299	1195	1156	1079	1042	1001	835

No. at Risk							
ロフェコキシブ	1287	1132	1060	996	948	906	736
プラセボ	1299	1197	1159	1083	1045	1007	841

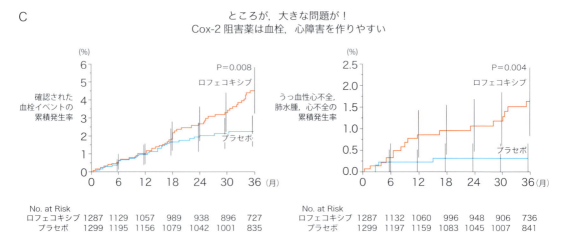

図3　Cox-2選択的阻害剤の比較

A）三種類の薬が作られ上市されたが，Cox-2選択性が高く，薬物動態の良い2品（ロフェコキシブ，メロキシカム）が副作用により発売中止となった．B）セレコキシブは胃潰瘍の副作用が少ない．C）ロフェコキシブ投与により血小板（Cox-1）から産生されるTXA_2の相対比が高まり，心血管リスクが上昇（Bは文献24より，Cは文献11より引用）．

ンは，がんのリスクを落とすと言われているが，確実なメカニズムは不明である．TCGA（the cancer genome atlas）の公開データやいくつかの研究から，多くのがん組織で飽和脂肪酸を含むリン脂質が増え，これを触媒するリゾホスファチジルコリンアシル転位酵素1（LPCAT1, 筆者のグループが発見）が高発現し，発現度が予後と相関するというデータもある．飽和脂肪酸の多い膜とがん細胞の成育がどのような因果関係にあるかはまだ未解明であるが，新たながん治療の標的として注目されよう．また，イノシトールリン脂質代謝ではPI3キナーゼが発がんに，逆にホスファターゼのPTENはがん抑制遺伝子であり，がん組織でのこの両者の変異や発現変化が多く報告されており，PI3キナーゼ阻害剤が抗がん剤として開発されている．

3） 免疫，アレルギー

気管支喘息やアレルギー性鼻炎の重要な脂質因子はペプチド性ロイコトリエン（LTC4/LTD4/LTE4）であり，受容体拮抗薬が治療に用いられている．PGD2もDP受容体を介して，Th17誘導，アレルギー反応の増強などの作用をもっている[12]．血小板活性化因子（PAF）は強力な気道平滑筋収縮や血小板活性化，マスト細胞からのヒスタミン分泌促進などを介して，アレルギー反応に関与すると言われている[13]．スフィンゴシン1リン酸（S1P）は赤血球や内皮細胞で合成され，血中ではHDL中のアポタンパク質Mやアルブミンと結合し，高濃度に保たれている．他方，リンパ節ではS1P濃度は低い．したがって，リンパ節からリンパ球を血中やリンパ管に遊走させる主な因子はS1Pとその受容体S1P1の相互作用と考えられている[14]．これが免疫反応の増強や，自己免疫疾患につながっており，逆にS1P1を阻害すると血中のリンパ球は激減する．

4） 精神・神経疾患

未知の領域である．先天性滑脳症の一部はPaf-acetylhydrolase 1Bの欠損と言われている．この作用はPAFの生理機能ではなく，サブユニット分子（L1S1遺伝子）がダイニンとの相互作用に重要なためと考えられている．iPLA2（PNPLA, patatin-like phospholipase）の変異もさまざまな神経疾患，小脳性運動失調，精神発達障害を引き起こすことが知られており，いくつかはマウスモデルでも再現されている．アルツハイマー患者の最大のリスクはアポリポタンパク質E4ホモ接合体（オッズ比OR～20）であり，糖尿病や高コレステロール血症もリスク要因となっている（OR～4）がその分子機構の詳細は不明である．この他には，飽和脂肪酸をリン脂質に導入するLPCAT1変異は網膜変性を起こす．LPAやPAFは神経因性疼痛に関与しており，脳梗塞後の虚血再灌流障害，アルツハイマー病初期の炎症惹起にロイコトリエンが，多発性硬化症モデルである実験性アレルギー性脳脊髄膜炎にPGE2[15]やPAFなどが関与していることがマウスモデルから報告されている．

2. 脂質を標的とする薬の例

疾患と関連し，脂質を標的とする医薬品の例を以下に示す．

1） アスピリンなどNSAIDs（インドメタシン，イブプロフェン，ロキソプロフェンなど）

Cox-1を阻害し，プロスタグランジン産生を抑える．消炎，鎮痛，解熱，抗血栓の作用があり，副作用は消化性潰瘍（Cox-1により産生されるPGE_2が胃の壁細胞からの酸過剰放出を抑制している）である．空腹時にNSAIDsを内服しないことが重要で，また，同時にPPI（プロトンポンプ阻害剤）等の併用投与が推奨される．

2） Cox-2選択的阻害剤（セレコキシブ）

鎮痛，解熱，抗炎症作用をもつ．胃潰瘍などの副作用の頻度が低い．選択性が高く，薬物動態の良い二つの薬は販売停止となった．心血管リスクが高まったためである（図3）．比較的選択性が低く（血小板のCox-1も阻害し），それゆえ，心血管副作用の少ない薬剤が使用されている

3） EPA製剤，EPA/DHA配合薬

経口投与で高脂血症治療に用いられている．PPARαの活性化によるβ酸化の促進や，LXR, SREBP1cを介した脂質産生抑制などによると思われる．また，EPAには抗血栓作用もある（Ⅰ-7参照）．これらの多価不飽和脂肪酸製剤は酸化防止のため，ビタミンE（αトコフェロール）を添加しているものが多い．

4） トロンボキセン合成酵素阻害剤（オグザレル，トラピジル）

抗血栓，気管支喘息に使われている．

5） プロスタグランジン誘導体

PG関連薬は1970年～80年にかけて，日本が世界に先駆けて製造発売したものである．**PGE1類縁体**は胃潰瘍，血管閉塞性疾患（バージャー氏病）に，**PGF2αとその誘導体**は陣痛促進剤として開発されたが，その後，緑内障点眼薬としても著効を示している．**PGE2**は慢性動脈閉塞に，また，**PGI2類縁体**は閉塞性血管障害，肺高血圧症の治療に用いられる．

5-リポキシゲナーゼ阻害剤（ザイリュートン）や**ロイコトリエンC/D/E受容体拮抗薬**（モンテルカスト，ザフィルルカスト，プランルカスト）は軽度～中等度の気管支喘息のコントロールに用いられ，いくつかのものはアレルギー性鼻炎などの治療に用いられている．

PAF受容体拮抗薬（ルパタジン）が2017年に発売を開始された．PAF拮抗とともに，抗ヒスタミン作用のある薬剤で，慢性蕁麻疹やアレルギー疾患治療薬として世界80カ国で承認されている．

スタチンは最も有名な脂質改善薬でコレステロール生合成の律速酵素であるHMG-CoA還元酵素の阻害剤である．1970年代に三共発酵研究所の遠藤章によりアオカビからはじめて単離された（メバスタチン）．臨床試験でメバスタチンは毒性のため，製造中止となったが，メルク社をはじめ多くの製薬メーカーから類似骨格をもつ薬剤が8種類以上上市され，世界的なブロックバスターとなった．スタチンはLDLコレステロールを低下させるだけでなく，心血管リスクを下げるという長期予後も報告されている．LDL受容体を減少させるタンパク質である**PCSK9（プロタンパク質転換酵素サブチリシン・ケキシン9）に対するモノクローナル抗体**が高コレステロール血症の治療薬として承認されているが，2018年に日本動脈硬化学会は家族性高コレステロール血症や心血管イベントの二次予防など一部の

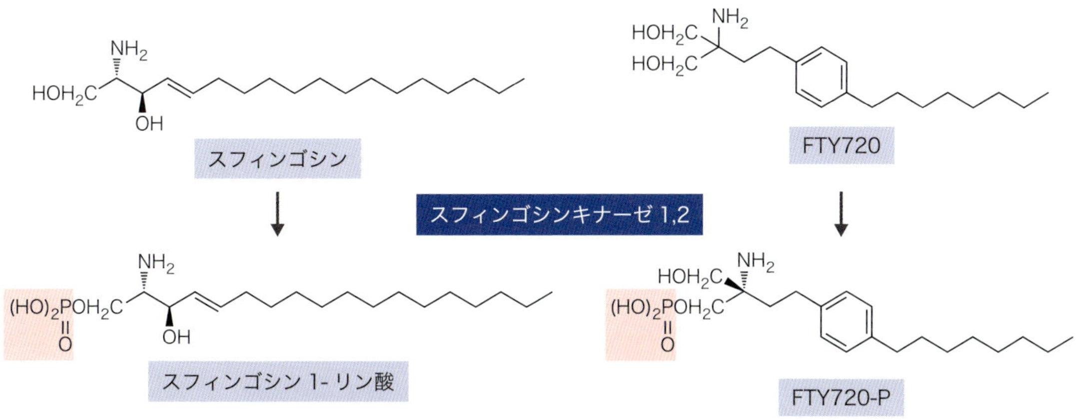

図4　脂質創薬のブロックバスター　フィンゴリモド

疾患に限定するなど，適正使用に関するガイドラインを発表している．

PPAR γ アゴニスト（チアゾリジン，TZD）はアディポネクチン増加などを介して，インスリン抵抗性を解除する薬剤として，糖尿病治療に広く使われている．

フィブラートは同じくペルオキシソーム活性化の機能をもっているが，主としてPPAR α を活性化することで，脂肪酸の β 酸化を促進し，高TG血症の治療に用いられている．

S1P機能的拮抗薬（フィンゴリモド）は京都大学薬学部の藤多哲朗教授，台糖（現三井製糖），吉富製薬（現田辺三菱）の共同研究で冬虫夏草より免疫抑制物質（リンパ球増殖抑制）として発見された分子を合成展開し，作られた化合物で，三者の頭文字をとってFTY-720と名付けられた．本物質は体内に吸収された後，リン酸化を受け，S1P受容体の一つであるS1P1の機能的拮抗剤として働く**プロドラッグ**である（図4）．商品名フィンゴリモドは血中のリンパ球を低下させ，また，中枢神経への移行を阻止する．多発性硬化症に効く内服治療薬として，ブロックバスターとなった[16]．当初，腎移植拒絶反応の防止薬として臨床試験が行われたが，これに関しては，既存薬を上回る効果が認められず，試験中止となった．

2017年の国内市場を見ると，脂質関連医薬で最も売上高の高いものはケトプロフェンの湿布薬（500億円），ついでセレコキシブ（480億円），ロキソニン（365億円）とNSAIDsが上位を占め，EPA/DHA製剤（2製剤で合計500億円），スタチン，ロイコトリエン拮抗薬などが100位以内に入っている（IQVIA社資料より，https://answers.ten-navi.com/pharmanews/14378/）．OTCではさらにNSAIDsの販売が多いと思われる．緩和な鎮痛解熱剤として小児などに用いられるアセトアミノフェンは副作用も少ない薬物であるが，作用機序はいまだ明らかでない．一時，新たなシクロオキシゲナーゼ（Cox-3）が報告され，話題をよんだがヒトでは偽遺伝子であるだけでなく，アセトアミノフェン効果も再現性はなかった．

脂質研究のリスク

今まで，脂質研究の魅力や臨床応用について述べてきた．脂質は生命の源であるだけでなく，生命の質（健康や疾患）を制御している．未知の脂質分子がたくさん残っており，それらの新しい生物機能を探索することは重要でチャレンジングな研究である．日本人は脂質化学に古くからかかわり，貴重な知識や技術が継承されてきたので，化学に基づいた生物学を発展できる可能性をもっている．また，近年，質量分析計やNMRなどの汎用性も高まり，微量の脂質の定量や構造解析も可能となった．

しかし，例外はあるが，脂質は基本的には水に溶けない．代謝的，化学的に不安定である．また，分子によっては両親媒性に基づく界面活性作用がある．研究を進める上で，これらの点は常に注意すべきことであろう．以下に筆者の知る範囲で，**代表的な誤りの実験例を示し，そこから得られる教訓を考えてみたい**．

1. オーファン受容体のリガンド探し

2000年までは，生物活性をもつリガンドに対して，その作用機構を明らかにするために受容体探しが行われた．成宮らによるプロスタノイド受容体単離も，80年代の薬理的拮抗分子を用いた丁寧な生化学的結合実験やタンパク質精製がきっかけであった[17]．筆者らのPAF受容体はアフリカツメガエル卵母細胞を用いた発現クローニング[18]であったし，LTB4受容体は結合能の変化をmRNAの変化と仮定したサブトラクション手法であった[19]．PGE2, PAF，LTB4受容体はリガンドや拮抗薬と結合した結晶が作られ，高次構造が2018年，立て続けに明らかとなり，受容体-リガンドの関係はより確固としたものと評価されている．こうした古典的方法に加え，今世紀はじめから，ゲノム情報から7回膜貫通型受容体を選び，オーファン受容体のリガンドを探索する手法が活発となった．リガンド探しは，天然物から脂質を抽出するか，あるいは市販の脂質化合物を用いるかのいずれかである．筆者らは2003年に従来のEdg（endothelial differential gene）ファミリーとは遠く離れ，PAF受容体の比較的近隣のオーファン受容体を選び，リガンド探しをしたところ，LPAの新たな受容体を見つけることができた（LPA4）[20]．現在では，この受容体は広く認知されているが，発表直後は「再現ができない」，「特異的結合が見られない」などの学会報告や私信が寄せられた．

この当時，G2A受容体はリゾホスファチジルコリン（LPC）受容体として（Science, 2001, retracted 2005），OGR1はスフィンゴシルホスホコリン（SPC）受容体として（Nature Cell Biol, 2000, retracted 2006），TDAG8（GPR65）はサイコシン受容体として報告され（J Cell Biol, 2001），さらに，GPR4がSPCとLPCの二つを認識するという論文（J Biol Chem, 2001, retracted 2005）が発表され，リン脂質受容体クラスターを形成するかと思われたが，ほとんどの実験が再現できず，否定論文も発表され，4報のうち，3つの論文は著者自身によってリトラクトされている．これらは現在，プロトン感受性受容体として区分されている（Ⅰ-7図3参照）．この他，LPA受容体として4つのGPCRが，S1P受容体も3つが提唱されているが，10年以上経って，再現性を示した報告はない．

これらの再現のとれない実験の理由は明らかではないが，大日方，和泉らが指摘しているように，オーファン受容体のリガンド探しは，もともと，多くのアーティフィシャルなアッセイ条件に基づいている[21]．異所性の細胞（もともと受容体をもっていない細胞）にクローン化した受容体を過剰発現させ，その細胞が有している情報伝達系を利用してアッセイする方法が中心であり，一般にはスクリーニングのために用いているリガンド濃度もかなり高い．リガンド中に不純物がある場合もあり，また，その細胞がもともと持つ内因性の受容体に作用している場合もある．また，**受容体発現細胞をクローニングする過程でbiasが入る可能性があり，特に血清中にリガンドが存在し，シグナルが増殖刺激に向かう場合，内因性受容体をもつクローンが優位に選択増殖される可能性**もあり，また，逆に受容体が脱感作されることもある．**細胞培養に用いる血清の中には多くの脂質が含まれることを考慮すべきである．用いたリガンドの純度検定，リガンド濃度依存性，正しいコントロール（ベクター単独発現株，野性株，また，受容体変異体を用いるなどのネガティブコントロール），可能なら生物学的に不活性な類似リガンドや立体異性体での効果などを調べ，最終的には内因性受容体のノックアウト，ノックダウンでの結合能と生物活性の確認も必要であろう**．リン脂質が受容体をもつことでおもしろいストーリーができるが，界面活性作用もあるため，より慎重なアッセイが必要である．また，今回，詳細は省略するが，アラキドン酸の効果として報告された現象が，じつはアラキドン酸に1％程度含まれた不純物（過酸化物）によるものと説明されるものもある．

2. 魅力的モデルのもつ危険性

脂質二重膜がどのように構成され，ダイナミックに変化するかは，生命現象を考える上で大きな課題である．こうした生物学的魅力（魔力）にとり付かれ，誤った結論を出した論文が数多くある．いずれもPNAS, Science, Natureなどの一流論文誌に掲載されたものである．一つは赤血球などの膜リン脂質の細胞質側にPEが多く，外側にPCが多いという事実に注目し，細胞膜のPEの極性基にメチル基が順次転移されていくステップに2種類のメチル基転移酵素（phosphatidylethanolamine *N*-methyltransferase：PEMT Ⅰ，Ⅱ）が関与し，細胞外からのカテコラミンなどの刺激依存的に活性化し，モノメチル体，ジメチル体を作り，それらが膜の流動性を上げ，シグナル伝達やプロスタグランジン放出に関与するという魅力ある論文であった（Nature 1978, Science 1980）．現在では，哺乳類には一種類のPEMTしかなく，ERとミトコンドリアに存在することが明らかとなり，単独の酵素がPEからPCへの三段階のメチル基転移反応を起こすことが明らかとなり[22]，ケネディ経路と合わせてPC合成のしくみが分子レベルで解明された．また，生体膜をまたぐPC/PEの非対称性はflip-flop関連タンパク質やATP依存性トランスポーターの働きであることも明らかにされている．

もう一つの例をあげると，膜の曲率にLPA/PA比が関連するという魅力ある学説であろう．実際，LPAとPAは形状が異なり，曲率を作ったり，膜の切断が起こるときに，リン脂質の変化は重要な役割を果たすはずである．1999年にNature誌にArticleとして掲載され

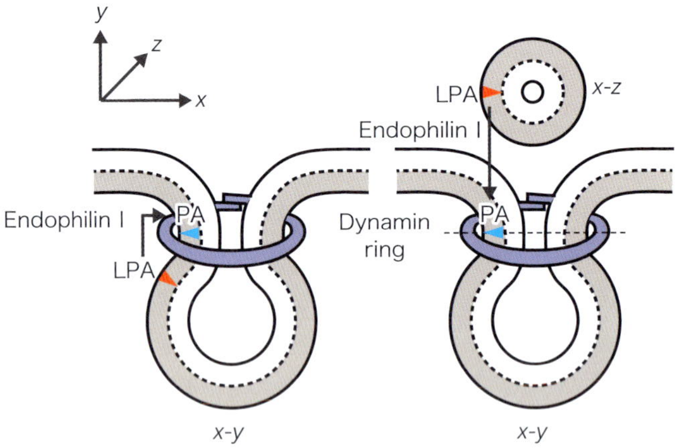

図5　LPAがPAになることで曲率を変え，シナプス小胞ができるというモデル仮説

た論文は神経シナプス前部に存在し，ダイニンなどのGTPアーゼと結合し，シナプス小胞の形成に役割を果たすエンドフィリンは，じつはLPAにアラキドン酸を導入するLPAアシル基転移酵素の一つであり，PAを作ることで曲率を逆転するという（図5）研究であった．脂質研究者として，リン脂質組成が膜曲率に影響を与えるという直接的な研究として，興奮したことを昨日のように覚えている．実際，錐体や円柱構造をもつジアシル体や脂肪酸と，逆錐体構造を呈するリゾリン脂質には何らかの曲率制御機能がある可能性はある．しかし，その後の多くの研究で，エンドフィリン＝LPAAT仮説は否定され，エンドフィリン精製時にアシル転移酵素が混入したのではとの解釈がされている．詳細は不明だが，**魅力的新説であり，しっかりした化学的裏付けがされていなかった例**であろう．今回は詳細は触れないが，「ラフト」の概念も当初のように飽和脂肪酸＋コレステロール，スフィンゴミエリンが作るドメインという単純なものではなく，再検証が必要である．長く，PSからPEを作るデカルボキシラーゼもミトコンドリア局在と言われ，PE輸送に関する論文は多数出されてきたが，ごく最近のデータでは，本酵素（Psd1）はERとミトコンドリアの双方に存在し，異なる制御を受けていると報告されている．脂質自身の可視化による微細な局在解明の研究がまだ未成熟である．詳細は省略するが，臨床検体を用い，アルツハイマー疾患のリン脂質バイオマーカーを提唱した論文（Nature Med, 2014）は，別施設で行うと再現性がとれず，異なる結果の論文が引き続いて発表されている．患者背景に加え，サンプル処理，測定方法，解析方法，解析機器などで特に揺らぎやすいのは脂質データである．

脂質研究のリスクは，**1**に述べたように，脂質自身が内在的にもつ性質，物性（界面活性作用，不安定さ，血清やアルブミンへの結合など）によるものと，**2**で示したような脂質のもつ生物学的面白さ，不思議さを説明しようとするあまり，基礎的生化学，再現性などを疎かにするものがあり，今後の脂質研究を発展させる上での教訓と言えよう．まさに，**化学に基づかない生物学は危ない**のである．

3. リスクを回避するために

最後に脂質研究のもつ魅力をさらに高め，リスクを低減させる方法を順不同にいくつか提案したい．その多くは私共の研究室で実施していることであり，研究室ホームページにも記載されている．

①脂質の代謝や構造に関する正しい知識をもつこと．インパクトの高い論文（Resource等も）や教科書で間違った構造が平気で書かれていることがある．脂肪酸やリン脂質の構造を手で書く練習をすると良い．

②脂質のもつ物性を正しく理解する（I-3参照）．

③購入した市販脂質の構造や純度をLC/GCなどで確かめ，小分けにしてアルゴン封入するなど安定的な保存方法をとる．

④細胞培養時，血清やアルブミンの中に含まれる脂質の影響を常にチェックする．

⑤濃度依存性，タイムコース，また，適正なポジティブコントロールとネガティブコントロールをとる．

⑥あらゆる実験は再現性（**時間を変えて，試薬のロットを変えて**，また，**人を変えて**）を重視する．

謝辞
本稿を書くに当たって，東京大学大学院医学系研究科リピドミクス講座小田吉哉特任教授，ジュネーブ大学研究員原山武士氏，順天堂大学生化学講座横溝岳彦教授また，岡山理科大学中村元直教授にコメントをいただいた．この場を借りて御礼申しあげたい．本稿の内容は，できる限り詳しく，また，正確を期したつもりであるが，誤ちも存在すると思われる．読者からの指摘や助言をうけ，随時改訂するつもりである．

◆ 文献

1）Shimizu T：Annu Rev Pharmacol Toxicol, 49：123-150, 2009
2）「サピエンス全史」（ユヴァル・ホア・ハラリ/著，柴田裕之/訳），河出書房，2016
3）Harding JE：Int J Epidemiol, 30：15-23, 2001
4）Kojima M, et al：Nature, 402：656-660, 1999
5）村上 誠，木原章雄：実験医学，36：1730-1737, 2018
6）Harayama T & Riezman H：Nat Rev Mol Cell Biol, 19：281-296, 2018
7）Matsuzaka T, et al：Nat Med, 13：1193-1202, 2007
8）Yanagida K, et al：JCI Insight, 3：doi:10.1172/jci.insight.97293, 2018
9）Buchanan FG & DuBois RN：Cancer Cell, 9：6-8, 2006
10）Baron JA, et al：N Engl J Med, 348：891-899, 2003
11）Bresalier RS, et al：N Engl J Med, 352：1092-1102, 2005
12）Aoki T & Narumiya S：Trends Pharmacol Sci, 33：304-311, 2012
13）Ishii S & Shimizu T：Prog Lipid Res, 39：41-82, 2000
14）Yanagida K & Hla T：Annu Rev Physiol, 79：67-91, 2017
15）Kihara Y, et al：Proc Natl Acad Sci U S A, 106：21807-21812, 2009
16）千葉健治：実験医学，33：2492-2499, 2015
17）Hirata M, et al：Nature, 349：617-620, 1991
18）Honda Z, et al：Nature, 349：342-346, 1991
19）Yokomizo T, et al：Nature, 387：620-624, 1997
20）Yanagida K, et al：J Biol Chem, 282：5814-5824, 2007

21）大日方英，和泉孝志：生化学，80：113-118, 2008
22）Vance DE：Biochim Biophys Acta, 1838：1477-1487, 2014
23）Friedman JR, et al：Dev Cell, 44：261-270.e6, 2018
24）Stenback G, et al：New Engl J Med, 342：1946-1952, 2000

◆ 参考文献

「脂質疾患学」（村上 誠，横溝岳彦/編），実験医学増刊 Vol.33 No.15，羊土社，2015
「脂質クオリティ」（有田 誠/編），実験医学増刊 Vol.36 No.10，羊土社，2018
「リゾリン脂質メディエーター研究の最前線」（青木淳賢/企画），生化学会誌，Vol.90 No.5, 2018

2 解析を前提とした脂質の捉え方

横山信治

脂質とは，水を媒体に成立している地球上の生命体において，閉鎖空間を成立させるために必要な水に溶けない隔壁を作るために存在する炭化水素鎖を基本骨格とする分子である．脂質は進化の過程でエネルギー貯蔵にも利用されるようになり，さらに情報伝達等に利用される特異的分子が派生してきた．したがって，その物性や反応と分析解析と結果の理解には界面化学の理解が不可欠であり，その解釈には慎重を期さねばならない．

生体における脂質分子の機能と役割について

くり返しになるが，生命体の基本的要素は，外部環境から相対的に独立した場における水を媒体とした反応体系の集合，である．その出発は外部環境・内部環境とも水を媒体とした環境であり，内部環境を外部から独立して維持する“水に溶けない隔壁”を必要とした．そのために，柔軟で可塑性に富む構造と機能をもつ両親媒性小分子の二重層による分子集合体が選択された．脂質分子の生命における最も基本的役割は，リン脂質などによる細胞膜の構築なのである．加えて，脂肪酸分子はその炭化水素鎖のなかに効率よくエネルギーを蓄えることができることから，余剰のエネルギーの貯蔵にも利用されることになる．炭化水素鎖の利点は，分子内に酸素を多くもたないことから質量あたりのエネルギー貯蔵効率が高く，またグリセリドのような構造になることにより，分子集合体自身が液体状となって貯蔵の媒体としての水を必要とせず，体積あたりのエネルギー貯蔵効率がさらに高くなることで，単位体積あたり糖やタンパク質・アミノ酸など他の有機分子のそれの4倍近いエネルギーの貯蔵が可能となる．これはとりわけ動物のように必要に応じて捕食のために移動しそれにより得たエネルギーを貯蔵することで生存効率を高める生存様式を採用する生物にとっては利用価値の高い生体分子となった．

これを基礎として，多細胞生物の進化は，脂質にさらに分子特異的な第三の機能の派生をもたらす．半水溶性の脂質分子の特異的な情報伝達分子などとしてのいわゆる生理活性脂質としての機能の獲得である．細胞間などの情報伝達分子として働き，次のような分子群に大別される．

①ステロール骨格の酸化・水酸化により生合成されるステロイド群の，細胞内の核内受容体（転写制御因子）による情報伝達

②多価不飽和脂肪酸から派生するプロスタノイド化合物の膜受容体を介した情報伝達
③アシル鎖一本と親水基で構成されるリゾ脂質やスフィンゴシンリン酸およびその類似化合物で膜受容体を介する情報伝達
④アシル鎖二本と親水基からなるジグリセリドやセラミド，あるいはホスファチジン酸など，細胞外刺激により細胞内で発生する二次情報伝達分子

これらはそれぞれ特異的な作用をもち，多くは動物個体の生命維持における高度な植物性機能の制御にかかわるが，一部は中枢・末梢の神経系機能の制御など動物性機能の調節にもかかわるのはすでに述べたとおりである．

このような生体内での脂質分子の役割の多様性は，それぞれの機能発現に際しての分子の存在形態が全く異なることになり，実験・研究上のその取り扱いが異なることに留意する必要がある．細胞膜は分子集合体であり，集合体としての構造・性質・機能をとらえることがまず必要になる．例えば，分子集合体としての細胞膜を扱う場合，全体としてあるいは局所における分子流動性やクラスター形成における微小環境の不均一性，二重膜の内外の位相差，そしてそれらの中における個々の分子の特異的役割という風にとらえることが必要である．またエネルギー源としての脂質を考えるときには，脂質分子の合成・分解とりわけ脂肪酸鎖のそれらを考えると同時に，その存在形態と反応の場所を頭に入れておく必要があり，とりわけ脂肪滴のようにそれ自身が液体として存在する場合の反応性についてイメージをもつ必要がある．そして脂質輸送のための分子集合体であるリポタンパク質粒子を対象とする場合にはこの両者に対する視点を併せもつ必要がある．

一方，生理活性脂質分子を取り扱うとき，その分子は通常の水溶性分子として取り扱うべきものがほとんどであり，その機能発現の動態を解析する上では糖やアミノ酸などの水溶性機能分子と同様の手法を用いても構わない．しかし，中には膜などの脂質分子集合体の一部としてあるいはそれらと水との界面での挙動が重要である場合があり，例えばスフィンゴシンリン酸の中には血漿リポタンパク質に組込まれて輸送されるものがあったり，ジグリセリド／セラミド型の活性分子のように，生体や細胞の中で代謝の中間産物として大量に産生されているものとは別に局所で特異的反応によって産生される分子のみが情報伝達を媒介する，と考えるべき場合があるのである．これらの側面を考慮することは，次項に述べる脂質を巡る界面化学的捉え方の重要性を念頭に置くということになる．これを忘れると実験データの解釈の混乱を招き，Artifact と真のデータを鑑別できなくなる．

脂質を基質とする反応における界面化学的側面の理解

われわれが一般的に化学反応を扱い理解しようとするとき，その反応論は溶液中で分子が三次元の自由運動をすることを前提として，分子間での出会いの確率と親和性を数式化して解析する．生化学反応における Michaelis Menten のモデルによる反応の理解である．しかし脂質分子は多くの場合水溶液中で三次元の自由運動をしない．分子集合体である膜やリポタンパク質粒子，脂肪滴などが反応の場となるとき，このような反応解析モデルを

当てはめてはならない．あるいは，反応動態が一見当てはまるように見えたとしても，それは分子の自由運動に基づくものではなく，分子集合体単位（例えばリポタンパク質粒子）の自由運動に基づくものであり，反応の係数は反応分子に固有の値ではなく集合体（粒子）に固有の係数である．

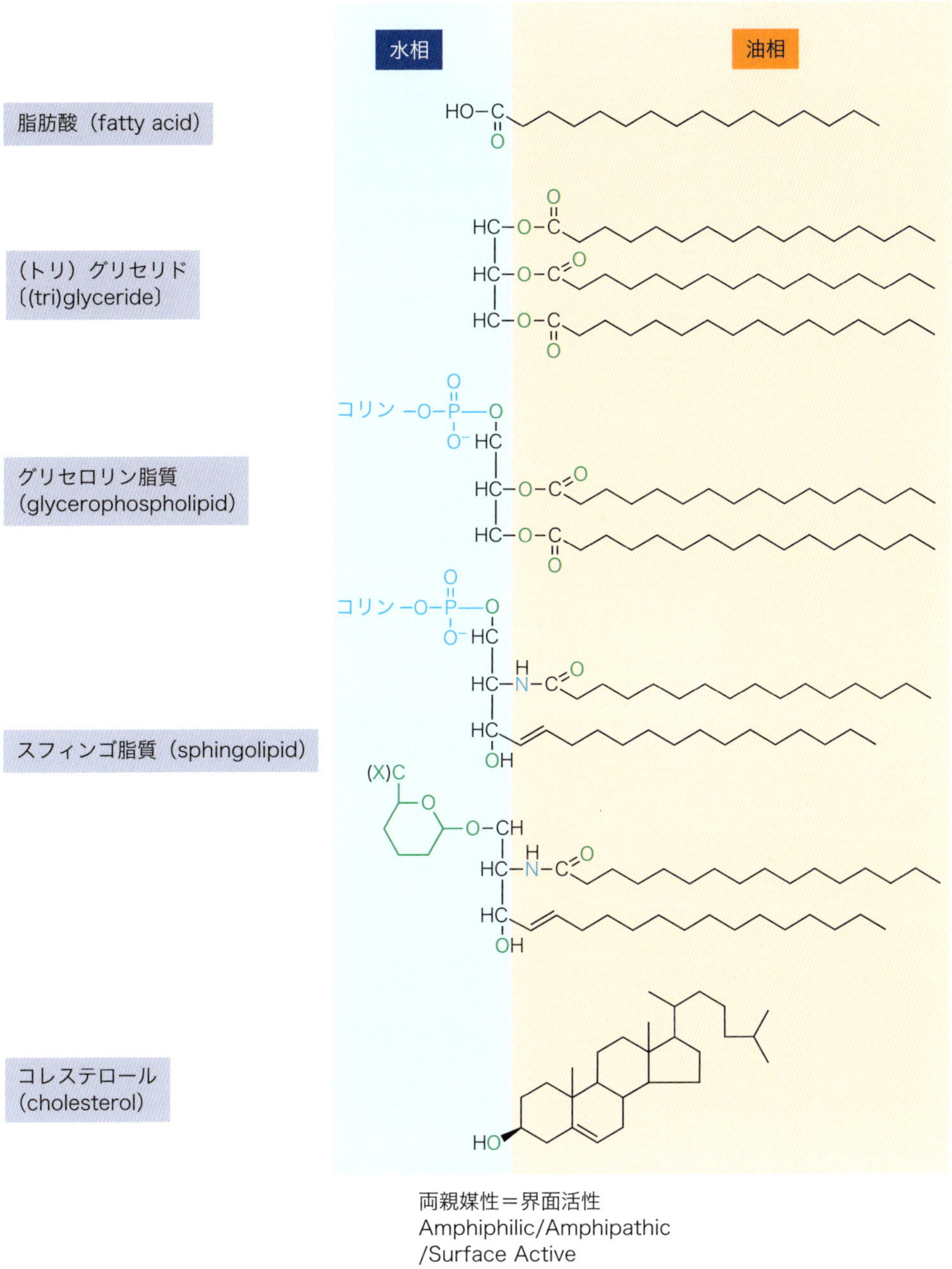

図1　水-油相界面における脂質分子

さらに，水溶性分子の界面への親和性の因子がこれに加わると，解析はさらに複雑になる．脂質分子は疎水性分子であると同時にその中に親水性の官能基を有し，生体の基本である水相との間での界面を形成する（図1）．生体における脂質の代謝反応の多くは水相に存在する酵素や輸送タンパク質などの触媒物質に依存し，したがって反応はこの境界面で起こることになる．一例として，リポタンパク質リパーゼ（LPL）による脂質粒子中のトリグリセリドの加水分解反応の例を示す[1]．LPLは脂肪酸をエネルギー源とする筋肉組織や余剰エネルギーとして貯蔵する脂肪組織の毛細血管の内皮細胞表面の硫酸多糖類により血流中に係留されており，血漿リポタンパク質中のトリグリセリドが加水分解され脂肪酸が細胞内に取り込まれる．LPLには活性化因子としてアポリポタンパク質CⅡの存在が必須である．このように生理的反応系はきわめて複雑であり，通常の酵素反応動態の解析手法は通用しない．この系をやや単純簡略化するために以下の反応系を組み立てる[1]．トリグリセリド含有リポタンパク質モデルとしてトリオレインをホスファチジルコリン（レシチン）単分子膜で覆ったミクロエマルジョンを用い，生成したLPLとアポCⅡを加えてトリグリセリドの加水分解を測定する．反応を経時的にモニターすると，通常の酵素反応にみられ

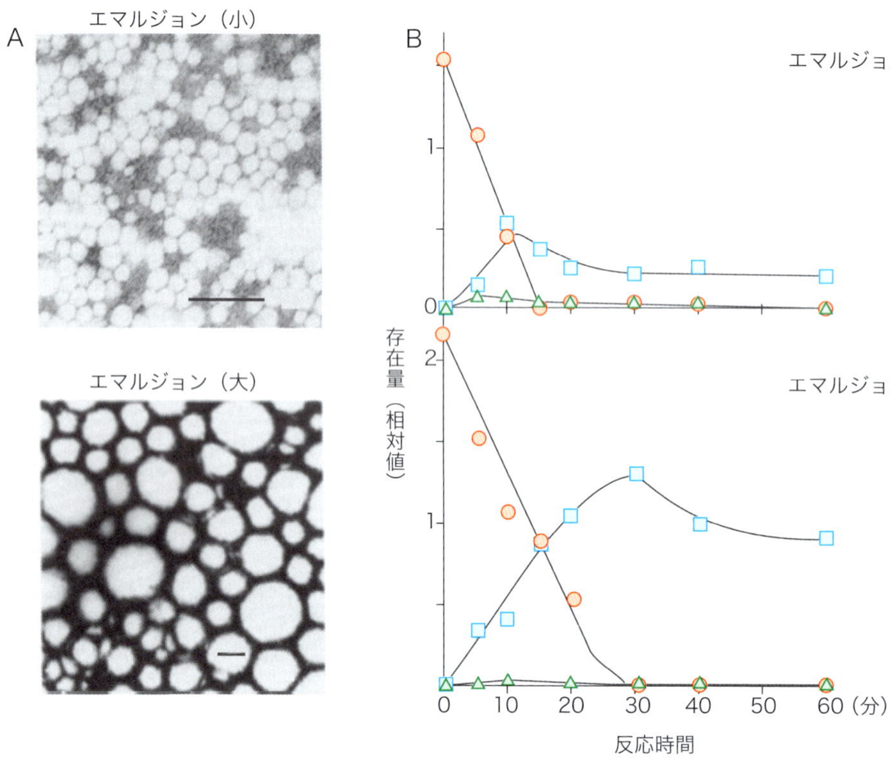

図2　脂質エマルジョン中のトリオレインのLPLによる加水分解

トリオレインを卵黄レシチンの単分子膜で覆ったエマルジョン（小，大）にアポC-Ⅱを結合させLPLを加えて加水分解．A）電子顕微鏡写真中のスケールバーは100 nm．B）トリオレイン（○）の減少とジオレイン（△）とモノオレイン（□）の変化（Aは文献5より引用，Bは文献1より引用）．

表1　LPLによるトリオレイン加水分解反応の速度論的パラメーター[a]

	アポCⅡ	TO/PC[b] (mol/mol)	見かけ上の K_m		V_{max} (mmol/h/mg)
			TO[e] (mM)	PC[d] (mM)	
小粒子 (3)[e]	+[f]	0.92-0.96	0.054 ± 0.010	0.058 ± 0.009	6.81 ± 0.45
(3)	−	0.92-0.96	0.090 + 0.027	0.097 ± 0.032	0.48 ± 0.21
大粒子 (4)	+	10.0-13.6	0.65 ± 0.25	0.062 ± 0.028	7.13 ± 0.64
(3)	−	10.0-13.6	1.00 ± 0.16	0.087 ± 0.021	0.32 ± 0.04

a 速度論的パラメーターはLineweaver-Burkプロットにより求めた．b 小粒子・大粒子におけるトリオレイン/ホスファチジルコリン比．c トリオレイン．d ホスファチジルコリン．e カッコ内の数字は実験回数を示す．平均および標準偏差は3もしくは4回の実験から求めた．f 各反応混合物はそれぞれ0.66，1.33，1.35のアポCⅡ/ホスファチジルコリン（mmol/mol比）を小粒子に，0.62，1.35，1.35，1.35のアポCⅡ/ホスファチジルコリン（mmol/mol比）を大粒子に，それぞれ含んでいた（文献1より引用）．

表2　LPLによるトリオレイン加水分解反応の速度論的パラメーター

	脂質の濃度		K_m		V_{max} (mmol/h/mg)
	PC[a] (mM)	TO[b] (mM)	apoC-Ⅱ (nM)	apoC-Ⅱ$_B$/PC[c] (mmol/mol)	
小粒子	0.523	0.503	210	0.25	6.90
	3.93	3.78	681	0.20	6.11
大粒子	0.186	2.53	65	0.25	7.25
	0.93	12.63	200	0.20	12.46

a ホスファチジルコリン．b トリオレイン．c 基質粒子表面のホスファチジルコリンに結合したアポCⅡの比率（文献1より引用）．

る基質過剰状態のゼロ次反応から酵素過剰の一次反応への移行がみられず，すべての基質が加水分解されるまでほとんど一定速度のゼロ次反応が続く（図2）．また，脂質エマルジョン粒子濃度を変数とする見かけ上の基質K_mは粒子サイズによって大きく異なる．そこでこのK_m値を粒子の表面積であるレシチン濃度で補正すると一致した値が得られ（表1），反応は酵素基質親和性ではなく酵素の粒子表面親和性という界面親和性に依存することがわかる．さらにアポCⅡの添加によるLPL活性化のK_mも基質含有粒子のサイズにより異なる数値が得られる．これを，LPLとアポCⅡの脂質粒子表面への結合定数から得られる粒子表面への結合分子量で補正すると，粒子サイズによる差は消失する（表2）．つまり，アポCⅡとLPLの親和性は粒子表面での二次元での相互作用に規定されるということが分かる．このように，脂質が関与する反応の理解には，複雑な系を界面の存在を梃子に理解する手法が必要になる．

これは細胞膜のようないわば二次元の分子集合体の基礎を理解する上ではさらに重要な要素となる．単分子膜を利用した解析などの基礎データを十分に理解した上で実験データを理解することが必要になる．界面化学の理論は1930年代のLangmuir[2]と1940年代のHarkinsら[3]以来，実験データを理論に結びつける努力が不十分で，ほとんどがempirical

な業績に留まっている．したがって，自らの実験データの理解には「自分のアタマで考える」努力をする必要があり，それを怠ってしまうと前述した例にみられるようなartifactを見破ることができなくなる．

脂質の解析における三つの座標軸

1．脂質分子の理解についての三つの座標軸

これまでも述べてきたように，脂質分子の特徴は三つの属性から見ておかねばならない．とりわけこれらを分析対象として考えるときには，この点を念頭に置いた視点の整理が必要である．それぞれの分子をこの三つの座標軸による三次元の座標による空間に位置づけることにより，脂質分子全体の集合の中での相対的位置を確認しながら解析を進めることで，研究の方向性を見失う危険を少しでも減らせるのではないかと思う（図3A）．

一つ目の座標軸は化学構造についてである．脂質分子はいくつかの構造単位・要素（element）からなりたっている．その基本をなすものはアシル基やアルキル基のかたちを含む脂肪酸分子であり，これらをつなぐ分子としてグリセロールやセリンなどがある．リン酸や糖鎖などが含まれるとさらに複雑な構造をとり得る．これらの要素をつなぐ結合は多くがエステル結合やアミド結合であり，比較的容易に加水分解されて構造単位に分離される．炭素原子間の直接の共有結合による構造単位の結合は特例である．これらの構造単位はアシル・アルキル鎖ないし脂肪酸は生合成と燃焼が容易であり，糖の助けを必要とはするが，そのままエネルギーに転換する．次に述べる物性や機能との関連で重要なのは分子中に含まれる脂肪酸鎖の数と結合のしかた，例えば並列か直列か，加水分解可能か否か，などである．これにより物性や機能発現が制御される．これに対し，ステロール骨格は一般的脂質分子の構造的特徴と一線を画する．ステロール生合成の出発点がアセチルCoAであることや代謝制御にかかわる転写制御因子は脂肪酸やエネルギー代謝にかかわるグループのも

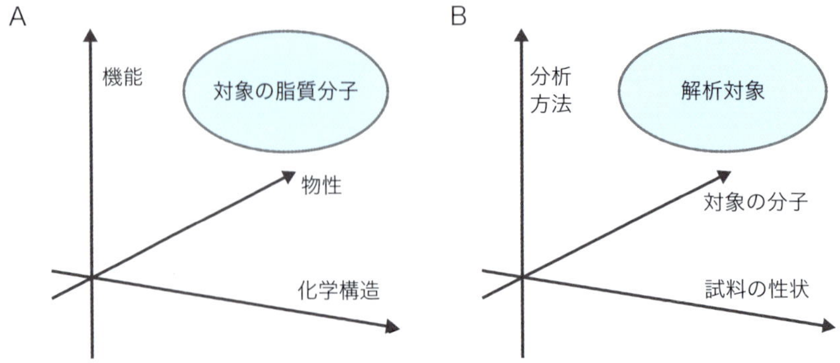

図3　脂質の解析における三つの座標軸（概念図）
A）脂質分子についての三つの座標軸．B）脂質の分離・分析・解析における三つの座標軸．

のであることから，脂質分子から派生したものであることは疑いがない．しかし，いったんその構造が成立すればほとんどの生物においては異化されることはなく，したがってエネルギーに転換されることもほとんどない特異な分子である．ステロールは，構造・代謝の面からその他の脂質分子とは一線を画す分子であることを念頭に置く必要がある．

二つ目の座標軸は，その物性である．もともとの脂質分子の役割から，水との親和性が基準となり，おおざっぱに言って，疎水性，両親媒性（界面活性），水溶性の三種類に分けて考えるのが分かりやすい．これはもちろん分子構造に依存するわけであるが，脂肪酸鎖の分子種，構造単位の結合の数と様式などの組合わせの複雑な関数となる．これらの物性を分ける物理化学的指標は臨界ミセル濃度（critical micellar concentration：CMC）であり，両親媒性の界面活性分子は1～100 mMのものをさすと考えられ，それ以上の分子は水溶性，以下の分子は疎水性（あるいは脂溶性）と考えれば良いが，その境界は厳密に定義できるものではない．また疎水性分子の間でもその極性には差があり，これにより有機溶媒を用いるときには溶媒の極性によって分子の溶解度が異なってくる．また気化した分子でも固体表面の疎水性／親水性によって吸着の親和性が異なってくる．したがって，これを利用した分離分析が可能となる（薄層クロマトグラムや液体クロマトグラム，ガスクロマトグラムなど）．また，これらの分子を扱うときに，疎水性分子や両親媒性分子は水溶液中では単分子で存在することはなく，何らかのかたちでの分子集合体として存在していることを念頭に置かなければならない．これは，他稿でも触れるように，脂質分子がかかわる反応を解析する際にはきわめて重要なポイントになる．

最後の座標軸は，その機能である．前項の脂質分子の機能で詳しく述べているように，生体における脂質の役割は，①細胞レベルでの生体膜の形成，②エネルギー源としての利用とその貯蔵，③生理活性脂質として特異的生体情報の伝達を担う，の三つである．この三つの役割は，同じ分子がそれぞれの局所では異なる役割を担っていることも普通であり，この点を混同すると本質を見誤ることになる．例えば，ジグリセリドは食物の消化吸収なども含めたマクロのエネルギー代謝の中間代謝産物であり細胞膜やリポタンパク質においては構造分子の一部ともなり得るが，局所での特異的な反応による産生によりシグナル伝達の重要な分子となる．

2. 脂質の分離・分析・解析における三つの座標軸

脂質の解析の具体的実践において留意すべき側面がやはり三つ，①分析対象となる試料，②分析対象となる分子，③分析方法，があげられる（図3B）．

まず，分析対象となる生物由来の試料について，これに含まれる脂質の分析にあたって最初に脂質の抽出の必要性が問題となる．他の座標である対象となる分子や用いる分析方法にもよるが，試料側の性状としてマクロの均一性がある試料か否かが問題となる．血漿や体液などの液体にリポタンパク質などのかたちでマクロ均一的に存在しているか，細胞などのように不均系の構造物の構成成分として存在しているか，である．前者の場合，分析の反応系によってはそのまま用いることが可能となる．これは水溶系に存在する酵素によりエマルジョンないしミセル粒子となっているあるいは担体タンパク質などに結合している脂質分子を反応させて定量などにもち込む方法である．この場合，反応系の特性をきちんと把握し，起こりうる誤作動の危険性を十分に理解しておく必要はある．その他の場合，例えば臓器や細胞の脂質の解析にあたっては，脂質の抽出を必要とすることになる．この場合はいくつかの方法があり得るが，いわゆる「報告されている」方法は，用いる有機溶媒の種類や試料処理の手順などほぼすべてが経験的なものであり，「鵜呑み」にすることは危険である．少なくともめざす脂質分子の抽出の効率や安定性などについて予備実験で検討することが望ましい．最近では質量分析などを臓器試料の薄層切片などへのスポットレーザー照射で局所の有機分子のイオン化によって行いこれを重ねて画像化する手法などの開発（質量顕微鏡）もめざましく，試料の処理についても新しい手法が登場してくるものと思われる．

対象となる脂質分子によって，生体内での存在様式は異なり，均一系での反応性や抽出の効率は大きく異なる．一般的な方法論を鵜呑みにすることなく，目標となる分子の性状を十分に把握しこれを考慮した上で試料の処理についての予備的検討を十分に行うことが推奨される．

脂質の具体的解析方法については，それぞれの稿に詳細が述べられており，ここでそれらをいちいち記述することはしないが，古典的な方法から最近の分析方法まで，それぞれが有効な技術であり，いたずらに高価で煩雑な方法を採用しなくても，大げさな装置を必要としないconventionalな方法で目的が十分に達せられる場合もあり，よく吟味することが望ましい．

脂質分子の化学的な分析定量は採用されることが少なくなったが，現在でも測定の標準化には必要な技術である．血漿コレステロールの定量については米国CDC（Center of Disease Control and Prevention）は対照とする標準測定法として現在でもAbel Kendalによる化学的定量を採用している[4]．

クロマトグラムによる分離分析定量は脂質分析の基本的技術である．なかでもシリカゲルなどの粒子表面への吸着と有機溶媒による溶出展開を利用する薄層クロマトグラムは最も基本的な技術であり，現在も有効であり活用できる方法である（Ⅱ-13参照）．試料を気化させて気体の移動と相固相表面への吸着の差によるガスクロマトグラム，さまざまな極性をもつ溶液を移動相とする液体クロマトグラムは機器の開発の進歩により分離と定量の精度は信頼性の高いものとなっている（Ⅱ-12参照）．

最も先進的な分析定量法として注目され活用されているのが質量分析である．この方法により，脂質分子を構造ごとに同定し定量的に扱うことが可能となっている（Ⅱ-11参照）．定量性についての精度と信頼性はさらに改善の余地があると言えるが，この方法と顕微鏡画像を組合わせることによる，光学顕微鏡レベルの解像度での脂質分子の分布の可視化を行う技術開発が進んでいる（Ⅱ-17参照）．

これらの物理的・化学的分離定量法とは異なるアプローチが特異的酵素反応を用いた生化学的定量法である．この方法は，特定の脂質分子に特異的な酸化酵素により生じる過酸化水素をカタラーゼにより色素発色反応に導く方法で定量性が高く，酵素の組合わせを工夫することで高い分子特異性をもつ測定系の組み立てが可能となる．この方法で注意を要する点は，すでに述べた酵素反応系のartifactの可能性である．反応のendpointで測定する場合でも，脂質を基質とする酵素反応が確実に起こっているかどうかの確認が必要である（Ⅱ-19参照）．臨床検査など日常的に多数の血漿試料を測定する目的で開発されたシステムでは，時間の節約のために反応の初期速度で定量する仕様になっているものもあり，試料の性質や状態によっては市販のキットでの測定説明書を鵜呑みにしてそのままの条件で用いることには慎重であるべきである（Ⅱ-20参照）．

◆ 文献

1） Tajima S, et al：J Biochem, 96：1753-1767, 1984
2） Langmuir I：J Chem Phys, 1：756-776, 1933
3） Nutting GC & Harkins WD：J Am Chem Soc, 62：3155–3161, 1940
4） Nakamura M, et al：Clin Chim Acta, 431：288-293, 2014
5） Tajima S, et al：J Biol Chem, 258：10073-10082, 1983

3 脂質の物性

中野 実

生体膜上ではさまざまなタンパク質が機能することで生命活動が維持されている．従来，脂質膜はそのようなタンパク質に活動の場を提供しているものとして捉えられてきたが，現在では，脂質組成や曲率など，脂質の物性の変化がタンパク質の活性を積極的に調節するという考え方が受け入れられている．したがって，生体膜の機能を理解するためには脂質の物性を正しく理解することが欠かせない．ここでは基本的な脂質の物性とその評価法について解説するとともに，生体膜モデルであるリポソームの利用について紹介する．

はじめに

生体内には数千種類の脂質分子が含まれていると言われる．これらの中には，シグナル伝達や特定のタンパク質との相互作用など，多様な生化学的特性を示し，化学構造で特徴づけられる個性が生物学的に重要な機能を果たすものも多い．一方，そもそも糖やタンパク質が化学構造で規定されているのとは対照的に，脂質は「水に不溶で有機溶媒に可溶な生体由来物質」として，物性により定義されることからも明らかなように，脂質の（集合体としての）物性を理解することは脂質を取り扱う上で非常に重要である．特に，水中で会合して，膜や液晶，油滴などの集合構造をつくるという脂質の性質は，生体の内と外を区別する生体膜を形作る上で必須のものであることは言うまでもない．本稿では，このような脂質（膜）の物性を決める相互作用を説明し，その物性を解析する方法について概説する．

脂質分子間に働く相互作用

1．疎水性相互作用による脂質の会合

油などの非極性分子は水にはほとんど溶解せず，水中では油滴，あるいは油相として存在する．このように非極性分子が水中で会合するのは，非極性分子の間に疎水性相互作用がはたらくためである．それでは疎水性相互作用とは何であろうか．

水は極性が高く，分子間で水素結合のネットワークを形成する特殊な液体である．水中

に非極性分子が加わっても，水分子は分子間の水素結合を維持しようとする．非極性分子の近傍にいる水分子はそれを取り囲む水素結合のネットワークを形成するので，あたかも非極性分子が水和しているかのように見える（これを疎水性水和とよぶ．図1A）．しかし非極性分子を避けながら水素結合を維持しなければならないので，水分子にとっては構造的な制約が加わることになる（つまりエントロピーが減少する）．このとき，非極性分子が水中で分散しているよりも，非極性分子どうしが会合したほうが，非極性分子と接触している水分子の数を減らすことができる（図1B）．実際，非極性分子の水中での会合はエントロピーの増加を伴うことが知られており，疎水性水和の解消が会合の駆動力となっている．つまり，疎水性相互作用は，非極性分子間で強い引力が働くというよりはむしろ，非極性分子が水から排除された結果として会合するという相互作用であると言える．

したがって，水中に加えられた非極性分子はごくわずかには溶解するものの，溶解度を超えると液体または固体の油相として水相と分離する（図2A）．図2Cは溶解度曲線をあらわしており，この曲線よりも右側（高濃度側）では飽和溶液と油相が共存する．この状態で，さらに非極性分子を加えても油相の量が増えるだけで，水中に溶解している非極性分子の濃度は飽和濃度のまま一定である．

一方，分子内に親水性と親油性（疎水性）の2つの部分をもつ両親媒性分子の場合は，疎

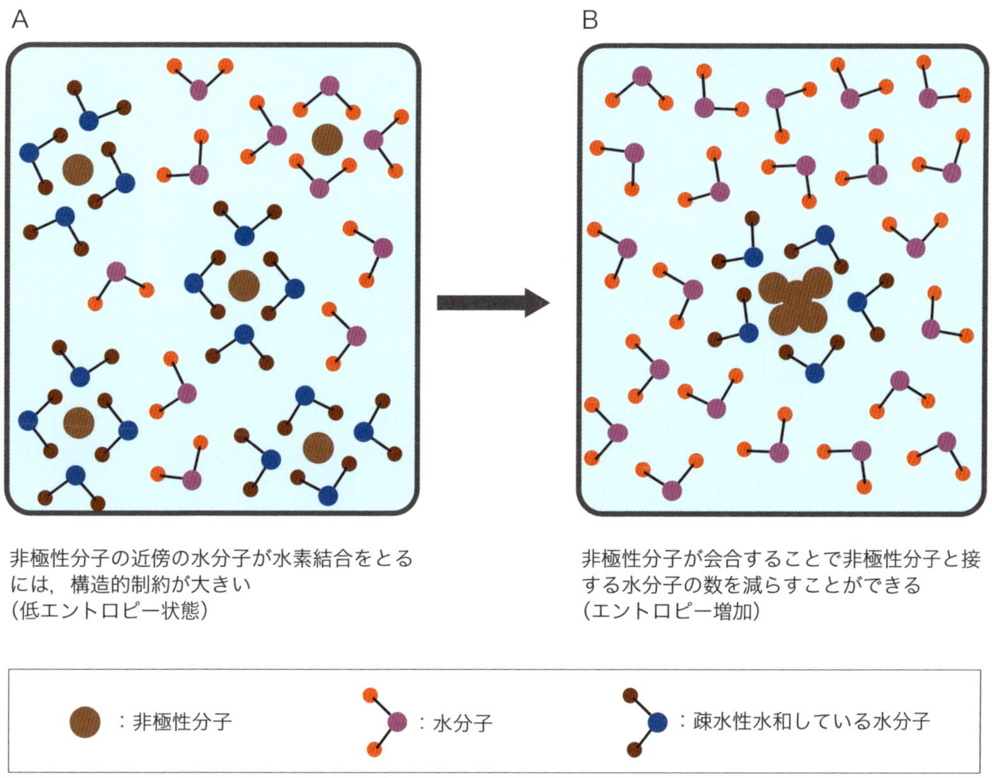

A
B
非極性分子の近傍の水分子が水素結合をとるには，構造的制約が大きい
（低エントロピー状態）
非極性分子が会合することで非極性分子と接する水分子の数を減らすことができる
（エントロピー増加）
：非極性分子
：水分子
：疎水性水和している水分子

図1　**疎水性相互作用**

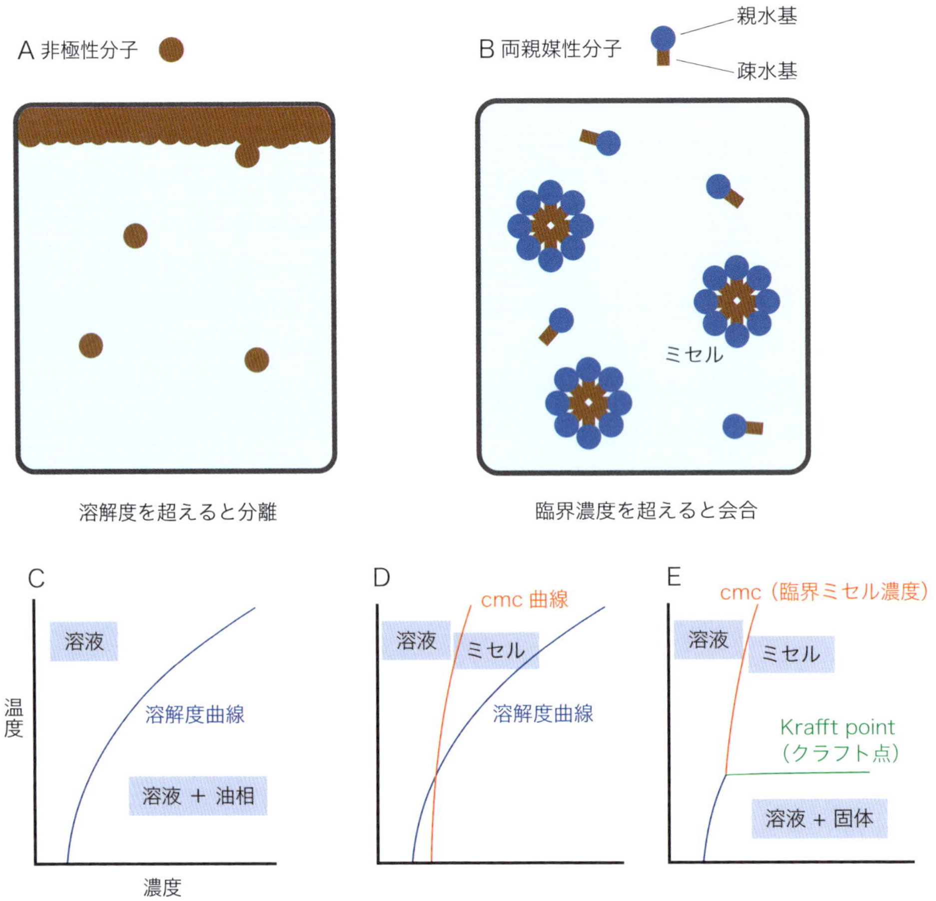

図2　疎水性相互作用による会合

水性相互作用により会合すると疎水基を内側，親水基を外側に向けたミセルを形成する．このような構造をとることによって疎水基と水との接触を減らすことができ，かつ親水基を水和させることができるためである（図2B）．リゾリン脂質やSDSなどの界面活性剤を水に加えていくとはじめは単量体として水に溶解するが，ある濃度に達するとミセルを形成しはじめる．この濃度を臨界ミセル濃度（cmc）とよぶ．この濃度以上に界面活性剤を添加しても，ミセルの数が増えるだけで単量体の濃度はcmcのまま一定である．図2Dに示すように溶解度曲線とcmc曲線は傾きが異なるため，ある濃度で交差する．先述したように，添加した界面活性剤は溶解度やcmcに達すると単量体の濃度はそれ以上には増えない．したがって，実際には図2Eのように両曲線の交点よりも低温では溶解度曲線，高温ではcmc曲線のみが現れる．この交点の温度をクラフト点とよぶ．物質の溶解度は一般に融解にともなって急激に上昇するので，クラフト点は多くの場合，不溶水和固体の融解温度に一致し，融解とともに透明なミセル溶液に変化する．

二本のアシル鎖をもつ脂質が会合しはじめる濃度は一本鎖のリゾリン脂質と比べると当

然低くなる．しかしながら，リゾリン脂質がミセルを形成するのに対し（図3A），二本鎖の脂質はミセルを形成しない．これは，二本のアシル鎖の占める体積が大きいため，球状，あるいは棒状のミセルの内側にアシル鎖を収納することができないからである．その代わりに脂質どうしが互いにアシル鎖を向き合わせた平面膜構造を形成することで，アシル鎖が水と接触しない状態をとることができる．このような構造を脂質二重層と呼び，脂質二重層が何層にも重なった構造をラメラ相とよぶ（図3B）．二本のアシル鎖をもつホスファチジルコリン（レシチン）は典型的なラメラ相形成脂質である．一方，ホスファチジルエタノールアミンはレシチンと同様に二本のアシル鎖をもつリン脂質であるが，頭部が小さいためにラメラ相を形成できず，逆ヘキサゴナル相を形成する性質をもつ（図3C）．このように，脂質分子の形によってとりうる会合体の構造は異なっており，頭部断面積と疎水部断面積が等しい円筒型脂質はラメラ相を形成するが，相対的に疎水部断面積が小さくなるとミセルを形成し，逆に頭部断面積が小さくなると逆ヘキサゴナル相を形成しやすくな

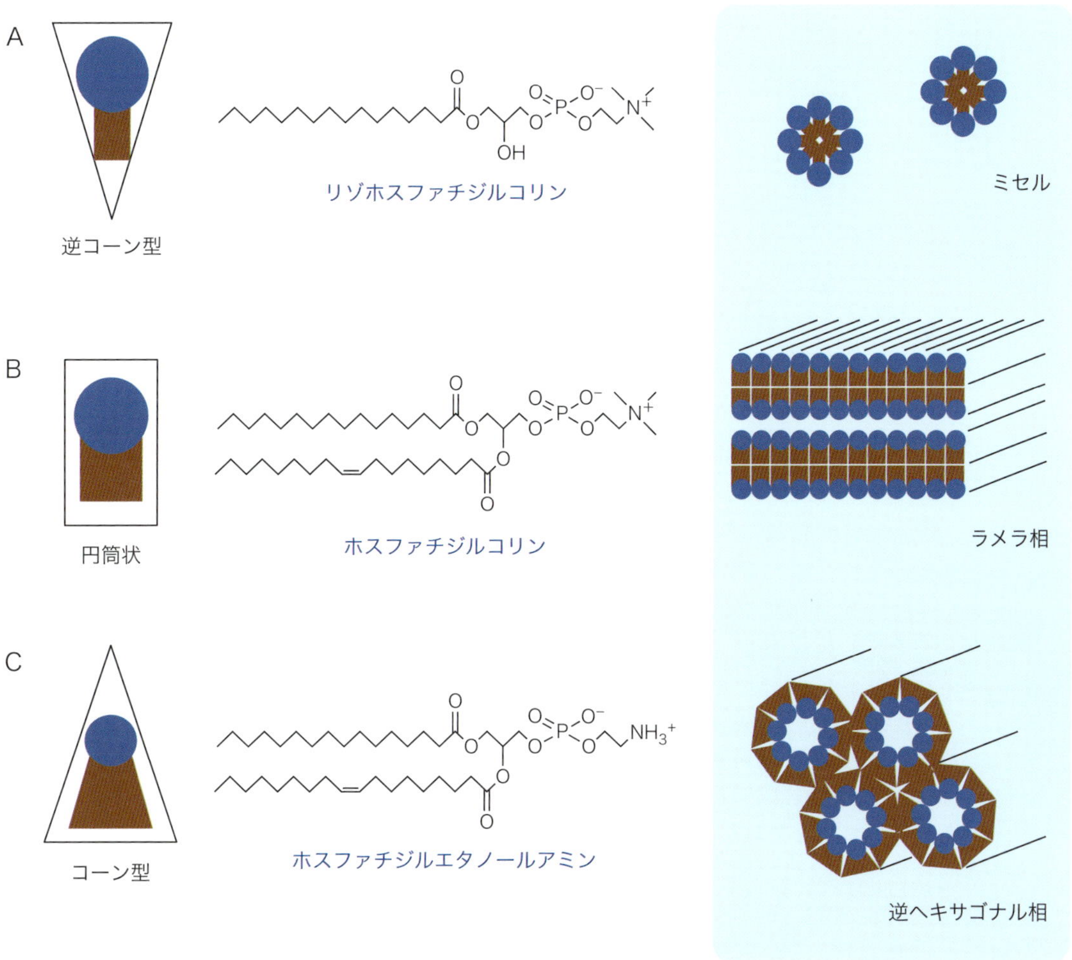

図3　脂質集合体の形

る．頭部の大きさはその化学構造の大きさだけでなく，水和度や頭部間の静電反発の大きさによっても左右される．

ラメラ相や逆ヘキサゴナル相，および後述する両連続キュービック相はリオトロピック液晶とよばれるもので，脂質分子はこれらの相の中で，規則構造を保ちながらもその構造内を並進移動したり，分子軸の周りに回転したりできるという，固体と液体の中間の性質を有しているのが特徴である．

2. ファンデルワールス相互作用によるラメラゲル相の形成

双極子（誘起双極子を含む）の間の引力相互作用であるファンデルワールス相互作用はその大きさが距離の6乗に反比例するため，近距離で働く．したがって，脂質間のファンデルワールス相互作用が最大となるのは，脂質二重層構造を形成した脂質のアシル鎖がclose-packingした状態をとる場合である．このような構造をもつ相をラメラゲル相とよぶ．液晶相と異なり，ラメラゲル相では脂質分子の並進移動や分子軸周りの回転が強く抑制されている．

アシル鎖がclose-packingするにはトランス型のコンフォメーションをとる必要がある．したがって，飽和のアシル鎖をもつ脂質はラメラゲル相を形成しやすい．例えば，飽和のアシル鎖をもつ1,2-ジパルミトイルホスファチジルコリン（DPPC）は室温でラメラゲル相を形成する．全トランス型のコンフォメーションをとるアシル鎖1本の断面積は19 Å^{2}であるのに対し，ホスホコリン頭部の占有面積が約50 Å^{2}であり，これはアシル鎖2本分の断面積よりも大きい．そのため，アシル鎖はclose-packingするために脂質二重層の膜の法線からおよそ30°傾いて配向している．温度が上昇するとラメラゲル相よりもエントロピーの高いラメラ液晶相の方がより安定になる．DPPC膜のゲル－液晶相転移温度は42℃である．ラメラ液晶相では脂質のアシル鎖は平均的に脂質二重層の法線方向に配向しているものの，ゴーシュ型の**コンフォメーション**が増えるために断面積が増加する．ラメラ液晶相におけるリン脂質の分子占有面積はおよそ60～70 Å^{2}であり，温度やアシル鎖不飽和度が高いほど増加する[1)]．生体内のグリセロリン脂質の多くは*sn*-2位に不飽和アシル鎖をもち，

Technical Tips ❶

「疎水性相互作用」にご用心

有機溶媒中で非極性分子が凝集して固体を形成したときに，「疎水性相互作用により凝集した」と答える学生がいる．非極性分子は疎水性を示すから，その分子間に働くのは疎水性相互作用…と考えてしまいがちであるが，これは誤りであり，「疎水性相互作用」と「ファンデルワールス相互作用」を混同している．疎水性相互作用は水中に存在する非極性分子が，水から排除された結果，凝集するものであるから，水が存在しないと生じない相互作用であることに注意してほしい．

コンフォメーション：飽和アシル鎖は炭素同士が単結合で結ばれているため，単結合の回転によって各原子の空間的配列，すなわちコンフォメーション（立体配座）が変化する．4つの連なるメチレン（-CH_2-）炭素のうち，1番目と2番目の炭素の結合と3番目と4番目の炭素の結合がなす角（二面角）は180°または60°をとることができるが，前者をトランス（型）配座、後者をゴーシュ（型）配座とよぶ．

このアシル鎖のシス型の二重結合がアシル鎖どうしのclose-packingを妨げるため，ゲル－液晶相転移温度が低く保たれている．例えば，1-パルミトイル-2-オレオイルホスファチジルコリンからなる膜のゲル－液晶相転移温度は－4℃であり，室温ではラメラ液晶相を形成する．一方，スフィンゴリン脂質の場合はそのスフィンゴシン骨格に結合するアシル鎖は飽和のものが多く，ゲル相を形成しやすい．*N*-パルミトイルスフィンゴミエリンからなる膜のゲル－液晶相転移温度はDPPCとほぼ等しく42℃である[2]．

3. 膜の物性におけるコレステロールの効果

コレステロールは哺乳類の生体膜中の主要構成脂質の1つであり，生体膜中に数%～数十%含まれている．他の生体膜主要構成脂質とは大きく構造が異なっており，剛直なステロール骨格を有する．そのため，リン脂質の液晶相に加えられると膜の流動性が低下する．一方，この剛直構造が飽和アシル鎖をもつ脂質とうまくpackingするため，コレステロールは飽和脂質との親和性が高い．飽和リン脂質やスフィンゴ脂質は単独ではラメラゲル相を形成するが，コレステロールが加わると秩序液体（liquid ordered：L_o）相を形成する．L_o相はラメラ液晶相とラメラゲル相の中間の性質を示し，脂質分子の並進運動や分子軸周りの回転運動はラメラ液晶相よりも抑制されているものの，ラメラゲル相のように凍結されてはいない．このL_o相と対比する場合，ラメラ液晶相は無秩序液体（liquid disordered：L_d）相とよばれることもある．

飽和リン脂質と不飽和リン脂質，コレステロールの3種混合膜は，飽和リン脂質とコレステロール（約30%）に富んだL_o相と，不飽和リン脂質を多く含み，少量（約5～10%）のコレステロールを含むL_d相に分離する．これは液－液相分離であるため，ゲル相と液晶相の固－液相分離と比べ，相の境界がなめらかで，L_o相どうしが膜上で容易に合一したり離散したりする．このようにコレステロールは膜の流動性を調節するだけでなく，ちょうどレンガの間のモルタルのように相の境界を柔軟に埋め合わせることで膜の漏出を抑え，膜の安定性を向上させる働きをもつ．

生体膜においても前述のような相分離がミクロなスケールで生じていると考えられている．このようなミクロ相分離によって生じるコレステロールに富んだドメインは脂質ラフトとよばれている[3]．脂質ラフトは生成や消滅をくり返し，生成した脂質ラフトには特定のタンパク質〔GPIアンカー型タンパク質やアシル化（ミリストイル化，パルミトイル化）の修飾を受けたタンパク質など〕が集積し，シグナル伝達を時空間的に制御していると考えられている．

脂質相の評価

先述のように脂質はその分子構造に応じてさまざまな液晶相（ラメラ相，逆ヘキサゴナル相，両連続キュービック相）やゲル相を形成する．これらの相の規則構造はナノメートルのオーダーなので目視では見分けられないが，以下の方法によって相を区別・同定することができる．

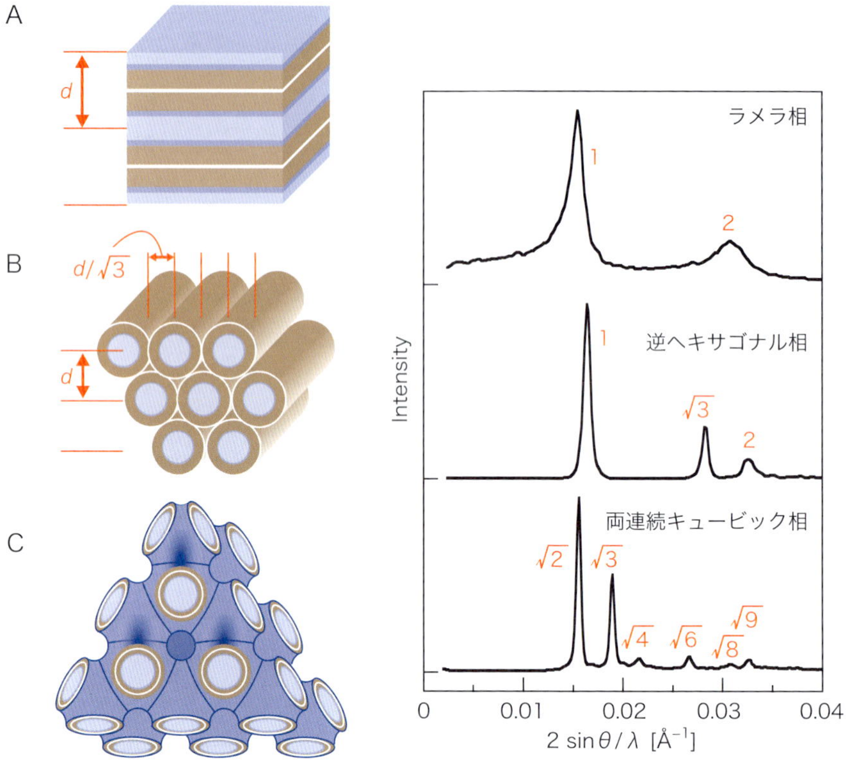

図4　X線回折による評価

1. X線回折

X線回折では，構造の周期性の違いが回折パターンに反映される．ラメラ相では脂質二重層の膜の法線方向に対してくり返し構造が現れるので，層間隔dに応じた回折ピークが観察される．横軸として$2\sin\theta/\lambda$の値をとると（X線の波長をλ，散乱角を2θとする），ラメラ相ではBraggの条件（$2d\sin\theta = n\lambda$）を満たす回折ピークが等間隔（1：2：3…）で現れるのが特徴である．図4AのX線回折パターンでは，1次，2次の回折ピーク（$n = 1,2$）が出現しており，その位置から層間隔が65 Åと求められる．逆ヘキサゴナル相は円筒をヘキサゴナル状に充填した構造からなるため，円筒の軸に垂直な平面に沿って2次元的な規則構造が現れる．最も近い（隣り合う）円筒どうしを結ぶ面と面の間隔（図4Bのd），次に近い円筒どうしを結ぶ面と面の間隔（図4Bの$d/\sqrt{3}$），その次に近い円筒どうしを結ぶ面と面…，というふうに周期性が複数存在するため回折パターンはやや複雑となり，回折ピークが$1:\sqrt{3}:2:\sqrt{7}:3$…の位置に現れる．両連続キュービック相は3次元的な規則構造をもつため，回折パターンはさらに複雑になる．図4Cには両連続キュービック相の一種，double-diamond cubic相の回折パターンが示されており，$\sqrt{2}:\sqrt{3}:\sqrt{4}:\sqrt{6}:\sqrt{8}:\sqrt{9}$の位置に回折ピークが観測されている．このようにX線回折を用いれば，液晶構造の同定と，その構造の大きさが分かる．

ラメラ液晶相とラメラゲル相とでは，脂質分子どうしのpackingが異なるため，その違いを反映した回折がより広角側で観測される．ラメラゲル相の場合は，密なpackingを反映して，およそ$2\sin\theta/\lambda = 1/4.2\ (= 0.24)\ Å^{-1}$の位置にシャープなピークが現れる．これは，アシル鎖が全トランス型のコンフォメーションをとって4.2 Åの面間隔で最密充填していることを反映している．また，先述のようにアシル鎖が膜の法線から傾いて配向する場合が多く，この場合，複数の回折ピークがみられる．これらの回折から分子占有面積を算出できる[4)]．一方，ラメラ液晶相の場合は$2\sin\theta/\lambda = 1/4.5\ Å^{-1}$付近にブロードなピークが出現する．ラメラ液晶相では小角側の回折から膜の厚さ（d）を求め，水和数や脂質の分子体積を考慮して分子占有面積を算出するのが一般的であり，ラメラゲル相の場合と同じように広角の回折（$1/4.5\ Å^{-1}$）から算出すると実際よりも小さな値となってしまう．これはラメラ液晶相中のアシル鎖の配向性が低く，その一部はupturnを生じるためと考えられている．この効果を補正して分子占有面積を算出する方法も考案されている[5)]．

2. 偏光顕微鏡

光学異方性をもつ液晶試料は偏光顕微鏡で観察することができる．自然光を偏光板に通すと偏光が得られるが，この偏光は偏光軸に対して45°傾いた2つの直交する偏光（図5Aの赤と青の波）の合成波とみなすことができる．この2つの偏光は同じ速度，同じ位相で進行し，試料に入射する．等方性試料の場合，試料を透過した2つの偏光の位相は等しいままなので，透過光は偏光軸が直交した偏光板（直交ニコル）を透過できない．そのため両連続キュービック相を偏光顕微鏡で観察しても何も見えない．一方，ラメラ相や逆ヘキサゴナル相のように異方性をもつ相の場合は，入射する偏光の振動方向によって屈折率が異なる．この光学的異方性のために，2つの偏光が試料中を通過する速度が異なり，その結果，透過後の2つの偏光の位相がずれることになる．図5Bでは位相が180°ずれた場合を示しており，この場合，透過後の合成波は直線偏光であるが，その偏光面は入射光の偏光面とは90°ずれているので直交ニコルを透過する．位相のずれ方は試料の厚みや光の波長に依存するので，波長によって透過率の差が生じ，色付いて見えるようになる．特に逆ヘキサゴナル相はAngular textureとよばれるカラフルな偏光顕微鏡画像を与える．このように，画像の特徴から経験的に相を推定することができる．

3. ^{31}P NMR

リン脂質を含む液晶相であれば，^{31}P NMRを使って相を識別することができる．^{31}Pの化学シフトは静磁場に対するリン原子団の向きに依存する（これを化学シフトの異方性とよぶ）が，通常の溶液NMRではリン原子団の向きは等方的な回転によって平均化されるため，シャープなシグナルが観察される．一方，液晶試料の場合は，化学シフトの異方性を反映して構造に依存したスペクトルを与える．液晶中のリン脂質はその規則構造内を並進運動するとともに分子軸に対して回転運動をする．ラメラ相での並進運動は静磁場に対するリン原子団の向きを変えないが，回転運動によって化学シフトテンソルが部分的に平均化されるため，高磁場側に極大をもつ左肩下がりのスペクトルが得られる（図6A）．逆へ

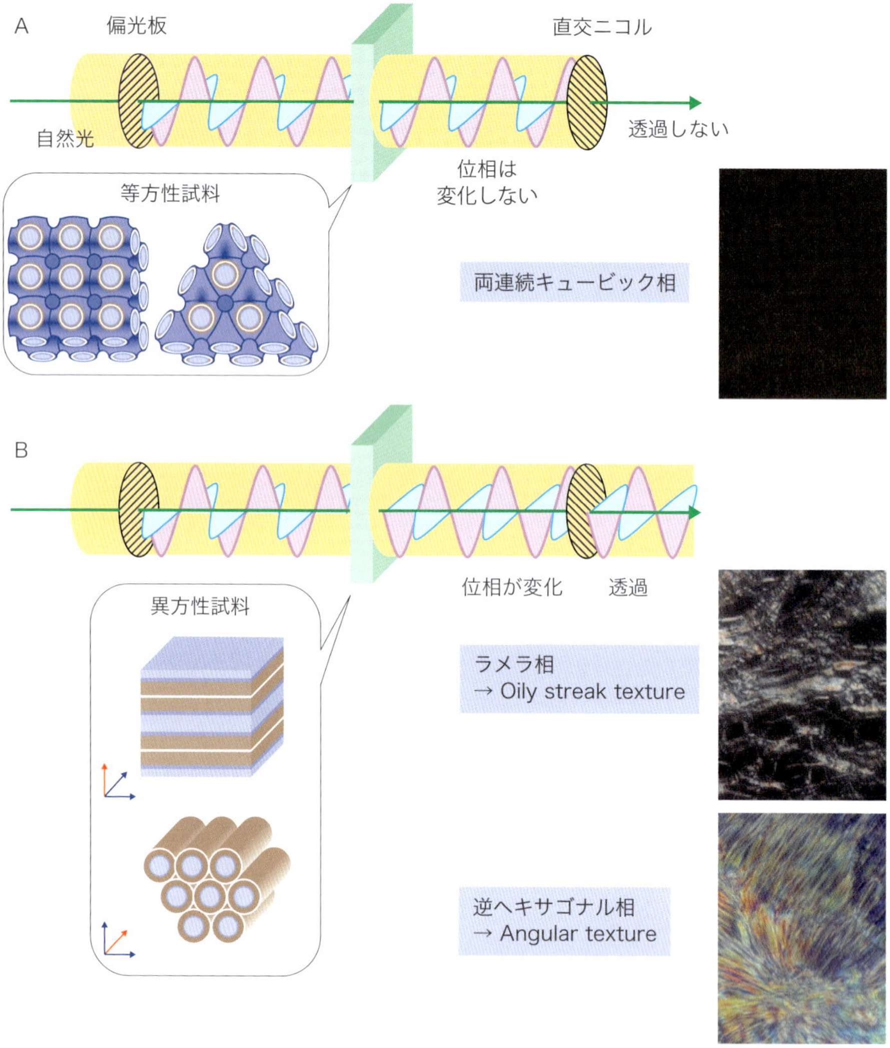

図5 偏光顕微鏡による評価

キサゴナル相では，並進運動も円筒の軸まわりの回転を含むため化学シフトテンソルが二重に平均化され，スペクトルはラメラ相のものとは左右が反転し幅が半分になる（図6B）．両連続キュービック相では，並進運動によってリン原子団はあらゆる方向をとることができるため，スペクトルは溶液NMRに近いシャープなシグナルを与える．

4. 示差走査熱量測定

示差走査熱量測定では一定速度で試料の温度を上昇（下降）させるときに試料に出入りする熱量を測定する．相変化がない状態では，加えられた熱量はすべて試料の温度上昇に使われるので，熱容量が温度に依存しない限りこの熱量は一定である．一方，ある温度で相変化が生じると，相転移に伴う熱の出入りがピークとなってあらわれる．図7は水和DPPC

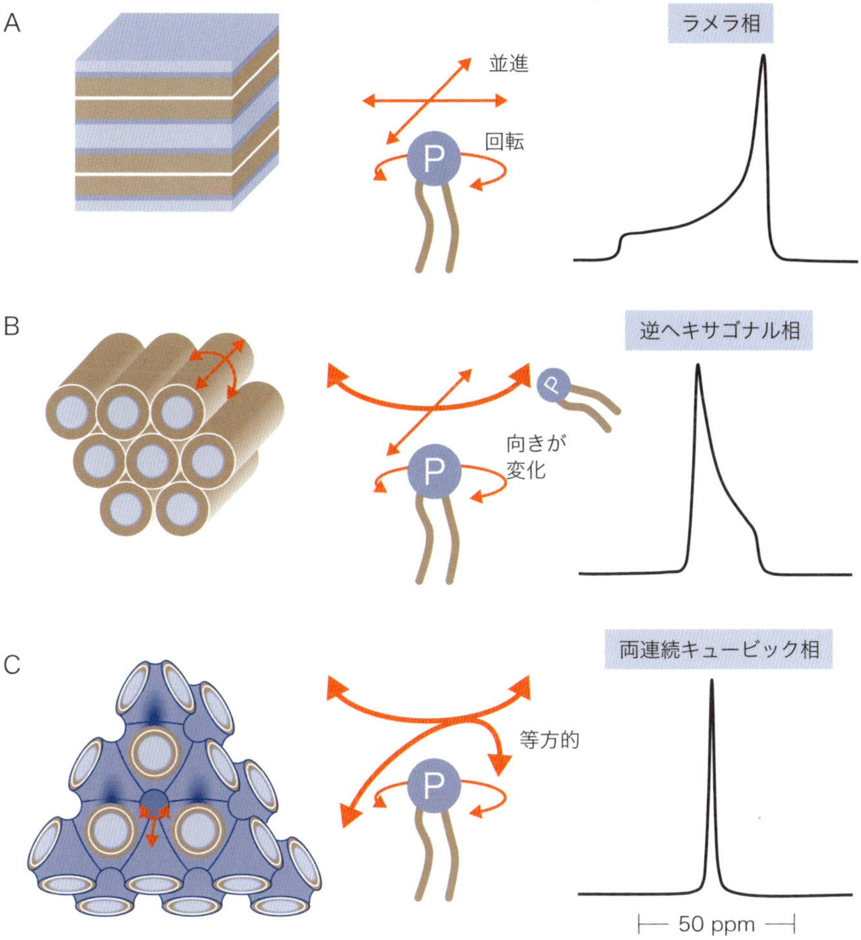

図6　^{31}P NMRによる評価

のサーモグラムをあらわしており，昇温過程において40°C付近に吸熱ピークが観察されている．先述のようにDPPCは低温でラメラゲル相を形成し，アシル鎖はトランス型のコンフォメーションをとって密に充填され，ファンデルワールス相互作用によって安定化されている．温度を上昇させてゆくと，相転移温度においてラメラゲル相とラメラ液晶相に存在するDPPCのギブズエネルギー（化学ポテンシャル）が等しくなる．この状態でさらに加えられた熱は分子間の結合（相互作用）の解消に使われ，より自由度（エントロピー）の高いラメラ液晶相に転移する．したがって，サーモグラムのピークの位置（通常はピークが出現しはじめる位置をとる）が相転移温度（T_{tr}）をあらわし，ピーク面積から相転移エンタルピー（$\Delta_{tr}H$）が算出できる．また，相転移エントロピー（$\Delta_{tr}S$）は$\Delta_{tr}S = \Delta_{tr}H/T_{tr}$で与えられる．なお，DPPCの場合，ラメラゲル相はいったんリップルゲル相とよばれる相に転移（前転移）してからラメラ液晶相に転移（主転移）するため，図7には2つの吸熱ピークが存在している．このように，ゲル－液晶相転移は比較的大きな熱量変化を伴う

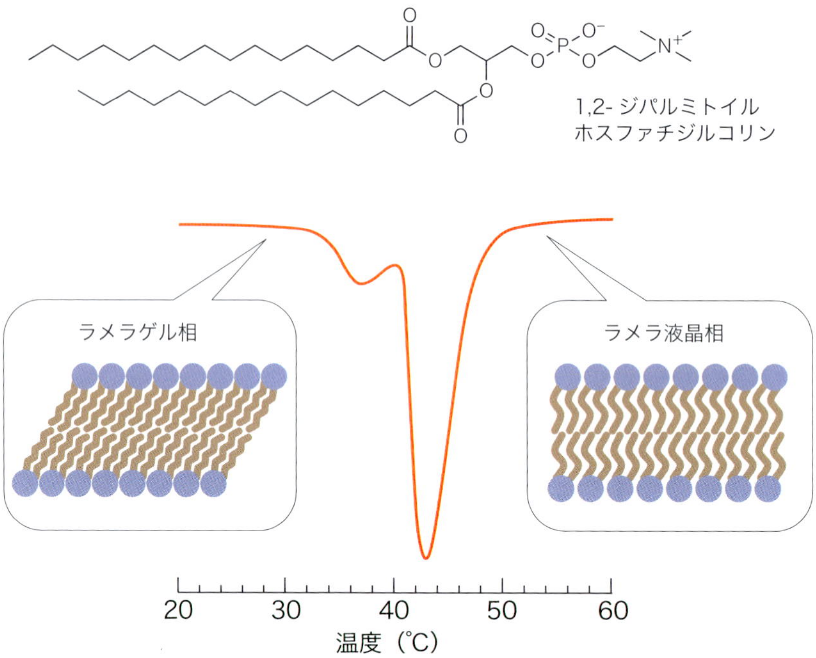

図7　示差走査熱量測定法による評価

ので，示差走査熱量測定がその検出に利用される．一方，液晶相間の転移（例えば，ラメラ－逆ヘキサゴナル相転移）に伴う熱量変化は非常に小さい．

リポソームを用いた脂質膜－タンパク質相互作用の評価

逆ヘキサゴナル相や両連続キュービック相は過剰の水が存在すると，油のように分離して存在する．一方，ラメラ相は，脂質二重層が閉じた小胞となることで水中に分散させることができる．このような脂質小胞をベシクルまたはリポソームとよぶ．なお，ベシクルという語は生体内の小胞から人工の脂質小胞まで広義に使われるが，リポソームは人工脂質小胞を指し示す場合が多い．脂質組成を自由に変えることができるので，リポソームを生体膜のモデル粒子として用い，生体膜上で起こる現象を実験的に再現，検証する実験が行われている．さまざまなリポソーム調製法が存在するが，ここでは押し出し法（エクストルージョン法）とよばれるリポソームの作製法と，リポソームを用いた脂質膜－タンパク質相互作用の評価の例を説明する．

1. リポソームの作製

リポソーム作製の際は，用いる脂質を有機溶媒（クロロホルム/メタノール）中で混合した後，溶媒をエバポレーターなどを用いて完全に除去する．得られた脂質の薄膜に緩衝液を加えて懸濁させる．リポソーム内部の水相に水溶性物質を内包したい場合は，その物質

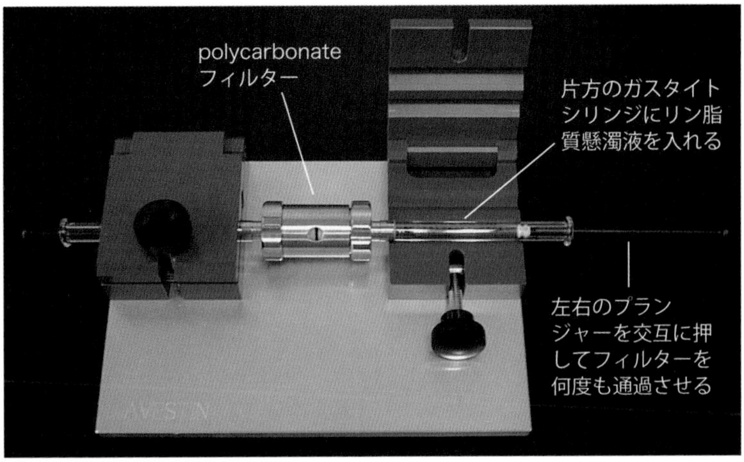

図8　Avestin社製リポソーム作製装置

が溶解した緩衝液を用いればよい．ボルテックスミキサーなどで振動を与えて薄膜を剥がせばリポソームが生成する．ただこの時点では粒子の大きさは不均一で，脂質二重層が何層にも重なった多層膜も含まれているので，この後，凍結融解とエクストルージョンという操作を行う．

凍結融解は脂質懸濁液の入った容器を液体窒素（またはドライアイス/エタノールなど）に浸して懸濁液を凍結させた後，温水に浸して融解させるという操作である．この操作を通常5回以上くり返す．これにより，多層膜が融合して単層膜が形成される．また，水溶性物質の内包効率も上昇する．

エクストルージョン法では，形成されたリポソームを均一サイズの孔のあいたpolycarbonateフィルターに通すことで，粒子径を揃える．2本のガスタイトシリンジをフィルターの両側に繋いでエクストルージョンを行う装置はAvestin社（図8）やAvanti Polar Lipids社から市販されている．フィルターの孔径は30 nmから1 μmのものまでさまざまで，用途に応じて使い分けられる．ただ，リポソームは変形して孔を通過するため，粒子径は孔径よりも大きくなる．孔径100 nmのフィルターが最もよく使用されており，このとき得られるリポソームの粒子径は，用いる脂質の種類にもよるが，110～150 nmになる．酸性リン脂質が含まれているほうが膜間の静電反発が働くため，粒子の分散安定性は向上し，また，多層膜の生成を減らすことができる．ゲル－液晶相転移温度よりも高い温度で作成しないと目的の粒子径まで小さくならないので，飽和リン脂質を扱う場合はドライヤー等で温めながら操作する．

この手法により数mM～数十mMの濃度のリポソームを作製できる．試料量はガスタイトシリンジのサイズ（0.5 mLまたは1.0 mL）に依存する．調製したリポソームの濃度はリンの定量[6]や酵素学的手法により定量する．定量法はⅡ-19，Ⅱ-20に詳しく記載されている．

2. トリプトファン蛍光を利用したタンパク質の膜結合性評価

タンパク質中のトリプトファン（Trp）残基側鎖のインドール環は紫外光励起（280～290 nm）により蛍光（330～360 nm）を示す．蛍光の波長や強度はインドール環まわりの環境に強く依存し，Trp残基が水中から脂質膜のような非極性環境に移ると，発光強度の増大と短波長側へのシフトが観察される．このことを利用して，タンパク質の脂質膜結合性を評価できる．比較的短いポリペプチドで，Trp残基が膜結合領域に含まれている場合に有効で，滴定実験によって結合パラメーターなどの物理化学的な情報が得られる．数μMのタンパク質（Trp残基）濃度で検出できる．脂質濃度は数mMまで滴定できるが，高濃度ではそれ自身の濁度による光吸収により蛍光が減弱してしまうため，補正が必要である[7]．膜結合領域以外の部位にもTrp残基が存在するタンパク質では膜結合に伴う蛍光強度変化は相対的に小さくなるため，この手法の適用は難しくなる．

3. 超遠心法によるタンパク質の膜結合性評価

リン脂質（～1.0 g/cm^3）とタンパク質（～1.35 g/cm^3）の密度差を利用して，リポソームに結合したタンパク質と遊離のタンパク質とを超遠心法により分離することができる．われわれは酵母のリン脂質輸送タンパク質Sec14の膜結合性を評価するために175 μg/mLのSec14と2 mMのリポソームとを全量100 μLとしてインキュベーション後，スクロース密度勾配遠心によって上層の膜結合画分と下層の遊離画分に分離し，それぞれの画分のSec14量をSDS-PAGEにより定量した．Sec14の膜結合性はSec14の輸送基質であるホスファチジルコリンやホスファチジルイノシトールを含有するリポソームにおいて顕著に低下し，このタンパク質が輸送基質をポケットに挿入すると膜低親和性状態に変わることを示した[8]．

膜結合性を示すタンパク質は，遠心チューブ等に吸着してしまう場合が多いので注意が必要である．特に低濃度のタンパク質で実験すると吸着の影響が無視できない場合がある．あらかじめウシ血清アルブミン（BSA）やLIPIDURE® という合成高分子の水溶液を遠心チューブに入れておくと，不可逆的な吸着が起こりチューブの表面がコートされるので，目的のタンパク質の吸着を抑えることができる．

4. 表面プラズモン共鳴（SPR）法によるタンパク質の膜結合性評価

表面プラズモン共鳴（SPR）法は主にタンパク質間相互作用を評価する有力な手法である．原理等の詳細は成書[9]に譲るが，センサーチップとよばれるカルボキシメチルデキストラン（CMD）で覆われた基板上にあらかじめタンパク質（リガンドとよばれる）を化学的に固定しておき，別のタンパク質（アナライトとよばれる）をマイクロ流路を通じて添加したときのリガンドへの結合をリアルタイム，高感度で検出する．アナライトの結合／解離速度の評価や結合量のアナライト濃度依存性から解離平衡定数を算出することができる．リポソームをリガンドとして固定化できるセンサーチップも販売されているので，SPRをタンパク質の膜結合性評価に適用することができる．このセンサーチップ上にはCMDの一部にアルキル鎖が修飾されており，疎水性相互作用によってリポソームがセンサーチップ上につなぎ止められる．界面活性剤やisopropanolなどで洗い流すことで別のリポソームを再び固定化することができる．われわれは上述のSec14の膜結合性の脂質組成依存性をSPRでも評価したが，この手法では50 μg/mLのタンパク質を90 μL添加したので[8]，超遠心法に比べ，タンパク質の量をおよそ4分の1で評価できたことになる．溶媒とアナライト溶液との屈折率差がセンサーグラムに影響を与えるため，結合量の解析にはその補正として，得られたセンサーグラムからリファレンスセル（リガンドを固定していない表面）のセンサーグラムを差し引く必要があるが，リガンドとしてリポソームを用いた場合は，この操作がうまくいかないことが多い．異なるリポソームに対する結合性の違いを議論するだけであれば，リポソーム固定化量を揃えて生データで比較すればよい．しかしながら，酸性リン脂質が多く含まれるとCMDとの静電反発によって固定化量が著しく減少する．

5. 膜の曲率の効果

平面膜がリポソーム（小胞）になることによって，膜が曲率をもつことになる．このとき，脂質二重層の外側の膜（外葉）は正の曲率，内側の膜（内葉）は負の曲率をもつため，脂質二重層中央における脂質分子占有面積に比べ，脂質膜表面における分子占有面積は外葉では大きく，内葉では小さくなる．図9のグラフは，外葉での分子占有面積の増分（%）をリポソームの直径に対して示したものであり，脂質分子の長さを2 nmとして計算している．直径100 nmのリポソームでは膜表面の占有面積は脂質二重層中央における占有面積と比べ4.1%大きいに過ぎない．直径が100 nmよりも小さく，曲率が大きくなると，膜表面の占有面積は急激に増加し，直径40 nmのリポソームでは11%に達する．拡がった表面の

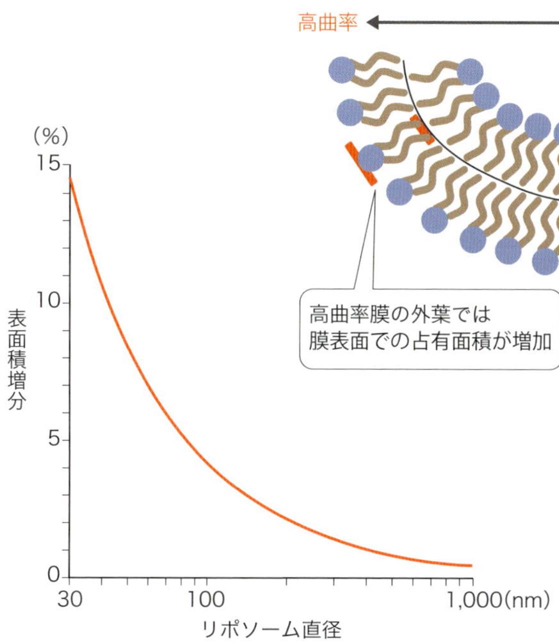

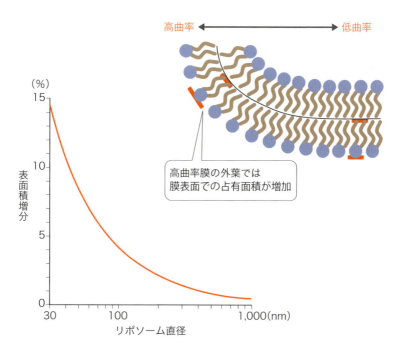

図9　膜の曲率と分子占有面積の変化

領域には当然，水が浸入することになり，アシル鎖の疎水性水和が生じることになる．多くの膜結合性タンパク質では膜曲率の増加によって結合量が増加するが[7)8)10)]，これは，タンパク質の結合によって高曲率膜表面の疎水性水和を軽減できるためである．

おわりに

脂質および脂質膜の物性ならびにその評価法について解説した．生体膜の脂質組成や曲率はタンパク質によって制御されており，脂質組成や曲率の変化はタンパク質との相互作用を変化させる．つまり，脂質とタンパク質が互いに影響を及ぼし合うことで生体機能が制御されている．生体膜の物性の時間・空間的な変化を計測する技術も急速に進歩しており，今後，脂質物性の理解を通じて，生体膜や生体内脂質粒子の機能の理解がさらに進展することが期待される．

◆ 文献

1）Kučerka N, et al：Biochim Biophys Acta, 1808：2761-2771, 2011
2）Maulik PR & Shipley GG：Biochemistry, 35：8025-8034, 1996
3）Simons K & Ikonen E：Nature, 387：569-572, 1997
4）Ruocco MJ & Shipley GG：Biochim Biophys Acta, 691：309-320, 1982
5）Mills TT, et al：Biophys J, 95：669-681, 2008
6）BARTLETT GR：J Biol Chem, 234：466-468, 1959
7）Sugiura Y, et al：Langmuir, 31：11549-11557, 2015
8）Sugiura T, et al：Biophys J, 116：92-103, 2019
9）「生体物質相互作用のリアルタイム解析実験法―BIACOREを中心に」（永田和宏，半田 宏/編），シュプリンガー・フェラアーク東京，1998
10）Mesmin B, et al：Biochemistry, 46：1779-1790, 2007

◆ 参考図書

「生体膜：分子構造と機能」（Gennis RB/著，西島正弘，他/共訳），シュプリンガー・フェラアーク東京，1990
「リポソーム応用の新展開」（秋吉一成，辻井 薫/監），エヌ・ティー・エス，2005
「新しい分散・乳化の科学と応用技術の新展開」（古澤邦夫/監修），テクノシステム，2006

4 脂肪酸

有田　誠

脂肪酸はリン脂質，スフィンゴ脂質，糖脂質，トリグリセリド，ジアシルグリセロール，コレステリルエステルなど多くの脂質分子の基本構成成分であり，その組成変化は生体膜機能，エネルギー代謝，シグナル伝達などに大きな影響を及ぼす．本稿では，これら脂肪酸の構造多様性，物性，および生体機能について概説する．

脂肪酸の構造

脂肪酸は疎水性の炭化水素鎖の末端にカルボキシル基が結合した構造となっており，生体内では遊離体として，およびリン脂質やトリグリセリドなどの疎水性尾部を構成するエステル体として存在する．脂肪酸には多くの種類があり，飽和と不飽和，さらに不飽和度の高い多価不飽和脂肪酸などに大別される．また，多価不飽和脂肪酸の中でも分子内の二重結合の位置によりn-9，n-6，n-3系などがある．脂肪酸のメチル基末端の炭素はω炭素とよばれ，そこから数えて6番目の炭素に二重結合があるものをω6（オメガ6）脂肪酸またはn-6（エヌ・マイナス6）系脂肪酸，3番目の炭素に二重結合があるものをω3脂肪酸またはn-3系脂肪酸とよぶ．天然の不飽和脂肪酸は通常シス型で存在するが，反芻動物に由来する乳製品や加工食品などにはトランス型の二重結合をもつ不飽和脂肪酸が一部含まれる．図1に主な脂肪酸の構造を示し，図2に脂肪酸の生合成経路について示す．細胞内の主要な脂肪酸である炭素数16～18の長鎖脂肪酸は，エネルギー代謝や生体膜の構成成分として生命活動に必須の役割を果たしている．これら長鎖脂肪酸の合成は，脂肪酸合成酵素（fatty acid synthase：FAS）や脂肪酸伸長酵素（fatty acyl-CoA elongase：Elovl）などにより行われる．また，小胞体には脂肪酸に二重結合を導入する脂肪酸不飽和化酵素（fatty acid desaturase：FADS）が存在し，特にSCD（stearoyl-CoA desaturase）とよばれる酵素は，飽和脂肪酸であるステアリン酸（18：0）やパルミチン酸（16：0）に一価の二重結合を導入し，オレイン酸（18：1n-9）およびパルミトレイン酸（16：1n-7）が生成する．一方の多価不飽和脂肪酸については，分子内の二重結合の位置によりリノール酸（18：2n-6），アラキドン酸（20：4n-6）などのn-6系脂肪酸と，αリノレン酸（18：3n-3），エイコサペンタエン酸（EPA，20：5n-3），ドコサヘキサエン酸（DHA，22：6n-3）などのn-3系脂肪酸が存在するが，哺乳動物はこれらの脂肪酸を*de novo*合成することができない．

	炭素数	二重結合数	二重結合の位置	融点
ミリスチン酸（14：0）	14	0	−	53.9
パルミチン酸（16：0）	16	0	−	63.1
ステアリン酸（18：0）	18	0	−	69.6
オレイン酸（18：1）	18	1	n-9	13.4
リノール酸（18：2）	18	2	n-6	−0.5
α-リノレン酸（18：3）	18	3	n-3	−11.0
アラキドン酸（20：4）	20	4	n-6	−49.5
エイコサペンタエン酸（20：5）	20	5	n-3	−54.1
ドコサヘキサエン酸（22：6）	22	6	n-3	−44.3

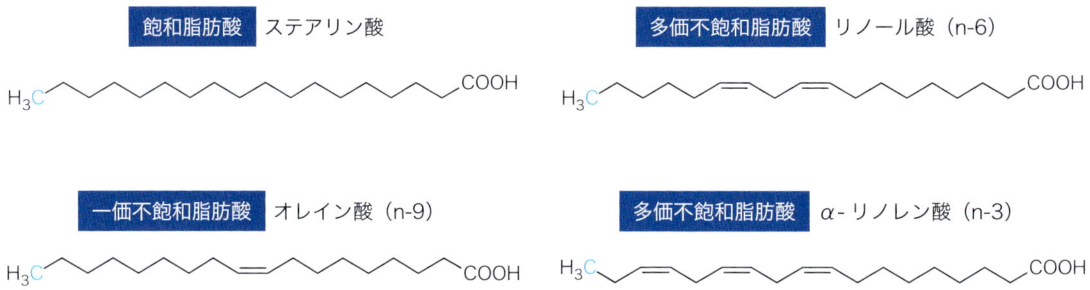

図1　主な脂肪酸の構造
青字で示した炭素（ω炭素）から数えて*x*番目の炭素に二重結合がある脂肪酸をn-*x*系脂肪酸とよぶ.

これは，哺乳動物ではn-6不飽和化酵素（Δ12 FADS），およびn-3不飽和化酵素（n-3 FADS; *fat-1*）が欠損しているからで，一方である種の植物や海藻，線虫などはこれらの酵素活性を有している[1]．近年，これら質の異なる脂肪酸の形成や代謝にかかわる酵素の分子実体が次々と明らかになり，生体における脂肪酸代謝バランスの重要性について分子レベルでの研究が進んでいる．

脂肪酸の物性

脂肪酸の炭化水素鎖の末端に結合するカルボキシル基のpK_aは約4.8であり，生理的なpHでは陰イオン（$R-COO^-$）となっている．このため，脂肪酸は分子内に疎水性領域と親水性領域の両者をもつ両親媒性物質である．しかしながら炭素数14以上の長鎖脂肪酸は疎水性が高いため水に難溶であり，体内を循環する際にはエステル体（トリグリセリド，リン脂質，コレステロールエステル）として血漿リポタンパク質に結合，あるいは遊離脂肪酸はアルブミンと結合して輸送される．物性として遊離脂肪酸は膜透過にトランスポーターを必要としないものの，実際に細胞内に取り込まれる際にはリポタンパク質受容体を介し

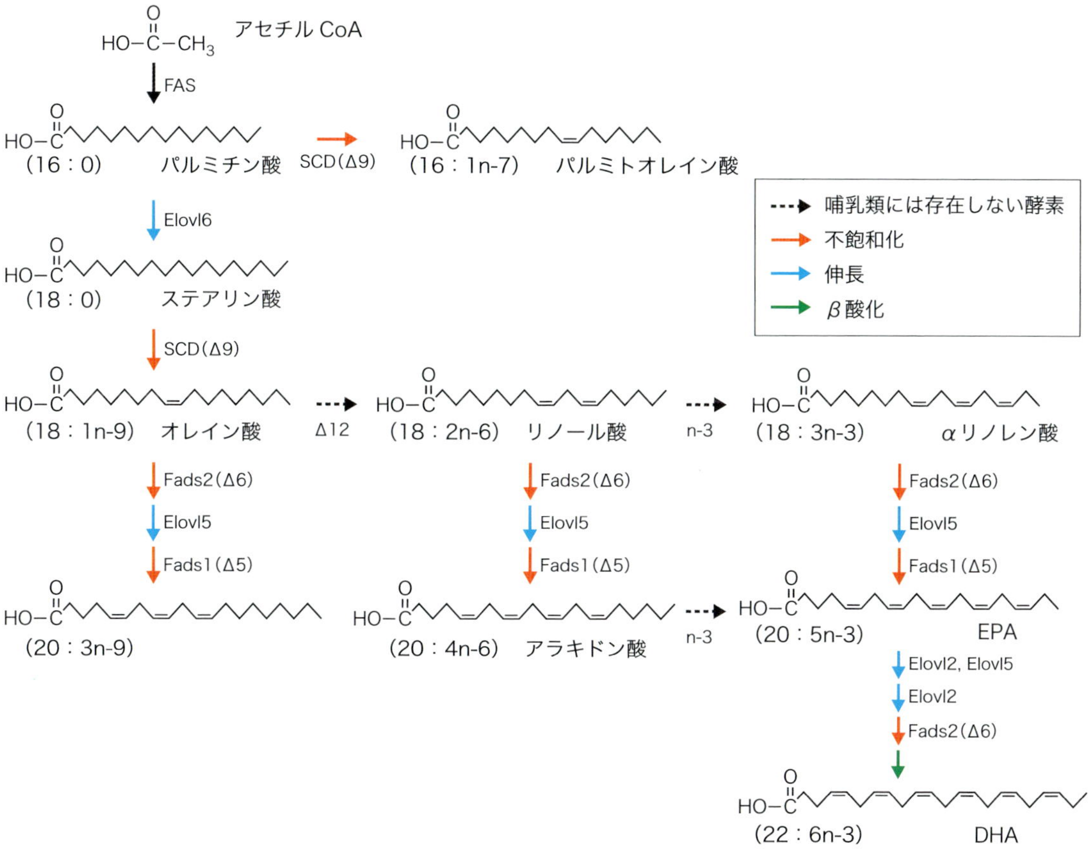

図2　脂肪酸の生合成経路（文献1より引用）

たエンドサイトーシス，および細胞表面の遊離脂肪酸がFATP（fatty acid transport proteins）やCD36/FAT（fatty acid translocase）などを介して膜を透過し，細胞質内ですみやかにアシルCoAに変換されることで取り込みが促進される．

また脂肪酸は，細胞膜の基本構造である脂質二重層を構成するリン脂質や糖脂質の疎水性尾部を構成し，その鎖長や不飽和度の違いは膜の物性や機能に大きな影響を及ぼす．膜リン脂質に結合する長鎖脂肪酸の不飽和度が高いほど尾部の分子構造に折れ曲がりが生じ，その結果疎水性相互作用が減少して膜の流動性や柔軟性が増す．一方で，飽和脂肪酸を含むスフィンゴミエリンはコレステロールとともに脂質ラフトとよばれる微小な膜ドメインを形成し，効率的なシグナル伝達にかかわっていると考えられている．

生体における脂肪酸の主要な機能

栄養素であり，かつ生体膜脂質や脂肪滴の構成成分でもある脂肪酸は，細胞の生命活動において必須である．また，ヒトの健康維持において体内の脂肪酸バランスが重要である

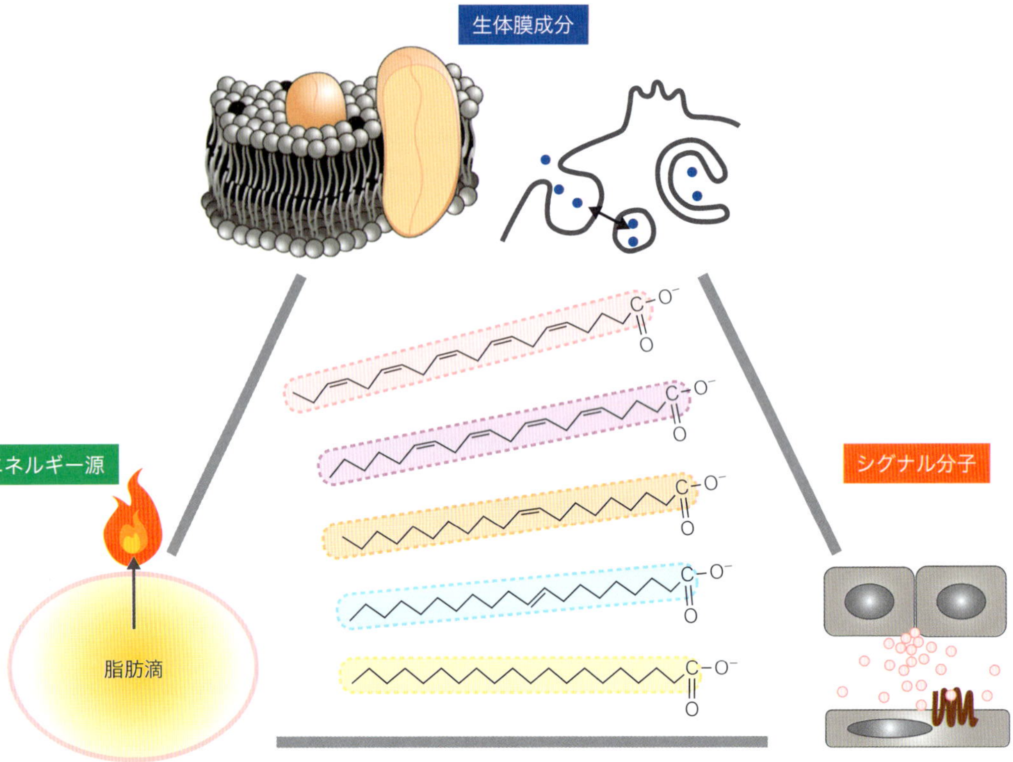

図3　脂質の三大機能に影響を及ぼす脂肪酸バランス（文献2より引用）

ことが知られている[2]．脂肪酸には大きく分けて3つの機能，すなわち，生体膜成分，エネルギー源，シグナル分子，としての機能があり，脂肪酸バランスの変化はこれら脂質の三大機能に大きな影響を及ぼす（図3）．

1. 生体膜成分としての脂肪酸

細胞膜リン脂質の脂肪酸組成の変化は，膜の流動性や細胞内小胞輸送，**ラッフリング膜**の形成，オートファージーなどにみられる膜のダイナミックな動きや，受容体やイオンチャネルなど膜タンパク質の機能に対して大きな影響を与えると考えられる．例えば，細胞膜の脂肪酸バランスが飽和に傾くと膜ストレス応答が誘導されるが，このとき細胞に不飽和脂肪酸を添加すると膜リン脂質の飽和・不飽和脂肪酸バランスが是正され，膜ストレスも抑制される．また，網膜，神経組織，精巣などでは多価不飽和脂肪酸であるDHA（22：6n−3）含有リン脂質が他の臓器に比べて多く存在しており，それぞれの臓器に固有の機能において重要な役割を果たしている．また，ミリスチン酸（14：0）やパルミチン酸（16：

膜ラッフリング：細胞膜に生じる波打ち構造．形態を変化させている細胞では，変形方向に向かってアクチンフィラメントが重合し細胞膜が押し広げられる．このとき，メッシュ状に構築されたアクチンフィラメントによって細胞膜が押し広げられることや，細胞膜の一部では伸長のみでなく退縮も生じるために，その部分は波打ち状に観察される．貪食や移動を行っている細胞で観察される（https://www.yodosha.co.jp/jikkenigaku/keyword/4059.html より引用）．

0）などの脂肪酸やグリコシルホスファチジルイノシトール（GPI）の脂肪酸側鎖は，特定のタンパク質と共有結合することで膜との親和性を高めるアンカーとしての機能がある．また，炭素数24以上の極長鎖脂肪酸が結合したセラミド類は皮膚の主要な構成脂質であり，水分透過性を調節して皮膚バリア能を維持するために重要な機能を担っている．

2. エネルギー源としての脂肪酸

トリグリセリドとして脂肪組織に貯蔵されている脂肪酸は，生体の主要なエネルギー貯蔵系である．脂肪酸の完全酸化によって得られるエネルギー効率は9 kcal/gであり，糖質やタンパク質の4 kcal/gと比べても効率の良い代謝エネルギー貯蔵系であると言える．脂肪酸の主な異化経路はβ酸化というミトコンドリアの経路であり，この経路ではアシルCoAのカルボキシ末端から順次2個ずつ炭素鎖が削られていき，アセチルCoA，NADH，$FADH_2$が産生される．長鎖脂肪酸のミトコンドリアへの輸送にはカルニチンが必要であり，カルニチンが欠乏すると骨格筋，心臓，腎臓が主に障害を受ける．なお，炭素数12以下の短鎖・中鎖脂肪酸は，ミトコンドリアへの輸送にカルニチンを必要としない．また，炭素数24以上の極長鎖脂肪酸のβ酸化はペルオキシソームで行われることから，ペルオキシソーム機能不全では極長鎖脂肪酸の異常蓄積が認められる．

また，空腹時に脂肪組織から動員された脂肪酸は肝臓でβ酸化を受け，そこから生成するアセチルCoAはアセト酢酸，3-ヒドロキシ酪酸，アセトンなどのケトン体に変換される．これらケトン体は，糖の利用がままならない飢餓時において，骨格筋，心筋，脳などの機能を維持するために重要なエネルギー源として利用される．すなわち，脂肪酸はヒトの健康や生存にとって重要なエネルギー源である．

3. シグナル分子としての脂肪酸

アラキドン酸（20：4n-6）やEPA（20：5n-3），DHA（22：6n-3）などの多価不飽和脂肪酸は，シクロオキシゲナーゼ，リポキシゲナーゼ，シトクロムP450など脂肪酸オキシゲナーゼにより，エイコサノイドやドコサノイドなどの脂質メディエーターに変換され，組織恒常性の維持および生体防御系として炎症反応を制御する機能を担っている．また，スフィンゴシン1リン酸やリゾホスファチジン酸など脂肪酸を含むリゾリン脂質も，免疫機能の調節や血管形成などの多彩な生理機能にかかわるメディエーターとして機能する．すなわち，体内の脂肪酸バランスの変化は，そこから生成する脂質メディエーターの種類やバランスにも大きな影響を及ぼす．

また，遊離脂肪酸そのものがシグナル分子として機能することもある．例えば，GPR120やGPR40などの受容体は多価不飽和脂肪酸を含めた長鎖脂肪酸により活性化され，抗炎症作用やインスリン分泌の制御にかかわる．GPR41，GPR43，GPR109a，Olfr78などの受容体は炭素数2～6の短鎖脂肪酸（腸内細菌の主要代謝物）により活性化され，エネルギー代謝や腸管免疫のホメオスタシスにかかわる．パルミトレイン酸（16：1n-7）は骨格筋でのグルコース取り込み刺激を増強するなど，インスリン抵抗性の改善につながる活性を有しており，別名リポカインとよばれている．また，細胞内で転写因子として機能するSREBP （sterol regulatory element binding protein）の活性化は不飽和脂肪酸で抑制され，一方で核内受容体ファミリーのPPAR（peroxisome proliferator activating receptor）は，不飽和脂肪酸やその酸化体をリガンドとして活性化し，これらは不飽和脂肪酸を摂取することにより血中トリグリセリド値が低下する主要なメカニズムである．さらに最近，リノール酸（18：2n-6）から腸内細菌が生成する水酸化脂肪酸（10-hydroxy-*cis*-12-octadecenoic acid：HYA）や，水酸化脂肪酸のエステル体（fatty acid esters of hydroxyl fatty acid：FAHFA）など新たな機能性代謝物が報告され，その役割が注目されている．

これ以外に，脂肪酸はタンパク質と共有結合することで機能修飾を行う例が知られている．例えば，ペプチドホルモンの一種グレリンは3位のセリン側鎖にオクタン酸（8：0）が共有結合することで活性型となる．また，パルミチン酸（16：0）がタンパク質のシステイン残基にチオエステル結合で付加したパルミトイル化は，疎水性の付与により細胞膜との親和性が高まる効果および局在制御に果たす役割が注目されている．低分子量Gタンパク質，三量体Gタンパク質αサブユニット，各種受容体，シナプス足場タンパク質など，シグナル伝達にかかわるタンパク質に多くみられる翻訳後修飾である．

◆ 文献

1）有田 誠：実験医学，30：406-411, 2012
2）有田 誠：実験医学，36：1580-1584, 2018

5 グリセロ脂質

横山信治

グリセロ脂質は，水酸基を三つもつ三価のアルコールであるグリセロールに脂肪酸（アシル基）がエステル結合した構造を基本とする，脂質分子の中で種類が多く生体内で最も大量に存在する分子である．この分子は，グリセロールに脂肪酸が結合しただけのグリセリドと，グリセリドの水酸基の一つにリン酸あるいはこのリン酸にさらに親水性官能基が結合したグリセロリン脂質に大別される（図）．前者はエネルギー貯蔵を主要な役割とする分子であり，後者は細胞膜の主要な成分である．それぞれの分子内構成成分の間の結合はすべてエステル結合であり，加水分解と脱水縮合による再構成が容易であって，脂質代謝のネットワークにより相互に変換されることが可能である．このタイプの脂質はいわば脂質分子の基本形であり，グリセロリン脂質の類似型分子として，グリセロールの役割をアミノ酸のセリンが担うスフィンゴ脂質がある．この分子ではセリンのカルボキシル基とアシル基が脱炭酸反応でエステル結合を形成しアミノ基とアシル基がアミド結合して，セリン残基の水酸基がリン酸や糖との結合基となってスフィンゴリン脂質やスフィンゴ糖脂質を形作る（図）．これらはグリセロリン脂質の相似形分子として主として膜の構成成分となり，主としてグリセロリン脂質で構成された膜の機能の調整役を担う．

グリセロール

グリセロールは3炭素化合物に3つの水酸基をもつ三価のアルコールであり，水溶性である．解糖系の中間代謝物ジヒドロキシアセトンリン酸（6炭素化合物fructose 1,6-bisphosphate から生じる最初の3炭素化合物）あるいはさらに下流のピルビン酸や最終産物の乳酸などから生じる分子で，アセチルCoAを起点とする脂肪酸合成とともに，糖代謝から脂質分子を生じるための流れの一部とも見ることができる．またエネルギー代謝のバランスから見ると，余剰のエネルギーを脂肪として蓄積させるためにも解糖系のoverflowシステムとして機能しているともとれる．いずれにせよ，脂肪酸はグリセロ脂質になることではじめてその生体における最も基本的役割である生体膜の構築とエネルギー貯蔵の二つの役割を担うことが可能となるわけで，グリセロールはそのために欠くことのできない分子である．その分解は，グリセロール3リン酸の形で容易に解糖系に入り，エネルギー代謝に組込まれる．グリセリド分子やグリセロリン脂質の分解産物として生体内には遊離のグリセロー

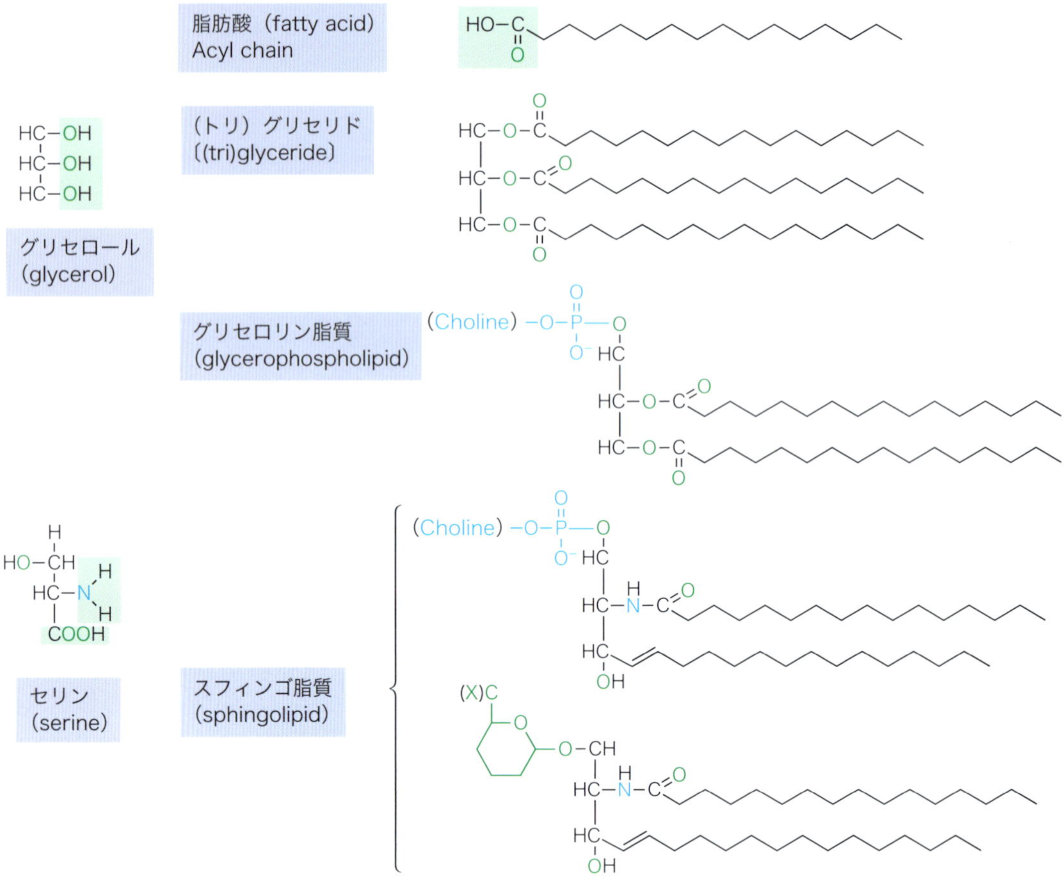

図　脂質分子の構造．みどり色の部分が親水性構造

ルが相当量存在し，とりわけ血漿中にはグリセリドの加水分解反応により生じた遊離グリセリドが相当量存在し病態や代謝の状態によって変動する．これは，血漿ないし血漿リポタンパク質のグリセリド測定に際して，その測定方法によっては干渉要因となる．具体的には，リパーゼとグリセロールオキシダーゼによるグリセリド測定法（Ⅱ-19参照）においてバックグラウンドである遊離グリセロールの存在が問題となる．商業的に入手できる測定システムでは，わが国の製品は先に遊離グリセロールを酸化してバックグランドを消去する方法をとりグリセリドのみを測定するが，欧米の製品のシステムは遊離グリセロールそのまま測り込む仕様になっており，国際的標準化が遅れていることを注意せねばならない．

グリセリド

グリセロールに脂肪酸分子がエステル結合したものがグリセリドである．結合はアシルCoAの形の脂肪酸分子がグリセロールの水酸基と脱水縮合反応により行われ，この結合の加水分解により遊離脂肪酸が生じる．3分子の脂肪酸が結合したトリグリセリド（トリアシルグリセロール）は脂質分子の中でもコレステロールのアシルエステルなどに次いで疎水性の高い（親水性の低い）分子であり，この分子の基本的役割は，動植物の体内で脂肪酸を蓄積貯蔵することにあって，動物ではその効率的輸送にも利用される．トリグリセリドはその脂肪酸組成によって生体内で流動性をもつ液体として存在しうる．また化学的に活性の高いエステル結合はやや親水性であり，水との界面（脂質分子集合体の表面）に「顔を出す」ことができる．これによりこの分子は他の分子のように水を媒体としないで代謝システムに組み込まれることが可能となる．つまり，トリグリセリド分子は，脂質流動体の中に酵素や輸送タンパク質が入り込まなくても，界面においてその反応に与ることができるわけである．このことは，この反応の動態は溶液内での独立分子の自由運動に基づいたMichaelis Menten型とはならないことを意味している．実際に，水溶液中のリパーゼ（リポタンパク質リパーゼLPL）による脂質エマルジョン粒子中のトリグリセリドの加水分解反応は最後まで反応速度が変わらず，酵素に対する基質のavailabilityが一定であるゼロ次反応となる[1) 2)]．これは，加水分解がすべてのトリグリセリド分子が反応を終えるまで次々に界面に「顔を出す」分子を基質として同じ状態で進行していることを意味している（I-2図2）．

このことはトリグリセリドをエネルギー貯蔵に関して有利にしている．そもそも脂肪（主として脂肪酸）の重量1 gあたりのエネルギー貯蔵は9 kcalと糖やタンパク質の4 kcalより効率が良い．糖やアミノ酸は水溶液として貯蔵されねば代謝的に不活発となり，その溶解度は糖でも40 %程度が限界である．これに対し，脂質（トリグリセリド）はそのまま液体に準じて貯蔵が出来，密度0.9を考慮しても，体積あたりのエネルギー貯蔵効率は5倍以上となることになる．

動物のトリグリセリドの最大の第一の供給源は食餌である．食餌中の脂肪はその大半がトリグリセリドであり，消化管で消化酵素リパーゼによりエステル結合は加水分解され，ほとんどは脂肪酸とグリセロールまたは一部はモノアシルグリセリドの形で小腸上皮細胞に吸収され，細胞内で再びトリグリセリドに再合成されて，キロミクロンとしてリンパ腔内へ分泌される．キロミクロンは門脈には入らず，腸管リンパ流に乗って胸管を経て大静脈から血流中に入り，その中のトリグリセリドは筋組織や脂肪組織の毛細管でリポタンパク質リパーゼにより加水分解されて脂肪酸として筋細胞や脂肪細胞に取り込まれ，前者ではβ酸化により直接エネルギー源とされ，後者ではトリグリセリドに再合成されて蓄積貯蔵される．動物生体内での脂肪酸の合成はあらゆる細胞で行うことができるが，脂肪細胞と肝細胞を除いてトリグリセリドに合成されることはなく，肝細胞以外からは分泌されることもない．生体にとっての生合成による脂肪酸の供給源は肝細胞と脂肪細胞での糖やアミノ酸分子からの生合成であり，これはトリグリセリドに組み立てられて超低密度リポタンパク質（VLDL）として血中に分泌される．これはキロミクロンに含まれる食餌性のトリグリセリドとほぼ同様の代謝経路で筋細胞にエネルギー源として利用され脂肪細胞に貯蔵される．脂肪細胞で生合成される脂肪酸はトリグリセリドとしてそのまま貯蔵される．

細胞内へ蓄積されるトリグリセリドは脂肪滴を形成しているが，この成立の機序はじつは十分には理解されていない．細胞内小器官のかかわりと蓄積場所のトポロジーも完全に解明されてはいない．脂肪細胞のトリグリセリドは，エネルギー需要に従って，アドレナリン刺激によるcAMPによって活性化されるホルモン感受性リパーゼによって加水分解され，脂肪酸はアルブミンに結合して筋細胞や肝細胞に運ばれてエネルギー需要を満たす．食餌性のエネルギー摂取が過剰な場合，肝細胞で合成されたトリグリセリドがそのまま肝臓に蓄積して，脂肪肝の病態をきたし，非アルコール性肝肪性肝炎（non-alcoholic steato-hepatitis：NASH）などの原因となる．肝臓からのVLDL分泌に障害をきたす病態（慢性アルコール過剰摂取など）でも同様に肝臓へのトリグリセリド蓄積が起こる．VLDLやキロミクロンの合成分泌に必要なアポリポタンパク質Bの遺伝子変異による機能不全では，小腸上皮細胞と肝細胞にトリグリセリド蓄積が起こる．

血漿リポタンパク質中のトリグリセリドは，コレステリルエステル転送タンパク質（CETP）によってコレステリルエステルと無方向性・基質非特異性の転送を受け，結果的にコレステリルエステルのHDLからVLDL/LDLへの転送を媒介する．この結果，高トリグリセリド血症ではHDLの減少やLDLの小粒子化が起こる．またLDLやVLDLレムナント粒子（VLDLからLDLへの代謝の中間産物）が血中に蓄積する場合，これらがマクロファージなどに取り込まれ，細胞内にトリグリセリドとコレステリルエステルの病的蓄積が起こり，動脈硬化症発症の引き金となると考えられている．血漿リポタンパク質代謝については，Ⅰ-12を参照のこと．

脂肪酸2分子が結合しているジアシルグリセリドには，グリセリドの合成や加水分解代謝の中間産物であることとは別に，シグナル伝達における特異的情報伝達物質としての役割がある．これはホスホリパーゼDによるグリセロリン脂質の特異的加水分解によって局所的に生じたジアシルグリセロールがプロテインキナーゼCを活性化するというもので，スフィンゴ脂質合成系からまたはその分解産物として生じるセラミドもこのタイプの化合物（アシル鎖2本プラス遊離水酸基）としてのシグナル伝達物質である．Ⅰ-7を参照のこと．

グリセロリン脂質

グリセロリン脂質は，グリセロールの1, 2位の水酸基がアシルエステル化され，3位の水酸基がリン酸でエステル化された化合物である（図）．リン酸のみをもつ化合物はホスファチジン酸で，リン酸基はさらに他の水酸基をもつ官能基でエステル化されることが多い．最も多く生体膜の主要な成分となるのが，リン酸がコリンでエステル化されたホスファチジルコリン（phosphatidylcholine）である．エタノールアミン，セリン，イノシトールなどがこの分子群に含まれる．これらについてはⅠ-9を参照のこと．

◆ 文献

1） Tajima S, et al：J Biochem, 96：1753-1767, 1984
2） Tajima S, et al：J Biol Chem, 258：10073-10082, 1983

6 ステロール

横山信治

ステロールは複雑な基本骨格「ステロイド」が側鎖と水酸基により高級アルコール化された化合物群で，多細胞生物の細胞膜に情報伝達機能を発現するための必須の脂質分子であり，生体はこれを維持するためその厳密な代謝恒常性制御の体系を備えている．遺伝子の進化はこの分子の不足の対策に全力が注がれており，この化合物は合成に多くの手間とエネルギーを要する貴重品であり，多くの動物はこれを「栄養素」として外部調達することで「省エネ」化を図っているが，いざとなれば生命の維持のためにこれを自給自足できる体系を整えている．この分子の分解も厄介なものであり，その基本骨格はそのまま廃棄排泄され最終処理は細菌による分解という「外注」で済まされている．動物においては，ステロール分子の派生的な利用として，排泄型の界面活性分子である胆汁酸による消化吸収の介助やステロイドホルモンとしての特異的機能があるが，これらにおいてもステロイド骨格は保持されたままであり，これがそのまま排泄されることに変わりはない．ステロールの過剰供給はわれわれの遺伝子にとっては想定外であり，動物におけるコレステロール過剰に対する危機管理体制の不備はその異所性の蓄積を招き，動脈硬化などを引き起こす．

生体におけるステロールとは

脂肪酸鎖（アルキル鎖）の存在で定義されるほとんどの脂質分子とは異なり，ステロールは，六炭素環状構造3つと五炭素環状構造1つからなる「ステロイド」骨格をもち側鎖と水酸基により高級アルコールとしての性質を持つ化合物群である．動物細胞における，炭素原子 27，水素原子 46，酸素原子 1 からなる分子量386.654のコレステロールに代表され，植物細胞では植物ステロール，真菌ではエルゴステロールの形で存在する（図1）．「ステロイド」骨格の構造は平面的で柔軟性を欠き，いったん形成されるときわめて分解されにくい性質をもつ．

ステロールはすべての細胞膜に存在するが，主として形質膜の外側（outer leaflet）に偏在し，その機能制御に重要な役割を果たしている．ステロールはグリセロリン脂質の二重膜に均一に混合され，一般的には柔軟性の乏しいステロール分子の含有量が増えると膜脂質の流動性は低下することから，これによって膜の流動性・柔軟性を制御しうる．しかし，細胞生物学的に最も重要な機能は，スフィンゴリン脂質（主にスフィンゴミエリン）との

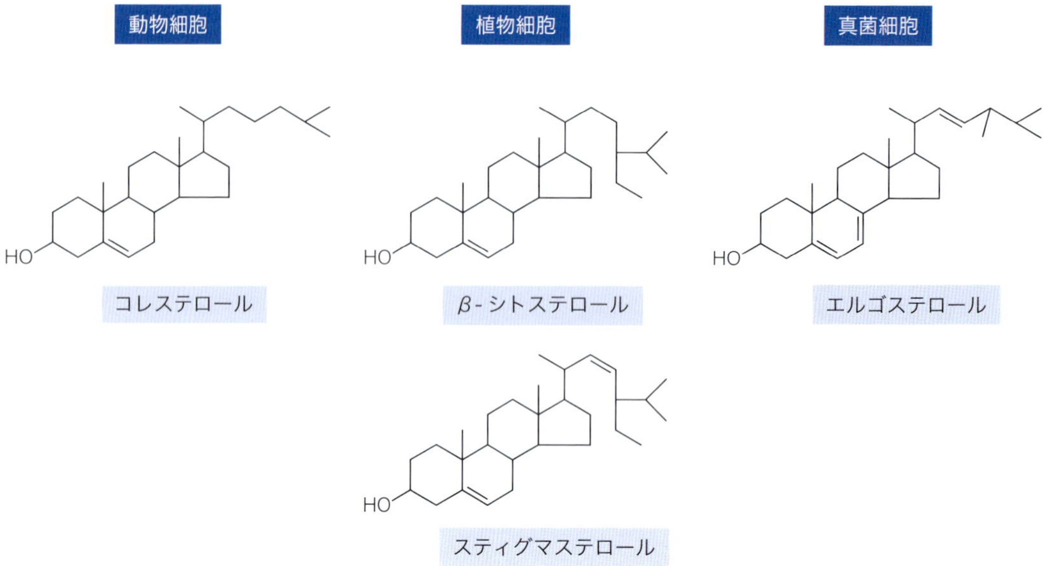

図1　ステロールの構造

コレステロール：分子式$C_{27}H_{46}O$，分子量386.654，融点148～150℃，沸点 360℃，溶解度（水30℃）0.095 mg/L．その他，植物ステロール（植物由来），エルゴステロール（真菌由来）．

相互作用である．スフィンゴリン脂質も膜内でグリセロリン脂質と均一に混合されるが，これとコレステロールが同時に存在すると両者は高い親和性で相互作用しクラスターを形成する（図2）．この構造はグリセロリン脂質を主とした生体膜において周りとは異なる物理化学的に安定で流動性が低いミクロ環境を形成し，グリセロリン脂質の海を漂う筏になぞらえてラフトとよばれる．この構造の存在により，膜タンパク質の脂質との相互作用の物理化学的特徴によって膜内におけるその二次元分布が制御される．とりわけ，このラフト環境を「好む」特定膜タンパク質をここに集積させることにより，これらによる「装置」を

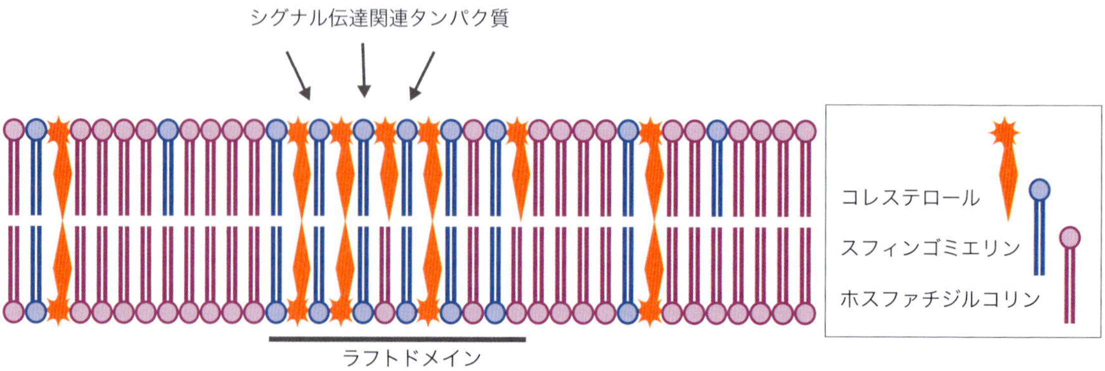

図2　細胞膜におけるコレステロール．スフィンゴミエリンとの相互作用によるラフト形成

組み立てることができる．代表的なものは膜内外を結ぶシグナル伝達機能であり，「ラフト」はこの重要な機能を担う構造であると考えられる．シグナル伝達機能は多細胞生物においてより基本的な細胞機能であり，多くの単細胞生物はステロールなしに生活していることからも，ステロールの機能に関するこうした見方が支持される．脂質膜の構造におけるステロールの位相は，水酸基の親水性によりこれを表面に向けた極性が想定されるが，必ずしも解明されているわけではない．ステロールをouter leafletに偏在させる機構も十分には解明されていない．

動物においては，コレステロールはステロイド骨格を生かした形でいくつかの機能性分子の材料にもなる（図3）．最も多くの量を占めるものは胆汁酸である．後に述べるように，コレステロールの胆汁酸への転換は体内でのコレステロールの異化の主要な経路であり，肝臓で水酸基やカルボキシ基の添加により強力な界面活性が与えられて消化管内に外分泌され，食餌性脂質のミセル化によってその吸収を介助する．ヒトでは体内のコレステロールの約半分は胆汁酸として排出される．いま1つの重要なものは内分泌分子のステロイドホルモンであり，炭化水素の側鎖が切断されてステロイド骨格が水酸基などで修飾されて合成される．生殖細胞で合成される性ホルモン（アンドロゲン，エストロゲン，プロゲステロン）は生殖活動の制御にかかわり，副腎皮質で合成される糖質コルチコイド（コルチゾール）はストレスや炎症への生体の反応の抑制にかかわり，ミネラルコルチコイド（アルドステロン）は水やナトリウムの体内貯留を促すことでそれらの代謝バランスを制御する．ビタミンDは骨のカルシウムとリン酸の代謝を制御し，成長期の骨形成に重要な役割を演ずる物質で，コレステロールからの前駆体の生合成と紫外線によるステロイド骨格の開環により合成される．ビタミンD合成は，純粋な内因性反応とは言えないが，体内でステロイド骨格を部分的にでも異化する唯一の反応系である．

ステロールの代謝

ステロイド骨格の生合成は37段階にも数えられる複雑なステップと最低ATPが3分子，NADPHが7分子を要する複雑な過程である（図4）．生合成の出発点は「代謝の交差点」であるアセチルCoAであり，脂質合成の普遍的な出発点であって，糖，脂質，タンパク質の代謝のどこからでもコレステロール生合成の入り口に辿り着ける．コレステロール生合成の初期の重要なポイントは，アセチルCoA 3分子からのHMG-CoA（hydroxymethylglutaryl-CoA）の合成と，HMG-CoA還元酵素によるメバロン酸の生成である．これはコレステロール合成の最初で最大の律速段階で，この酵素の制御の解明がコレステロール代謝研究の最大の成果であり臨床的価値をもつものとなったことは後述する．メバロン酸は枝分かれ炭素鎖のアシル酸であるイソプレニル基に合成され，これらはピロリン酸化されて多くのタンパク質の修飾反応に用いられ（ファルネシル化，ゲラニルゲラニル化など），これをアンカーとする膜タンパク質は細胞の分化の制御などの重要な生物学的役割を担う．イソプレニル化合物はまたCoQの合成にも向かう．ステロイド骨格の合成は，イソプレニル

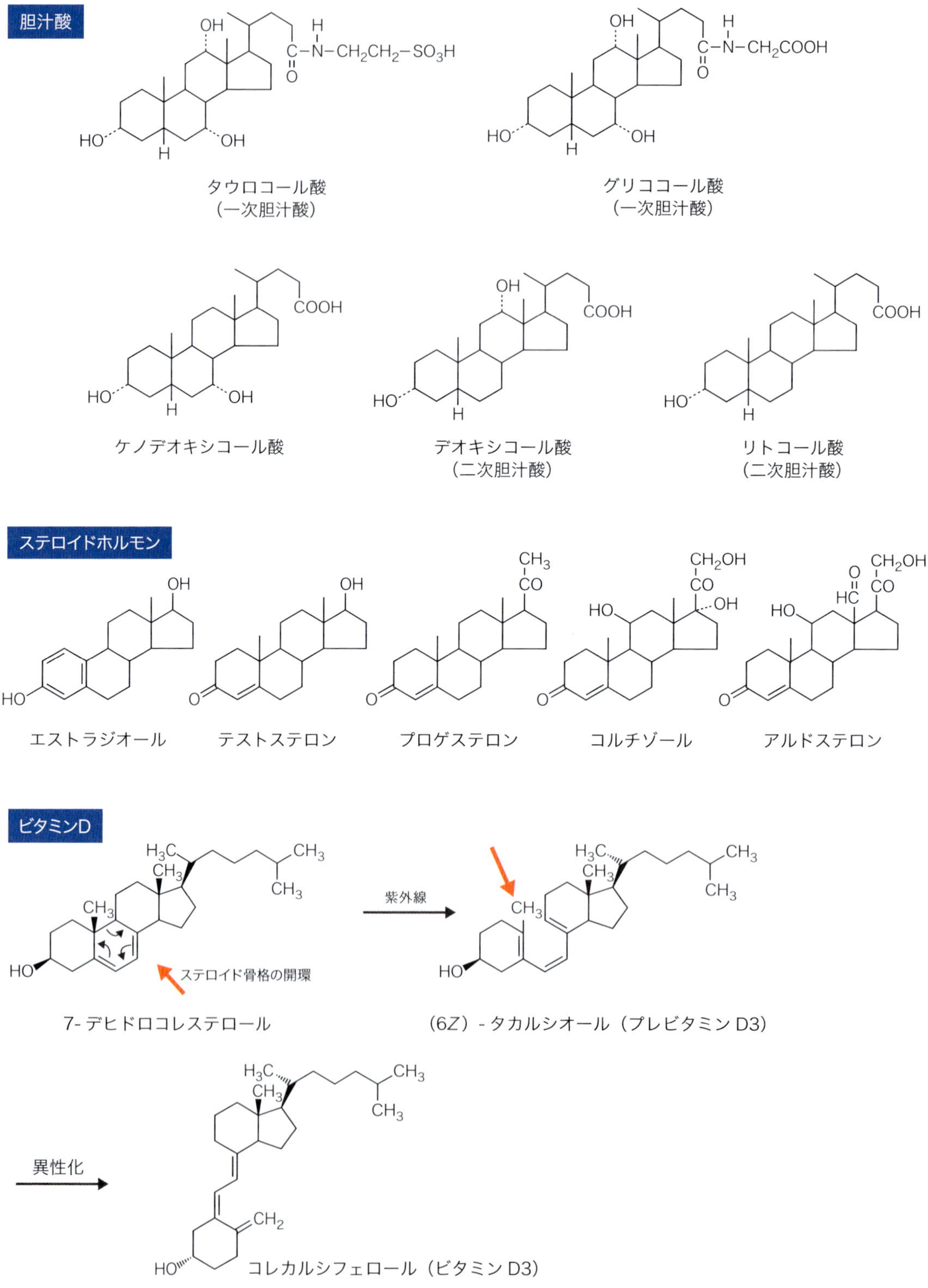

図3　生理活性ステロイド化合物(胆汁酸,ステロイドホルモン,ビタミンD)

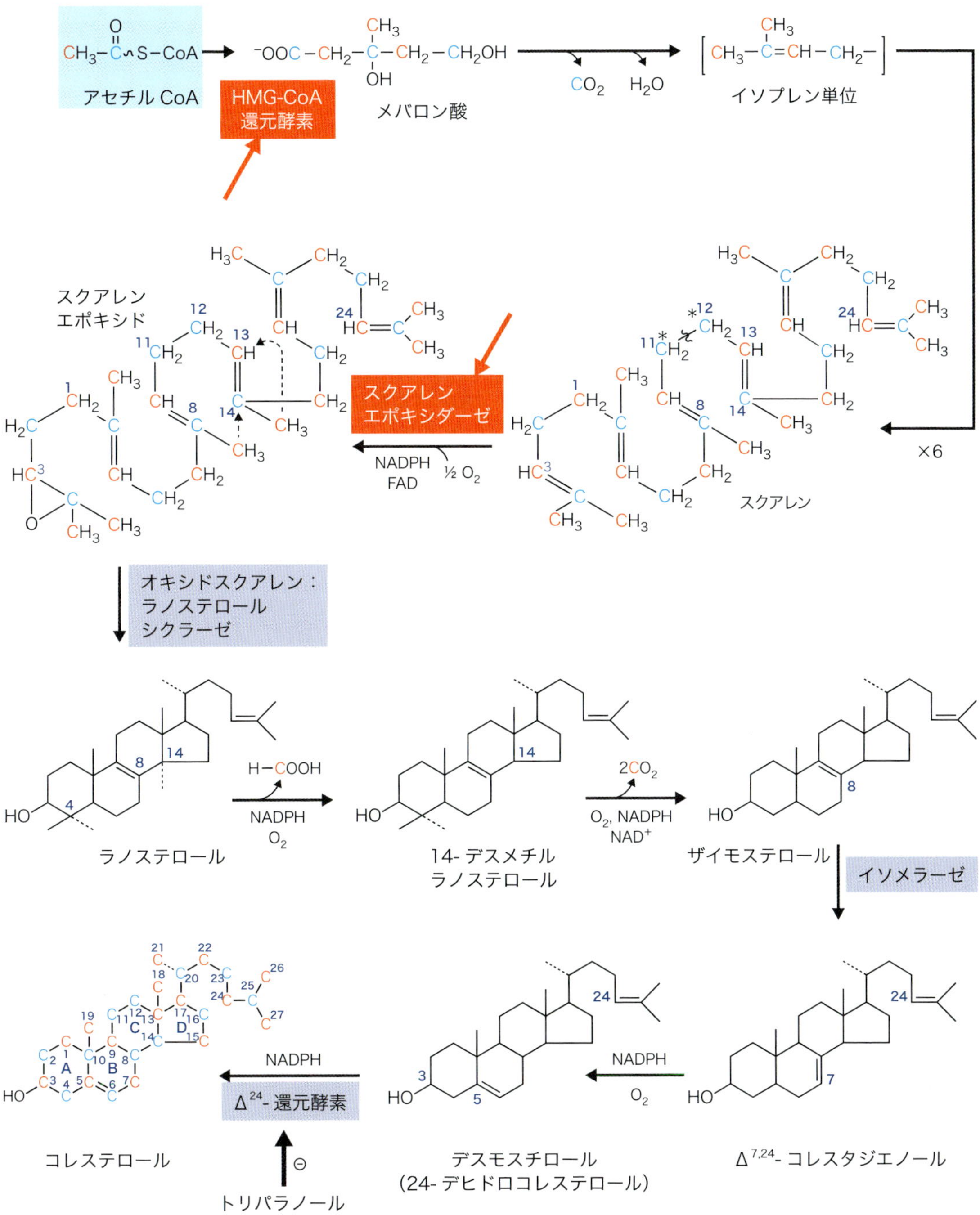

図4　コレステロールの生合成

「イラストレイテッド ハーパー・生化学 第30版」より引用.

化合物の最終段階であるスクアレンから行われる．スクアレンエポキシダーゼによるエポキシ化により，枝分かれ炭化水素鎖であった化合物の複雑な環状化が一気に行われるが，コレステロールにたどり着くにはさらに多くの反応を必要とする．コレステロールの合成は有機化学的に行うこともできるが，複雑かつ低効率であり，現在に至るも工業的合成は行われていない．

ステロイド骨格は，その分解も困難である．動物の体細胞は，部分的な側鎖の酸化や水酸化などを除き，ほとんどコレステロールの異化を行うことができない．動物体内のコレステロールはその異化のためにほとんどすべてが肝臓に運ばれる．ここで，大半のコレステロール分子は，側鎖のカルボン酸化とステロイド核の水酸化により胆汁酸に転換されて，胆汁中に排泄される（図5）．胆汁酸はステロイド骨格を基本にした界面活性化合物であり，消化管内で食餌性脂質をミセル化することで消化酵素（リパーゼ）による加水分解反応の効率を高め，その消化吸収を介助する．胆汁酸は脊椎動物ではいわゆる「腸肝循環」により腸管からの再吸収と肝臓からの再分泌による再利用をくり返しながら，最終的には糞便中に排出される．コレステロールのかなりの部分は肝臓から胆汁中にそのまま排泄され，これも再吸収再分泌の循環を経て糞便中に排泄される．

ごく一部のコレステロールはステロイド産生細胞で側鎖が切断されステロイドホルモンに転換されるが（図3），これらの分子もステロイド骨格はそのままで不活性化され，胆汁中や尿中に排泄される．このように，ステロイド化合物の骨格は動物体内で分解されることはなく，最終的には土壌中などの細菌によって異化が行われる．このように，ステロールの代謝は環境・生態系を含めてはじめて成立するという特徴をもち，またエネルギーへの転換がほとんど不可能な特異な分子である．

これらに比べ，コレステロールからのビタミンDの生成は独特である．体内の代謝でコレステロールからステロイド骨格をもつその前駆体が形成され，ステロイド骨格が紫外線により分解されて生じる．内在性の代謝システムによるものではないが，体内でステロイド骨格が分解されるという意味で上述したステロール分子代謝の唯一の例外といってよい．

動物におけるコレステロールの代謝は，生合成と外部からの食餌性の調達を収入源とした全身への分配システムと，末梢細胞から肝への回収と胆汁酸への転換，その排泄を中心とした異化排泄システムからなる．ステロールの供給は動物体内で合成と食餌性の摂取からなるが，分解には体外のバクテリアの助けを借りねばならず，コレステロールからのエネルギー産生は，ステロイドホルモン合成のために切断される側鎖の炭化水素からわずかにあり得るのみで，全体としてはほとんどない．ヒトの体内には100～150 gのコレステロールが存在し，その25 %以上は中枢神経系に存在すると考えられる．代謝回転は一日1 g程度であり，分画異化率（fractional catabolic rate，全体を1とした時の異化率）は0.007～0.01/日とゆっくりしている．食餌性摂取は日本人では一日300 mg以下であり，残りの必要量は生合成で賄われる．欧米でも平均摂取量は一日500 mgを超えることはまれで，残りの需要は生合成で埋められる．異化は肝臓での胆汁酸への転換が一日500 mgであり，残りはコレステロールとしてそのまま排泄されるとみるべきであろう．胆汁酸の肝臓から胆汁中への排泄量は一日20～30 g，コレステロールのそれも2～3 gにものぼるが，その多くは再吸

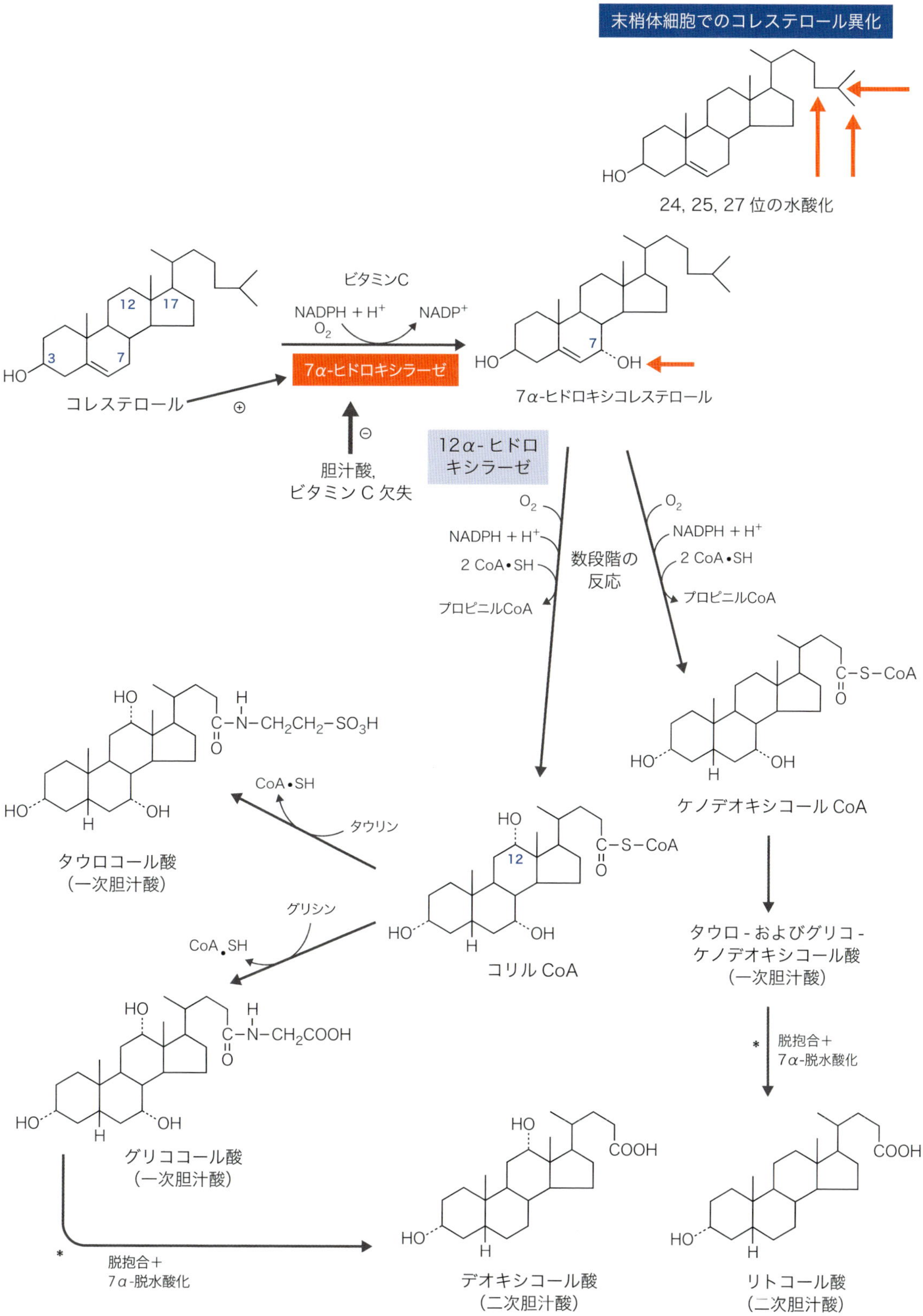

図5　コレステロールの胆汁酸への変換

「イラストレイテッド　ハーパー・生化学　第30版」より引用.

収・腸肝循環によるもので，ネットの体外への排泄はそれぞれ500 mg程度で，供給との収支が合うとされる．ステロイドホルモンとしての排泄は量的にはほとんど無視できよう．

最近，コレステロール側鎖の酸化物である24OH-コレステロール，25OH-コレステロールなどの生理的役割が注目されている．これらはSREBP系やLXR系における細胞コレステロールのsurrogate signalとしての受動的機能をもつと考えられてきたが，それ以上に積極的・能動的に酵素反応によって産生されて生物学的役割を担う可能性が示唆されるようになりつつある．例えば前者は，少なくとも動物実験では，中枢神経系で産生されて血液脳関門を逆通過しコレステロール搬出・異化経路の一部を担うとされる．

以上見てきたように，動物におけるステロール代謝は細胞間・組織間・臓器間の輸送システムの関与がないと成立しない．コレステロールをはじめとする脂質の細胞外輸送は，タンパク質によって生物学的標識を与えられた脂質の分子集合体であるミクロエマルジョンであるリポタンパク質によって担われる．このシステムの詳細はⅠ-12にゆずるが，複雑で種によって特異的な形態をとる．脊椎動物では，大まかにいって，食餌性コレステロールは血流を介して肝臓に集積され，そこで生合成された分子とともに末梢組織へ向けて超低密度リポタンパク質（very low density lipoprotein：VLDL）-低密度リポタンパク質（low density lipoprotein：LDL）系により輸送される．末梢組織で異化できないコレステロール分子はほとんどすべてが高密度リポタンパク質（high density lipoprotein：HDL）によって回収され，肝臓に運ばれ，上述のように胆汁酸への転換などにより体外へ排出される．しかしこれらの粒子間では非特異的なステロール分子の交換も起こり．ヒトなどではエステル化されたコレステロール分子がHDL系からVLDL/LDL系に乗り換えて肝臓へ向かう経路も存在するなど，複雑で，コレステロールの細胞外輸送の方向性と量は全体としては動態平衡的（kinetic）に制御されている．

コレステロール代謝平衡は全体としてエネルギー代謝からは相対的に独立して，全体としてはステロール分子による産生物フィードバックにより制御されており，それぞれの代謝因子の遺伝子発現を調節しているのは一連のステロール関連転写制御因子・核内受容体群であるが，これらはSREBP群，PPAR群，LXR/RXR/FXR群などに属し，もともとはいずれもエネルギー代謝関連遺伝子群の制御にかかわる転写制御因子であって，その一部がステロール代謝に特異的に進化を遂げたと考えられる．したがって，現在ではエネルギー代謝とはかかわらなくなったステロール代謝といえども，基本的にはエネルギー代謝の制御系から派生し進化してきたと考えるのが妥当であろう．一方，ステロールは，その起源や物理化学的性質からは「脂質」とされ，その代謝制御にかかわる遺伝子の転写制御因子群からも，脂質から派生した分子であることは疑いがない．しかし，物性・代謝の面からは独自の生体物質として理解したほうが良いかもしれない．

動物にとってコレステロール分子は生命維持の基本物質の1つであり，その不足に対する危機管理体制は整っている．しかしその過剰への対策はこれまでの遺伝子の進化のなかでは考慮されていない「想定外」の状況である．ヒトの生活環境の変化による食餌性コレステロールの過剰摂取は，われわれの栄養学的危機管理システムで対応が困難であり，動脈硬化症などをはじめとする異化ができないコレステロールの異所性の蓄積を招くこととなる．

7 生理活性脂質（脂質メディエーター）

清水孝雄，中村元直

脂質の重要な役割の一つは，細胞間の情報伝達分子として働くことである．プロスタノイド，血小板活性化因子，リゾホスファチジン酸，スフィンゴシン1リン酸などが代表的なものである．これらを総称して生理活性脂質（脂質メディエーター）と呼ぶ．生理活性脂質は生体のホメオスタシスに関連し，代謝や受容体異常は種々の疾患と結びついている．本稿では，生理活性脂質の分類，構造，受容体，また，主な生理作用や疾患との関連を概説する．

はじめに

脂質にはさまざまな機能（貯蔵エネルギー源，生体膜成分，バリア・絶縁体）があるが，主に細胞間のコミュニケーション（シグナル伝達）の機能を担う一連の分子がある．これらを生理活性脂質（脂質メディエーター）とよぶ．最近の研究で多くの新しい生理活性脂質が見つかり，その産生，作用時間，分解なども異なっているが，多くの生理活性脂質はオータコイド（局所ホルモン）というシグナル分子に分類される（図1）．生理活性脂質の特徴は以下の通りである．①無刺激時は生物学的に不活性な前駆体として細胞に蓄えられ，②必要時に刺激に応じて生合成されて細胞外に放出され，③多くはGタンパク質共役型受容体（GPCR）に結合し，作用した細胞に特有な応答（細胞増殖，分化，遊走，脱顆粒など）を引き起こす．④また，作用を終えるとすみやかに分解し，不活性な分子に代謝され，尿や便中に排出される．この4項目には例外もあり，それについても簡単に記載する．なお，コレステロールから産生される各種のステロイドホルモン，脂溶性ビタミン（ビタミンA，D，E）なども生理活性を持っており，また細胞内のシグナル伝達に関与するホスホイノシチド類縁体，ジアシルグリセロールなどもあるが，これらは，一般的には生理活性脂質とは呼ばず，本稿の話題としない．

生理活性脂質はその構造から分類するのが適当と思われる．生理活性は複雑にオーバーラップしているが，前駆体からの合成経路を考えるときに便利であるからだ．本稿では主な生理活性脂質の生合成・生理活性について，①脂肪酸とその誘導体，②グリセロリン脂質とその誘導体，③スフィンゴリン脂質，④コレステロール誘導体，に分類し概説する．なお主な生理活性脂質の構造を図2，およびその受容体の系統樹を図3，主な作用を本稿末尾

	ホルモン	神経伝達物質	オータコイド（局所ホルモン）
産生場所	産生臓器（細胞）	前シナプス末端	産生細胞
運搬経路	血液	シナプス間隙	血液，組織間液，リンパ等
標的細胞	標的臓器（細胞）	後シナプス樹状突起	自己あるいは近隣細胞
半減期	数時間以上	数ミリ秒〜秒	数分

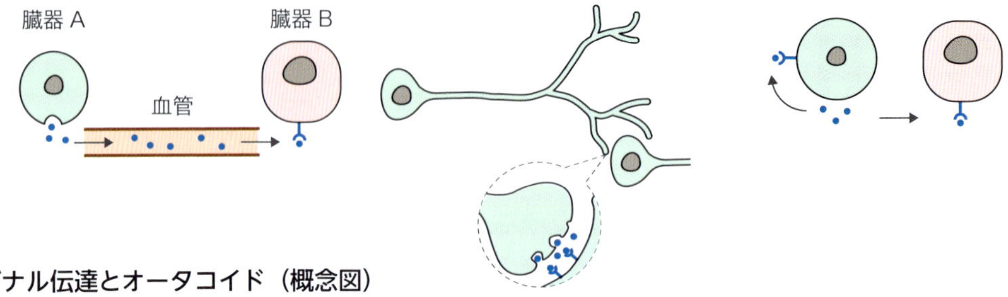

図1　シグナル伝達とオータコイド（概念図）

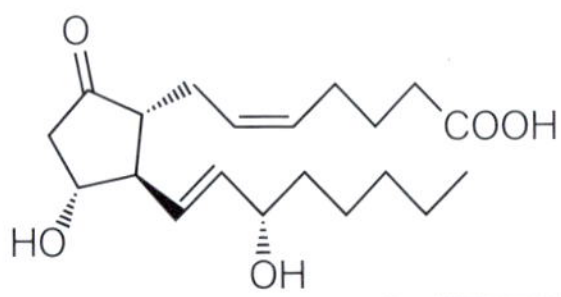

プロスタグランジン E_2（PGE_2）

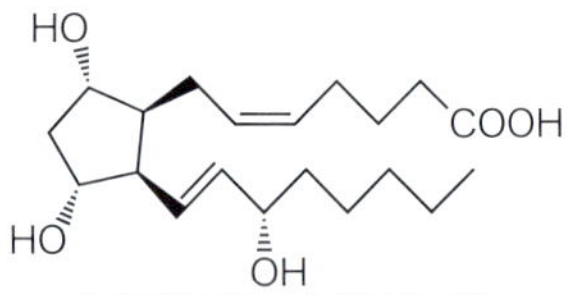

8-イソプロスタン F
（8-epi-$PGF_{2\alpha}$）

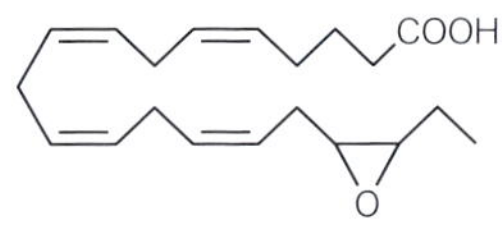

17,18-エポキシエイコサテトラエン酸
（17,18-EpETE）

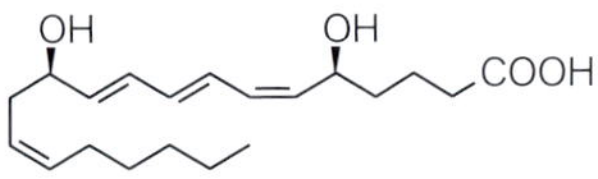

ロイコトリエン B_4（LTB_4）

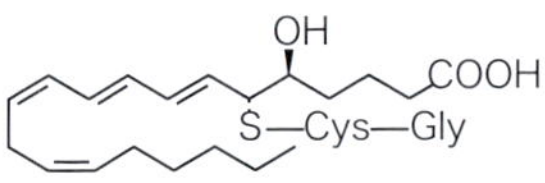

ロイコトリエン D_4（LTD_4）

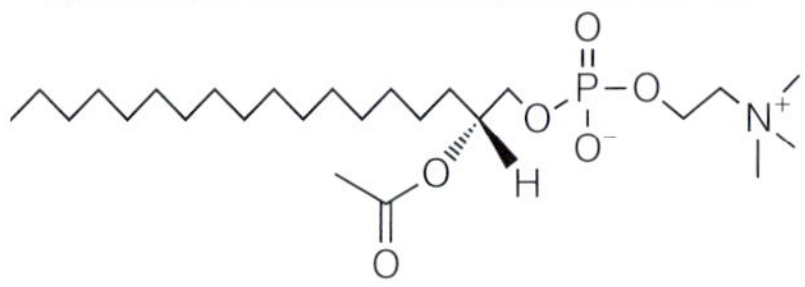

血小板活性化因子（PAF）

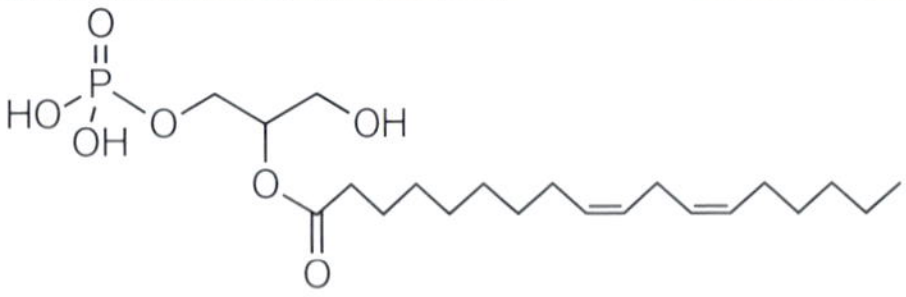

リゾホスファチジン酸（LPA）

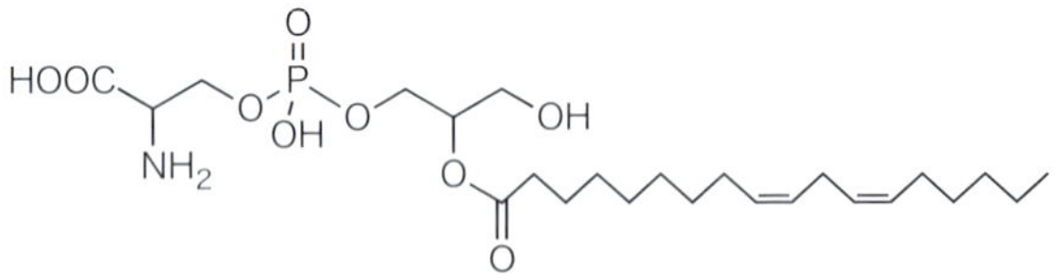

リゾホスファチジルセリン（LysoPS）

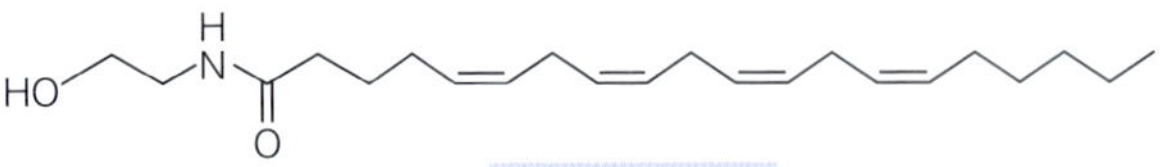

アナンダミド

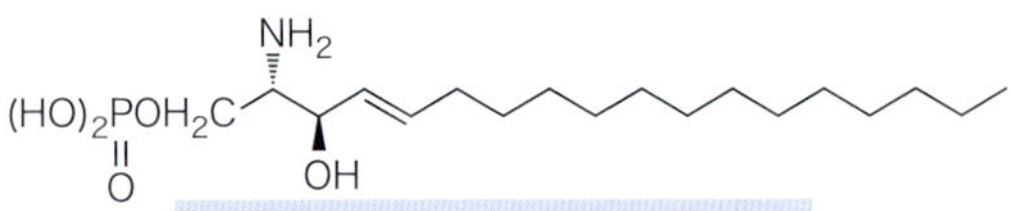

スフィンゴシン 1 リン酸（S1P）

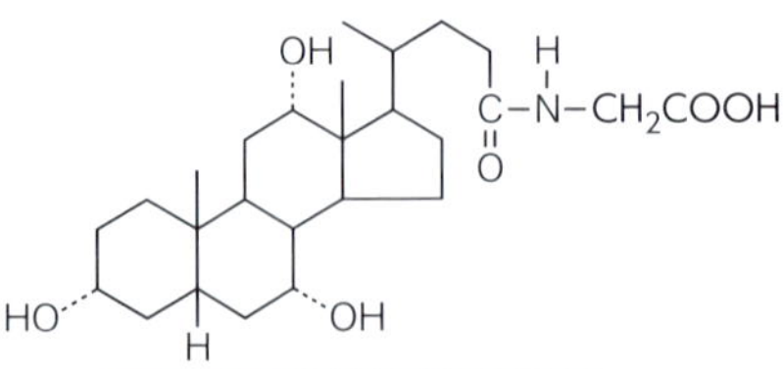

胆汁酸（グリココール酸）

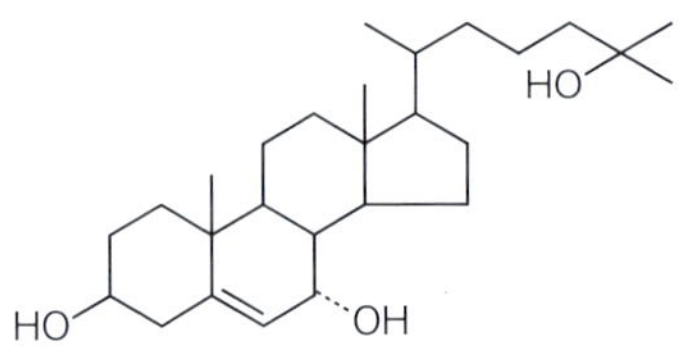

7α,25-ジヒドロキシコレステロール
（7α,25-dihydroxycholesterol）

図2　主な生理活性脂質の構造

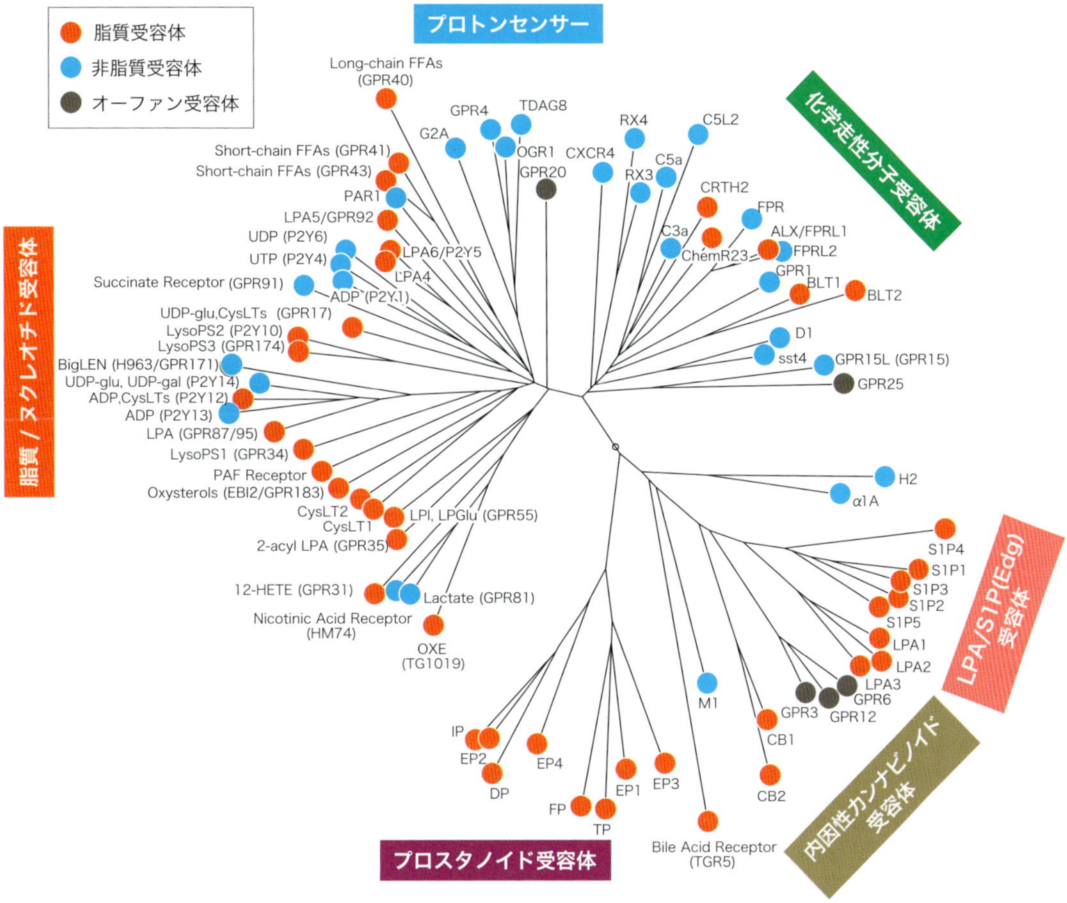

図3　生理活性脂質受容体の系統樹

の表にまとめた．本稿で紹介するように，生理活性脂質は広範な生体機能の調節にかかわり，その代謝や受容体の異常はさまざまな疾患に関与している．

脂肪酸とその誘導体

1. アラキドン酸由来，エイコサペンタエン酸（EPA）由来分子

通常，アラキドン酸（C20：4）やEPA（C20：5）はグリセロリン脂質の*sn*-2位に存在する．ホスホリパーゼA_2の作用で切り出されたアラキドン酸やEPAにシクロオキシゲナーゼ（Cox-1，Cox-2）が作用し，アラキドン酸からはPGE_2，PGD_2など2シリーズの，また，EPAからは3シリーズのプロスタグランジン（PG）類が産生される．なお，最近の知見ではこれらの多価不飽和脂肪酸は必ずしも，グリセロリン脂質からできるものではなく，脳では2-アラキドノイルグリセロール（2-AG），また，脂肪組織等ではトリグリセリド（TG）にも由来することも報告されている（図4アラキドン酸の3つのソース）．

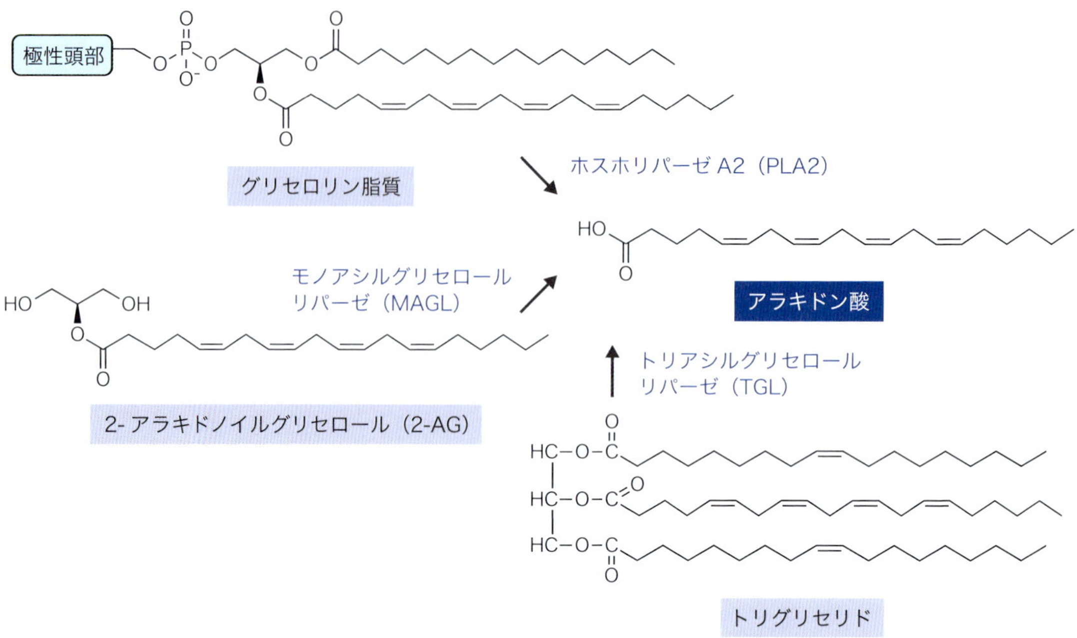

図4　アラキドン酸の3つの代表的供給源（他にコレステロールエステルも存在）

PGは炭素数20であり，5員環をもち（C8～C12），5員環の構造で名称が決まる．多くはC15位に水酸基をもつ共通構造を有している．それぞれのPGは1～4種類のGPCRで感受され，異なる細胞内セカンドメッセンジャーを介して細胞機能を調節する．15位の水酸基が受容体結合と生物機能に必須であり，水酸基がketo基に酸化されると活性を失う．この酵素を15水酸基脱水素酵素（PGDH）とよび，個々の細胞に存在するほか，胎盤や肺に多量に存在するため，局所で産生されたPGは全身や胎児には運ばれず，その半減期は通常数分と言われている．PGはそれ自身が生理的作用をもつと同時に，過剰産生は多くの病態の悪化を引き起こす．シクロオキシゲナーゼを非可逆的に阻害するアスピリンなどの非ステロイド性抗炎症薬（NSAIDs）は最も多く使用される薬剤であるが，流産や新生児のボタロー氏管開存症のリスクがあり，妊婦には禁忌である．アラキドン酸から作られるPG（2シリーズ）とEPAから作られるPG（3シリーズ）の違いは興味深く，最もはっきりした例は，トロンボキサン（TX）A_2が起こす血管収縮や血小板凝集をEPAが阻害することである．これはTXA_3がTXA_2と拮抗する作用をもつと同時に，EPAがシクロオキシゲナーゼを阻害し，PGH_3がTXA_2合成酵素を競合的に阻害することがメカニズムである．抗血栓の目的でω3脂肪酸，特にEPAを服用することは意味のあることだが，同時に出血傾向に注意が必要である．

他方，炎症細胞などがもつ5-リポキシゲナーゼはカルシウムイオンで活性化され，FLAP（five lipoxygenase activating protein）の助けを借りて，膜より放出されたアラキドン酸をロイコトリエン（LT）類に変換する．LT類は白血球（leukocytes）で主に合成され，共役する三連の二重結合（triene）をもつ．LTA_4は二重結合に共役したエポキシド構造をもつため，血液中での半減期は10秒以下であるが，LTA_4水解酵素でLTB_4となり，また，グルタチオン抱合を受け，LTC_4，LTD_4，LTE_4（ペプチド性LTと呼称）となる．LTB_4には好中球や好酸球の遊走や活性化作用がある．他方，ペプチド性LTは，血管透過性亢進，平滑筋収縮などの作用が顕著であり，1950年代に気管支平滑筋を持続的に収縮するSRA-A（slow reacting substance of anaphylaxis）とよばれていたものの本体と言われている．LTB_4やペプチド性LTは元々異物や病原微生物が侵入した際の排除反応の機能をもつが，この産生過剰が強い炎症や気管支喘息（これも元々は，異物を肺に入れないための生体防御反応）などの原因となっている．ペプチド性LTの受容体拮抗薬は気管支喘息とアレルギー性鼻炎の治療薬として，日本で最初に開発された．EPA由来のLTも，その作用はアラキドン酸由来の分子と比べて弱いか，拮抗すると考えられている．魚油であるEPAを多く摂取するエスキモーが血栓性疾患やアレルギーが少ないのもこうした理由と考えられている．アラキドン酸などの多価不飽和脂肪酸が非酵素的に酸化されることで産生されるものにイソプロスタンという一連の化合物がある（図2）．これらは特異的受容体をもつ分子ではなく，その生理作用は未解明だが，血中には多く存在し，喫煙などでも上昇し，生体の酸化ストレスのバイオマーカーと考えられている．

2. その他の脂肪酸メディエーター

1） ω3脂肪酸誘導体

アラキドン酸からは15-リポキシゲナーゼの働きでリポキシンが作られ，また，EPAやドコサヘキサエン酸（DHA）などのω3脂肪酸からはリゾルビン，プロテクチンなど多くの抗炎症，炎症修復にかかわる生理活性脂質が産生され，注目されている．これらの詳細は別の総説に譲るが，ω3脂肪酸の薬効を考える上で重要な知見である．抗炎症，炎症修復の分子機構の解明が急がれている．他方，マスト細胞で作られるDHA由来の17,18-epoxy-EpETE（図2）はシトクロームP450の働きによりリン脂質膜中で産生され，血小板活性化因子分解酵素2（PAF-AH2）の作用で遊離され，アレルギー反応を促進するという報告がある．この例は，①ω3脂肪酸由来産物でもアレルギー惹起作用をもつリスクがあるという点，および②生理活性脂質が膜上でエステルの状態で貯蔵され，加水分解されて，放出されることで作用を営む，という2つの意味で興味深い．

2） 短鎖脂肪酸，水酸化脂肪酸

短鎖脂肪酸（C6以下）としては酢酸（C2），プロピオン酸（C3），酪酸（C4）の3種が代表的であるが，これらの誘導体，さらに水酸基をもった乳酸や2つのカルボキシ基をもつコハク酸などは固有のGPCRが報告され，さまざまな機能を持つことが明らかとなった．例えば，腸管ホルモンの一種であるGLP-1，NPYやインスリンの分泌を促進し，食欲調節や免疫機能増強作用なども報告されている．水酸化脂肪酸や，これに別の脂肪酸がエステル結合し，分枝鎖脂肪酸も作られ，膵β細胞に作用するとの報告があるが，産生経路，腸内細菌の役割，また作用機構なども含めて，今後の課題と言えよう．また，直接GPCRに作用するのではなく，ヒストンのアセチル化の調節因子として作用しているものもある．脂肪酸受容体GPR40（FFAR1）を活性化する抗糖尿病薬TAK-875は，肝障害の副作用のため，phase Ⅲで自主中止となった．

グリセロリン脂質とその誘導体

グリセロリン脂質由来の生理活性物質は主に次の3種である．

1. 血小板活性化因子（PAF）（図2）

PAFはグリセロリン脂質であるが，*sn*-1位の脂肪酸がエステル結合ではなく，エーテル結合であり，*sn*-2位はアセチル基であるという特徴をもつ．1980年代に構造が決定され，GPCR型の受容体は筆者らにより1991年に単離された．その後，東京大学薬学部や米国ユタ大学のグループで3種類のPAF分解酵素（PAF-AH）が単離された．未解明であった生合成酵素（LPCAT2）は近年，筆者らのグループで単離同定された．この合成酵素はエンドトキシンで誘導され，また，PAFやATPなどでセリン残基がリン酸化され活性化されることも明らかとなった．PAFは炎症，血管透過性亢進，白血球遊走やアレルギー惹起など，さまざまな病態と関連している．2017年，PAF受容体拮抗薬が抗アレルギー剤として，はじめて上市され，世界80カ国で承認されている．PAFは炎症部位などの他，脊髄ミクログリアで作られ，難治性の神経因性疼痛に関与することが報告されており，受容体拮抗薬のリポジショニングやLPCAT2阻害剤の開発が期待されている．

2. リゾホスファチジン酸（LPA）と他のリゾリン脂質

LPAは血清リポタンパク質上，または血小板から放出されるリゾホスファチジルコリン（LPC）からオートタキシン（リゾホスホリパーゼD）の作用で合成される．血液中のLPAの値は脂肪組織などから分泌されるオートタキシン量ときれいに相関している（注：血液中のLPAの測定の代わりにオートタキシンを測定する方法が東京大学の矢冨らにより開発され，臨床検査項目として保険収載された．初期の肝硬変の診断に役立つと言われている）．LPCはアルブミンやリポタンパク質と結合し，血液中を循環しており，オートタキシンも脂肪細胞をはじめさまざまな組織より分泌され血中に存在しているので，LPAは他の生理活性脂質とは異なり用事に産生され，すぐ消えるものではない．しかし，多くの細胞は膜の外側にLPAを代謝するLPAホスファターゼ（LPP1～6）を有しており，これらによりモノアシルグリセロールへと代謝される．図2に代表的なLPAの構造を示すが，1-acyl-LPAと2-acyl-LPAに分かれ，脂肪酸種もさまざまである．LPAを感受するものとして少なくとも6種類のGPCR（LPA1～6）が報告されているが，リガンドの特異性や細胞内シグナルは異なっている．LPAの生理機能は主として，ヒトの遺伝子変異や受容体欠損マウスから推測されており，神経発生（LPA1受容体），神経因性疼痛（LPA1受容体），肺線維症（LPA1受容体），脂肪肝，脂質代謝異常（LPA4受容体），先天性脱毛症（LPA6受容体）など，機能も疾患も受容体ごとにさまざまである．また，LPA産生酵素であるオートタキシンの欠損が血管やリンパ管の発達障害を引き起こし，胎性致死となることから，脈管系の発生にも重要な役割を果たしていると考えられている．こうした現象には$G_{12/13}$と共役するLPA4受容体やLPA6受容体がその機能を担うと考えられている．

リゾホスファチジルセリン（lysoPS）（図2）を認識するものとして3つのGPCR（lysoPSR1＝GPR34, lysoPSR2＝P2Y10，lysoPSR3＝GPR174）が報告されており，免疫やアレルギーに関与していると考えられている．lysoPSのアシル基は多価不飽和脂肪酸を*sn*-2位にもつものが多く，おそらくPS特異的ホスホリパーゼA_1の作用によると思われるが，詳細は今後の研究による．

リゾホスファチジルイノシトール（lysoPI），リゾホスファチジルグルコース（lysoPGlu）をはじめ，さまざまなリゾリン脂質やリゾプラスマローゲンの生理作用が報告されている．これらも今後の魅力ある課題である．

3. 2-アラキドノイルグリセロール（2-AG）（図4）

本分子はカンナビノイド受容体（中枢性CB1，末梢性CB2）の内因性リガンドとして知られており，内因性マリファナ分子である．受容体はLPAやスフィンゴシン1リン酸（S1P）などを認識するEdg（endothelial differential gene）型受容体ファミリー遺伝子の近縁に存在する（図3）．多くはジアシルグリセロール（DAG）から，DAGリパーゼの働きで産生される．DAGはさまざまな経路で作られるが，2位にアラキドン酸を持つことからイノシトールリン脂質分解の経路で作られるDAGが主な前駆体と考えられる．なお，カンナビノイド受容体のリガンドとしては，脳の抽出物よりアナンダミド（図2）が先に同定された．量的には2-AGが100～1,000倍くらい多く存在するが，両者の役割分担などは引き続き今後の課題であろう．

スフィンゴリン脂質

スフィンゴシン骨格をもつ分子の総称で，細胞のアポトーシスに関係するセラミドとその類縁体，また，神経軸索で絶縁作用をもつスフィンゴミエリン（SM）など，さまざまな分子があるが，ここでは，強力な生理作用をもつS1P（図2）に焦点を絞って概説する．パルミトイルCoAにセリンが結合して作られる（*de novo*経路），あるいはSMが分解されてできたセラミド（異化経路）より，セラミダーゼによりスフィンゴシンが合成され，これは2種類のリン酸化酵素（スフィンゴシンキナーゼ，SphK1，SphK2）によりS1Pへと変換される．作用を終えたS1Pは特異的lyaseにより分解される．S1Pは輸送体を通って，細胞外に放出され，血中では7割近くはHDLのアポリポタンパク質Mに結合していると言われている．S1Pには5つの異なる受容体（S1P1～5）が存在し，さまざまな機能を果たしているが，最初に薬になったのは，S1P1の機能的拮抗薬である．冬虫夏草から発見されたFTY-720（京都大学薬学部の藤多哲朗教授，台糖，吉富製薬のイニシャルに由来）は投与されると体内でリン酸化され，活性化型へと変換するプロドラッグである．S1P1受容体を活性化し，その後，受容体エンドサイトーシスとタンパク質分解を起こすことにより，拮抗作用を示し（機能的拮抗薬とよぶ），*in vivo* で末梢血中のリンパ球数を著しく減少させることができる．当初，腎移植後の拒絶反応の治療薬として開発されたが，既存薬と比べて優位性が認められなかった．しかし，多発性硬化症に効果を示す内服薬として承認され，日本発の国際的なブロックバスターとなった．

コレステロール誘導体

コレステロールからは各種のステロイドホルモンやビタミンD3などが合成される．しかし，これらはホルモンとして核内受容体（転写因子）に結合するもので，狭義の生理活性脂質には含めない．胆汁酸（図2）は本来，胆嚢から分泌される胆汁の主成分であり，食事中の脂質とミセルを形成することで，リパーゼの働きを助け，そして脂質吸収に重要な役割を担っている．同時に核内受容体FXR（farnesoid X receptor）と結合し，コレステロールを含む脂質代謝を調節する．また，TGR5というGPCRと結合し，cyclic AMP-PKAの回路を活性化し，エネルギーバランスを調節する．胆汁酸は腸肝循環で一部が血液中に存在するので，このような多彩な生理機能は興味深い．また，7 α，25-dihydroxycholesterolはEBI2（GPR183）のリガンドとして働き，Tfh（follicular helper T cells）の作用を調節していると考えられている．

各種生理活性脂質の機能と疾患との関わりについては表に，また受容体の系統樹は図3に示した．

◆ 参考文献（文献は膨大となるため，主な総説をタイトルと同時に示す）

1） Shimizu T：Lipid mediators in health and disease: enzymes and receptors as therapeutic targets for the regulation of immunity and inflammation. Annu Rev Pharmacol Toxicol, 49：123-150, 2009
2） Rosen H, et al：Sphingosine 1-phosphate receptor signaling. Annu Rev Biochem, 78：743-768, 2009
3） Choi JW, et al：LPA receptors: subtypes and biological actions. Annu Rev Pharmacol Toxicol, 50：157-186, 2010
4） Serhan CN：Pro-resolving lipid mediators are leads for resolution physiology. Nature, 510：92-101, 2014
5） Yao C & Narumiya S：Prostaglandin-cytokine crosstalk in chronic inflammation. Br J Pharmacol, 176：337-354, 2019
6） 清水嘉文，徳村 彰：リゾホスファチジン酸の生理学的役割および疾患との関連．生化学, 83：506-517, 2011
7） 古屋徳彦，佐藤隆一郎：胆汁酸の新たな生理機能と脂質代謝調節．化学と生物, 44：767-773, 2006
8） 千葉健治：スフィンゴシン1リン酸受容体を標的とした創薬展開．実験医学, 33：2492-2499, 2015
9） 丸山隆幸：エイコサノイド受容体を標的とした創薬展開．実験医学, 33：2514-2520, 2015
10） 村上 誠，他：ホスホリパーゼA_2ファミリーによるリポクオリティ制御．実験医学, 36：1623-1630, 2018

表　主な生理活性脂質の受容体と生物機能

	生理活性脂質	受容体	主な生理機能	関連疾患
脂肪酸類縁体	中鎖・長鎖脂肪酸	GPR40	インスリン分泌促進	糖尿病
	短鎖脂肪酸（酢酸，プロピオン酸，酪酸）	GPR41	交感神経活性化，エネルギー消費亢進	肥満，糖尿病
		GPR43	免疫機能増強，脂肪細胞の肥大化抑制	抗炎症，肥満
	プロスタグランジンD_2（PGD_2）	DP	Th17活性化，睡眠誘発，低体温，血小板凝集	炎症，アレルギー，アトピー性皮膚炎
		CRTH2	Th2細胞，好酸球，好塩基球の遊走	アレルギー，気管支喘息
	プロスタグランジンE_2（PGE_2）	EP1	平滑筋収縮，ストレス応答（ACTH分泌など）	うつ病，がん
		EP2	血管拡張，血管新生，卵胞成熟	疼痛，大腸がん
		EP3	痛覚伝達，胃液分泌促進，平滑筋収縮	疼痛，発熱
		EP4	免疫抑制，骨代謝，摂食抑制，覚醒促進	接触性皮膚炎，多発性硬化症，大腸がん
	プロスタグランジン$F_{2\alpha}$（$PGF_{2\alpha}$）	FP	平滑筋（子宮，気管支，血管）収縮，眼圧低下	切迫早産，緑内障
	トロンボキサンA_2（TXA_2）	TP	血管収縮，血小板凝集	気管支喘息，アレルギー性鼻炎，血栓
	プロスタサイクリン（PGI_2）	IP	血管拡張，血小板凝集抑制	疼痛，慢性動脈閉塞症，肺高血圧症
	プロスタグランジンJ_2-派生物（PGJ_2-derivatives）	PPARγ	脂肪細胞分化，免疫細胞制御	糖尿病，肥満，動脈硬化，炎症
	ロイコトリエンB_4（LTB_4）	BLT1	白血球遊走，脱顆粒	炎症，アレルギー，アトピー性皮膚炎
	12-ヒドロキシヘプタデカトリエン酸（12-HHT）	BLT2	大腸保護，皮膚創傷治癒	皮膚潰瘍修復，角膜上皮障害修復
	システイニルロイコトリエン類（Cys-LTs）	CysLT1	血管透過性亢進，気管支平滑筋収縮	気管支喘息，アレルギー
		CysLT2	ケモカイン産生誘導，肺線維化	慢性炎症，肺線維症
		P2Y12	血小板活性化，ミクログリアの突起伸展	血栓，止血機能異常
		GPR17	CysLT1の抑制	
	リポキシン（Lipoxin）	ALX（FPRL1）	好中球，好酸球遊走抑制，気管支収縮抑制	抗炎症，炎症修復
	12-ヒドロキシエイコサテトラエン酸（12-HETE）	GPR31	虚血再還流誘導性の肝炎，肝機能障害	虚血再還流誘導性肝障害
	5-oxo-エイコサテトラエン酸	OXE（TG1019）	好酸球遊走，CD11b発現亢進，脱顆粒促進	炎症，アレルギー

（次ページへ続く）

表　主な生理活性脂質の受容体と生物機能（つづき）

	生理活性脂質	受容体	主な生理機能	関連疾患
グリセロリン脂質	血小板活性化因子（PAF）	PAFR	白血球活性化，血管透過性亢進	炎症，アレルギー
	2-アラキドノイルグリセロール（2-AG）	CB1	鎮痛，トラウマ症状軽減	PTSD，制吐剤
		CB2	空間作業記憶増強，免疫抑制	精神疾患，免疫疾患
	リゾホスファチジン酸（LPA）	LPAR1	神経発生，骨形成，線維芽細胞の遊走	神経因性疼痛，肺線維症
		LPAR2	大腸がんの悪性化	大腸がん
		LPAR3	受精卵の着床	着床不全
		LPAR4	血管，リンパ管形成	脂肪肝，脂質代謝異常
		LPAR5（GPR92）	疼痛反応	疼痛
		LPAR6（P2Y5）	血管，リンパ管形成，体毛形成	縮毛，先天性脱毛症
		GPR87/95	扁平がん細胞の増殖，悪性化	がん
	リゾホスファチジルセリン（LPS）	LPSR1（GPR34）	マスト細胞の脱顆粒応答増強	炎症，アレルギー
		LPSR2（P2Y10）	好塩基球の脱顆粒応答	炎症，アレルギー
		LPSR3（GPR174）	制御性T細胞の機能亢進	バセドウ病，自己免疫疾患
	リゾホスファチジルイノシトール（LPI）	GPR55	サイトカイン産生制御，炎症性，神経性痛覚過敏	
	リゾホスファチジルグルコース（LPGlu）		神経突起誘導	神経回路の損傷修復
	2-acyl LPA（2-アシルLPA）	GPR35	神経興奮の調節，疼痛，血圧調節，胃がん進行	高血圧，胃がん，糖尿病
スフィンゴリン脂質	スフィンゴシン1リン酸（S1P）	S1P1	T細胞移出，血管壁細胞制御，破骨細胞分化	多発性硬化症
		S1P2	骨芽細胞分化促進，細胞遊走抑制，線維化抑制	線維症，てんかん発作
		S1P3	破骨細胞分化，細胞遊走，乳がん幹細胞増殖	乳がん
		S1P4	樹状細胞制御，Th17分化促進	炎症
		S1P5	細胞遊走，有糸分裂促進	がん
コレステロール	胆汁酸	TGR5	エネルギー消費亢進，脂肪蓄積抑制，GLP-1分泌促進	糖尿病
		FXR	糖・脂質代謝調節，胆汁酸生合成抑制	脂質代謝異常症
	7,25-dihydroxy-cholesterol	EBI2（GPR183）	Tfhの作用調節	免疫疾患

橙色は生理活性脂質自身が薬剤となっている例．緑は受容体拮抗薬，アゴニストなどが上市されているもの．
（注）生理活性脂質と受容体の関係では，不確かな対応も含まれる．

8 膜で働く生理活性脂質
イノシトールリン脂質，ジアシルグリセロール

佐々木雄彦

細胞膜に存在するイノシトールリン脂質は，多様な細胞機能の発現に関与する微量生理活性脂質である．他のリン脂質と比較してヘッドグループが大きく，様々なパターンでリン酸化を受けることから，生化学実験や質量分析においてはいくつかの留意点がある．本稿ではその構造と物性，それらに基づく生理活性について概説する．

はじめに

ヘッドグループに*myo*-イノシトールをもつグリセロリン脂質を総称してイノシトールリン脂質と言い，すべての真核生物に存在する．植物細胞，真菌では比較的豊富な膜リン脂質であるが，哺乳動物細胞膜での全リン脂質に占める割合は数パーセントであり，細胞内シグナル伝達脂質としての役割に関する研究が進んでいる．Gタンパク質共役型受容体，チロシンキナーゼ型受容体をはじめ，ほとんどの形質膜受容体アゴニストの情報は，イノシトールリン脂質の変化という形で細胞内情報に転換される．細胞質の酵素やスキャフォルドタンパク質を特定の膜領域に適宜リクルートし，また，膜タンパク質の構造の一部として結合している．幅広い細胞機能を調節しており，イノシトールリン脂質代謝の異常は，がん，神経疾患，免疫疾患などさまざまな疾患の病態形成にも関与している．

構造

1. ヘッドグループ

共通の構造はホスファチジルイノシトール（PI）である（図）．イノシトールの1位水酸基が*sn*グリセロール3位にリン酸ジエステル結合している．イノシトール3位，4位，5位水酸基のリン酸化パターンによって，7クラスの派生体が存在する[1]．ホスファチジルイノシトール一リン酸（PIP），ホスファチジルイノシトール二リン酸（PIP_2）についてはそれぞれ三種類の位置異性体が存在する．一般に細胞内の含量はPIが最も多く，その数分の一のレベルでPIPとPIP_2が，ホスファチジルイノシトール三リン酸（PIP_3）はそのさらに百分の一のオーダーで存在する．分子量が大きく嵩高く（リン酸基はイノシトールと同等の

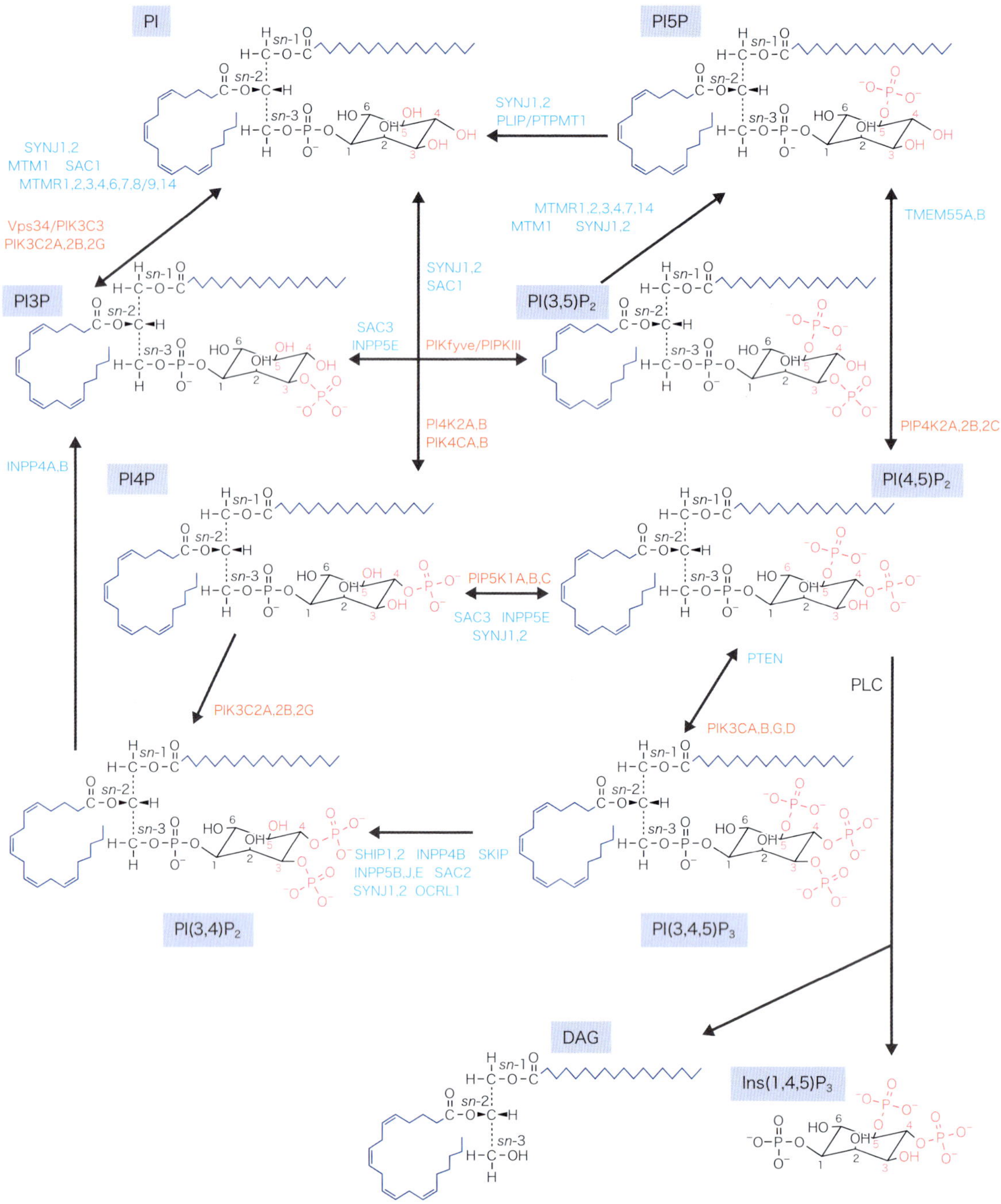

図　イノシトールリン脂質の構造と相互変換反応

赤字：キナーゼ，青字：ホスファターゼ

分子半径をもっている），負電荷に富むヘッドグループの構造が，多様なタンパク質との特異性をもった相互作用の基盤となっている．また，PIの6位水酸基にα－グルコサミンが結合し，α-マンノース，エタノールアミンリン酸，タンパク質のカルボキシル末端が連結することで，グリコシルホスファチジルイノシトールアンカー型タンパク質（GPI-AP）が生成される．GPI-APの詳細は良書[2)]にゆずるが，この生合成過程で，イノシトール2位水酸基のアシル化はタンパク質付加に必須の反応となっている．このようにPIがもつ水酸基はいずれも重要な生化学反応にあずかっている．

PIは*myo*-イノシトールとシチジン二リン酸-ジアシルグリセロール（CDP-DAG）から合成される．CDP-DAG-inositol 3-phosphatidyltransferase（PI synthase：PIS）は小胞体の膜貫通型タンパク質で，形質膜，ゴルジ体，ミトコンドリア，リソソームなどとのコンタクトサイトに局在する．培養細胞にPISを過剰発現してもPIレベルは上昇しないことが知られているが，基礎活性が高いことやPIによる酵素活性への負のフィードバックによるものと思われる．ホスファチジン酸とCTPからCDP-DAGを合成するCDS（CDP-DAG synthase）は哺乳動物細胞では3種類存在し，小胞体とミトコンドリア内膜に活性が認められる．CDP-DAGはミトコンドリアでのホスファチジルグリセロール，カルジオリピンの合成にも必須である．PISと同様にCDS1の過剰発現もPIの生合成を促進することはなく，その理由として，PIPとPIP_2によるCDS1の活性阻害による負のフィードバックが考えられている．

哺乳動物ではイノシトールリン脂質を基質とする，独立した遺伝子にコードされた19種類のキナーゼと29種類のホスファターゼが同定されている．ほとんどが細胞質タンパク質で，膜貫通タンパク質は4酵素のみである．これらのイノシトールリン脂質代謝酵素は，一つの酵素が複数の相互変換反応を触媒する場合が多い．理論的には24の相互変換反応を考えることができるが，酵素が同定されているのは現在のところ19反応である（図）．ホスファチジルイノシトール4,5-二リン酸〔$PI(4,5)P_2$〕はホスホリパーゼC（PLC）により分解され，ヘッドグループが切り出されたイノシトール(1,4,5)三リン酸〔$Ins(1,4,5)P_3$〕とジアシルグリセロール（DAG）の2つの生理活性物質が生成される．哺乳動物では13種類のPLCが同定されている．

2. 疎水性尾部

脂肪酸部分の構造は，哺乳動物細胞では*sn*-1，*sn*-2位ともにアシル型のPIが大半を占めるが，細胞性粘菌や一部の細菌などエーテル結合型（plasmanyl型）のPIを豊富にもつ生物も存在する．古くよりガスクロマトグラフィーによって明らかにされたように，哺乳動物のイノシトールリン脂質はステアリン酸とアラキドン酸を豊富に含むことが知られている．われわれのLC-MS/MSによる解析でも，ほとんどの臓器や培養細胞株でそのような特徴を確認しているが，一方その例外も存在するようである．

Kennedy経路でPAに由来するCDP-DAGから合成されたPIの脂肪酸構成は，Lands'サイクルでリモデリングを受ける．まず，ステアリン酸とアラキドン酸をもつPAに一定の選択性をもつCDS2によるCDP-DAGの供給が，PIのアシル基を特徴づける1つの機構と考えられる．PIにホスホリパーゼA_1/A_2（PLA_1/A_2）が作用して生ずるリゾPI（LPI）にアシル基を導入するアシルトランスフェラーゼは少なくとも3種類存在する．LYCAT（lysocardiolipin acyltransferase：別名LCLAT1）は*sn*-1位にステアリン酸を，LPIAT1（lysophosphatidylinositol acyltransferase 1：別名MBOAT7）は*sn*-2位にアラキドン酸を選択的に導入する．また，LPAAT3（lysophosphatidic acid acyltransferase 3：別名AGPAT3）は*sn*-2位にアラキドン酸やドコサヘキサエン酸など多価不飽和脂肪酸を導入する．

物性

イノシトールリン脂質は生理的なpH条件下で多価の負電荷を帯びる酸性リン脂質群である．PIP_2の場合，中性pH領域でのマイナス荷電は位置異性体間で若干の差はあるものの，ほぼ完全に電離したリン酸ジエステル部分も合わせて約4価である．PIP_3の各リン酸モノエステルはPIP_2に比べてプロトン化の度合いが高く，中性pH領域でのマイナス荷電は約5価となる．分子内リン酸モノエステル間の水素結合がないPI(3,5)P_2の場合，3位，5位のリン酸基のpKa_2は7.0および6.6と見積もられており，各リン酸基の電離状態は等価ではないことが伺われる．

水や各種有機溶媒への溶解性はリン酸化状態とアシル基に依存して異なる．生理的な長鎖脂肪酸をもつイノシトールリン脂質は水に難溶性であるが，炭素数8+8（di-octanoyl）以下のイノシトールリン脂質はいずれも数十μMオーダーの水溶液として実験で扱うことができる．酸性，アルカリ性条件ではリン酸エステル，脂肪酸エステルの分解や転移が危惧されるので，できるだけ中性に保つことが望ましい．PIの場合，中性pHバッファー中での臨界ミセル濃度（CMC）はdi-C8，di-C6，di-C4のそれぞれについて60 μM，2.6 mM，>10 mMと報告されている．PIP，PIP_2，PIP_3についての報告はないが，リン酸化によるヘッドグループの嵩と荷電の増加を考えると，CMCはより高くなると推察することができる．

イノシトールリン脂質のナトリウム塩，アンモニウム塩は常温で白色～白濁色の固体である．危険性，有害性は特に報告されていないが，われわれのグループでは，ストック溶液を作製する際は手袋と保護メガネを着用している．PIはメタノールに，PIP，PIP_2，PIP_3はクロロホルム/メタノール（1/1）に溶解し，数百μMの濃度で−30℃保存している．分子種によってこれでは溶けにくいものもあり，そのような場合には若干の水を加えて溶かす．作業は氷上あるいは常温で行い，水浴ソニケーターを短時間用いることも可能である．PIP，PIP_2，PIP_3は不安定で，−30℃保存溶液中でも分解が進行すると考えられる．さまざまな様態が考えられるが，リン酸モノエステルが外れたもの（例：PIP_3ストック中のPIP_2やPIP）が検出されるので，タンパク質との結合特異性など厳密な構造活性相関を問う実験には注意が必要である．

金属製やガラス製の器具との接触で，他のヘッドグループをもつグリセロリン脂質と比較して吸着によるロスが大きい．このような相互作用は，クロマトグラフィー解析での溶出ピークのテーリングにも反映されると考えられる．ポリエーテルエーテルケトン（PEEK）樹脂のラインを用いると改善される．また，リン酸基をメチルエーテル化した誘導体は比較的安定で吸着も少ない．

生理活性

各イノシトールリン脂質はさまざまな機能をもつタンパク質に結合して，それぞれ特有の，あるいはオーバーラップした生理活性を発揮する．結合にかかわるタンパク質の構造は2つのタイプに大別される．ヘッドグループとの結合ポケットを形成するタンパク質がリン酸基の位置選択的に結合する場合と，塩基性アミノ酸クラスターをもつタンパク質が選択性には乏しい静電相互作用する場合である．イノシトールリン脂質キナーゼ／ホスファターゼによる変換反応は，基質の生理機能の抑制と生成物の生理機能の亢進を同時に起こす場合が考えられる．各イノシトールリン脂質の存在量比とタンパク質の結合特性（選択性，アフィニティー）によって，整合がとられていると推察される．また，細胞質のイノシトールリン脂質結合タンパク質が形質膜，オルガネラ膜へ移行する際には，膜上の他の結合因子を同時に認識する場合が多い．複数の必要条件をもつことで，シグナル伝達の“混線”が回避されていると考えられる．以下に結合・標的タンパク質と細胞内での機能をピックアップし，関連する病態の情報を表にまとめる．

1. PI3P

PIの＜1％のレベルで存在する．タンパク質分解系の制御に重要な役割を果たしている．ユビキチン化タンパク質の多胞体での選別にかかわるESCRT複合体（endosomal sorting complex required for transport complex）の形成において，Hrs（ESCRT-0），EAP45（ESCRT-Ⅱ）をリクルートする．オートファジーにおいては，WIPI（WD-repeat protein interacting with phosphoinositides）2とDFCP（double FYVE domain-containing protein）1をオートファゴソームの形成開始部位にターゲットし，Alfy（autophagy-linked FYVE protein）を介したユビキチン化タンパク質のオートファゴソームへの集積を促進する．また，SNX（sorting nexin）5やキネシン16Bなどとの結合により，細胞内小胞輸送の多くの局面に関与している．

2. PI4P

PIの3～5％のレベルで存在する．ゴルジ体と形質膜における機能が注目されている．ゴルジ体にAP（adaptor protein complex）1をリクルートすることで積荷を含むクラスリン被覆小胞の形成を促進し，GOLPH3（Golgi phosphoprotein 3）を介して膜形態，小胞の出芽を制御する．また，コンタクトサイトでの脂質輸送において重要な役割を果たしており，例えば，CERT（ceramide transfer protein）による小胞体からゴルジ体へのセラミド移行や，ORP〔OSBP（oxysterol-binding protein）-related protein〕によるホスファチジルセリンの小胞体から形質膜への輸送，小胞体からゴルジ体へのコレステロール輸送を制御する．特異性は高くないものの形質膜貫通タンパク質にも作用し，TRPV1（transient receptor potential vanilloid 1）陽イオンチャネルや機械感受性Piezo陽イオンチャネルなどの活性調節への関与も報告されている．

表　イノシトールリン脂質・ジアシルグリセロールと疾患

疾患・病態	関連脂質
cancers (breast, ovary, colon, stomach, liver, lung etc.)	$PI(3,4,5)P_3$/$PI(3,4)P_2$ $PI(4,5)P_2$/DAG
lymphomas (T, B, NK/T etc)	$PI(3,4,5)P_3$/$PI(3,4)P_2$ $PI(4,5)P_2$/DAG
acute myeloid leukemia	$PI(3,4,5)P_3$
Cowden syndrome	$PI(3,4,5)P_3$
Bannayan-Riley-Ruvalcaba syndrome	$PI(3,4,5)P_3$
Proteus/Proteus-like syndrome	$PI(3,4,5)P_3$
MCAP syndrome	$PI(3,4,5)P_3$
CLOVES syndrome	$PI(3,4,5)P_3$
SHORT syndrome	$PI(3,4,5)P_3$
MPPH syndrome	$PI(3,4,5)P_3$
Alzheimer's disease	PI4P/$PI(4,5)P_2$
bipolar disorder	PI3P/$PI(3,4)P_2$
Parkinson's disease	PI4P/$PI(4,5)P_2$
Friedreich's ataxia	$PI(4,5)P_2$
MORM syndrome	$PI(4,5)P_2$/$PI(3,4,5)P_3$
Joubert syndrome	$PI(4,5)P_2$/$PI(3,5)P_2$/$PI(3,4,5)P_3$
MMPSI syndrome	$PI(4,5)P_2$/DAG
AOA syndrome	$PI(3,4,5)P_3$
Marinesco-Sjogren syndrome	$PI(4,5)P_2$/$PI(3,4,5)P_3$
Amyotrophic lateral sclerosis	$PI(3,5)P_2$
Charcot-Marie-Tooth diseases	PI3P/$PI(3,5)P_2$
centronuclear myotubular myopathy	PI3P/$PI(3,5)P_2$
Hyper-IgM syndrome	$PI(3,4,5)P_3$
Agammaglobulinemia	$PI(3,4,5)P_3$
opsismodysplasia	$PI(3,4,5)P_3$
spondylodysplastic dysplasia	$PI(3,4,5)P_3$
Yunis-Varon syndrome/cleidocranial dysplasia	$PI(3,5)P_2$
LCC syndrome 3	$PI(4,5)P_2$
auriculocondylar syndrome	$PI(4,5)P_2$/DAG
Lowe oculocerebrorenal syndrome	$PI(4,5)P_2$
Crohn's disease	PI3P/$PI(3,5)P_2$
congenital cataract	PI3P/$PI(3,5)P_2$/$PI(4,5)P_2$
corneal stroma dystrophy	$PI(3,5)P_2$
hypertrophic cardiomyopathy	PI3P
coronary artery spasm	$PI(4,5)P_2$/DAG
male infertility	$PI(4,5)P_2$/DAG

橙：がんならびに過増殖性疾患，緑：神経系疾患，青：免疫系疾患．MCAP（megalencephaly, capillary malformation, polymicrogyria），CLOVES（congenital lipomatous overgrowth, vascular malformations, epidermal nevi, scoliosis/skeletal and spinal）SHORT（short stature, hyperextensibility of joints, ocular depression, Rieger anomaly and teething delay），MPPH（megalencephaly, polymicrogyria, polydactyly, hydrocephalus）AOA（ataxia-oculomotor apraxia），LCC（lethal congenital contracture），MORM（mental retardation, truncal obesity, retinal dystrophy, and micropenis），MMPSI（malignant migrating partial seizures in infancy）

3. PI5P

通常は痕跡量しか存在せず，生理機能についても不明な点が多い．核における機能が研究されており，ING2（inhibitor of growth family member 2）にPHD（plant home-odomain）fingerを介して結合し，p53の安定化によるDNA傷害応答に関与することや，SAP30（Sin3A-associated protein 30）およびSAP30L（SAP30-like）の塩基性アミノ酸クラスターに結合することでヒストン脱アセチル化を制御することなどが報告されている．また，グルコース飢餓状態において，PI3P標的タンパク質を介してオートファジーを誘導することが報告されている．

4. PI(3,4)P$_2$

定常状態にある培養細胞や動物組織ではきわめて微量であるが，増殖因子，走化性因子などの受容体刺激や過酸化水素処理により細胞内に産生される．がん組織ではPI(4,5)P$_2$に匹敵するレベルで蓄積する場合もある．SNXファミリーのいくつかの分子と結合して，クラスリン被覆小胞やマクロピノソームの成熟と縊りとりを促進する．細胞形態，運動に関してはLpd（lamellipodin）を形質膜にリクルートし，Ena/VASP（enabled/vasodilator-stimulated phosphoprotein）を介したアクチン繊維の伸長やWAVE（WASP family verprolin homologous protein）を介したアクチン繊維の分枝によって，ラッフリング，ラメリポディアの形成を促す．ファゴソーム膜でのp40^{phox}との結合はNADPHオキシダーゼのアセンブリーによる活性酸素産生に必須である．α TTP（α-tocopherol transfer protein）とPI(3,4)P$_2$の結合はビタミンEの放出を促進し，形質膜でのABCトランスポーターへの受け渡しに関与する．

5. PI(3,5)P$_2$

PIの＜0.5％のレベルで存在する．主にエンドソーム，リソソームでの機能が着目されており，PI(3,5)P$_2$の枯渇により細胞内に光学顕微鏡でも観察可能な空胞が形成される．イオンチャネルへの作用としては，TRPML1（TRP Mucolipin 1）の活性化によりリソソームからのCa^{2+}放出を促進し，TPC（two-pore channel）1/2を活性化してリソソームやメラノソームからのNa$^+$放出を促進する．ESCRT-Ⅲ複合体のVps24と結合し，多胞体経路でのタンパク質分解に関与する．

6. PI(4,5)P$_2$

PIの3～5％のレベルで存在する．プロフィリンやαアクチニンなどのアクチン重合調節タンパク質へのPI(4,5)P$_2$の結合と調節機能の解明は，イノシトールリン脂質の直接作用が広く研究されるきっかけになった．アクチン繊維と形質膜を架橋するERM（ezrin/radixin/moesin）タンパク質やtalin，vinculinなどを介して細胞接着斑の形成を担う．また，イオンチャネルやトランスポーターなど，PI(4,5)P$_2$により調節される膜輸送体は枚挙にいとまがない．クラスリン被覆ピットの形成におけるAP-2を介したクラスリンの集積やepsin 1（eps15 interacting protein 1）を介した膜の変形など，形質膜での機能が先行して研究されてきたが，エンドソーム系においても膜タンパク質のリサイクリングやオートファジーへの関与が示唆されている．cPLA$_2$（cytosolic phospholipase A2）やPLD（phospholipase D）の活性化することから，リゾリン脂質やホスファチジン酸の生成を介して他のリン脂質代謝にも関与すると考えられている．

7. PI(3,4,5)P$_3$

PIの＜0.1％のレベルで存在するが，がん組織ではその100倍程度まで上昇する例もある．分解酵素の活性が高いこと，インスリンなどさまざまな細胞外アゴニストの受容体刺激依存的にクラスI PI3K（phosphoinositide 3-kinase）が活性化されることから，セカンドメッセンジャーとして機能する．主に形質膜での機能が理解されている．結合タンパク質の属性は広範で，PKB（protein kinase B）やBtk（Bruton's tyrosine kinase）などのプロテインキナーゼ，TRPM3などのイオンチャネル，低分子量Gタンパク質RacやArf6のGEF（guanine nucleotide exchange factor）やRhoのGAP（GTPase-activating protein），myosin-Xや種々のアクチン結合タンパク質，WAVE2などの細胞骨格関連タンパク質などがあげられる．細胞増殖，分化，運動，細胞死，糖・脂質代謝調節などを司る．

◆ 文献

1） 高須賀俊輔，佐々木雄彦：疾患モデルの作製と利用．「脂質代謝異常と関連疾患」（尾池雄一，佐々木雄彦，村上 誠，矢作直也／編），pp303-320，エル・アイ・シー，2015

2） 木下タロウ：生化学，86（5），626-636，2014

Technical Tips ❷

イノシトールリン脂質研究史

細胞膜でのシグナル伝達に関するイノシトールリン脂質研究のはじまりは1953年に遡る．奇しくもDNAの二重らせん構造解明と同年，Hokin夫妻は，アセチルコリンでハトの膵臓スライスを処理すると，脂質画分への放射標識リン酸の取り込みが増大することを見出した．この取り込みの主体がイノシトールリン脂質であった．当時は，アミラーゼの分泌応答に伴うリン脂質の消失を補う機構とも考えられたが，1970年代までには，さまざまな細胞，さまざまな受容体アゴニストの組合せでこの現象が見出された．特にMitchellらは，細胞内カルシウム動員との連関を唱え，細胞外シグナルに対する細胞初期応答として一般的なものと考えられるようになった．そして，PI(4,5)P$_2$の分解により生じるDAGがPKC（protein kinase C）の活性化因子であることを高井・西塚らが1970年代後半に，Ins(1,4,5)P$_3$が小胞体からのカルシウム放出を導くことをBerridgeらが1980年代前半に見出した．御子柴らによるIP$_3$受容体の同定をもって，いわゆる“PI turnover”の意義が分子レベルで説明され，西塚とBerridgeは1989年にラスカー賞を受賞している．セカンドメッセンジャー前駆体としての働きが解明されたのと同時期に，Lindbergや竹縄らはPI(4,5)P$_2$がアクチン調節タンパク質に結合することを見出した．また，イノシトール3位水酸基がリン酸化された微量イノシトールリン脂質やその産生酵素であるPI3KがSklarら，Cantleyらによって同定された．これら発見に派生して，イノシトールリン脂質がタンパク質に直接結合して，細胞内局在を活性や制御するという考え方が生まれ，その後の研究が進展した．

9 グリセロリン脂質

新井洋由，河野　望

グリセロリン脂質は生体膜の主要成分である．高等動物では，グリセロリン脂質の極性基の種類および結合する２本の脂肪酸鎖の種類の違いにより，1,000種類以上の分子種が存在する．これら多様な分子種について，各極性基の役割に加えて，脂肪酸鎖の違いについての生物学的意義も徐々に明らかにされつつある．本稿では，グリセロリン脂質の極性基および脂肪酸鎖の物理化学的特性に基づいた性質，生理機能，生合成経路について概説する．生体膜主要成分であるグリセロリン脂質の最前線を理解していただきたい．

はじめに

グリセロリン脂質はグリセロール骨格を有するリン脂質の総称で，生体膜の主要成分である．代表的なグリセロリン脂質として，ホスファチジルコリン（PC），ホスファチジルエタノールアミン（PE），ホスファチジルセリン（PS），ホスファチジルイノシトール（PI），ホスファチジルグリセロール（PG），カルジオリピン（CL）がある（図1）．極性基の違いに加え，脂肪酸鎖部分には飽和脂肪酸から高度不飽和脂肪酸までさまざまな脂肪酸が結合しているため，哺乳動物には1,000種類以上のグリセロリン脂質分子種が存在する．

グリセロリン脂質の生合成経路は，1956年にKennedyらにより新生経路が，次いで1958年にLandsにより脂肪酸鎖リモデリング経路が提唱された．生合成経路にかかわる酵素群はほぼ同定されていたが，脂肪酸鎖リモデリングにかかわる酵素も近年急速に解明され，グリセロリン脂質の合成・リモデリング経路の全貌が明らかになりつつある．細胞膜やオルガネラ膜のリン脂質組成はそれぞれ異なっており，また生体膜二重層の内側と外側でもリン脂質組成が異なっている（図2A）．このように生体膜中のリン脂質組成が不均一であることが生体膜の大きな特徴である．一方で，最近の遺伝子解析技術の発達により，合成酵素群の遺伝子が疾患関連遺伝子として同定されてきており，グリセロリン脂質の予想外の生理機能，および疾患の発症機構が明らかになりつつある．

本稿では，高等動物におけるグリセロリン脂質の機能，生合成・脂肪酸リモデリング経路，不均一性とその機構・意義，関連疾患等について俯瞰する．

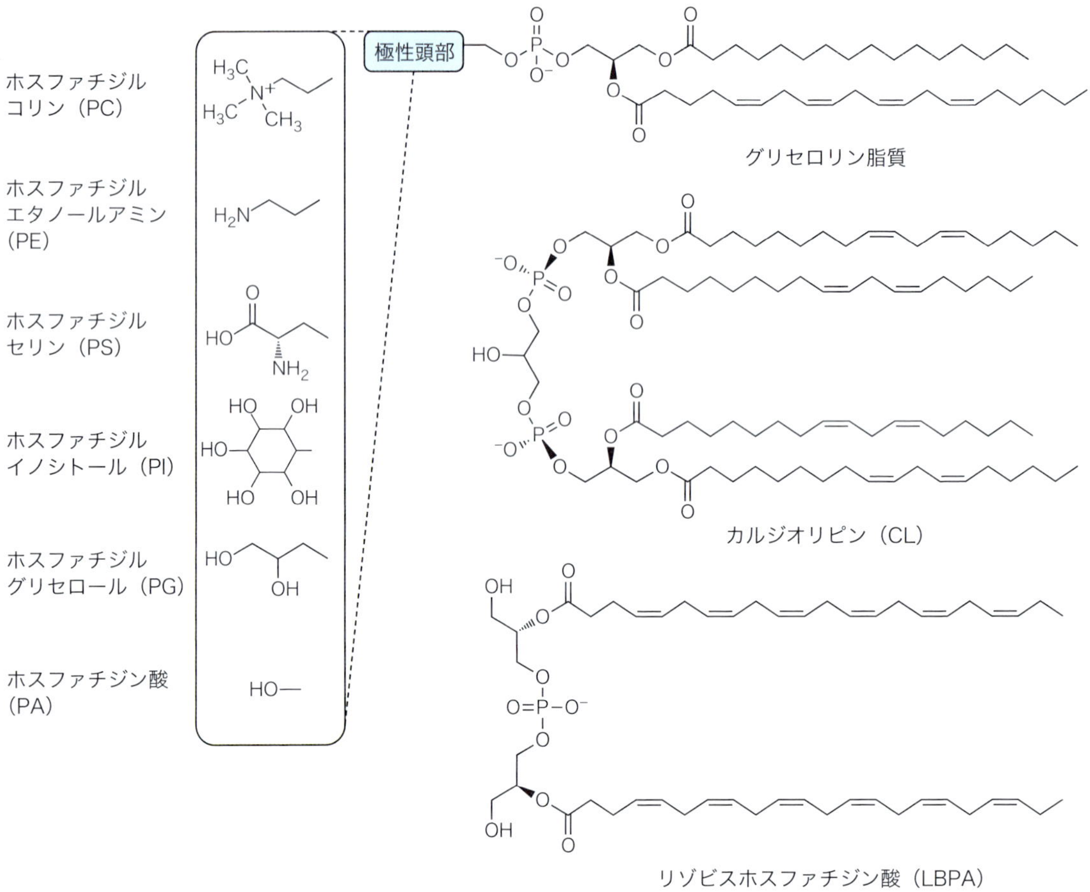

図1　生体膜を構成する主なグリセロリン脂質の構造

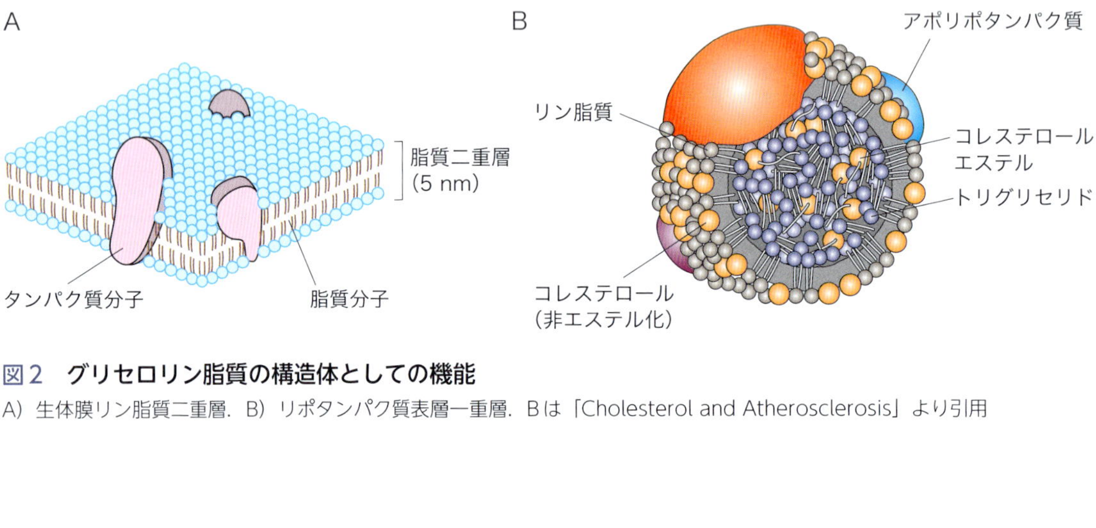

図2　グリセロリン脂質の構造体としての機能

A）生体膜リン脂質二重層．B）リポタンパク質表層一重層．Bは「Cholesterol and Atherosclerosis」より引用

各グリセロリン脂質の機能

グリセロリン脂質の主な機能は，いうまでもなく生体膜の構成成分である．その他にグリセロリン脂質はさまざまな生理活性脂質の原料になっているが，それについては他稿で説明される．ここでは生体膜を構成する主要なリン脂質について，生体膜構成成分としての機能以外にそれぞれのリン脂質に固有の機能を概説する．

1. PC

PCはグリセロリン脂質の中で最も主要なリン脂質であり，通常全リン脂質の40～60％を占める．PCは分子形状が円柱型の両親媒性物質であり水溶液中で自発的に平板状の二重層構造をとるので，生体膜二重層の基本成分となっている．

VLDL（very low-density lipoprotein）やキロミクロンといった血漿リポタンパク質は，トリグリセリドやコレステロールエステルといった非常に水に溶けにくい非極性脂質をリン脂質の一重層膜で包んだ構造をとる（図2B）．これらのリポタンパク質のリン脂質の60～80％はPCであり，肝臓や小腸でPC合成能が低下するとリポタンパク質の合成・分泌ができなくなり，特に肝臓では脂肪肝を呈する．リポタンパク質の形成にはPCの量ばかりでなく脂肪酸鎖組成も重要である．特に高度不飽和脂肪酸をもつPCがリポタンパク質の合成・分泌に重要であることが最近示された．細胞内の脂肪滴もリン脂質の一重層膜で形成されており，その主な成分はPCとPEである．PC供給が低下すると，脂肪滴の表面積を減らすために脂肪滴どうしが融合して大きくなる，PEの割合が増加すると脂肪滴どうしの融合が促進される，といった報告もあるが，これらが脂肪滴の制御に使われているかはまだ不明である．

PCは膜成分としての機能以外にもさまざまな役割を果たしている．まず，PCは他の脂質合成の基質として働く．例えば，PCおよびPEは，それぞれコリンおよびエタノールアミン部分がセリンと置き換わる反応により，PSの合成に利用される．また，血液中では，レシチンコレステロールアシルトランスフェラーゼ（LCAT）によってHDL表層のPCの*sn*-2位の脂肪酸鎖がコレステロールに転移しコレステロールエステルが合成される．同様に，肝臓や網膜上皮細胞に発現するレシチンレチノールアシルトランスフェラーゼ（LRAT）は，PCの*sn*-1位の脂肪酸鎖をレチノールに転移させ，レチノールエステルを合成して，レチノールを貯蔵する．

PCは肝細胞からMDR2（マウス）/MDR3（ヒト）というABCトランスポーター（後述）を使って胆汁中に放出される．このPCは胆汁中に存在すると胆汁酸とミセルを形成し，胆汁酸による細胞膜の破壊を防ぐ働きがあるとともに，消化管に分泌されて膵液中のホスホリパーゼA2によりリゾリン脂質と脂肪酸に分解され，これらの分子が胆汁酸とともに界面活性剤として働き，脂溶性分子の消化を促進する．

II型肺胞上皮細胞では飽和脂肪酸のみをもつジパルミトイルホスファチジルコリン（DPPC）が合成され，さらにABCA3というトランスポーターを使ってラメラ小体に取り込まれた後，ラメラ小体が肺胞腔に放出され，肺サーファクタントとして機能する（I-1図1参照）．

2. PE

PEはリン脂質の中で2番目に多く，全リン脂質の15～35％（脳では約45％と特に多い）を占める．PEはPCと異なり，極性頭部が小さくコーン型の形状をとるため，水溶液中ではヘキサゴナルII構造（逆ヘキサゴナル構造ともよぶ．図3）を形成する．PCよりなる平板構造にPEが加わると自発的に曲率が増加する．この性質は，生体膜の動的構造（融合，分裂，チューブ形成など）に利用され，細胞活動において重要な役割を果たす．例えば，細胞分裂時に細胞分裂溝の細胞外層側にPEが露出し，次いで再び細胞質側にフリップすることが細胞質分裂に重要である．また，細胞分裂時に分裂したゴルジ体小胞の再融合過程にもゴルジ体膜のPEが必要であると言われている．ミトコンドリアの内膜もPEが豊富であり，曲率の高いクリステ構造を形成するのに重要である．

PEは，他のグリセロリン脂質合成の前駆体ともなる．特に肝臓では，PEの極性頭部のアミノ基が順次メチル化されPCを生成する経路が存在し，肝臓におけるPC合成の約30％がこの経路を介している．PEメチル化によるPC合成は，特に肝臓におけるリポタンパク質VLDLの形成・分泌に重要である（後述）．PEはまたエタノールアミンの供給源の役割ももつ．高等動物はエタノールアミンを合成できないため，これを食事から摂取するか，PSの脱炭酸によって生成したPEから供給する．エタノールアミンは，特にグリコシルホスファチジルイノシトール（GPI）-アンカー型タンパク質合成（後述）の前駆体の1つとして重要である．またPEは内在性カンナビノイドの1つであるアナンダミド（*N*-アラキドニルエタノールアミン）の合成の前駆体にもなる．

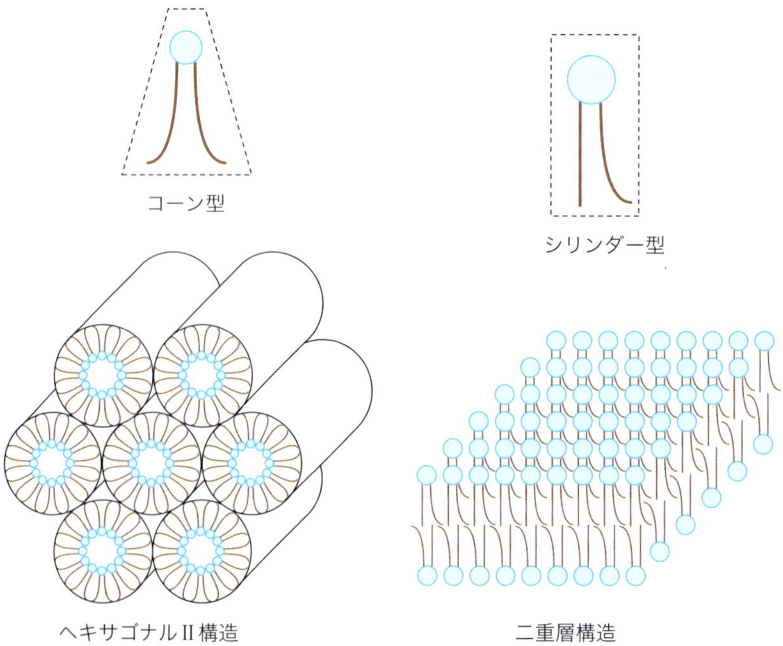

図3　グリセロリン脂質の水中でのミセル構造

PEはオートファジー過程で非常に重要な機能を果たしている．直径約1 μmのオートファゴソームが形成されながら細胞質の一部をとり囲み，それがリソソームと融合しオートファゴソームの内膜とともに内容物が分解されるマクロオートファジー過程において，オートファゴソーム膜中PEのアミノ基とユビキチン様タンパク質であるLC3のカルボキシル基が共有結合し，LC3を膜に結合させる．LC3を結合したオートファゴソーム膜は，さまざまな分子をLC3にリクルートしながらオートファジーを完了する．ユビキチンが，分解されるべきタンパク質のリジン側鎖のアミノ基と結合して分解標識として機能するのに対し，LC3は分解装置であるオートファゴソームのPEのアミノ基と結合し，分解されるべきタンパク質の認識にかかわる．

3. PS

PSは負電荷をもつリン脂質で，グリセロリン脂質の1〜6％を占める．PSは小胞体で合成されるが，その一部はミトコンドリアに輸送され，極性部のカルボキシル基が脱炭酸されPEを生成する．このPS脱炭酸酵素が存在しないとミトコンドリアの機能・形態異常を引き起こし，欠損マウスは生存できない．したがって，ミトコンドリアにおけるPSからPEへの変換は重要な反応である．

PSは細胞膜二重層の細胞質側の層に濃縮して存在する（赤血球膜では約95％のPSが細胞質側に局在している）．また，細胞内オルガネラの1つであるリサイクリングエンドソームの細胞質側に特異的にPSが濃縮して存在する．血小板の活性化時や細胞のアポトーシス時に，細胞膜の細胞質側に濃縮されていたPSが細胞外層に露出する．血小板では，露出したPSに血漿中のγ-カルボキシグルタミン酸残基（Gla）-ドメインをもつ血液凝固タンパク質〔凝固第Ⅱ因子（プロトロンビン），凝固第Ⅶ因子，凝固第Ⅸ因子および凝固第Ⅹ因子〕がCa^{2+}依存的に結合して活性化され凝固反応を開始する．

アポトーシス細胞では，同様にPSが細胞膜外層に露出するが，このPSが「eat me」シグナルとなってマクロファージなどの貪食細胞がアポトーシス細胞を貪食する．貪食細胞のPSを認識する受容体として，Tim1，Tim4，BAI1などの分子が同定されている．

PSは細胞内でもシグナル伝達，小胞輸送において重要な機能を担っている．Src，Ras，Rhoファミリー分子は正電荷のモチーフを分子内に有し，PSはこれらの分子の膜への結合および活性化に関与する．また，PSに結合するC2ドメインをもつシグナル伝達分子（プロテインキナーゼC，シナプトタグミン，ダイナミン-1，アネキシンⅤなど）の膜結合・活性化にもPSが重要である．PHドメインはPIPsに結合するドメインとして知られていたが，リサイクリングエンドソームに局在するevectin-2というタンパク質のPHドメインはPIPsではなくPSと特異的に結合する．evectin-2はリサイクリングエンドソームに豊富に存在するPSとの結合を介して，このエンドソームを介する小胞輸送を制御している（Ⅱ-15参照）．

4. PI

PIは，PSと同様に負電荷をもつリン脂質でグリセロリン脂質の2〜9％を占めている．

PIはそれ自体の独自の機能はほとんど報告されておらず，極性頭部のイノシトール環がリン酸化されたホスファチジルイノシトールリン酸（PIPs，phosphatidylinositol phosphates）の機能が有名である．これに関してはⅠ-8に詳述される．PIのもう一つの機能は，GPI-アンカー型タンパク質の基質となることである（後述）．

5. CL

CLはミトコンドリアに局在するリン脂質であり，PGが2個重合した構造で2つのリン酸基と4本の脂肪酸をもつユニークな脂質である．CLはPEと同様にコーン型であり，ミトコンドリア内に発達した膜構造であるクリステの形成に重要である．すなわち，コーン型の脂質であるPEとCLがクリステ膜の内層に存在し，外層にPCが存在することで，曲率の高い特徴的な膜構造が形成される．実際ミトコンドリア内膜のグリセロリン脂質のうち，CLが約18％，PEが約35％を占めている．またCLは極性頭部を膜内部に向けた円筒形に集合し，Ca^{2+}依存的にヘキサゴナル構造を形成する．この非二重層はミトコンドリア内膜と外膜が接合しているコンタクトサイトの形成やミトコンドリアの融合に必要である．

CLはミトコンドリア特有の構造であるコンタクトサイトやクリステの構築ばかりでなく，さまざまなミトコンドリア膜タンパク質の高次構造の維持と活性の調節，ミトコンドリアの融合やアポトーシスの制御など多彩な機能を有する．例えば，ミトコンドリア融合因子であるダイナミン様GTPaseであるOpa1のGTPaseはCLにより活性化される．また，CLはエネルギー産生にかかわるさまざまなタンパク質の活性維持に寄与している．複合体Ⅰ，Ⅲ，Ⅳなどの電子伝達系タンパク質，複合体Ⅴ，ADP/ATP輸送担体（ANT），ATP産生にかかわる輸送担体，クレアチンキナーゼなどのリン酸化酵素，ミトコンドリアのマトリクスへの脂肪酸の輸送にかかわるカルニチンパルミトイルトランスフェラーゼ（CPT）やカルニチンアシルカルニチントランスロカーゼ（CACT）の活性発現にはCLが必要である．実際，複合体Ⅳには2分子のCLが，複合体Ⅴでは4分子のCLが強固に結合している．

6. その他のリン脂質：PA，PG

1）PA

PAは，小胞体におけるリン脂質，中性脂質の合成中間体としての機能が最も重要である．したがって，その代謝速度は速く通常細胞内レベルは非常に低い．一方，小胞体以外の細胞内オルガネラにおいて，PAが局所的かつ一過的に生成して機能を果たしている．

PAは，リン脂質の新生経路以外に，2つの経路で生成される．1つはジアシルグリセロールキナーゼ（DGK）がDGをリン酸化して合成される経路で，もう1つは，ホスホリパーゼD（PLD）がPCなどのリン脂質の極性基を加水分解してできる経路である．DGKには10種類ほどのアイソフォームがありその構造的特徴からType Ⅰ～Ⅴに分類される．PLDはPLD1, 2およびミトコンドリア型PLDの3種類が同定されている．

PAはリン酸基をもつ酸性リン脂質で，特にCa^{2+}存在下では膜融合を促進する活性がある．PAの形状は，周りの環境によって大きな影響を受ける．例えば，不飽和脂肪酸をもつPAは中性条件下かつCa^{2+}が相当低い条件下では円柱状の形状をとるが，pHが弱酸性で

0.3 mM程度のCa^{2+}が存在する条件下（例えばゴルジ体の内腔側）では，円錐状の形態となるので膜の曲率を変えることができる．このようなPAの性質が膜の融合等の動的な状況に影響を与えている可能性が考えられる．例えばDGKメンバーの発現抑制実験等から，PAがゴルジ体やエンドソームを介する小胞輸送にかかわることが報告されている．PAを介する小胞輸送の制御においてPAの標的分子もいくつか同定されている．例えば，リサイクリングエンドソームから細胞膜への輸送に重要なチューブ状膜構造の形成にかかわるMICAL-L1という分子はエンドソーム膜で産生されたPAに直接結合して活性を発揮する．また，エンドサイトーシスにかかわるダイナミンや小胞輸送にかかわるSNX27（sorting nexin 27）もPAに結合して機能を発揮すると言われている．

ミトコンドリアの融合には，ミトコンドリア外膜に局在するホスホリパーゼD（MitoPLD）がCLを加水分解することによって産生されるPAが関与する．MitoPLDの発現抑制，PAホスファターゼ（lipin1b）あるいはPA選択的ホスホリパーゼA1（PA-PLA1）の過剰発現によりミトコンドリアが断片化することから，PAが融合に必要と考えられている．一方，ミトコンドリアに局在するリゾホスファチジン酸（LPA）産生酵素であるGPATを抑制しても同様の現象が観察されることから，PAではなくLPAが活性本体の可能性もある．またPAはミトコンドリアの分裂にも必要である．ミトコンドリアの分裂因子であるDrp1は細胞質性のタンパク質であるが，PAと相互作用することによりミトコンドリアに結合することが報告されている．

DGKにより生成するPAとPLDにより生成するPAは機能的に異なるのだろうか．DGKの基質となるDGは，$PI(4,5)P_2$にホスホリパーゼCが働き産生されるので，$PI(4,5)P_2$の近傍で$PI(4,5)P_2$と同様の脂肪酸組成をもつPAが産生され，PLDの場合は基質となるPC等の局在と脂肪酸組成を反映したPAが産生されると考えられる．おそらくこれらの違いがそれぞれの経路で産生されるPAの機能の違いに現れるものと想像される．

2）PG

PGは，藻類や植物の葉緑体に存在するチラコイド膜の主成分であるが，高等動物では，CLの合成中間体としての機能以外は知られていない．リゾPGがERKやAktなどのシグナルタンパク質のリン酸化やCa^{2+}応答を引き起こすこと，細胞遊走へ関与することが報告されており，生理活性をもつ可能性があるがその受容体は同定されていない．

グリセロリン脂質の生合成（新生合成）

グリセロリン脂質の新生経路を図4～6に示す．グリセロール3リン酸（G3P）に2本の脂肪酸が導入されてホスファチジン酸（PA）となり，PAはその後2つの経路を経てグリセロリン脂質の生合成に利用される（図4）．1つはシチジン二リン酸-ジアシルグリセロール（CDP-DAG）を介する経路であり，PG，CL，PIがこの経路で合成される（図5）．もう1つは，PAが脱リン酸化された1,2-ジアシルグリセロール（DAG）を介する経路であり，PC，PEがこの経路で合成される（図6）．PSは，PCおよびPEの塩基交換反応により生成

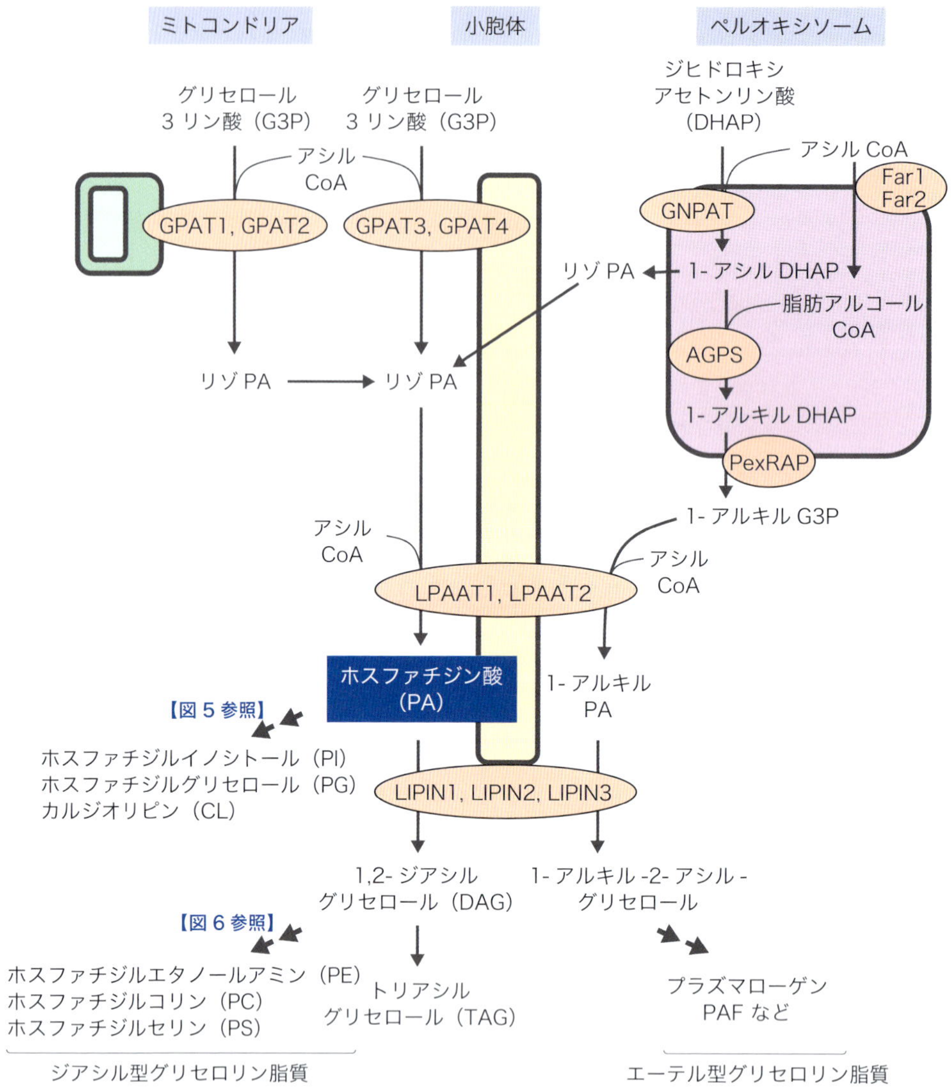

図4　PAの合成経路

するので，DAGを介する経路を利用していると言える．以下に，それぞれの経路にかかわる酵素について特筆する点をあげる．

1. PAの合成（図4）

G3Pアシルトランスフェラーゼ（GPAT）は，G3Pのグリセロール骨格の1位（*sn*-1位）に脂肪酸を導入し，リゾPAアシルトランスフェラーゼ（LPAAT）は，リゾPAの*sn*-2位にもう1つの脂肪酸を導入しPAを生成する酵素である．脂肪酸供与体はいずれもアシルCoAである．GPATとしてGPAT1～GPAT4があり，GPAT1とGPAT2はミトコンドリア外膜に，GPAT3とGPAT4は小胞体膜に存在する．GPAT1，2を介して産生されたリゾPAは，

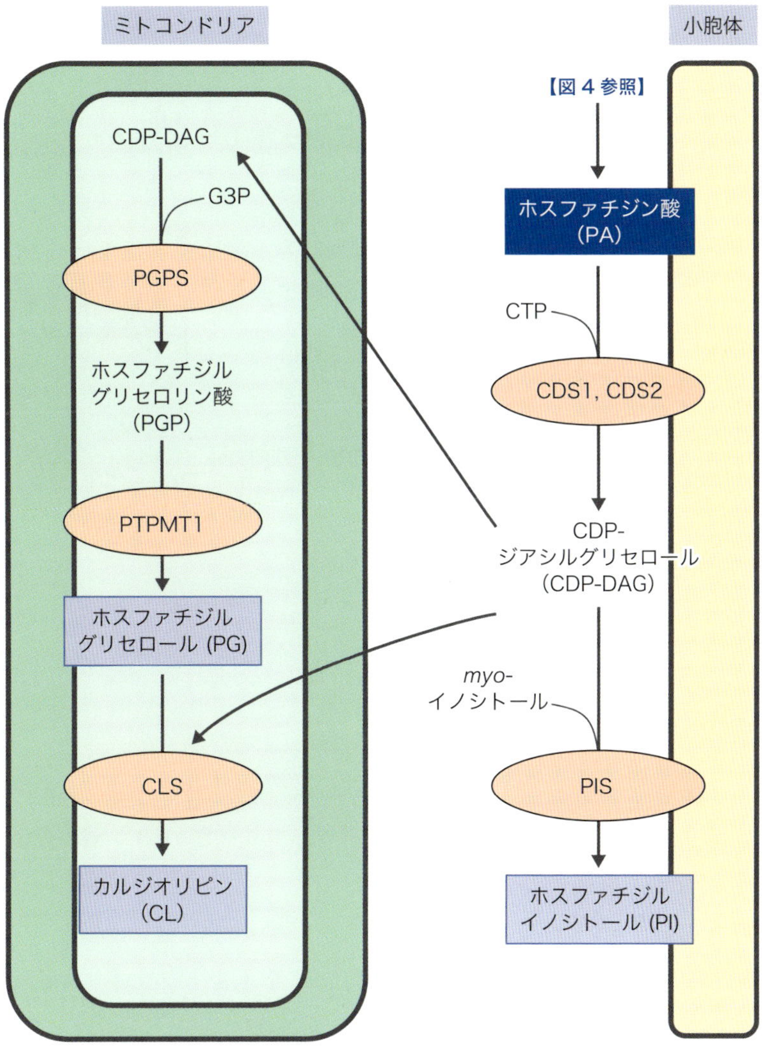

図5　PI, PG, CLの合成酵素

リン脂質や中性脂質の合成中間体としてだけでなく，ミトコンドリアの融合に必要であるとの報告もある．LPAATにはLPAAT1，2があり，どちらも小胞体膜に存在している．培養細胞においてはGPAT，LPAATのそれぞれ1つが存在すれば生存できるようである（私信）．そのため，株化された細胞では，これらの酵素のどれかが欠損している可能性があるので，この経路の解析には注意を要する．

2. PCの合成（図6）

PCおよびPEは主要な膜リン脂質であり，どのオルガネラ膜にも普遍的に存在する．PCはCDP-コリン経路とPEメチル化経路の2つの経路により生合成されるが，ほとんどの組織や細胞ではCDP-コリン経路が主なPC合成経路である．

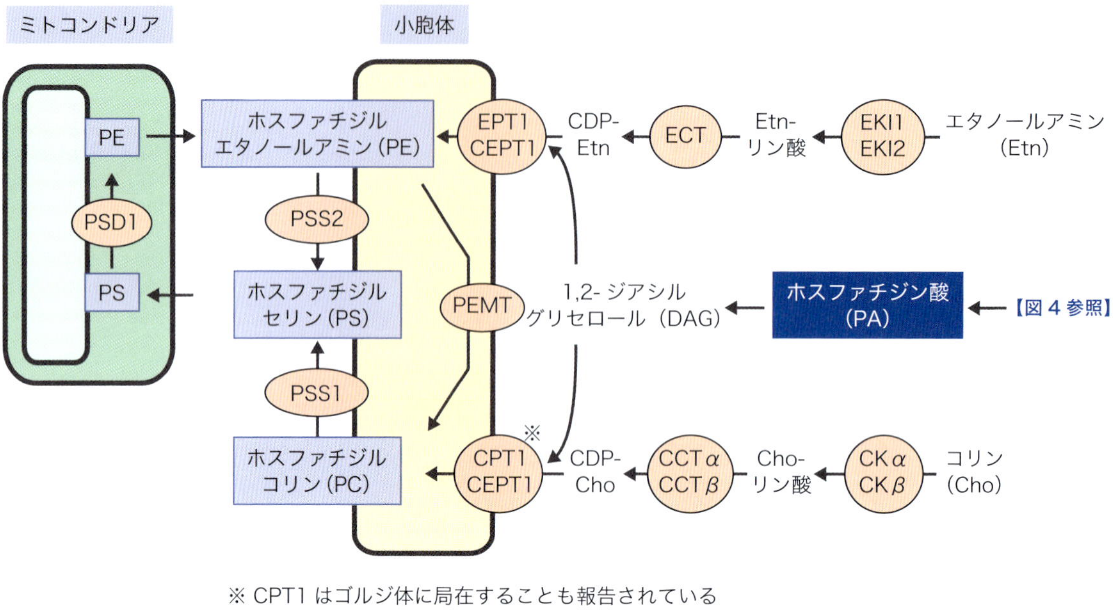

図6　PC，PE，PSの合成経路

1） CDP-コリン経路

CDP-コリン経路において，コリンキナーゼ（CK）は細胞質に存在し，CKαとCKβの2つのアイソフォームが知られている．ホスホコリンとシチジン酸からCDP-コリンを合成するホスホコリンシチジリルトランスフェラーゼ（CCT）はPC合成の律速酵素であり，CCTα，CCTβの2つのアイソフォームがある．ともに可溶性タンパク質で細胞質に存在するが，PC合成が刺激されると小胞体膜に結合し活性化される．CDP-コリンからコリンをDAGに移してPCを合成するコリンホスホトランスフェラーゼ（CPT）には，CEPT1とCPT1の2つの分子が同定されている．CEPTは小胞体に，CPTはゴルジ体にも局在すると報告されているが，ゴルジ体局在の意義は不明である．

2） PEメチル化経路

PCはPEの極性頭部のアミノ基が段階的にメチル化されることによっても合成される．PEメチルトランスフェラーゼ（PEMT）は主に，肝臓の小胞体膜とMAM（mitochondria-associated membrane）に存在し，リポタンパク質VLDLの形成に寄与している．PEMTを欠損させた動物は生存可能であるが，コリン欠乏食にすると肝障害を起こす．そのためPEメチル化によるPCの合成は，コリン欠乏食下においてコリンの供給経路としても重要である．PEMT欠損マウスは，高脂肪食による肥満やインスリン抵抗性になりにくい一方で，VLDLの分泌が低下し，脂肪肝や脂肪性肝炎になりやすい．ただし，CDP-コリン経路の活性が低下してもVLDL分泌が低下することから，VLDLの合成・分泌には2つのPC合成経路がともに必要である．

3. PEの合成（図6）

PEはCDP-エタノールアミン経路とPS脱炭酸経路の2つの経路で合成される．これらの経路のPE合成に対する寄与は細胞の種類によって異なる．

1）CDP-エタノールアミン経路

CDP-エタノールアミン経路はCDP-コリン経路と同様にDAGとCDP-エタノールアミンからPEが合成される．エタノールアミンキナーゼにはEKI1とEKI2の2種類があり，ホスホエタノールアミンシチジリルトランスフェラーゼ（ECT），エタノールアミンホスホトランスフェラーゼ（EPT）はそれぞれ1つである．一方，CEPT1にはEPT活性もあるとの報告もある．

2）PS脱炭酸経路

PS脱炭酸経路では，PSデカルボキシラーゼ（PSD）によりPSが脱炭酸されることによりPEが産生される（図6）．PSD活性はミトコンドリアの内膜に限局しており，この経路でPEが合成されるには小胞体で合成されたPSがミトコンドリア内膜に輸送されなければならず，この輸送過程がこの経路の律速段階となっている．PSDはミトコンドリアに局在し，翻訳後に2つのペプチドに分解されて活性化される．この経路で生成されるPEはミトコンドリアの構造・機能に必須であり，小胞体で産生されたPEはおそらく直接ミトコンドリアには輸送されず代用できない．一方，ミトコンドリアでPS脱炭酸経路を介して合成されたPEは細胞の他の膜にも移行できるがその経路はまだ不明である．

4. PSの合成（図6）

哺乳動物細胞のPSは，既存のリン脂質（PC，PE）と遊離セリンを基質とするセリン塩基交換反応により生合成され，この反応はPSシンターゼ（PSS）により触媒される．PSSとしてPSS1とPSS2の2つが同定されており，PSS1がPCを，PSS2はPEを基質とする．PSS1，PSS2はともにMAMに局在すると報告されている．PSSの活性中心は小胞体膜内腔側に存在すると予想され，そのため水溶性のセリンを細胞質に輸送する機構が想定されるが，これに関連して，Serincとよばれる11回膜貫通タンパク質ファミリーの1つSerinc1が，小胞体膜のセリンの輸送に関与すると報告されている．

5. CDP-DAG，DAGの合成（図4，図5）

CDP-DAGはPAとCTPからCDP-DAGシンターゼ（CDS）によって合成される．CDSにはCDS1，CDS2があり．ともに小胞体膜に存在するが，CDS2は各臓器ユビキタスに，CDS1は精巣に高発現している．

PAを脱リン酸化しDAGを生成する酵素PAホスファターゼ（PAP）は，別名Lipinとよばれており，Lipin1～3の3つのアイソフォームが存在する．Lipin1は膜貫通領域をもたず，細胞質と小胞体膜を行き来する．Lipin1の局在性はリン酸化状態によって影響を受け，インスリン刺激はLipin1のリン酸化を亢進し，小胞体膜への局在を減少させる．一方，オレイン酸はLipin1のリン酸化を減少させ，小胞体膜への局在を増加させる．Lipinの産物であるDAGはリン脂質のみならずトリグリセリド（TAG）合成の重要な中間体でもある．

Lipin1のリン酸化を介する制御はリン脂質よりむしろTAG合成調節のために働いていると考えられる．

6. PIの合成（図5）

PIは，全リン脂質の数パーセントと少ないものの，さまざまな生理機能を示すホスホイノシチドの前駆体として非常に重要なリン脂質である．PIはCDP-DAGと*myo*-イノシトールからPIシンターゼ（PIS）により合成される．PISの制御に関しては報告例が少ないが，PIS活性はPIにより非競合的に阻害されることが報告されている．

7. PG，CLの合成（図5）

PGとCLはミトコンドリアに特徴的にみられるリン脂質である．PGの合成は，小胞体で合成されたPAが原料となる．小胞体からミトコンドリアへのPAの輸送にもMAMが関与していると考えられるがまだ不明である．ミトコンドリアに移行したPAからCLの合成にかかわる酵素はすべて，ミトコンドリア内膜に局在している．酵母では，ミトコンドリア内膜に局在するTam41というタンパク質がCDP-DAGシンターゼとして機能することが報告されたが，高等動物ではまだ確定していない．CDP-DAGとG3Pからホスファチジルグリセロリン酸（PGP）が生成し，次いでPGPが脱リン酸化されPGが生成する．PGPの脱リン酸化を担う酵素（PGPホスファターゼ）は，ミトコンドリア内膜の新規チロシンホスファターゼPTPMT1であることが報告された．最後にPGとCDP-DAGからCLシンターゼ（CLS）によりCLが合成される．

グリセロリン脂質脂肪酸鎖のリモデリング

前述のようにグリセロリン脂質の共通の前駆体はPAであり，生合成された各リン脂質はPAと同じ脂肪酸組成をもっていると予想される．しかし，生体膜を構成するリン脂質はそれぞれ特有の脂肪酸組成を持つ．これを可能にしているのは，各リン脂質の脂肪酸鎖を入れ替える「リモデリング経路」があるからである（図7）．リモデリング経路は，新生経路

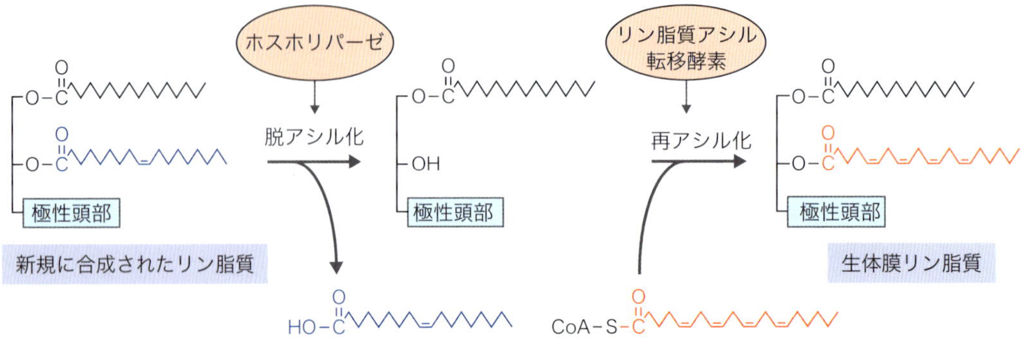

図7　リン脂質脂肪酸鎖のリモデリング経路

の解明に有用だった細菌（特に大腸菌）に存在していないために解明が遅れていたが，近年，ゲノム解析や線虫等のモデル生物を利用することにより分子実態が明らかになってきた．リモデリング経路では，既存のリン脂質を脱アシル化反応と再アシル化反応により脂肪酸鎖を入れ替える反応が行われる．脱アシル化反応はホスホリパーゼA1（*sn*-1位の脱アシル化）およびホスホリパーゼA2（*sn*-2位の脱アシル化）によって触媒されると考えられるが，これらの酵素はまだほとんど同定されていない．一方，再アシル化酵素は，PC，PI，CLおよびPAについて同定され解析が進んでいるが，PSとPEについてのリモデリング酵素はまだ報告が少ない．以下に生体膜リン脂質分子種形成にかかわる主なリモデリング酵素を紹介する．

1. PI脂肪酸鎖のリモデリング

PIは生体膜リン脂質の中でも，特に特徴的な脂肪酸組成を有しており，*sn*-1位にステアリン酸（18：0），*sn*-2位にアラキドン酸（20：4）をもつ分子種（18：0/20：4 PI）が圧倒的に多い．一般的に新生経路で合成されたリン脂質は*sn*-1位に16：0，*sn*-2位に18：1をもつことが多い．したがってPIの*sn*-1位，*sn*-2位ともに脂肪酸鎖がリモデリングされていると考えられる．

1） PIに20：4を導入する酵素LPIAT1

PIに20：4を導入する酵素LPIAT1は，高度不飽和脂肪酸（polyunsaturated fatty acid：PUFA）をもつモデル生物である線虫*C. elegans*のバイオアッセイを利用したRNAiスクリーニングにより同定された．LPIAT1は，新生経路の脂肪酸導入酵素が属するAGPATファミリーとは異なるMBOAT（membrane bound *O*-acyltransferase）ファミリーに属している．MBOATファミリーには，Wnt，ヘッジホッグ，グレリン等の分泌タンパク質に脂肪酸鎖を付加する酵素などが含まれる．

2） PIに18：0を導入する酵素LYCAT（ALCAT1）

PIの*sn*-1位に18：0を導入する酵素LYCAT（ALCAT1ともよばれる）は，線虫のAGPATおよびMBOATファミリーの機能未知遺伝子のノックアウト変異体のリン脂質脂肪酸鎖解析から同定された．LYCATはAGPATファミリーに属する．

3） PIの*sn*-1位の脂肪酸鎖を切る酵素$IPLA_1$

線虫LYCATの変異体と同様のフェノタイプを示す機能未知ホスホリパーゼA_1の解析から，$IPLA_1$がPIの*sn*-1位の脂肪酸鎖を遊離するホスホリパーゼA_1であることが判明した．リモデリング経路の中で最初のステップである脱アシル化反応にかかわる酵素として同定されているのは$IPLA_1$が唯一である．

2. PC脂肪酸鎖のリモデリング

1） PCに20：4などの高度不飽和脂肪酸を導入する酵素LPCAT3

LPCAT3は，MBOATファミリーに属する酵素であり，アラキドン酸などの高度不飽和脂肪酸をPCおよび，PE，PSに導入する酵素である．LPCAT3は全身の幅広い組織に発現が認められるが，特に肝臓や小腸，脂肪組織などに高く発現する．それに一致して，LPCAT3遺伝子の発現は脂質代謝の調節を担う転写因子であるLXR（liver X receptor）やPPARにより制御されている．LPCAT3欠損マウスでは，小腸上皮細胞におけるキロミクロンおよび肝臓のVLDLの形成，分泌の異常が引き起こされ，それに伴う脂肪滴の蓄積が観察される．この原因として，LPCAT3の産生するアラキドン酸含有PCが，アポリポタンパク質の脂質膜への結合に促進的に働くことが示唆されている．このように，LPCAT3は生体膜における高度不飽和脂肪酸含有リン脂質の調節に非常に重要な酵素である．

2）PCに飽和脂肪酸16：0を導入する酵素LPCAT1

LPCAT1は，飽和脂肪酸CoAを基質とし飽和脂肪酸をPCに導入する酵素である．LPCAT1は肺胞Ⅱ型上皮細胞に高発現しており，肺サーファクタント脂質であるジパルミトイルPC（DPPC）の産生を行う．一方，LPCAT1は肺だけでなく網膜でも高い発現がみられ，マウスにおいてはLPCAT1遺伝子のフレームシフト変異による網膜変性症が報告されている．LPCAT1遺伝子の変異と網膜変性の詳細な機構についてはいまだ不明であるが，DPPCが網膜細胞内で重要な役割を果たしている可能性がある．また，LPCAT1はさまざまながん細胞において高発現しており，産物であるDPPCががん組織において正常部位に比べて豊富に存在するという報告もある．

3. PA脂肪酸鎖のリモデリング

網膜や精巣にはドコサヘキサエン酸（DHA，22：6）をもつリン脂質が非常に多い．AGPATファミリーに属する酵素であるLPAAT3（別名AGPAT3，LPAAT γ）は，精巣や網膜などに高い発現がみられ，DHAをリゾPAに導入するキー酵素である．したがってLPAAT3は新生経路の酵素とも言えるが，特殊な脂肪酸をもつリン脂質を導入するという観点からここではリモデリング酵素とした．LPAAT3欠損マウスではDHA含有リン脂質は著減しているがアラキドン酸含有リン脂質はむしろ増えていることから，LPAAT3はDHA特異的転移酵素といえる．LPAAT3欠損マウスは精子の形成異常による雄性不妊，視細胞外節のディスクの異常による網膜変性の表現型を示す．これらの分子機構はまだ不明であるが，DHA含有グリセロリン脂質のもつ柔軟な特性が，エンドサイトーシスによる精子形成過程の細胞質の除去や，視細胞外節のディスクの形成や構造の維持に重要な役割をもつことが示唆されている．

LPAATファミリーには他にLPAAT4, 5があり，これらもアシルトランスフェラーゼ活性を有しているが，実際細胞内でどのような脂質（リゾリン脂質と脂肪酸）を基質としているかはまだ未確定である．

4. CL脂肪酸鎖のリモデリング

哺乳類のCLでは脂肪酸鎖はリノール酸18：2が主要であり，特に心臓，肝臓では18：2が80～90％を占めており，4本の脂肪酸とも18：2のCLが圧倒的に多い．18：2を4本持つCL分子種の役割についてはよくわかっていないが，18：2欠乏食で飼育したラット心臓ではこの分子種は50％に減少しており，ミトコンドリアの酸素消費量やシトクロム c 活性が低下している．また，以下に述べるCLのリモデリング酵素であるtafazzinを欠損した遺伝病であるBarth症候群でもこの分子種が著しく減少しており，重篤な心拡張型心筋症を発症する．また，培養細胞では血清中に十分な18：2がないためにミトコンドリアCLの18：2の比率は少ない（例えばRBL2H3細胞では10％以下）．したがって培養細胞のミトコンドリアはフルに機能していないか，何らかの適応機構を獲得している可能性がある．

CL脂肪酸鎖のリモデリングについては，生合成されたCLの脂肪酸鎖が1本遊離しモノリゾCLが生成し，そこに18：2が再アシル化されていくものと推定されている．18：2を導入する酵素として，MLCLAT-1とtafazzinが同定されている．MLCLAT-1は18：2-CoAを基質として18：2をモノリゾCLに導入する酵素であり，ミトコンドリアに局在し，AGPATファミリー，MBOATファミリーのいずれにも属さない．一方，tafazzinは18：2をもつPCやPEからモノリゾCLに18：2を直接受け渡すtransacylation反応を担う酵素である．これらの酵素の役割分担はまだ不明である．

グリセロリン脂質合成の生成物によるフィードバック制御

グリセロリン脂質の生合成が，生成物によってフィードバック制御を受けるのは，他の代謝物と同様に，細胞内量の恒常性を維持する上で基本的な制御機構である．またグリセロリン脂質は細胞膜および細胞内小器官の膜成分であり，それぞれの部位における生理的状況に応じて，グリセロリン脂質量を増加あるいは減少させる必要がある．例えばB細胞は抗体を大量に産生するため，他の細胞種に比べてより多くの小胞体を必要とする．またエネルギー産生臓器ではより多くのミトコンドリアが存在している．こうした状況に応じて，それぞれのリン脂質選択的な制御機構があるはずである．しかし，現状ではすべてのリン脂質についてその合成の制御機構が明らかになってはいない．ここではこれまでに解明された代表的な生合成の制御機構を紹介する．

1. PC合成の制御

PCは，PC生合成の律速酵素であるCCTについて詳細な解析が行われている．前述のようにCCTは細胞質と小胞体膜との間を行き来しており，膜に局在すると酵素がその活性を発揮する．PCの前駆体となるDAGが小胞体膜で増加するとCCTは小胞体膜画分へ移行しCCT活性が上昇する．DAGの他にPEやPSなどの酸性リン脂質もCCTの膜移行を促進するが，これは生体膜中でのPCと他のリン脂質の比率を一定に保つための制御と考えられる．PEが増加すると膜のpacking defectが生じ，これをCCTが感知して膜でPC合成を促進することにより膜の物理的性質を一定に保っている可能性が考えられている．

一方，PCが小胞体膜で増加すると逆にCCTは膜から離れて細胞質へと移行し，CCT活性は抑制される．CCTはC末端にリン酸化ドメインをもっており，膜に局在しているCCTは細胞質のCCTに比べ脱リン酸化の程度が大きい．一方，細胞外シグナル調節キナーゼERKによってCCTがリン酸化されるとPC合成が減弱することから，リン酸化修飾がCCTの活性を制御しうると考えられる．

2. 小胞体ストレス応答によるPC合成の制御

小胞体ストレス応答は，小胞体内に変性したタンパク質（unfolded protein）が蓄積することで誘導される細胞応答である．小胞体ストレス応答が活性化すると，翻訳抑制や小胞体シャペロンの発現誘導，小胞体関連タンパク質分解経路の亢進が起こり，小胞体内のunfolded proteinを減少させる．一方，小胞体ストレス応答はリン脂質合成を促進することで小胞体膜を拡大し，小胞体のキャパシティーを増大させる．小胞体ストレスにより活性化する転写因子であるXBP1やATF6 αの活性化によりPCの合成が増加するとともに，PCとPEの総量が増加する．XBP1活性化により，PC合成経路の中でCK活性は変化せずCCTとCPTの活性が上昇する．この時，CCTとCPTのmRNAレベルは変化しないことから翻訳後の制御によるものと考えられる．一方，ATF6 αが活性化されると，XBP1とは異なり，CKおよびCPT活性の上昇が起こり，CCT活性には変化がない．また，CKのmRNA発現が上昇する．このように，小胞体ストレスにより活性化するXBP1やATF6 αによってPCの新規合成経路が活性化されるが，その制御機構は少し異なっている．

3. PS合成の制御

培養細胞系に外からPSを加えると，細胞内のPS合成が顕著に抑制される．これはコレステロールの代謝制御とよく似ている．さらに，このPS合成のフィードバック制御に損傷をもつ変異株の分離に成功し，PS合成酵素のPSS1のArg95がLysに換わる変異（R95K変異）をもつことが判明した．PSS2でも同様の位置に変異を作ると同様の性質を示したことから，PS合成酵素自体のPSによるフィードバック制御が，細胞内PS量の恒常性維持に鍵となる反応であることが示された．

グリセロリン脂質の細胞内分布とオルガネラ間輸送

グリセロリン脂質の多くは小胞体で合成されるために，それらが他の細胞内オルガネラに輸送される必要がある．また，それぞれの細胞内オルガネラは特有の脂質組成を有しており，各オルガネラへの独自の輸送機構が存在しているはずである．細胞内の脂質輸送には，小胞を介する輸送と結合タンパク質を介する輸送がある．細胞内の小胞輸送機構は詳細に解明されているが，それが細胞内の脂質輸送にどの程度寄与しているかは明らかでない．

グリセロリン脂質の側面から見ると，小胞輸送は膜として脂質を輸送するので，輸送脂質の特異性を決めるのは難しいように思われる．したがって各オルガネラ膜の特異的脂質組成を決定するのは，PIPs合成酵素のような一部のグリセロリン脂質の合成酵素の局在化を除いては，脂質輸送タンパク質の特異性を利用しているものと考えられる．これまで，コレステロールやセラミドの細胞内脂質輸送タンパク質の研究が進んでいるが，グリセロリン脂質の輸送タンパク質を介する輸送機構については一部が明らかになっているに過ぎない．それらの知見からいくつかの特徴が抽出される．例えば，脂質特異的輸送タンパク質は一般的に細胞質内で自由に動くことができると想像されるが実際はそうではない．細胞内オルガネラ間，特に小胞体膜は，ミトコンドリア，リソソーム，エンドソーム，細胞膜，脂肪滴の間で，距離が数十nmのMCS（membrane contact site）が存在し，この部位を介してグリセロリン脂質が輸送されているようである．例えば，小胞体とミトコンドリアのMCSにおいては，小胞体からミトコンドリアにPSが輸送され，またPGさらにCLを合成するためにPAが輸送されている（図8）．小胞体とミトコンドリアのMCSはMAM（mitochondria-associated membrane）とよばれ，その構成分子も同定されてきている．

細胞膜内層にはPSが豊富に存在するが，最近，ORP5，ORP8というOSBP（oxysterol-binding protein）ファミリーの分子が小胞体から細胞膜にPSを輸送することが報告された（図8）．ORP5/8はC末端の膜貫通ドメインを介して小胞体膜に，N末端のPHドメインを介して細胞膜のPI4Pと結合して，2つの膜間を橋渡ししている．PSが小胞体から1分子細胞膜に輸送されると，交換にPI4Pが細胞膜から小胞体に輸送される．PI4Pは小胞体に存在するPI4PホスファターゼであるSac1により分解され，次のサイクルが回る．同様に，小胞体から細胞膜へのPIの輸送にはNIR2というタンパク質が介している．この場合，PIと交換に細胞膜から小胞体膜に輸送されるのはPAである．このPAは細胞膜でPIからPIPsを介して生成されるので，このPAとPIを交換するのは，細胞膜でのPIの恒常性の維持に好都合と思われる．他のオルガネラにおいても同様の脂質輸送タンパク質を介する輸送機構が存在すると予想されるが，その分子機構はほとんど明らかになっていない．

オートファジー過程における限界膜の形成過程において，限界膜を構成するリン脂質がどのように運ばれてくるのか長らく不明であった．最近，限界膜の端と小胞体膜のexit siteの間に局在するAtg2が，リン脂質を小胞体から限界膜へ運ぶ機能を有することが報告され，

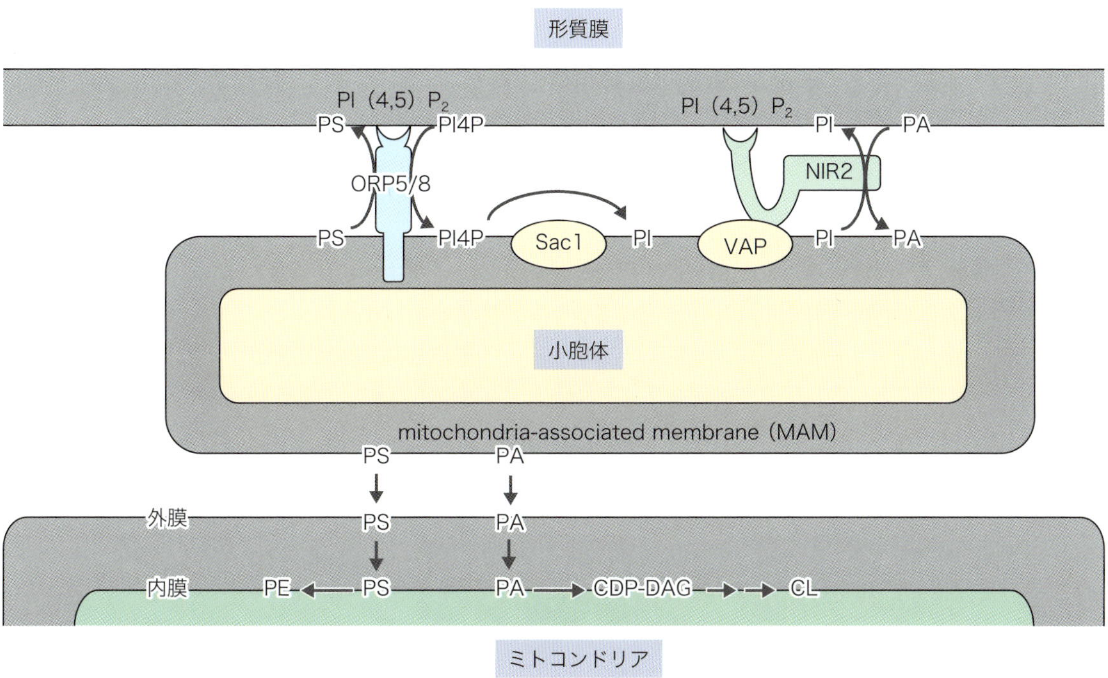

図8　小胞体ー形質膜間，小胞体ーミトコンドリア間におけるリン脂質の輸送

また，Atg2とリン脂質との結合の立体構造的基盤も明らかにされた．

グリセロリン脂質の生体膜二重層間における分布と制御

多くのグリセロリン脂質は，小胞体膜の細胞質層で合成されるので，その一部（特にPC）は内腔側（あるいは細胞外側）に移動しなければならない．しかし，リン脂質はリン酸基を中心とする電荷のために生体膜二重層の間を自由に行き来できない．また，前述のように，特にPSは細胞膜等の細胞質側に濃縮されており，たとえ細胞外からPSを与えても細胞膜外層に挿入した後ただちに内層に移動する．このように，グリセロリン脂質は脂質二重層間の高いエネルギー障壁にもかかわらず，活発に移動（フリップ・フロップとよばれる）している．最近，グリセロリン脂質のフリップ・フロップを触媒する分子が明らかになりつつある．脂質が二重層間で，外層（内腔層）から内層（細胞質層）へ輸送させる分子（タンパク質）をフリッパーゼ，内層から外層に輸送させる分子をフロッパーゼ，内層-外層間を行き来させる分子をスクランブラーゼとよんでいる（図9）．

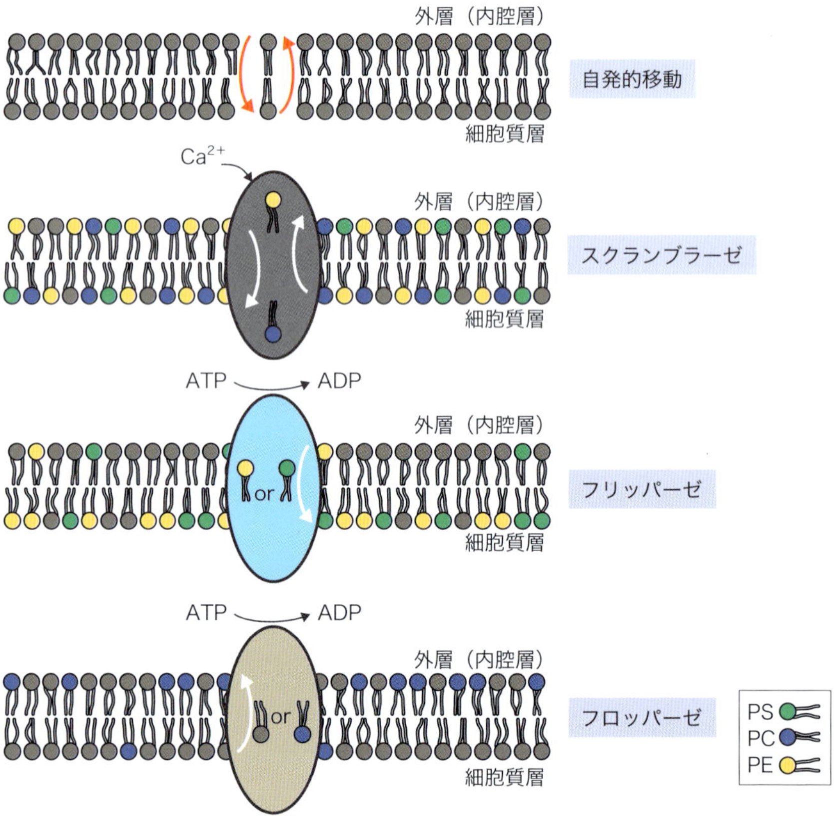

図9　グリセロリン脂質の脂質二重層の内層-外層間での移動

1. フリッパーゼ

フリッパーゼとしては，PSやPEなどのアミノ基をもつリン脂質をATP加水分解によるエネルギーを使って外層から内層に輸送する分子が最も解明されている．PS-フリッパーゼはP4型ATPaseに属しており，約14種類のP4-ATPaseがフリッパーゼの候補として同定されている．例えば，ATPA8A1は細胞膜でのPEおよびリサイクリングエンドソーム膜でのPSのフリップに関与する．また，細胞膜では複数のP4-ATPaseがPS-フリッパーゼとして機能していると考えられている．また，小胞体で合成されたフリッパーゼが細胞膜やエンドソーム膜へ輸送されるにはcdc50という結合タンパク質が必要である．

2. フロッパーゼ

脂質を内層から外層に移すフロッパーゼとして，ATPのエネルギーを利用するABCトランスポータースーパーファミリーが同定されている．フロッパーゼとして機能するABCトランスポーターは特定の臓器で特定の脂質の輸送にかかわる分子がよく研究されている．例えば，ABCG4というフロッパーゼは，肝細胞の胆管側膜でPCを外層側に移動させ胆汁の成分としてPCを供給する役割を果たし，肺におけるII型肺胞細胞に発現するABCA3は，肺サーファクタントの主要成分であるDPPCのラメラ小体内への蓄積を媒介する．また，ABC8A1は，肝臓やマクロファージなどさまざまな細胞の細胞膜からPCとコレステロールを細胞外に放出し，血漿中のアポA1とともにHDLの形成にかかわる．

3. スクランブラーゼ

前述のように，小胞体膜内層（細胞質層）側でほとんどのリン脂質が合成されるので，そのおよそ半分は外層（内腔層）に移動しなければならない．しかし現在のところ，小胞体におけるリン脂質の非対称分布を解消させるためのスクランブラーゼはまだ同定されていない．*in vitro*の実験においてある種のGタンパク質共役型受容体（GPCR）にスクランブラーゼ活性があることが報告されており，今後この領域が解明されていくことが期待される．

スクランブラーゼで最も研究が進んでいるのはPSスクランブラーゼである．PSは通常細胞膜の細胞質層に存在するが，血小板が活性化されるとき，また細胞がアポトーシスを起こすときにスクランブラーゼが活性化されてPSが細胞外層側に露出してくる．最初に発見されたPSスクランブラーゼは，血小板の活性化時にPSが露出しないために出血が止まらなくなる遺伝病の1つであるScott syndromeの原因遺伝子として同定された．この遺伝子産物はTMEM（transmembrane protein）16ファミリーのTMEM16Fである．TMEM16ファミリーはCa^{2+}依存的Cl^-チャネルファミリーとして同定されたが，このファミリーのいくつかの分子にはスクランブラーゼ活性がある．一方，Scott syndromeの細胞でもアポトーシス時にはPSを細胞外に露出できることから，別のPSスクランブラーゼが存在することが示唆されていたが，その分子としてXKファミリー分子のXKr-8，XKr-4，XKr-9が同定された．XKr-8はアポトーシス時に活性化されたカスパーゼ3によって部分分解されることによって活性化される．また，アポトーシス時には，細胞外層に移動したPSが再び細胞質層側に移動しないように，PSを細胞外層から細胞質層に輸送するフリッパーゼの1つであるATP11Cがカスパーゼによって分解・活性抑制されることも報告されている．

その他のグリセロリン脂質

1．GPI-アンカー型タンパク質

GPIアンカー型タンパク質は，タンパク質部分自体は直接膜に挿入されておらず，そのカルボキシ末端（C末端）が，グリコシル化されたPIとアミド結合を形成し，PIの脂肪酸鎖が細胞膜の外層に挿入され細胞膜上に係留している（図10）．GPIアンカーは，真核生物に広く存在し，ヒトでは150種以上のタンパク質がGPIアンカー型タンパク質である．タンパク質成分として，酵素（アルカリホスファターゼ，5-ヌクレオチダーゼなど），受容体（葉酸受容体，Fc γ 受容体ⅢBなど），接着因子（contactin，CD58など），補体制御因子（CD59，DAF/CD55），プリオンタンパク質など，機能的にも構造的にもさまざまである．

GPIアンカーの構造は，糖鎖部分，側鎖，そして脂質部分に分けることができる．糖鎖部分は，生物種を問わず保存された構造である．糖鎖の末端のエタノールアミンのアミノ基がタンパク質のC末端とアミド結合している．PI部分の脂肪酸鎖の結合は，ジアシル型あるいは1-アルキル-2-アシル型であり，小胞体で合成されたPIの脂肪酸鎖がそのままGPIアンカーに残っているのではなく，生合成過程でリモデリングを受け元の構造とは大きく変化している．ヒトのGPIアンカー型タンパク質では，1-アルキル-2-アシル型PIが主体である．小胞体において，ジアシル型から1-アルキル-2-アシル型に変化するリモデリングと，さらにゴルジ体において*sn*-2位の脂肪酸がステアリン酸に置換する脂肪酸リモデリングをうける．脂肪酸リモデリングによってGPIアンカー型タンパク質は2本の飽和脂肪鎖をもち，脂質ラフトへ限局する．*sn*-1位のアルキル結合は脂質ラフトへの局在を安定化させると考えられるがまだ不確定である．

GPIアンカー型タンパク質の生合成経路は多段階かつ多くのコンパートメントに移り変

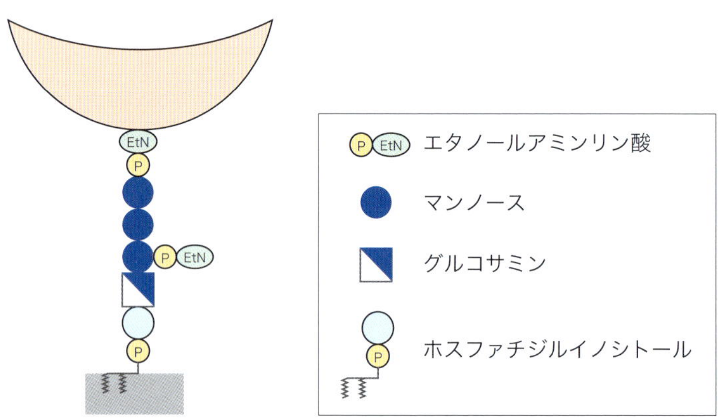

図10　哺乳動物GPIアンカー型タンパク質の基本構造

わるという点で興味深い．まず，GPIアンカー型タンパク質のタンパク質部分は，C末端にGPI付加シグナル配列を持つ前駆タンパク質として合成され，その後シグナルペプチドとGPIが置き換わることによりGPI付加が行われる．小胞体でのGPIアンカー前駆体の生合成は，11のステップを経て行われ，少なくとも17遺伝子がかかわっている．小胞体細胞質側でGlcN-PIまで合成され，この段階で小胞体の内腔側にフリップし，その後の反応は内腔側で進行するが，フリップの機構は未解決である．小胞体内腔では，まずGlcN-PIのイノシトールの2位にパルミチン酸が一過的に付加され，その後取り除かれる．一方，PI部分がジアシル型から1-アルキル-2-アシル型へ変化するが，この脂質リモデリングの詳細は未解決である．GPIの生合成が全身で欠損すると初期発生が異常になり胎生致死である．GPIアンカー型タンパク質の形成不全が原因の疾患として発作性夜間ヘモグロビン尿症があるが，これは成体ができた後，造血幹細胞で生合成関連分子の欠損が起こり，血液系だけに補体制御因子等に異常が出現するため，赤血球が補体の攻撃を受けて溶血性疾患として現れる．

2. リゾビスホスファチジン酸

細胞内オルガネラの中で，後期エンドソームの内腔はpH 4～5の酸性環境で，内膜とよばれる膜小胞が蓄積している．この内膜にはリゾビスホスファチジン酸（LBPA）〔または，ビス（モノアシルグリセロ）リン酸（BMP）〕という特殊なグリセロリン脂質が蓄積し，内膜リン脂の70％以上を占めている．LBPAはPGの構造異性体だが，*sn*-1-グリセロホスホ-*sn*-1′-グリセロールの骨格を有するという点で，立体配位上大きく異なる（図1）（天然の他のリン脂質はすべて*sn*-3-グリセロリン酸の立体配位である）．LBPAの生合成経路，生合成にかかわる遺伝子は分かっていない．

抗リン脂質抗体症候群は，血液中に抗リン脂質抗体が出現し，患者は血栓，再発性流産，神経障害などの症状を呈する．抗リン脂質抗体症候群の患者抗体はLBPAと結合し，細胞培養液に添加すると後期エンドソームに蓄積する．LBPAの生合成経路が解明されていないので，合成経路を止めてLBPAの機能を探ることはできないが，抗体の蓄積により，マンノース6-リン酸受容体のサイクルが阻害されること，後期エンドソームに運ばれた糖脂質，コレステロール等の代謝・輸送が大きく障害されることから，後期エンドソームの機能・動態に関与すると考えられるが，その分子機構は不明である．

3. アルキル／アルケニル型リン脂質

生体膜を構成するリン脂質として，*sn*-1位が*O*-アルキル基あるいは二重結合を1つもつ*O*-アルケニル基をもつリン脂質が存在する（図11）．これらを合わせてエーテル型リン脂質とよび，*O*-アルケニル基をもつリン脂質はプラズマローゲンともよばれる．エーテル型リン脂質は，ほとんどがPCおよびPEであるが，わずかにPIやPSにも存在する．エーテル型リン脂質は全リン脂質の約20％存在するが，臓器・細胞によって含量は大きく異なる．特に，脳，心臓，脾臓，白血球には大量に存在する（ヒト成人脳グリセロリン脂質のほぼ30％，ミエリン鞘のPEの79％がアルケニル型，ヒト心臓のPCの30～40％がアルケニル

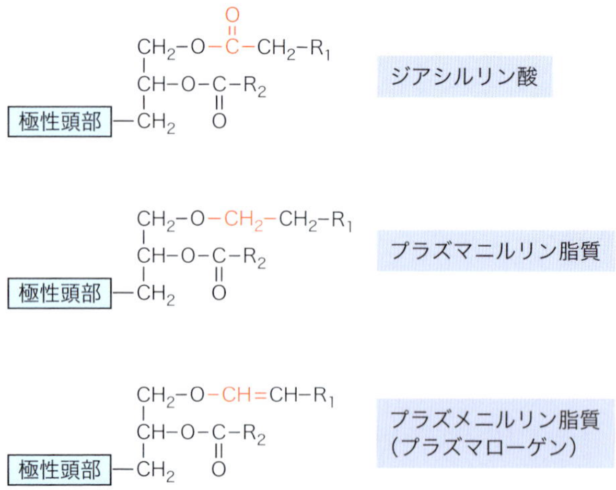

図11　アルキル型／アルケニル型グリセロリン脂質
R_1, R_2：脂肪酸鎖

型）が，肝臓にはエーテル型リン脂質はほとんど存在しない．

アルキル型リン脂質の合成は，アシル型リン脂質とは異なり，ペルオキシソームも利用する複雑な経路を介する（図4）．まず，ペルオキシソームにおいて解糖系中間体DHAPにGNPATにより脂肪酸が導入される．一方，FAR1/2の作用でアシルCoAから脂肪酸アルコールCoAが合成され，つぎに，AGPSの作用によってDHAPに結合したアシル基と脂肪酸アルコールの交換反応が起こり，1-アルキルDHAPが生成する．さらに，1-アルキルDHAPが還元され1-アルキルリゾPAとなり，小胞体に移行してLPAATにより1-アルキルPAとなる．以降は通常のPCやPEと同様の合成経路である．1-アルキルDHAPから1-アルキルリゾPAへ還元する酵素（PexRAP）は，ペルオキシソームや小胞体の細胞質側に存在すると考えられているが，分子実体は未同定である．

アルケニル型リン脂質（プラズマローゲン）の合成は小胞体膜で行われる．小胞体において通常のリン脂質合成経路にのって1-アルキルPEが合成された後にC1とC2の炭素の間に二重結合が形成されて（還元）PE型のプラズマローゲンができる．しかし，この二重結合を導入する不飽和化酵素はいまだ同定されていない．また，*in vitro*の活性において1-アルキルPCに二重結合を導入する活性はほとんどないために，PE型のプラズマローゲンからPC型プラズマローゲンへ変換されると考えられるが，その生合成経路は不明である．

エーテル型リン脂質の機能も，膜成分としての機能とシグナル分子としての機能が報告されている．*sn*-1位の結合が通常のエステル結合とは異なりエーテル結合であることで，膜中における物性が大きく異なる．アルケニル型のビニルエーテル結合をもつと，*sn*-1位と*sn*-2位が平行で密接した配位をとるため脂肪酸鎖の動きが制限されて硬い膜構造となる．このような構造的特徴がミエリンシート構造を作る重要な基盤となっている．またプラズマローゲン型リン脂質はコレステロールとともにラフトに局在するといわれており，エーテル型リン脂質合成を阻害すると，コレステロールの細胞内局在が変化する．また，エーテル型リン脂質はシナプス顆粒膜に豊富に存在し，膜融合を促進する機能も報告されている．

シグナリング分子としての報告としては，好中球の活性化時にビニルエーテル結合が酸化されてα-bromo fatty aldehydeが産生され，これが好中球やマクロファージの遊走因子として働く，エーテル型リン脂質が脂肪細胞の分化等にかかわる核内受容体PPARγの内在性リガンドとして働く，等の報告があるが，まだ未解決の点も多い．プラズマローゲンを欠乏する細胞は酸素ストレスに弱い，ビニルエーテル結合が特に一重項酸素に攻撃されやすい，等の結果からプラズマローゲンが高度不飽和脂肪酸に対する活性酸素種の攻撃を防ぐことにより抗酸化作用を示すことも報告されているが，生体内での意義はまだ確定していない．

生合成酵素の変異による遺伝病のフェノタイプから，エーテル型リン脂質がさまざまな機能を果たしていることが分かる．エーテル型リン脂質の生合成障害の疾患としてRhizomeric chondrodysplasia punctate（RCDP，点状軟骨異形成症の一種）が知られている．RCDPは，ペルオキシソームの形成因子の遺伝子異常で発症するが，エーテル型リン脂質の合成にかかわるGNPAT，AGPS，FAR1の遺伝子異常による患者も見出されており，エーテル型リン脂質の生体機能を知る上で重要である．典型的症状として，四肢短縮，関節拘縮，鞍鼻，皮膚異常，白内障，知能低下などがある．しかし，その分子機構はまだ未解明である．またアルツハイマー病の患者ではプラズマローゲンが減少しており，特に血中PE型のプラズマローゲンの減少と症状の悪化が相関しているという報告もあるが，疾患発症との因果関係は不明である．

おわりに

本稿ではグリセロリン脂質の，機能，生合成，細胞内および膜内での不均一分布，について概説してきた．近年，質量分析による分子種レベルでの定量分析が簡易化されたこと，疾患原因遺伝子を含めてヒト遺伝子情報がより詳細なライブラリーとして利用できることになったおかげで，これまで不明であったグリセロリン脂質についての動態，機能について分子レベルでの解明が飛躍的に進歩した．また，生合成，リモデリングにかかわる遺伝子が同定されてきたことで，これらの操作により生体膜のリン脂質分子ばかりでなく細胞活動全般にどのような影響を及ぼすか，あるいはどのように制御しているかが解明できるようになり，膜リン脂質の意義を細胞生理学という広い立場から位置付けられることが期待される．

◆ 文献（本章を執筆するにあたり参照した総説等を年代順に記載する．個々の原著は数の関係で省略する）

Tamura Y, et al：J Biochem, 165：115-123, 2019

進藤英雄，清水孝雄：実験医学，36：1639-1644，2018

Pietrangelo A & Ridgway ND：Cell Mol Life Sci, 75：3079-3098, 2018

Yu J, et al：Nutr Diabetes, 8：34, 2018

Bradley RM & Duncan RE：Curr Opin Lipidol, 29：110-115, 2018

Harayama T & Riezman H：Nat Rev Mol Cell Biol, 19：281-296, 2018
McMaster CR：FEBS Lett, 592：1256-1272, 2018
Cockcroft S & Raghu P：Curr Opin Cell Biol, 53：52-60, 2018
Yang Y, et al：J Biol Chem, 293：6230-6240, 2018
Di Bartolomeo F, et al：Biochim Biophys Acta Mol Cell Biol Lipids, 1862：25-38, 2017
van der Veen JN, et al：Biochim Biophys Acta Biomembr, 1859：1558-1572, 2017
Calzada E, et al：Int Rev Cell Mol Biol, 321：29-88, 2016
Neumann J, et al：Biochim Biophys Acta Biomembr, 1859：605-618, 2017
Ikon N & Ryan RO：Biochim Biophys Acta Biomembr, 1859：1156-1163, 2017
Hishikawa D, et al：FEBS Lett, 591：2730-2744, 2017
Muallem S, et al：EMBO Rep, 18：1893-1904, 2017
Musatov A & Sedlák E：Biochimie, 142：102-111, 2017
Sivagnanam U, et al：Biochim Biophys Acta Mol Cell Res, 1864：2261-2271, 2017
河野 望：生物の科学 遺伝，71：143-149，2017
木下タロウ：生化学，89：351-358，2017
Andersen JP, et al：Front Physiol, 7：275, 2016
Lo Van A, et al：Biochimie, 130：163-167, 2016
Sears AE & Palczewski K：Biochemistry, 55：3082-3091, 2016
Furse S & de Kroon AI：Mol Membr Biol, 32：117-119, 2015
木下タロウ：生化学，86：626-636，2014
Shindou H, et al：J Biochem, 154：21-28, 2013
Vance JE & Tasseva G：Biochim Biophys Acta, 1831：543-554, 2013
Braverman NE & Moser AB：Biochim Biophys Acta, 1822：1442-1452, 2012
河野 望，他：生化学，83：462-474，2011
進藤英雄：生化学，82：1091-1102，2010
Shindou H & Shimizu T：J Biol Chem, 284：1-5, 2009
早川智広，他：表面科学，28：192-197，2007
久下 理：実験医学，24：924-928，2006
花田賢太郎，西島正弘：実験医学，23：828-834，2005
Brites P, et al：Biochim Biophys Acta, 1636：219-231, 2004
Nagan N & Zoeller RA：Prog Lipid Res, 40：199-229, 2001
Voelker DR：Microbiol Rev, 55：543-560, 1991

10 スフィンゴリン脂質

花田賢太郎

スフィンゴ脂質は，すべての真核生物および一部の原核生物で生合成されており，その極性頭部の構造は多様性に満ちている．哺乳動物細胞において，糖鎖をもつスフィンゴ脂質は多岐にわたるが，リン原子をもつスフィンゴ脂質の種類は限られる．本稿では，主要な膜リン脂質の一つであるスフィンゴミエリンと存在量は少ないながらも生理活性脂質としての重要性が確立しているスフィンゴシン1-リン酸を中心にしてスフィンゴリン脂質の構造，代謝，機能を紹介する．

スフィンゴリン脂質の構造

長鎖アミノアルコール（long-chain amino alcohol）の一種である長鎖塩基〔(long-chain base；スフィンゴイド塩基（sphingoid base）ともいう〕を骨格としてもつ一群の脂質がスフィンゴ脂質である．スフィンゴ脂質はすべての真核生物および一部の原核生物で生合成されているが，長鎖塩基の詳細な化学構造は進化系統樹的に遠く離れた生物種間で異なることが多い[1]．ただし，哺乳動物細胞の作り出す長鎖塩基は，図1Aに記載した構造をもつスフィンゴシン（sphingosine），ジヒドロスフィンゴシン（dihydrosphingosine）およびフィトスフィンゴシン（phytosphingosine）の三種類にほぼ限定されており，これらの炭素鎖長も18のものがほとんどである．

長鎖塩基のアミノ基にアシル基がアミド結合した化合物が広義のセラミド（ceramide）であるが，一方，狭義のセラミドはスフィンゴシンのアミノ基に脂肪酸がアミド結合したものに特定され，ジヒドロスフィンゴシンやフィトスフィンゴシンの*N*-アシル化体はそれぞれジヒドロセラミド（dihydroceramide），フィトセラミド（phytoceramide）と区別してよばれる（図1A）．

長鎖塩基もしくはセラミドのC1位の水酸基にさまざまな極性基が結合したスフィンゴ脂質を複合スフィンゴ脂質とよび，哺乳動物の複合スフィンゴ脂質は，リン原子を含有したスフィンゴリン脂質と糖鎖を含有したスフィンゴ糖脂質に大別できる．しかし，哺乳動物以外の生物では，リンと糖を両方もつスフィンゴ糖リン脂質も多くみられる．哺乳動物細胞の生合成するスフィンゴリン脂質は，図1Bに記載した構造をもつスフィンゴミエリン（sphingomyelin：SM），長鎖塩基1-リン酸〔long-chain base 1-phosphate；特にスフィ

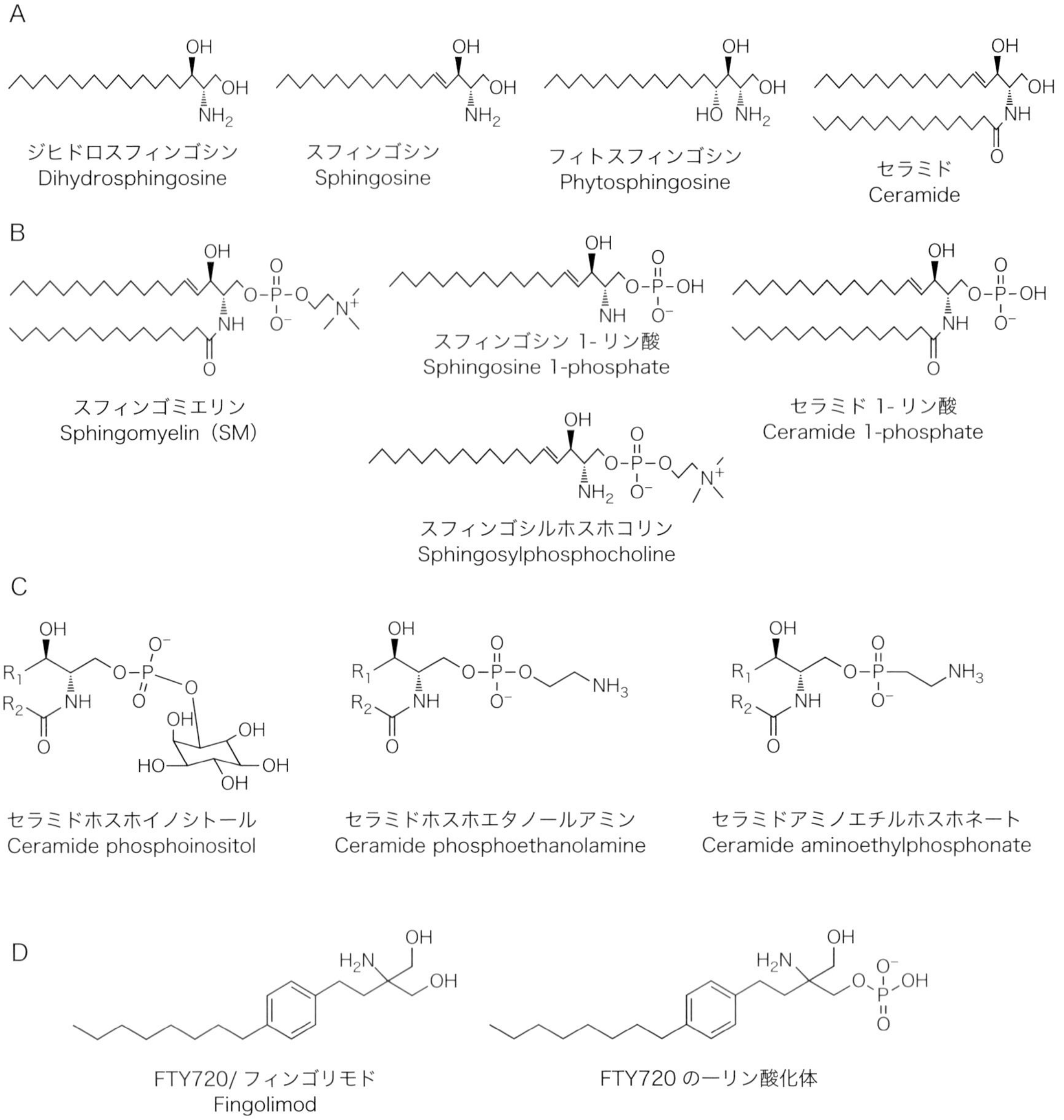

図1　関連分子の化学構造

A）主たる長鎖塩基およびセラミドの構造．B）哺乳動物における主たるスフィンゴリン脂質の構造．C）哺乳類動物以外でみられるスフィンゴリン脂質の構造．セラミドおよびスフィンゴリン脂質のアシル基は炭素鎖長16のパルミトイル基に統一して記載しているが，実際にはさまざまな鎖長のアシル基が存在する．D）FTY720（一般名フィンゴリモドFingolimod）およびその一リン酸化体．

ンゴシン1-リン酸（sphingosine 1-phosphate)〕およびセラミド1-リン酸（ceramide 1-phosphate）である．哺乳動物細胞の有する全リン脂質の量の約10％程度はSMで占めているが，長鎖塩基1-リン酸やセラミド1-リン酸の含有量はSMの1/10,000以下という極微量に過ぎない．SMはリポタンパク質の主要構成因子としてヒト血中にも多く存在しているが（スフィンゴ糖脂質もSMの1/10程度の量が血中に存在する），長鎖塩基1-リン酸やセラミド1-リン酸もSMの1/500程度で血中に存在している（SM量との相対比で考えれば細胞中よりも血中に多く存在する）[2]．この量的な差は，後述するように，SMが主要なリン脂質膜構成分子としての役割を担っている一方で，微量スフィンゴリン脂質のほうはSMの分解で生成した後に血中を循環しながら情報伝達分子として働く，というようにそれぞれの生成過程や機能の違いを反映している．

SMは哺乳動物細胞においては普遍的に存在するが，他の生物ではSMをもたない種も数多く存在する[3]．SMの極性頭部はホスホコリン（phosphocholine）基であるが，哺乳動物以外の多細胞動物では代わりにホスホエタノールアミン（phosphoethanolamine）基を有するものが主なスフィンゴリン脂質となっており，生物種によっては生物界では珍しいC-P結合を有するホスホノエタノールアミン（phosphonoethanolamine）型のスフィンゴリン脂質を生産している（図1C）．また，植物や単細胞真核生物（原生動物や真菌）は，SM合成能力を欠いている代わりに，ホスホイノシトール基を極性頭部にもつスフィンゴリン脂質を合成する（図1C）．これら非哺乳動物細胞型のスフィンゴリン脂質もそれぞれの生物で重要な役割を担っていると考えられている．

以下，本稿では，哺乳動物，特にヒトのスフィンゴリン脂質に焦点を絞って紹介する．

SMの生合成と役割

ヒト細胞における主たるスフィンゴ脂質の生合成経路を図2に記載した[3]．スフィンゴ脂質の生合成では，セリンパルミトイル転移酵素（serine palmitoyltransferase：SPT）が触媒するセリンとパルミトイルCoA（palmitoyl CoA）との縮合反応からはじまり，いくつかの反応を経てセラミドとなる．これら，SPTからセラミドに至る酵素反応は小胞体，それも小胞体脂質二重層のサイトゾル側半葉で起こると考えられている．次いでセラミドに極性頭部が付加されてリン脂質であるSM，糖脂質であるグルコシルセラミド（glucosylceramide：GlcCer）もしくはガラクトシルセラミド（galactosylceramide：GalCer）へと変換される際，これらの変換反応はそれぞれに別の場で起こる．SM合成においては，小胞体で合成されたセラミドは，セラミド輸送タンパク質CERTを介してゴルジ体の*medial/trans*槽もしくはトランスゴルジ網（*trans* Golgi network：TGN）に運ばれ，この領域に局在するSM合成酵素（sphingomyelin synthase：SMS）の触媒する反応（ホスファチジルコリンのホスホコリン部分がセラミドのC1位に転移する反応）によりSMへと変換する．一方，GlcCer合成においては，まだ未解明の経路を介して小胞体からゴルジ体の*cis*槽に運ばれたセラミドが，この領域に局在するGlcCer合成酵素の触媒するUDP-グルコースからグルコースをセラミドのC1位に転移する反応によりGlcCerへと変換する．脳などのGalCerを多く合成する組織では，小胞体脂質二重層のサイトゾル側半葉で合成されたセラミドが，おそらく自律的に小胞体膜を横切った後に，内腔側〔ルーメン（lumen）側〕に触媒部位を

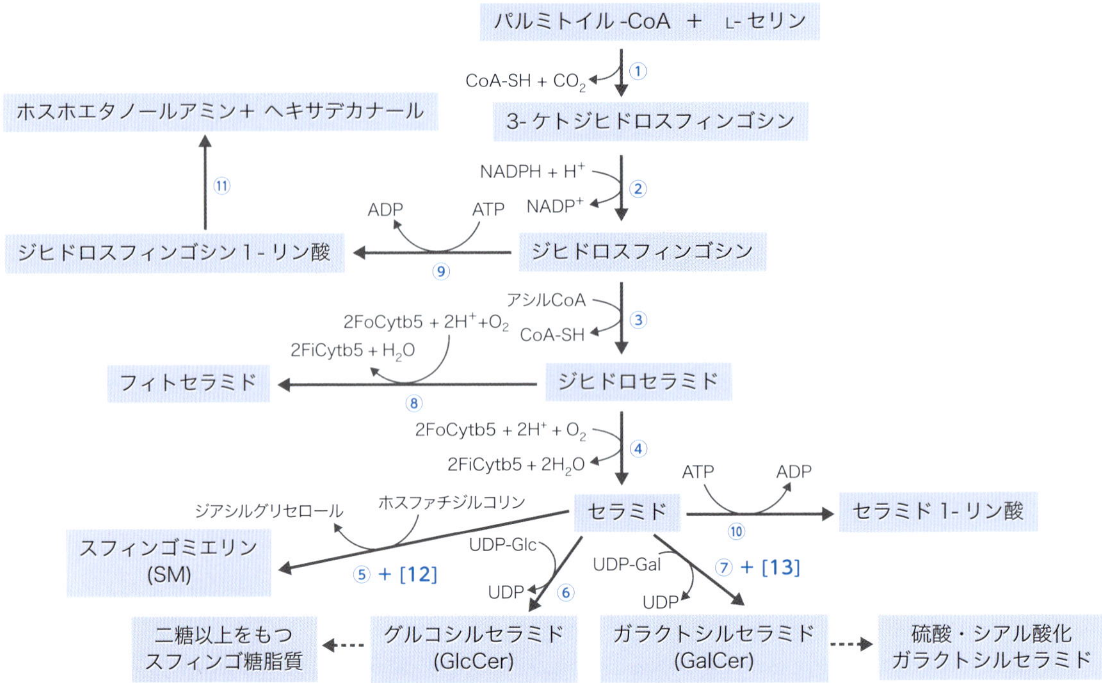

図2　ヒト細胞におけるスフィンゴ脂質の生合成経路

SMおよびスフィンゴ糖脂質の生合成経路およびその途上で分岐するジヒドロスフィンゴシンの分解，フィトセラミドやセラミド-1-リン酸の合成の経路を図示した．①〜⑪の各代謝段階を担う酵素名およびその遺伝子名は表に記載した．酵素だけでなく，SM合成の際にはセラミドを小胞体からゴルジ体へと運ぶ脂質輸送タンパク質[12]が，GalCer合成の際にはUDP-ガラクトースをサイトゾルから小胞体内腔側へ運ぶ輸送体[13]がそれぞれ必要である．図示した酵素反応④，⑧ではnextprotプログラム（https://www.nextprot.org/proteins/search）を参照した．FoCytb5：ferrocytochrome b5，FiCytb5：ferricytochrome b5．

もつGalCer合成酵素の触媒するUDP-ガラクトースからガラクトースをセラミドのC1位に転移する反応によりGalCerへと変換される．スフィンゴ糖脂質のさらなる代謝に関してはⅠ-11を参照されたい．

ヒトを含む哺乳類ゲノムは二種類のSMS（SMS1とSMS2；遺伝子名はそれぞれ*SGMS1*, *SGMS2*）をコードしている．SMS1はゴルジ体およびTGNに局在し，SMS2はゴルジ体・TGN以外にも形質膜にも分布する[4]．両SMSともに触媒部位はゴルジ体・TGNの内腔側を向いていると考えられているが，SMの新規合成に主に働いているのはSMS1のほうと考えられている[4]．マウスにおいてSMS2を欠失させてもほぼ正常に生育して仔も作れるが，SMS1欠失マウスは胚性致死であるか生まれてきても病的であり，雄雌ともに仔を作れない[5]．両SMSを欠失させたマウスは胚性致死であるが，それでも培養細胞レベルであれば両SMS欠失変異細胞でも継代培養が可能である．

ゴルジ体を構成する複数の槽（cisterna）において，SMS1は（分泌タンパク質が小胞体から形質膜に移動する際の形質膜に近いほうを意味する）トランス槽に，GlcCer合成酵素はシス槽に多く分布するとされているが，両酵素が共存する領域も存在するはずである．不思議なことに，両酵素ともにセラミドを基質としながらも，SM合成はCERTに強く依存するがGlcCer合成はしないという現象がみられる．この現象は，最近報告された二つの機序で説明されうるかもしれない．その1つは，GlcCer合成酵素の活性がホスファチジルイノシトール4一リン酸（phosphatidylinositol 4-monophosphate：PI4P）により阻害されることを介した機序である[6]．CERTはPI4Pに結合することでゴルジ体にリクルートされる[7]．よって，PI4Pが豊富に存在している領域に分布したGlcCer合成酵素は機能することができず，そのようなゴルジ領域にCERTを介して運ばれてきたセラミドはSM合成酵素に優先的に利用されるという説明が成り立つ．2つ目の機序は，GlcCer合成酵素の活性はSM合成酵素との相互作用によって抑制され，両者が共存する領域でSM合成酵素のみが活性を発揮できるという機序である[8]．これらの機序に加えて，CERTの運びやすいセラミド分子種がSM合成酵素の好むセラミド分子種に近いことも，前述した一見不思議な現象の原因の一部なのかもしれない[9]．

ゴルジ体・TGNの内腔側で合成されたSMは輸送小胞を介して形質膜へと運ばれ，形質膜脂質二重層の細胞外側半葉の主要リン脂質を構成する．SMは，哺乳動物に豊富に存在する唯一のスフィンゴリン脂質であり，その形質膜における役割は多岐にわたっている．コレステロールと協同しながら脂質微小ドメイン〔脂質ラフト（lipid-rafts）と称される〕を形成して，この脂質微小ドメインに親和性の高いタンパク質同士が相互作用しやすい場を提供している[10]．SMとコレステロールとの物理化学的親和性の高さは，コレステロールを形質膜につなぎとめることにも寄与している[11]．一方で，後述するように生理活性脂質として機能する微量スフィンゴ脂質の材料という一面もある．さらに，特定のSM分子種がタンパク質の膜貫通領域に結合して当該膜タンパク質の機能を制御する例も報告されている[12]．また，グリセロリン脂質に比べてSMは化学的に安定でありながらも非共有結合的な相互作用をしやすい構造をもつことから，形質膜の丈夫さや形質膜タンパク質の安定化にも寄与しているかもしれない[3][13]．

SMの分解と役割

SM分解が亢進されてできたセラミドがヒト白血病細胞HL-60の分化を促すという説が1980年代終盤に提唱され，1990年代に入ると，培地に加えた短鎖セラミドが細胞死を誘導することの発見により細胞死シグナル因子としてのセラミドという考えも生まれ，昨今では，スフィンゴ脂質合成の中間体という面よりも生理活性脂質としてセラミドは注目されてきている[14]．そして，セラミドを生み出す最も量的に豊富な前駆体がSMである．

図3にSMの分解経路を示す．哺乳動物細胞におけるSMの分解は，セラミドとホスホコリンへと加水分解される経路しか今のところ知られていない．この反応を触媒する酵素SMホスホジエステラーゼ（SM phosphodiesterase）は，通常スフィンゴミエリナーゼ（sphingomyelinase：SMase）と称される．SMaseには，酸性pHで活性化される酸性スフィンゴミエリナーゼ（acid sphingomyelinase：aSMase）と，中性～弱アルカリ性領域が至適pHである中性スフィンゴミエリナーゼ（neutral sphingomyelinase：nSMase）の2つのタイ

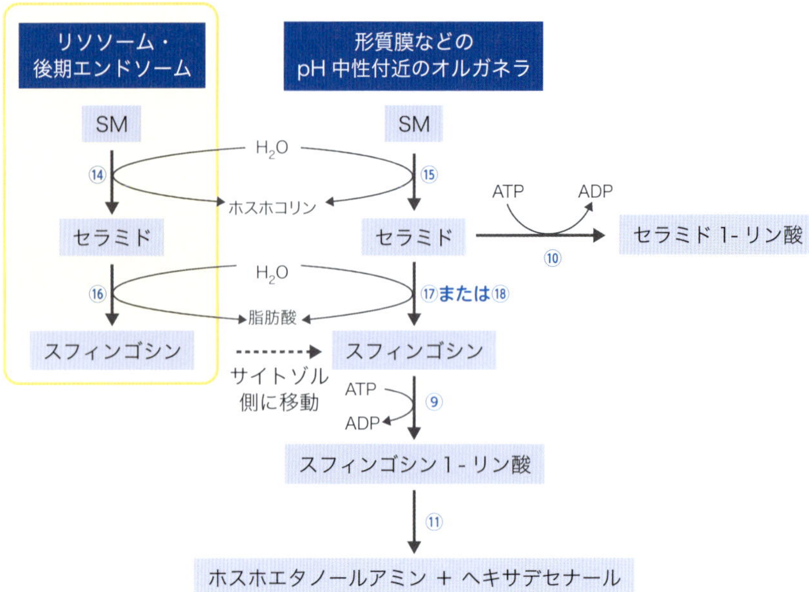

図3　ヒト細胞におけるSMの分解および微量スフィンゴリン脂質の合成
SMの分解から微量スフィンゴリン脂質に至る代謝経路を図示した．各代謝段階を担う酵素名およびその遺伝子名は表に記載した．

プがある．

aSMaseは，リポタンパク質などとともに細胞外からエンドサイトーシスで取り込まれたSMを後期エンドソームもしくはリソソームのような酸性コンパートメントにおいて分解する役割を担っており，aSMaseをコードする遺伝子*SMPD1*が欠損するとSMがリソソームに異常にたまるNiemann-Pick病A型またはB型となる．aSMaseの作用でできたセラミドはリソソーム内の酸性セラミダーゼにより脱アシル化されてスフィンゴシンとなり，スフィンゴシンはリソソームから出て小胞体に移動してセラミド合成に利用される．酸性セラミダーゼをコードする遺伝子*ASAH1*が欠損するとセラミドがリソソームに異常にたまるFarber病となる．リソソームの内腔側から小胞体へスフィンゴシンが輸送される機序はまだわかっていない．

nSMaseは，酸性コンパートメント以外のオルガネラ膜でのSM分解を担っていると考えられている．遺伝子が同定されており，それがコードする酵素の基本的な性状解析もされているヒトnSMaseは2種類ある（それぞれのヒト遺伝子名は*SMPD2*と*SMPD3*）[15]．形質膜に主に局在するこれらnSMaseが外部刺激依存的に活性化してSMを分解し，生じたセラミドが上述したような情報伝達分子として働くのであろうと想定されていた．しかし，マウスにおいて*Smpd2*と*Smpd3*とを二重欠失させても体が少々小さい以外の顕著な表現型は観察されず[16]，nSMasesの生理的役割は今でも判然としていない．

一方，aSMaseの遺伝子を欠失した際には細胞死との関連がみられている．aSMaseをコードするゲノム遺伝子は，細胞外に分泌されてZn^{2+}で活性化するSMaseもスプライシング異性体としてコードしている．よって，この2種類のSMaseのどちらか，もしくは両方が細胞死経路で働くセラミド生産に関与するようである．なお，細胞死誘導因子という点において，分解経路だけでなく小胞体で合成されるセラミドの蓄積が細胞死シグナルとなりうる．

スフィンゴシン1-リン酸など長鎖塩基1-リン酸の生合成と役割

スフィンゴシン1-リン酸など長鎖塩基1-リン酸は，生理活性脂質として重要なスフィンゴリン脂質である[14]．長鎖塩基1-リン酸は，長鎖塩基のC1位の水酸基にATP由来のリン酸が付加することで作られる（図2，3）[17]．この反応を触媒するのがスフィンゴシンリン酸化酵素（sphingosine kinase：SphK）であり，ヒトには2種類のSphKが存在している（遺伝子名は*SPHK1*，*SPHK2*）．長鎖塩基1-リン酸は，脱リン酸化されて長鎖塩基に戻る場合もあるが，リアーゼ反応により長鎖アルデヒドとホスホエタノールアミンへと不可逆的に分解もする．生じた長鎖アルデヒドは還元されて脂肪酸となり，膜脂質合成に再利用されたり，ミトコンドリアでのβ酸化経路に入ってATP生産のエネルギー源となる．一方，ホスホエタノールアミンはリン脂質の1つであるホスファチジルエタノールアミン合成に利用される．このように，長鎖塩基1-リン酸は，長鎖塩基の分解経路の途上で一過的に生じるため，細胞内の含有量も通常は低いレベルに保たれている．

ジヒドロスフィンゴシンはスフィンゴ脂質の新規合成の初期段階で生じうるが，スフィンゴシンはセラミドの分解によってしか生じない（図2，3）[17]．そこで，スフィンゴシン1-リン酸の合成経路の一環としてセラミドの分解経路についても簡単に紹介しておく．

セラミドをスフィンゴシンと脂肪酸へと加水分解する酵素すなわち*N*-アシルスフィンゴシンアミド加水分解酵素（*N*-acylsphingosine amidohydrolase）は通常セラミダーゼ（ceramidase）と称される．酵素の至適pHと構造的類似性で分類すると，自然界には酸性，中性，アルカリ性の3つのグループのセラミダーゼが存在する[18]．ヒトの酸性セラミダーゼ（acid ceramidase；*ASAH1*遺伝子産物）は，酸性コンパートメントで機能しており，その欠損はFarber病という先天性リピドーシス病の原因となる．中性セラミダーゼ（neutral ceramidase；*ASAH2*遺伝子産物）は，触媒部位を細胞外に出した形質膜タンパク質であり，小腸上皮細胞において食餌由来スフィンゴ脂質をスフィンゴシンと脂肪酸に分解して栄養素として取り込むための役割を担っている．*Asah2*欠損マウスにおいて，腸以外に顕著な機能不全は知られていない．アルカリ性セラミダーゼ（alkaline ceramidase）には3つのアイソフォームがあり，*ACER1*（もしくは*ASAH3*）にコードされた酵素は皮膚特異的に発現していて細胞内では小胞体に局在，*ACER2*にコードされた酵素は胎盤特異的に発現していてゴルジ体に局在，*ACER3*遺伝子にコードされた酵素はさまざまな臓器に広く発現していて小胞体とゴルジ体に局在する．

長鎖塩基1-リン酸を天然リガンドとするGTP結合タンパク質共役型受容体（GTP-binding protein-coupled receptor：GPCR）には，5種類のスフィンゴシン1-リン酸受容体1～5（Sphingosine-1-phosphate receptor 1-5：S1PR1-5，ヒト遺伝子名*S1PR1-5*）が

ある．マウスにおいて各種S1PRを欠失させるとそれぞれに重篤な病的表現型を示す．スフィンゴシン1-リン酸受容体はスフィンゴシン1-リン酸以外の長鎖塩基1-リン酸もリガンドとして認識するが，哺乳動物の血中に多く存在するのはスフィンゴシン1-リン酸であるため[2)]，刺激に応じてSMやセラミドが分解して生産されてくるスフィンゴシン1-リン酸がこれら受容体の活性化の主役と考えられている．例えば，スフィンゴシン1-リン酸が

表　スフィンゴリン脂質の代謝にかかわる酵素等と遺伝子

番号*	酵素名（／別名）	ヒト遺伝子名**
①	セリン パルミトイル転移酵素 Serine palmitoyltransferase	*SPTLC1*+*SPTLC2* or *SPTLC3* + *SPTSSA* or *SPTSSB*
②	3-ケトジヒドロスフィンゴシン還元酵素 3-Ketodihydrosphingosine reductase	*KDSR*
③	セラミド合成酵素／ジヒドロスフィンゴシン*N*-アシル転移酵素 Ceramide synthase/Dihydrosphingosine *N*-acyltransferase	*CERS1*～*6*
④	ジヒドロセラミド不飽和化酵素／スフィンゴ脂質D（4）不飽和化酵素1 Dihydroceramide desaturase/Sphingolipid D（4）-desaturase 1	*DEGS1*
⑤	スフィンゴミエリン合成酵素	*SGMS1* or *SGMS2*
⑥	グルコシルセラミド合成酵素／UDP-グルコース：セラミド グルコシル転移酵素 Glucosylceramide synthase/UDP-glucose:ceramide glucosyltransferase	*UGCG*
⑦	ガラクトシルセラミド合成酵素／UDP-ガラクトース：セラミド ガラクトシル転移酵素 Galactosylceramide synthase/UDP-galactose :ceramide galactosyltransferase	*UGT8*
⑧	スフィンゴ脂質C-4水酸化酵素／スフィンゴ脂質D（4）不飽和化酵素2 Sphingolipid C-4 hydroxylase/Sphingolipid D（4）-desaturase 2	*DEGS2*
⑨	スフィンゴシンリン酸化酵素 Sphingosine kinase	*SPHK1* or *SPHK2*
⑩	セラミドリン酸化酵素 Ceramide kinase	*CERK*
⑪	スフィンゴシン一リン酸リアーゼ／長鎖塩基一リン酸リアーゼ Sphingosine 1-phosphate lyase/long-chain base 1-phosphate lyase	*SGPL1*
[12]	セラミド輸送タンパク質CERT Ceramide transport protein CERT	*CERT1*
[13]	UDP-ガラクトース輸送体 UDP-galactose translocator	*SLC35A2*
⑭	酸性スフィンゴミエリナーゼ Acid sphingomyelinase	*SMPD1*
⑮	中性スフィンゴミエリナーゼ Neutral sphingomyelinase	*SMPD2* or *SMPD3*
⑯	酸性セラミダーゼ Acid ceramidase	*ASAH1*
⑰	中性セラミダーゼ Neutral ceramidase	*ASAH2*
⑱	アルカリ性セラミダーゼ Alkaline ceramidase	*ACER1*（*ASAH3*），*ACER2*, or *ACER3*

*図2および3で記載した代謝段階の番号．なお，⑥，⑦の反応はスフィンゴ糖脂質合成に向かう反応であり，スフィンゴリン脂質の代謝には直接関与していない．また，番号[12]，[13]は，酵素ではなく，代謝基質の輸送装置．
**同様の反応を担う複数の酵素がある場合はそれらの遺伝子名は“or または～”で結び，一方，一つの酵素が異なるサブユニットから成る場合はそれら遺伝子名を“+”で結んだ．

S1PR1やS1PR3に結合すると細胞遊走を強く惹起する．また，作動性リガンド〔アゴニスト（agonist）〕の結合したS1PRは細胞内に膜輸送で取り込まれて内在化するので，スフィンゴシン1-リン酸に持続して曝された細胞はスフィンゴシン1-リン酸刺激に不応答の状態へとなる．

スフィンゴシン1-リン酸が重要な生理活性脂質であることは，免疫抑制剤FTY720（一般名フィンゴリモドFingolimod）の作用機序の解明とも大きくかかわっている[19]．長鎖塩基に似た構造をもつFTY720をマウスに投与すると内在性のスフィンゴシンリン酸化酵素によって末端の水酸基がリン酸化されてFTY720 1-リン酸へと変換する（図1D）．FTY720 1-リン酸はSIPR2以外のすべてのS1PRへの作動性リガンドになるだけでなく，長鎖塩基1-リン酸リアーゼで分解されないため，体内では天然のスフィンゴシン1-リン酸よりも持続してS1PRに作用し続ける．よって，FTY720 1-リン酸は上述したS1PRの活性化後不応答をリンパ球に強く惹起し，リンパ球をリンパ節中に停滞させ，その結果として細胞性免疫が抑制される．これらの発見を通じて，スフィンゴシン1-リン酸が重要な生理的な活性脂質であることも確定的なものとなった．

その他のスフィンゴリン脂質

セラミドのC1位がリン酸化されたセラミド1-リン酸は（図1B），極微量ながらヒト血中に存在しており，生理活性脂質として機能していると示唆されている[2) 14)]．セラミドをCa^{2+}およびATP依存的にリン酸化してセラミド1-リン酸を生産するセラミドキナーゼは遺伝子レベルでも同定されている（図2）．セラミドキナーゼはゴルジ体に局在していて，本酵素にセラミドを供給するステップにはCERTが関与しており，また，セラミド1-リン酸の膜間転移を促進する脂質転移タンパク質も見出されている．

N-アシル基が外れたリソSMともいえる構造をもつスフィンゴシルホスホコリン（sphingosylphosphocholine：SPC）もスフィンゴリン脂質の1つである（図1B）．培地に添加するとスフィンゴシン1-リン酸と似た作用を細胞に及ぼすことから，SPCも生理活性脂質として捉えられている[20]．しかし，SMを脱*N*-アシル化する活性をもつ酵素は，微生物からは見出されているものの，哺乳動物ゲノムがコードする酵素としては同定されておらず，生理的条件においてSPCがどのように生産されうるのかは今でも不明である．

◆ 文献

1） Merrill AH Jr：Chem Rev, 111：6387-6422, 2011
2） Hammad SM, et al：J Lipid Res, 51：3074-3087, 2010
3） Hanada K：Biochim Biophys Acta, 1841：704-719, 2014
4） Huitema K, et al：EMBO J, 23：33-44, 2004
5） Taniguchi M & Okazaki T：Biochim Biophys Acta, 1841：692-703, 2014
6） Ishibashi Y, et al：Biochem Biophys Res Commun, 499：1011-1018, 2018
7） Hanada K, et al：Nature, 426：803-809, 2003

8） Hayashi Y, et al：J Biol Chem, 293：17505-17522, 2018
9） Yamaji T, et al：Int J Mol Sci, 17：doi:10.3390/ijms17101761, 2016
10） Simons K & Toomre D：Nat Rev Mol Cell Biol, 1：31-39, 2000
11） Hanada K：J Lipid Res, 59：1341-1366, 2018
12） Contreras FX, et al：Nature, 481：525-529, 2012
13） Slotte JP：Biochim Biophys Acta, 1858：304-310, 2016
14） Hannun YA & Obeid LM：Nat Rev Mol Cell Biol, 19：175-191, 2018
15） Airola MV & Hannun YA：Handb Exp Pharmacol, 215：57-76, 2013
16） Stoffel W, et al：Proc Natl Acad Sci U S A, 102：4554-4559, 2005
17） Kihara A：Prog Lipid Res, 63：50-69, 2016
18） Coant N, et al：Adv Biol Regul, 63：122-131, 2017
19） 千葉健治：細胞工学，32：682-687, 2013
20） Nixon GF, et al：Prog Lipid Res, 47：62-75, 2008

11 スフィンゴ糖脂質

伊東　信

スフィンゴ糖脂質は，すべての真核細胞の形質膜において糖鎖部位を細胞外に向け，セラミド部位を脂質二重層に埋め込む形で存在する．スフィンゴ糖脂質は，生物種，組織，細胞によって糖鎖のみならず脂質構造においても多様性を示すが，その合成と分解の基本原理は一部の例外を除いて共通している．哺乳動物の場合，グルコシルセラミドやラクトシルセラミドの合成は胚発生に必須であり，シアル酸を有するガングリオシドは神経機能に重要である．

はじめに

スフィンゴ脂質は，スフィンゴイド塩基（長鎖塩基）を含む一連の脂質と定義される．長鎖塩基のアミノ基がアシル化されたスフィンゴ脂質はセラミド（*N*-アシルスフィンゴシン）とよばれ，さまざまなスフィンゴ脂質の基本骨格である．セラミドは，リン酸コリンやリン酸エタノールアミンなどのリン酸基を有する極性基あるいは糖質（単糖または単糖が連なった糖鎖）によって修飾され，前者はスフィンゴリン脂質，後者はスフィンゴ糖脂質に分類される．一般的に，両者は複合スフィンゴ脂質と呼称される．糖脂質というカテゴリーには，スフィンゴ糖脂質以外にも，脂質部位としてグリセロール骨格をもつグリセロ糖脂質，ステロール骨格をもつステリル糖脂質などがある（図1）．スフィンゴ糖脂質は，一部の原核生物，真核単細胞生物，植物，無脊椎動物から哺乳動物に広く存在し，哺乳動物の生体膜においては主要な糖脂質である．一方，グリセロ糖脂質やステロール糖脂質は哺乳動物にも微量に存在するが，前者は細菌，植物，後者は真菌類の主要な糖脂質である．本稿では，スフィンゴ糖脂質（以下糖脂質と記載）に焦点を絞り，その構造，性質，代謝，生理機能について概説する．

構造

1. 糖鎖の構造

これまでに糖鎖構造の違いにより500種を超える糖脂質が同定されている〔わが国の脂

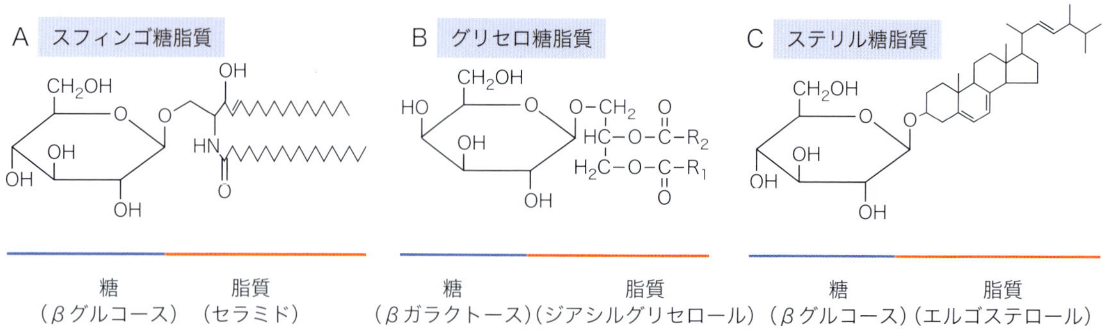

図1　種々の糖脂質の構造

グルコシルセラミド（GlcCer）（A），ガラクトシルジアシルグリセロール（B），エルゴステリルグルコシド（C）は，それぞれ脂質の種類によってスフィンゴ糖脂質，グリセロ糖脂質，ステリル糖脂質に分類される．スフィンゴ糖脂質は哺乳動物，グリセロ糖脂質は細菌，植物，ステリル糖脂質は真菌類の主要糖脂質である．グリセロ糖脂質，ステリル糖脂質も，微量であるが哺乳動物に存在する．

質データベースLipidBank（http://lipidbank.jp）には現時点で581種の糖脂質の構造が登録されている〕．しかし，脊椎動物の糖脂質を構成する主要な単糖は，D-グルコース，D-ガラクトース，*N*-アセチル-D-グルコサミン，*N*-アセチル-D-ガラクトサミン，L-フコース，*N*-アセチルノイラミン酸，*N*-グリコリルノイラミン酸の7種類である．一方，無脊椎動物の糖脂質においては，D-マンノースがしばしば見出される．近年，*N*-アセチルノイラミン酸の誘導体としてデアミノノイラミン酸（2-keto-3-deoxy-D-*glycero*-D-*galacto*-nononic acid：KDN）が同定されたように，分析機器の進歩によって糖脂質を構成する新奇な単糖が発見される可能性もあるだろう．糖脂質は，糖鎖構造の違い（構成単糖，糖鎖配列，α，βの立体構造を含む単糖間の結合様式）によって11のグループに分類され，IUPAC-IUBにより図2のような系統名と略号が推奨されている．11グループは，ラクトシルセラミド（LacCer），ガラクトシルセラミド（GalCer），マンノシルグルコシルセラミドをそれぞれコア構造にする3グループに大別される．コア構造からさらに糖鎖が延伸され，多様な構造が作られる．ほとんどの場合，コア構造に結合する糖はβ結合しているがグロボおよびイソグロボ系列，ガラ系列，モル系列の場合は糖がα結合している．図2の赤点線で囲った糖脂質は主として哺乳動物に見出されるが，それ以外の糖脂質は無脊椎動物由来である．シアル酸を含む糖脂質はガングリオシドとよばれ，脳・神経系に豊富に含まれる（Technical Tips参照）．また，スルファチドのように硫酸基を持つものもあり，これらはガングリオシドとともに酸性糖脂質に分類され，酸性基を有さない中性糖脂質と区別される．本稿に登場する主要な糖脂質の構造を表に示す．

2. 脂質の構造

糖鎖構造と同様に，糖脂質の脂質部位（セラミド）も多様性を示す．哺乳動物の糖脂質の主要な長鎖塩基は，炭素数18で4，5位に二重結合を持つスフィンゴシン（別名*trans*-4-スフィンゲニン，d18：1と表記．dはヒドロキシ基が2個あること，18は炭素数，「：」以

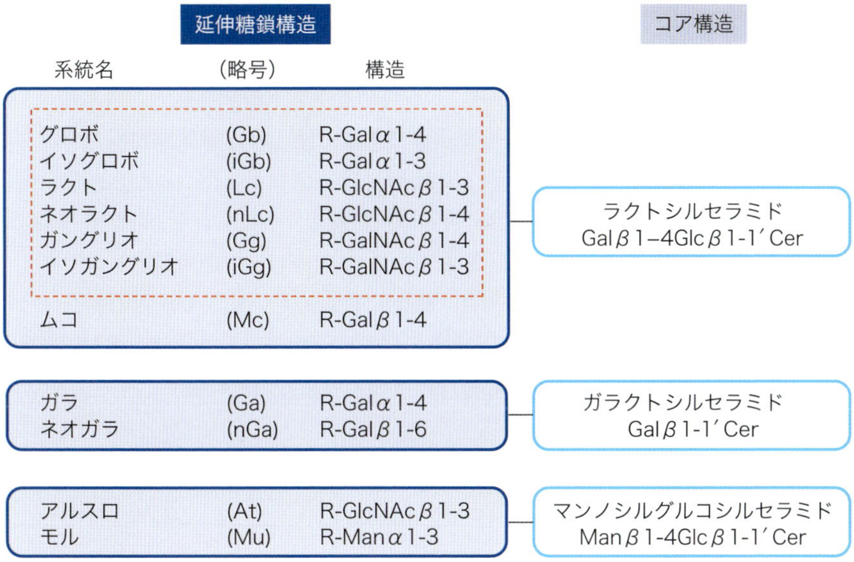

図2　スフィンゴ糖脂質の分類

糖鎖構造の違いにより500種を超える糖脂質が同定されている．糖鎖構造の違いにより11のグループに分類され，上記系統名と括弧中の略号がIUPAC＝IUBによって推奨されている．11グループはコア構造の違いによって，さらに3グループに大別される．哺乳動物に存在する主要糖脂質は，［破線枠］で囲った6グループとその前駆体およびガラクトシルセラミド（GalCer）とその誘導体（スルファチドおよびGM4）である．

表　主要なスフィンゴ糖脂質の構造

	名前（略号）	構造
中性糖脂質	グルコシルセラミド（GlcCer）	Glc β 1-1'Cer
	ガラクトシルセラミド（GalCer）	Gal β 1-1'Cer
	ラクトシルセラミド（LacCer）	Gal β 1-4Glc β 1-1'Cer
	グロボトリアオシルセラミド（Gb3）	Gal α 1-4Gal β 1-4Glc β 1-1'Cer
	イソグロボトリアオシルセラミド（iGb3）	Gal α 1-3Gal β 1-4Glc β 1-1'Cer
	グロボテトラオシルセラミド（Gb4, グロボシド）	GalNAc β 1-3Gal α 1-4Gal β 1-4Glc β 1-1'Cer
	ホルスマン抗原（GalNAc-Gb4）	GalNAc α 1-3GalNAc β 1-3Gal α 1-4Gal β 1-4Glc β 1-1'Cer
	SSEA3（Gal-Gb4, Gb5）	Gal β 1-3GalNAc β 1-3Gal α 1-4Gal β 1-4Glc β 1-1'Cer
	SSEA4（sialylGb5）	NeuAc α 2-3Gal β 1-3GalNAc β 1-3Gal α 1-4Gal β 1-4Glc β 1-1'Cer
	アシアロGM1（GA1）	Gal β 1-3GalNAc β 1-4Gal β 1-4Glc β 1-1'Cer
酸性糖脂質	SM4（スルファチド）	HSO_3-3Gal β 1-1'Cer
	GM4	NeuAc α 2-3Gal β 1-1'Cer
	GM3	NeuAc α 2-3Gal β 1-4Glc β 1-1'Cer
	GM2	GalNAc β 1-4（NeuAc α 2-3）Gal β 1-4Glc β 1-1'Cer
	GM1a	Gal β 1-3GalNAc β 1-4（NeuAc α 2-3）Gal β 1-4Glc β 1-1'Cer
	GD1a	NeuAc α 2-3Gal β 1-3GalNAc β 1-4（NeuAc α 2-3）Gal β 1-4Glc β 1-1'Cer
	GD1b	Gal β 1-3GalNAc β 1-4（NeuAc α 2-8NeuAc α 2-3）Gal β 1-4Glc β 1-1'Cer
	GT1b	NeuAc α 2-3Gal β 1-3GalNAc β 1-4（NeuAc α 2-8NeuAc α 2-3）Gal β 1-4Glc β 1-1'Cer
	GQ1b	NeuAc α 2-8NeuAc α 2-3Gal β 1-3GalNAc β 1-4（NeuAc α 2-8NeuAc α 2-3）Gal β 1-4Glc β 1-1'Cer

下の数字は二重結合の数をあらわす）であるが，二重結合がないジヒドロスフィンゴシン（別名スフィンガニン，d18：0）やヒドロキシ基を3個有するフィトスフィンゴシン（別名4-ヒドロキシスフィンガニン，t18：0）も存在する．哺乳動物の脳ガングリオシドでは，C18スフィンゴシン以外にC20スフィンゴシンを持つ．キノコ，酵母，カビなどの真菌類

の糖脂質には二重結合2つ（4，5と8，9位）に加えてメチル基（9位）を有する特徴的な長鎖塩基も存在する（d18：2-methylまたはd19：2）．

長鎖塩基の炭素数は18が主要であるが，セラミド構成脂肪酸の炭素鎖は14から30まで多様であり，細胞や組織によって固有である．例えば，哺乳動物脳のガングリオシドの脂肪酸はほぼC18脂肪酸であるが，GalCerにはヒドロキシ化されたC24脂肪酸が多く，ヒト皮膚のグルコシルセラミド（GlcCer）の脂肪酸は，ωヒドロキシ脂肪酸末端にさらにリノール酸がエステル結合している．このアシルGlcCerは，皮膚角質アシルセラミドの供給源となっており，皮膚の保水性やバリア機能に貢献している．糖脂質の脂肪酸は飽和脂肪酸や1不飽和脂肪酸が主要であるが，精巣・精子にはC28以上の多価不飽和脂肪酸を持つ糖脂質が存在し，精子の成熟や受精能獲得に重要と考えられている[1]．

性状と解析

1．一般的性質

糖脂質は有機溶媒中では単分子として分散しているが，水中ではミセルを形成する．糖鎖の種類によって臨界ミセル濃度が異なるので，生理機能を*in vitro*で解析する際には注意が必要である．多くの場合，臨界ミセル濃度以下でソニケーション処理し，単分子分散系として解析に用いる．細胞培養系に糖脂質を加えるときは，エタノールやDMSOに溶解させるか，クロロホルム/メタノール混液に溶解・乾固させた後，滅菌した培地あるいはアルブミン溶液を加えてソニケーションし，添加する．濾過滅菌やオートクレーブによる滅菌は望ましくない．

2．構造解析

糖脂質の簡易同定にはシリカゲルで被覆した薄層クロマトグラフィー（TLC）が汎用される（Ⅱ-13参照）．市販の高性能TLC（HPTLC）を用いると糖脂質の糖鎖の違いに加えて長鎖塩基や脂肪酸の構造の違いも判別できる．また，カルシウムやアンモニアを展開溶媒に加えることで，シアル酸残基数の異なるガングリオシドを相互分離することも可能である．

糖脂質の構造解析には，核磁気共鳴（NMR），質量分析（MS）などが用いられる．糖鎖の構造解析には，エンドグリコセラミダーゼ（EGCase）という酵素を用いて糖鎖だけを遊離，標識後，LC-MSで解析する方法も開発されている[2]．糖脂質の取り扱いや分析の詳細に関しては，以下の実験書が参考になる[3]．

代謝と輸送

糖脂質の合成，輸送，分解に関して，最も研究が進んでいる哺乳類を中心に概説する（図3）．生体内の糖脂質の合成と分解は精緻に制御されており，その欠陥はリソソーム病などを惹起する．

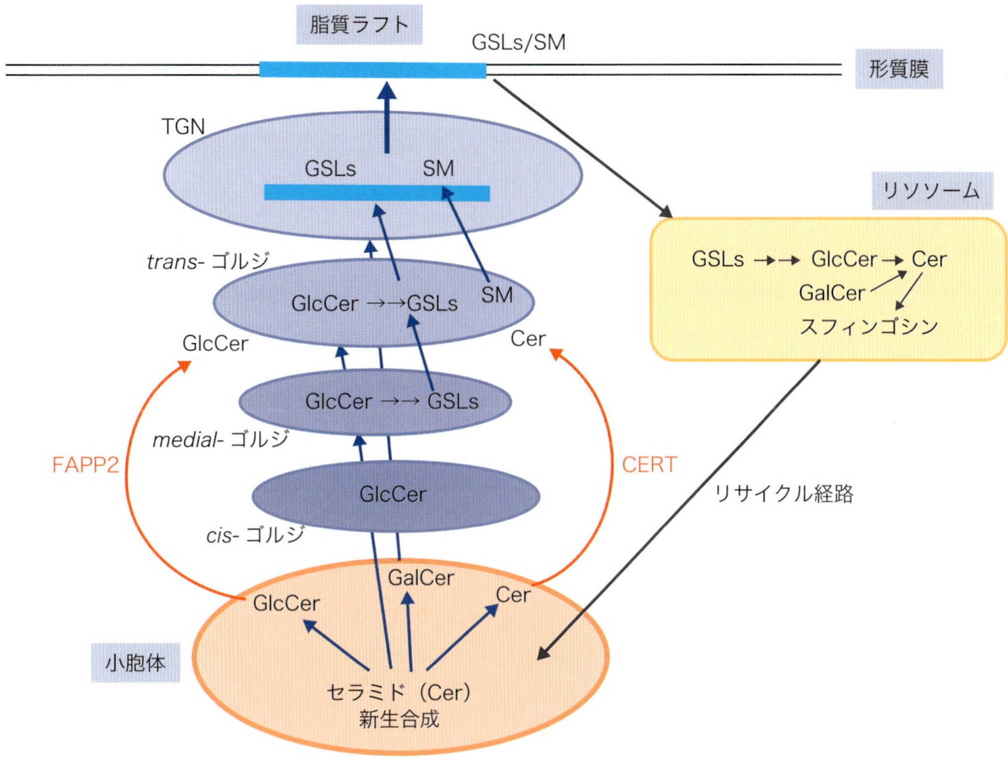

図3　スフィンゴ糖脂質（GSLs）の合成，輸送および分解
小胞体で合成されたセラミドは，小胞体膜および*cis*-ゴルジ膜の細胞質側でGlcCerに変換される．合成されたGlcCerはゴルジ内腔の糖転移酵素の働きで糖鎖を伸長し，*trans*-ゴルジネットワーク（TGN）を経由して形質膜外層に配置される．また，GlcCerの一部はFAPP2により*trans*-ゴルジに輸送される．一方，CERTにより*trans*-ゴルジに運ばれたセラミドはスフィンゴミエリン（SM）に変換される．形質膜の糖脂質（GSL）は，やがてリソソームに運ばれ，分解される．生成したスフィンゴシンの一部はリサイクル経路で小胞体に運ばれ，セラミドの新生合成に利用される．本図では，TGNでGSLが脂質ラフトに配置される1つの仮説が描かれている．

1．合成と輸送

すべての糖脂質の生合成は，糖ヌクレオチドから単糖がセラミドに転移される反応で開始される．哺乳動物の場合，この初発反応にはUDP-グルコースまたはUDP-ガラクトースが糖供与体として用いられ，それぞれUDP-グルコース：セラミドグルコシルトランスフェラーゼ（GCS）またはUDP-ガラクトース：セラミドガラクトシルトランスフェラーゼ（GalCS）という糖転移酵素が反応を触媒する．前者はゴルジ装置細胞質側，後者は小胞体内腔側に活性部位が位置する．*cis*-ゴルジ膜の細胞質側で合成されたGlcCerは，FAPP2により*trans*-ゴルジ膜に輸送される[4)]か，フリップ-フロップで*cis*-ゴルジ内腔に移行後，糖鎖が伸長する．一方，CERTによって*trans*-ゴルジ膜に輸送されたセラミドは，スフィンゴミエリン（SM）に変換される．GlcCerをコアとする糖鎖の伸張に関しては，共通のルールがある．つまり，それぞれの糖ヌクレオチドから糖脂質の非還元末端糖のヒドロキシ基に単糖が転移され，生成した糖脂質が次の反応の受容体基質となる．糖鎖伸張反応を触媒する糖転移酵素はゴルジ装置の内腔側に存在する．セラミドにER内腔でガラクトースが転移されると，哺乳動物の場合，糖鎖の伸張が停止するか，スルホトランスフェラーゼによって3′-ホスホアデノシン5′-ホスホ硫酸（PAPS）からガラクトースの3位に硫酸基が転移され，スルファチドとなる．合成された糖脂質の大部分は，トランスゴルジネットワーク（TGN）を経由して形質膜二重層の外層に配置される．

2. 分解

哺乳類の糖脂質は，リソソームにおいて糖鎖の非還元末端から単糖が順次遊離され，GlcCerあるいはGalCerを経由してセラミドにまで分解される．さらに酸性セラミダーゼ（ASAH1）によりセラミドは長鎖塩基と脂肪酸に分解される（図4）．糖脂質糖鎖の分解反

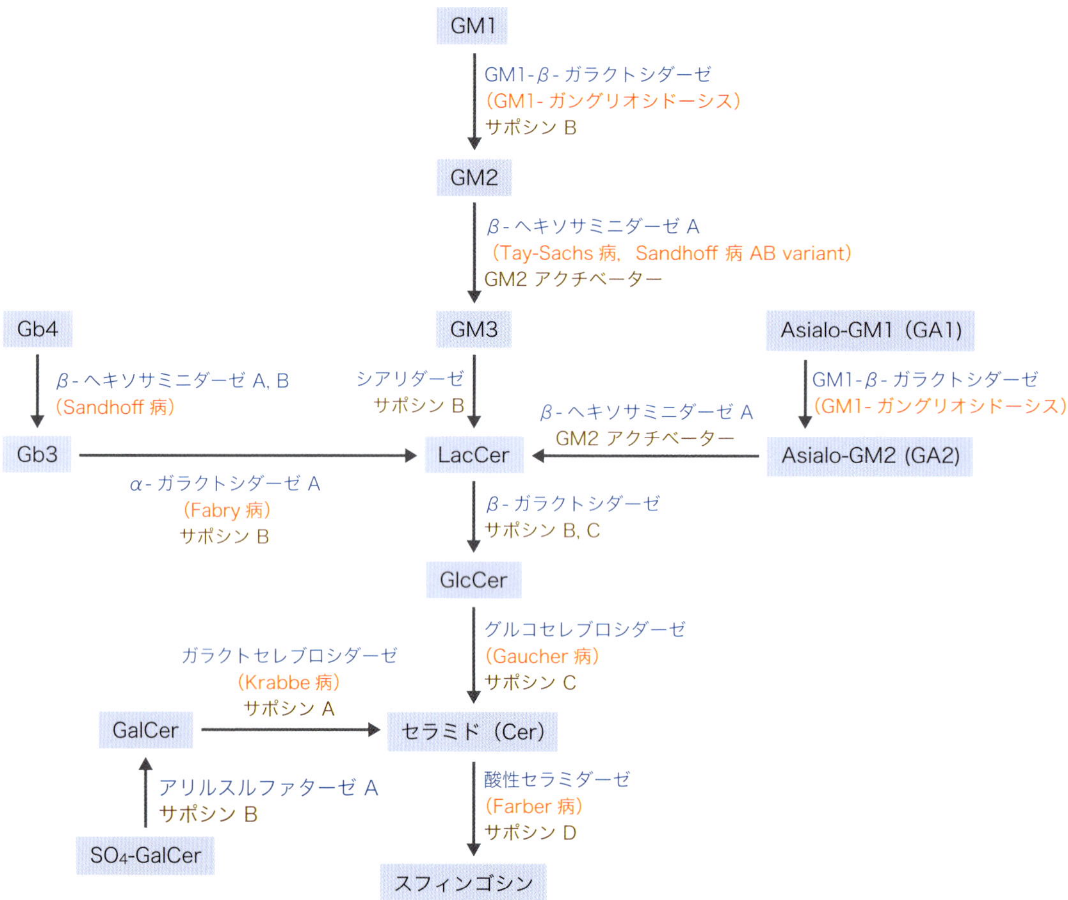

図4　リソソームにおけるスフィンゴ糖脂質の分解経路と遺伝性糖脂質蓄積症
リソソームにおいて，糖脂質は特異的なグリコシダーゼと活性化タンパク質（アクチベーター）の協同作用により糖鎖の非還元末端から順次単糖が遊離され，GlcCerまたはGalCerを経由してセラミドにまで分解される．セラミドは，さらに酸性セラミダーゼによってスフィンゴシンと脂肪酸になる．それぞれのグリコシダーゼ，セラミダーゼあるいはアクチベーターが遺伝的に欠損すると遺伝性糖脂質蓄積症（リソソーム蓄積症）となる．青字は反応を触媒する酵素，茶字はアクチベーター，赤字は当該酵素欠損により惹起されるリソソーム病を示す．

応は，特異的な糖加水分解酵素（グリコシダーゼ）と活性化タンパク質（アクチベーター）が協働して遂行される．例えば，生体内のGlcCerの分解にはβ－グルコセレブロシダーゼ（別名β－グルコシルセラミダーゼ）とサポシンCというアクチベーター，グロボトリアオシルセラミド（Gb3）の分解にはα－ガラクトシダーゼAとサポシンB，GM2の分解にはβ－ヘキソサミニダーゼAとGM2アクチベーターが必要である．しかしながら，*in vitro*での糖脂質の加水分解においては，多くの場合，アクチベーターは特定の界面活性剤で代替可能である．

リソソームで機能する上記酸性グリコシダーゼ（最適pHが酸性）以外に，哺乳類においては中性～アルカリ性領域で機能する非リソソーム性の糖脂質分解酵素も存在するが，小腸における消化酵素を除くとそれらの生理機能はよく分かっていない．

ある種の無脊椎動物には，哺乳動物と全く異なった糖脂質分解系が存在する．例えば，ヒドラなどの腔腸動物ではエンドグリコセラミダーゼという糖脂質をオリゴ糖鎖とセラミドに加水分解する酵素が存在する．酵素反応で遊離したオリゴ糖とセラミドはそれぞれグリコシダーゼとセラミダーゼによって別々に加水分解される．エンドグリコセラミダーゼは，昆虫を除く刺胞動物，軟体動物，環形動物などに存在するので，ユニークな糖脂質分解経路は無脊椎動物に広く存在する可能性がある[6]．

3. 糖脂質代謝異常症

糖脂質分解酵素やアクチベーターの遺伝的な欠損は，重篤な糖脂質蓄積症（リソソーム病）を引き起こす[7]．例えば，リソソーム病として知られるFarber病，Gaucher病，Krabbe病の原因遺伝子は，それぞれ酸性セラミダーゼ，グルコセレブロシダーゼ，ガラクトセレブロシダーゼをコードしている（図4）．糖脂質合成酵素の変異が病気を引き起こす例も報告されている．例えば，ヒトGM3合成酵素（シアル酸転移酵素）遺伝子の機能不全は重篤なてんかんや知的障害を惹起する[8]．

機能

1. 抗原性

糖脂質の抗原性の研究は，各種動物の赤血球の糖脂質抗原の研究を端緒としている．赤血球の糖脂質抗原は山川民夫らにより詳細に研究され，動物種により糖脂質分子種組成や抗原性が大きく異なること，いくつかの血液型は糖脂質糖鎖によって担われていることが示された[9]．例えば，ヒト赤血球全糖脂質の約1％がアロ抗原のABO式血液型活性を示す．また，ヒトの胚性幹細胞（ES）細胞のマーカーとして知られるSSEA-3（stage-specific embryonic antigen-3）やSSEA-4の本体は，それぞれGb5とシアリルGb5という糖脂質である．T細胞抗原受容体（TCR）とナチュラルキラー（NK）受容体を共発現するインバリアントNKT（iNKT）細胞の抗原として，αガラクトシルセラミド（αGalCer）が知られている．この糖脂質は哺乳動物には存在しない．内在性のリガンドが探索された結果，リソソームに存在するイソグロボトリアオシルセラミド（iGb3）が候補として浮かび上がったが，iGb3はマウスには存在するがヒトには存在しない．現在では，スフィンゴモナスに属する細菌のスフィンゴ糖脂質や肺炎連鎖球菌のグリセロ糖脂質がヒトiNKT細胞の外来性リガンドではないかと考えられている．また，腸内細菌の糖脂質は宿主のiNKT細胞の活性化に関与している[10]．

2. 微生物および毒素の受容体

多くの病原体やその毒素が細胞表面の糖脂質を侵入時の受容体として利用している．コレラ菌のコレラ毒素や病原性大腸菌の志賀（ベロ）毒素は，活性本体となるサブユニットAとレクチン活性をもつ5個のサブユニットBから構成される（AB5毒素とよばれる）．これらの毒素は，Bサブユニットが細胞表層の特異的な糖脂質に結合することで細胞に侵入し，Aサブユニットがそれぞれの毒性を発揮する．コレラ毒素の場合はGM1a，志賀毒素の場合はGb3が毒素受容体として同定されている．コレラ毒素のAサブユニットは促進性Gタンパク質のαサブユニット（Gs α）をADP-リボシル化することでアデニル酸シクラーゼを活性化しcAMPの濃度を上昇させる．一方，志賀毒素はタンパク質合成を阻害する．Gb3合成酵素遺伝子破壊（KO）マウスは志賀毒素に対して耐性になることから，Gb3が体内で唯一の志賀毒素受容体として機能していることが証明された[11]．

細菌自身も細胞表面の糖脂質に結合する．例えば，ある種の大腸菌は，線毛の先端にあるアドヘシンとよばれるレクチンによって小腸上皮のGb3やGM3に結合する．また，乳酸菌などの消化管共生細菌も腸上皮細胞のアシアロGM1に結合することが共生の一助になっている．

3. 糖転移酵素KOマウスの解析

糖脂質の合成に関与する，ほぼすべての糖転移酵素がクローニングされ，それらのKOマウスが次々に作製された．哺乳類の糖脂質合成経路とKOマウスの糖脂質組成を図5に示す．意外なことに，多くの糖脂質合成酵素KOマウスの中で胎生致死になったのは，GlcCer合成酵素およびLacCer合成酵素KOマウスのみであった[12]．つまり，マウスの胚発生にはLacCerまでの合成が必須である．しかし，LacCerにシアル酸を転移するGM3合成酵素のKOマウスは，正常に誕生するもののインスリン感受性の増大，聴覚の異常などの生理機能不全を示す[13]．一方，GM2/GD2合成酵素KOマウスは，脳・神経系に豊富なGM1a，GD1bあるいはそれらにシアル酸が付加されたGTやGQ1bを完全に欠損するため神経機能の大きな異常が予想されたが，少なくとも若年マウスでは正常マウスとの大きな差異は観察されなかった．しかし，GM2/GD2合成酵素KOマウスとGM3合成酵素KOマウスの掛け合わせで誕生したガングリオシド欠損マウスは，生後すぐにアクソンとグリア間の相互作用不全をはじめとする深刻な中枢神経系の異常を呈し，大多数は短命である．これらの結果から，GM2/GD2合成酵素KOマウスで深刻な異常がみられないのは，アシアロGM1経路から合成されたGD1α，GM1b，GD1cなどが中枢神経系の主要ガングリオシドの機能を補償したためと考えられている．続いて，GD3合成酵素KOマウスとGM2/GD2合成

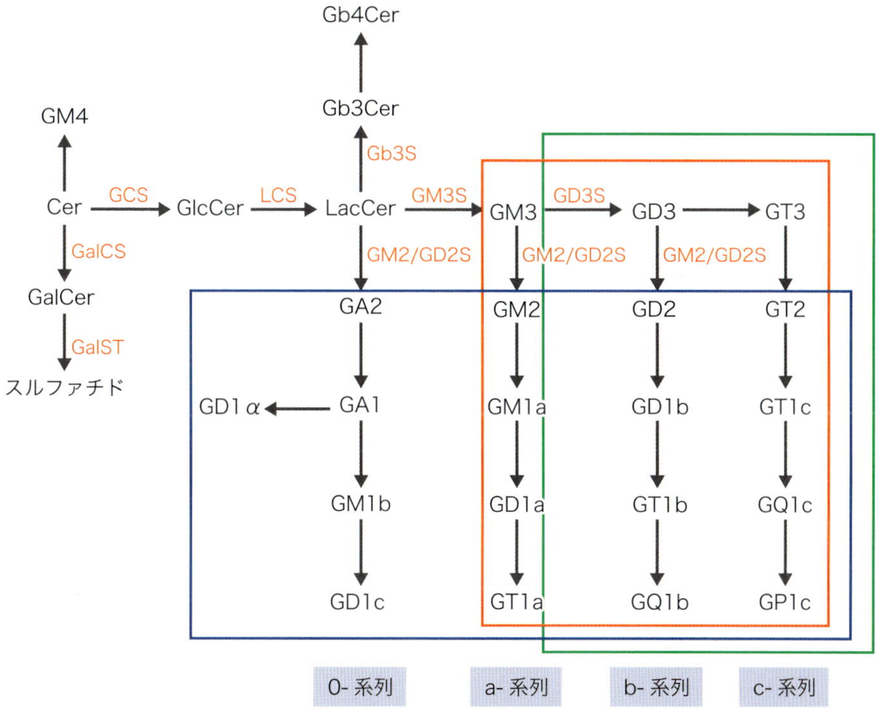

図5　主要なスフィンゴ糖脂質の合成経路と糖鎖転移酵素遺伝子KOマウスの糖脂質組成

図中の糖転移酵素は以下の略号，遺伝子名は括弧内に示した．GlcCer合成酵素GCS（*Ugcg*），GalCer合成酵素GalCS（*Ugt8a*），スルファチド合成酵素GalST（*Gal3st1*），LacCer合成酵素LCS（*B4galt5*），GM3合成酵素GM3S（*St3gal5*），GD3合成酵素GD3S（*St8sia1*），GM2/GD2合成酵素GM2/GD2S（*B4galnt1*），Gb3合成酵素Gb3S（*A4galt*）．GM3S欠損マウスでは，赤線で囲んだGM3を起点とするガングリオシドが欠損し，GM2/GD2S欠損マウスでは青線で囲んだ糖脂質が欠損する．GM3SとGM2/GD2S二重欠損マウスでは赤・青線で囲んだ糖脂質が欠損する．GD3SとGM2/GD2S二重欠損マウスでは緑・青線で囲んだ糖脂質が欠損し，ガングリオシドとしてGM3だけを持つ（GM3 only mice）．

酵素KOマウスを掛け合わせることでガングリオシドとしてGM3のみをもつマウスが作製された（GM3 only mice）．このマウスも正常に誕生したが，聴覚の異常，補体制御機構の異常などが観察された．

多くの糖脂質はGlcCerを母核とするが，神経軸索を包むミエリン髄鞘（myelin sheath）にはGalCerおよびその硫酸化誘導体であるスルファチドが豊富に存在する．GalCer合成酵素KOマウスのミエリン髄鞘は，形態学的には一見正常に見えるが神経伝達機能に欠陥がみられた（一種の漏電現象）．GalCer欠損マウスにおいてはGlcCer量が増加しており，ミエリン髄鞘が一見正常に形成されたのはGlcCerがGalCerやスルファチドの機能の一部を補償したためではないかと考えられている．スルファチド合成酵素KOマウスでも神経機能に同様な異常が観察され，GalCerおよびスルファチドの両方がミエリン形成と機能発現におけるいくつかの段階（ミエリン層間の相互作用，ミエリンと軸索の相互作用など）に重要であることが示された[14]．

おわりに

糖脂質は，生物種，組織，細胞によって糖鎖のみならず脂質構造においても多様性を示す．その多様性の生物学的意義に多くの研究者が惹きつけられてきたが，その完全な理解にはまだ時間が必要である．糖脂質の糖転移酵素KOマウスもほぼ出揃ったが，その表現型の解釈には留意を必要とする．糖脂質は遺伝子の直接的な産物ではなく，多くの場合，合成された糖脂質は次の糖脂質合成反応の基質となる．例えば，GM3合成酵素KOマウスをGM3欠損マウスとよぶのは正しくなく，GM3およびGM3を起点として合成されるすべての糖脂質が欠損しているマウスである（図5）．つまり，GM3合成酵素KOマウスで現れる表現型は必ずしもGM3の機能を反映しているわけではない．また，糖脂質は形質膜の数%を占める膜構成分子なので，特定の糖脂質群の欠損が糖脂質微小領域はもちろんのこと，生体膜のダイナミクスに与える影響も重要である．さらに，糖脂質の存在意義も生物種により異なる可能性もある．例えば，ヒトにおけるGM3合成酵素のナンセンス変異は，GM3合成酵素欠損マウスの表現型と比較してきわめて重篤である．その理由の解明も今後の課題であろう．

◆ 文献

1） Sandhoff R：FEBS Lett, 584：1907-1913, 2010
2） Fujitani N, et al：J Biol Chem, 286：41669-41679, 2011
3）「ガンリオシド研究法Ⅰ」「同・Ⅱ」（鈴木康夫，安藤 進/編著）生物化学実験法35・36，学会出版センター，1995
4） D'Angelo G, et al：Nature, 449：62-67, 2007
5） Ito M：Degradation of glycolipids.「Comprehensive Glycoscience, From Chemistry to Systems Biology」（Kamerling JP, ed）, Volume 3, pp193-208, Elsevier, 2007
6） Horibata Y, et al：J Biol Chem, 279：33379-33389, 2004
7） Platt FM, et al：J Cell Biol, 199：723-734, 2012
8） Simpson MA, et al：Nat Genet, 36：1225-1229, 2004
9）「糖脂質物語」（山川民夫/著），講談社，1981
10） An D, et al：Cell, 156：123-133, 2014
11） Okuda T, et al：J Biol Chem, 281：10230-10235, 2006
12） Kolter T, et al：J Biol Chem, 277：25859-25862, 2002
13） Inokuchi J：Proc Jpn Acad Ser B, 87：179-198, 2011
14） Honke K：Proc Jpn Acad Ser B, 89：129-138, 2013

Technical Tips ❸

ガングリオシドの名前の付け方

ガングリオシドはシアル酸を有するスフィンゴ糖脂質の総称で，通常ガングリオ系ガングリオシドを指す（図2参照）．ガングリオシドは植物や昆虫には存在せず，棘皮動物以上の動物に存在する．哺乳動物の場合，ガングリオシド1分子あたりシアル酸の数は通常1～4個であるが，魚類にはシアル酸が5個結合したものも存在する．いずれも脳・神経系に多く，ドイツの生化学者Klenk（1896～1971）によって単離源である神経節（ガングリオン）に因んで名付けられた．しかし，赤血球のGM3（発見者の山川民夫によりヘマトシドと命名）のように非神経系にも存在する．おもしろいことにミルクにも含まれていて，腸内細菌叢への影響や乳児の感染防御との関連なども話題になっている．

ガングリオシドの命名法は，Svennerholmによる通称名（GM4，GM3，GM2，GM1，GD1a，GT1b，GQ1c等）がよく使われるが，慣れない読者には不可思議に思われるかもしれない．Gの後のM，D，T，Qはシアル酸の数を示し（順に1，2，3，4個，シアル酸が外れたものはA），次の数字はシアル酸を除く糖鎖構造をあらわす．これが少しややこしく，4は糖が1個，3は2個，2は3個，1は4個である（5からシアル酸を除く糖の数を引いた数字らしい）．最後のa, b, cは骨格糖鎖へのシアル酸の結合様式をあらわしている．これは生合成経路に依存しており，a系列，b系列，c系列とよばれる（図5参照）．ラクトシルセラミドを起点としてアシアロGM2（GA2），アシアロGM1（GA1）と合成が進む系列は0（ゼロ）系列とよばれる．

糖転移酵素KOマウスによる網羅的な解析からガングリオシドはマウスの胚発生と誕生には必須ではないが，神経系の構築や機能に関与していることが明らかにされた．また，コレラ毒素や破傷風毒素の受容体にもなっている．図6はコレラ毒素の受容体として知られるGM1aの構造を示す．

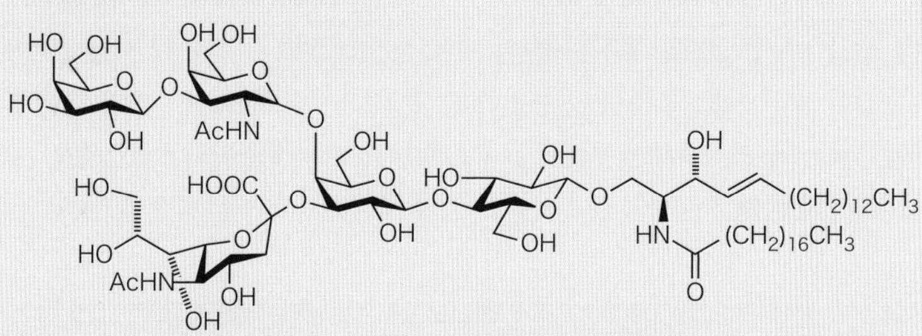

図6　コレラ毒素の受容体として同定されたGM1a

12 血漿リポタンパク質（脂質タンパク質複合粒子）

横山信治

本稿で扱う「リポタンパク質」は脂質とタンパク質が共有結合した膜タンパク質などではなく，細胞外脂質輸送のために形成される脂質タンパク質複合粒子を指す．水を媒体とする生命体において，水に不溶な脂質の輸送は小胞体やミセル，エマルジョンなどの小粒子に担われる．このうち動物における脂質の細胞外輸送は「血漿リポタンパク質」と通称される粒子に担われる．これらの粒子は物理化学的はエマルジョンないしミセル状粒子であるが，これらには特異的タンパク質（アポリポタンパク質）が含まれ，これらは構造上の安定性に寄与すると同時に粒子に生物学的活性を与え細胞外での脂質輸送の方向性や輸送中の代謝を制御する．これらのリポタンパク質の血漿中での挙動と代謝の動態は，動脈硬化症などの疾患の発症と密接な関連を示す．

血漿リポタンパク質とその構造

脂質は，水に溶けないという性質によって細胞膜の形成や効率的エネルギー貯蔵などの機能を発揮するが，水を媒体に成立している生物の体内では，水を介した全身の物質の輸送系に乗せるのが困難である．そのため生物はリポタンパク質という脂質タンパク質複合粒子を用いた複雑な細胞外脂質輸送システムをもつ．血漿リポタンパク質とは，脊椎動物の体内で，水に不溶であるがゆえに特異的役割を担っている脂質を，血液・体液中を輸送し，吸収・合成の場と貯蔵・異化・利用の場の間での分配・動員・再分配を行うための“総合体系”である．リポタンパク質粒子の構造の基本は，独立した脂質分子とタンパク質分子（アポリポタンパク質）が集合した分子集合体粒子であり，構造的には脂質・タンパク質の混合エマルジョンまたは混合ミセルと定義される（図1）．疎水性の強いトリグリセリドやコレステリルアシルエステルの芯（コア）を両親媒性・界面活性脂質であるリン脂質が覆うエマルジョン構造またはコアのないミセル構造を基本として，これに構造の安定性と生物学的代謝活性を与えるタンパク質（アポリポタンパク質）が結合した粒子と考えれば良い．

健常な動物の血漿リポタンパク質は，透過電子顕微鏡写真では円形，走査電子顕微鏡でもほぼ球形と考えられて，物理化学的に安定な形状をとっている．脊椎動物の血漿リポタンパク質は，構造，機能また物理化学的性質の特徴から高密度リポタンパク質（high den-

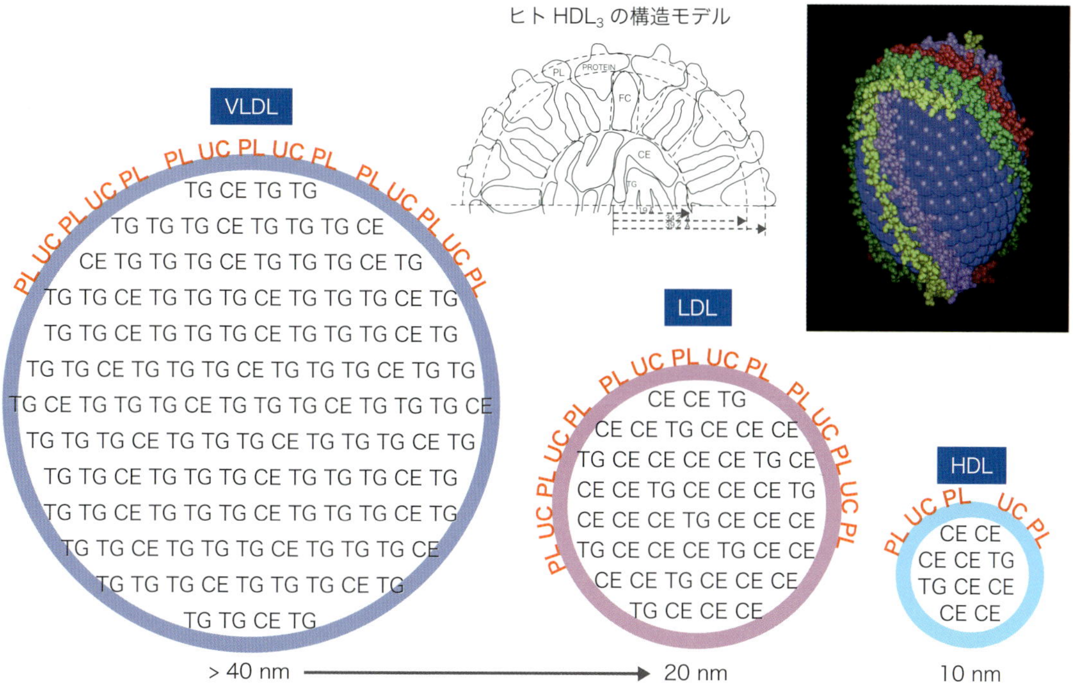

図1　リポタンパク質の構造の模式図

PL：リン脂質，UC：遊離コレステロール，TG：トリグリセリド，CE：コレステリルエステル．HDL$_3$のモデルは文献16より，写真は文献17よりそれぞれ引用．

sity lipoprotein：HDL），低密度リポタンパク質（low density lipoprotein：LDL），超低密度リポタンパク質（very low density lipoprotein：VLDL），キロミクロン（chylomicron）に大別される．ヒトリポタンパク質を例にとると，各リポタンパク質粒子の大きさは，HDLは直径6～12 nmの範囲に不均一な大きさをもち，大まかには直径6～9 nmのHDL$_3$と直径9～12 nmのHDL$_2$の二つのグループに分類される（表）．LDLは比較的均一な粒子で直径20～30 nmの球形粒子であり，VLDLは著しく不均一な粒子で，その直径は30～100 nmまたはそれ以上にもなる．キロミクロンは最大1,000 nmに近いものまで存在する．これらの粒子の大きさは一般的にそのトリグリセリド含量に依存し，また小粒子ほど相対的なタンパク質含有量が多い．したがって，大粒子ほどその水和密度が小さく小粒子ほどそれが大きくなる．各粒子の密度は，HDL 1.063～1.21 g/mL，LDL 1.006～1.063 g/mL，VLDL 1.006 g/mL以下，キロミクロン0.96 g/mL以下などであって，これによって超遠心による各種粒子の分離が可能となる（表）．

これらの粒子の脂質・タンパク質の組成とその大きさの間には，比較的単純な共通の幾何学的関係が成り立ち，粒子の構造が推定しやすい．すべてのリポタンパク質に共通の球形構造モデルは，トリグリセリドとコレステリルエステルが中心球となり，その表面をリン脂質と遊離コレステロールの単分子膜が覆っていて，タンパク質はおおむねその表面に

表　リポタンパク質粒子中の脂質分子数

	平均密度 (g/mL)	直径 (nm)	タンパク質 (アミノ酸数)	リン脂質	遊離コレステロール	非エステル化コレステロール	トリグリセリド
キロミクロン	0.93	75～1000	102,000	45,160	25,840	27,700	507,000
VLDL	0.97	30～80	15,656	4,545	3,539	3,600	11,500
LDL	1.034	20.0～20.2	4,830	653	475	1,310	298
HDL_2	1.094	8.5～10.0	1,476	137	50	90	19
HDL_3	1.145	7.0～8.5	963	51	13	32	9.5

浅く結合しているというものである（図1）[1]．このモデルによれば，リポタンパク質は，①構造の基本は脂質マイクロエマルジョンであり，トリグリセリドとコレステリルエステルの中心球をリン脂質と遊離コレステロールの単分子膜が覆っている，②タンパク質は表面単分子膜のさらに表面近くに平均して広く存在している，③遊離コレステロール分子はあまり表面に露出していない，という共通構造をもっている．この結果に基づいて計算された各リポタンパク質粒子あたりの脂質・タンパク質（アミノ酸）の分子数に基づけば，キロミクロンには一粒子に数十万個の脂質分子が含まれるのに対しVLDLでは数万，LDLでは3,000，HDLに至っては100～300個の分子が含まれているに過ぎない（表）．またそのアミノ酸数から判断されるタンパク質の分子数は，LDLでは分子量約50万のアポリポタンパク質（apo）B100の1分子と正確に対応し，HDLでは分子量1万数千～2万数千のapoA-ⅠやA-Ⅱの数分子に相当する．これに比べ，VLDLやキロミクロン粒子ではapoB100やapoB48（後述）以外にかなりの数のアポリポタンパク質分子が存在していることを示している．

ここに述べた構造モデルはいわば静的なもので，実際のリポタンパク質では各構成成分が動的な平衡状態でその構造を形づくっている．したがって，これはそのある一瞬のスナップショットの画像であると考えて良く，この画像における各成分の存在・分布の状態は，平衡状態での「統計学的分布」の表現である．例えば，中心球を構成する脂質分子も，そのごく一部は表面にも分布する．しかも常に同じ分子がそこにいるわけではなく，平衡状態で常に入れ替わっている．したがって，たとえ0.1%の分布であっても，一定時間内には中心球脂質のすべての分子が表面に露出するチャンスをもつわけである．こうしたリポタンパク質の構造の動的側面は，この粒子を構成する分子を基質とするさまざまな反応を理解する上での重要なポイントである．中心球を構成するトリグリセリドは粒子の外の水の相に存在するリパーゼ（lipoprotein lipase：LPLなど）によって加水分解を受けるが，その反応は100%近くまでゼロ次反応（反応速度が一定）である（Ⅰ-2図2）[2]．これは表面膜中にトリグリセリドが常に一定の割合で含まれ，それが酵素反応にあずかる基質となることを示している．またCETP（cholesteryl ester transfer protein）による粒子間でのCE分子の転送反応でも同じ機序で，粒子外から表面膜を通してアクセスできるコアのコレステリルエステル分子が反応に与ると考えられよう．これは，膜などの分子集合体を生物学的に捉える上で共通の視点である．以上のような基本的認識を踏まえて，以下に主にヒトにおけるリポタンパク質の代謝の概略を述べる.

最近，さまざまな生理活性脂質が特異的リポタンパク質に結合して輸送されるという知見がみられるようになり，それぞれの粒子と分子の物理化学的特性がこの面から注目される．これらについての各論の詳細はそれぞれの項を参照されたい.

血漿リポタンパク質の代謝：キロミクロンとVLDL

血漿リポタンパク質の機能は，トリグリセリドとコレステロール輸送に大別され，後者は遊離型と脂肪酸（アシル）エステル型で輸送される．小腸で脂肪酸やモノグリセリドなどのかたちで吸収された食餌性の脂質は，腸肝上皮細胞でトリグリセリドに再合成され，これに富む粒子キロミクロンとしてリンパ腔に分泌されるが，粒子径が大きいために門脈に入らず胸管のリンパ流に乗って体循環の血流に直接入る（図2）．キロミクロンのトリグリセリドは末梢の脂肪・筋組織等のLPLで加水分解され，貯蔵またはエネルギー源として直

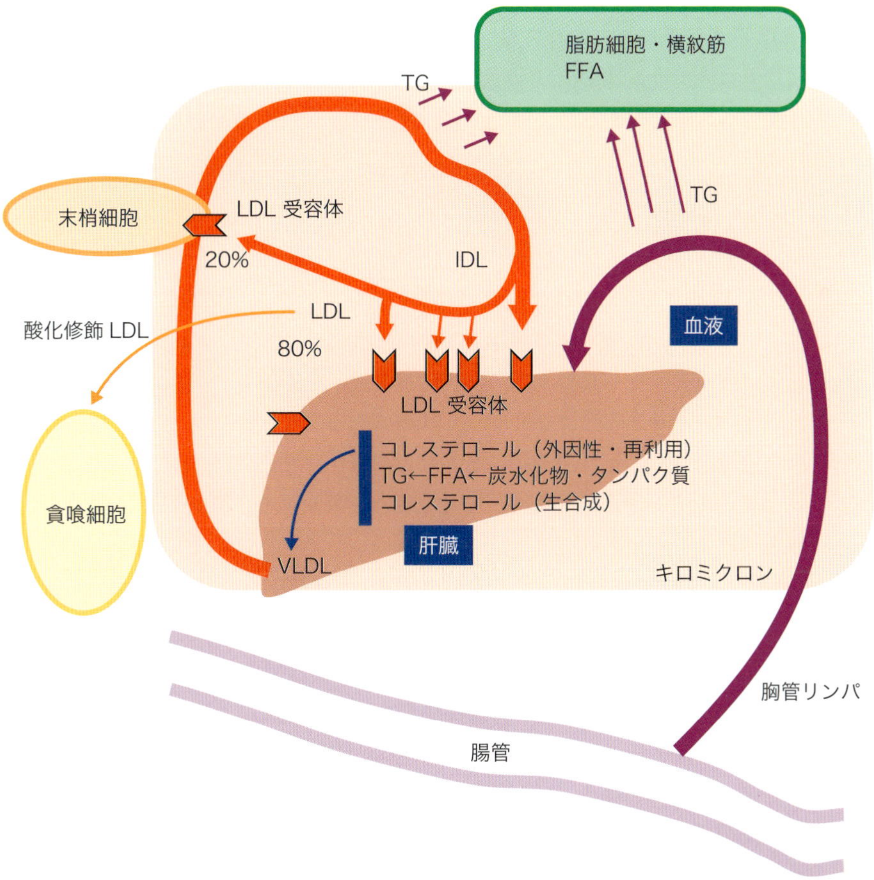

図2　キロミクロン・VLDLの代謝

接利用され，残りの部分は残渣粒子（remnant）とよばれて，そこに残ったトリグリセリドはさらに肝臓で肝性リパーゼ（hepatic lipase：HL）により加水分解されて，粒子は肝臓に取り込まれるとされる．Remnant粒子にはコレステロールが残されており，これは粒子ごと肝に取り込まれて肝臓で生合成される内因性コレステロールと共通のステロール代謝系に組込まれると考えられる．しかし，肝細胞がchylomicron remnantを取り込む機序についてはよく分かっていない．一方，肝臓は生体の余剰エネルギーを脂肪酸に合成する．これはトリグリセリドとしてコレステロールとともにVLDL粒子に組込まれて血中に分泌される（図2）．トリグリセリドは食餌性脂質と同様に末梢の脂肪・筋組織等のLPLで加水分解されて貯蔵または直接利用され，残った部分はVLDL remnantとしてchylomicron remnant同様肝で処理される．キロミクロンとの大きな違いは，その一部がトリグリセリド加水分解の後にLDLとなり，血中に滞留した後末梢細胞と肝細胞に取り込まれることである．VLDLのコレステロールは多くが最終的にLDLに止まり，LDL受容体を介して末梢細胞へ供給される[2]．VLDL–LDL粒子には分子量50万の巨大分子アポリポタンパク質Bが構造タンパク質として組込まれており，apoBリポタンパク質とよばれる．ヒトのキロミクロンではapoBはN末端約半分（48％）で翻訳が打ち切られたapoB48が含まれており，腸管ではキロミクロン分泌速度が脂質吸収速度に追いつかず，半分で生合成をあきらめたapoB48が粒子形成に使われる．齧歯類では肝臓の生合成にも両者が用いられる．このように，キロミクロンとVLDLは代謝・吸収された脂質（脂肪酸とコレステロール）がその全身臓器への再分配のために血流中に分泌されるかたちである．

LDLとその代謝

LDLはヒトをはじめ多くの脊椎動物の血漿リポタンパク質のなかで最も主要なものであり，血漿中のコレステロールの多くを担っている（図3）．血流中でVLDLより生じ，直径22 nm程度の安定した粒子で，apoB100を唯一のタンパク質成分とし，LDL受容体による細胞内への取り込みにより血中から代謝される．その機能は，肝臓から末梢細胞へコレステロールを運搬すると同時に，ヒトなど血漿中にCETPを有する動物では末梢細胞から肝臓へコレステロールを運ぶ経路にも主要な役割を担う．その血漿濃度の上昇は動脈硬化性疾患の危険因子とされる．

LDLは，VLDLのトリグリセリドのLPLとHTGLによる加水分解とCETPによる脂質組成の修飾によって，中間体リポタンパク質（VLDL remnantまたはintermediate density lipoprotein：IDL）を経て血中で生じる．この過程は主に2つの反応による．まず，トリグリセリドが加水分解により減少し，生じた遊離脂肪酸などはリポタンパク質粒子を離れる．またCETPにより，トリグリセリドはHDL上ではLCATにより新たに生じるコレステリルエステルと交換される．これらにより粒子のコアはコレステリルエステルで満たされ，粒子が安定化され，代謝的に比較的不活発な粒子であるLDLが生じる．反応は途中で上に述べたIDLとよばれる中間粒子を経るが，この粒子はその表面に残っているapoEを介して

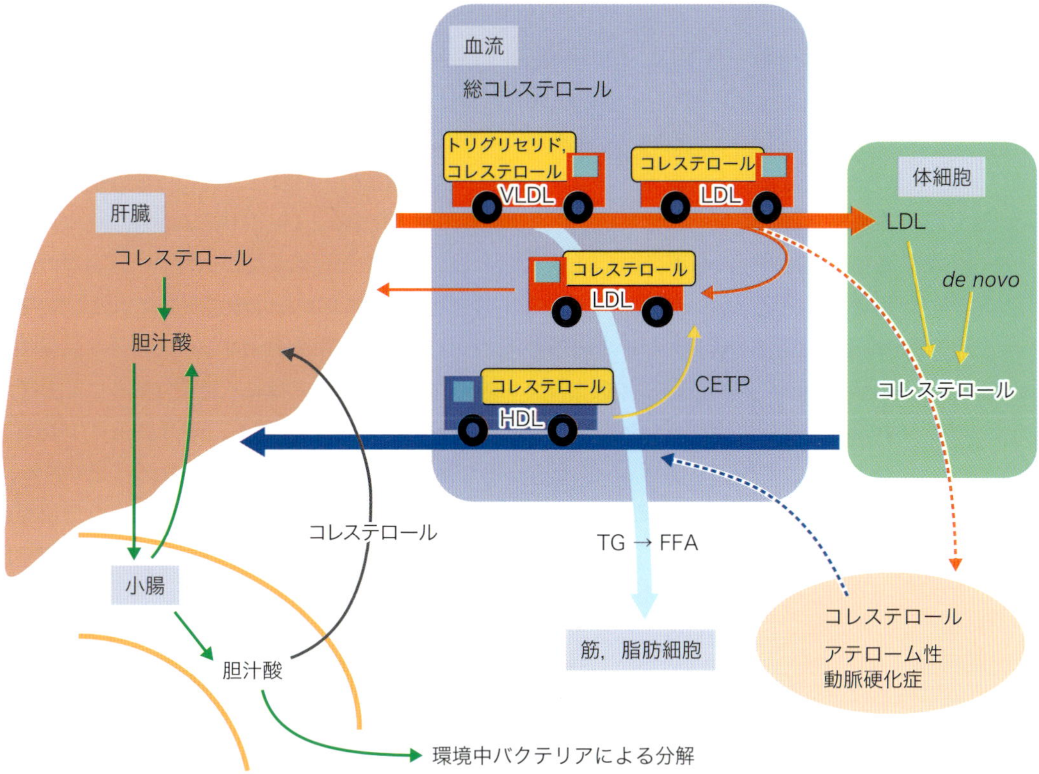

図3　LDLとその代謝

LDL受容体などによりすみやかに血中から除かれて行き，LDLが残る（図3）．LDLの構造は，直径22 nmまたはそれよりやや大きく，コア中心球の大部分をコレステリルエステルが占め，1分子（分子量約50万）のapoB100がほとんど唯一のアポリポタンパク質である．apoB100は後述する他のapoA-ⅠやA-Ⅱなどのヘリックス型アポリポタンパク質と異なってリポタンパク質粒子に構造的に組み入れられ，粒子間を移動することはない．したがってVLDLの1粒子からLDLの1粒子が生ずる．また，apoB100は1分子でLDLの表面の安定化に必要十分であり，他のアポリポタンパク質が結合する余地はない．リポタンパク質代謝にかかわるLPLやLCATなどの酵素はその反応に特異的アポリポタンパク質を要求するため，結果としてLDLはこうした酵素に不活性となる．またコレステリルエステルを加水分解できる酵素は血中にはほとんど存在しない．このようにLDLは構造的にも代謝的にもきわめて安定・不活発な粒子である．apoB100はLDL受容体に認識され，これによってLDLが細胞に取り込まれ血中から除去されることが，LDLの最も重要な生物学的機能と言えよう（図2，3）．

LDLの機能は，まず肝臓で合成されたコレステロールを末梢細胞に運搬することにある．しかしほとんどの体細胞はコレステロールの合成能力があり，細胞外からのLDLによる供給を絶対的に必要とすることはない．唯一その可能性があるのは成長・形成過程にある中枢神経系の細胞で，これは遺伝的なVLDLの形成障害で起こる無βリポタンパク質血症（abetalipoproteinemia）で中枢神経系の発育障害がみられることに基づいている．LDLによる細胞へのコレステロールの特異的供給はLDL受容体によって行われ，LDL受容体はほとんどの体細胞にあるわけであるが，この受容体欠損である家族性高コレステロール血症のホモ接合体でも，細胞へのコレステロール供給上の問題は何も起こらないし，中枢神経系の異常は全く見出されない．一方これらの患者では，LDL取り込みが起こらないために血中（細胞外）に高濃度のLDLが滞留し，その病的な組織蓄積が血管壁の障害等の問題を引き起こす[3]．このように，LDLによる細胞間コレステロール輸送システムとしてのLDLとLDL受容体の役割には，その障害によって血中にLDLが鬱滞すること以外に特異性が見出せない．これは，通常体細胞はコレステロールを自前で合成・調達できるとともに，それ以上にコレステロールを要求するステロイド産生細胞などでも，HDLからのコレステリルエステルの特異的取り込みなどのような補完的経路が備わっているためと思われる．ヒトではLDL受容体は肝細胞に全身の80％があると考えられており，肝臓から分泌されたapoB100含有リポタンパク質の大部分がまた肝臓に戻って行くわけで，またこの取り込み速度が血中のLDL濃度を制御していることになる（図2，3）．

一方，末梢細胞ではコレステロールの異化ができない．したがって，末梢細胞のコレステロールはその主要な異化の場である肝臓に運ばれる必要がある．末梢細胞のコレステロールはHDLによってまたはそのアポリポタンパク質によって運び出され，HDL上でLCATによってエステル化を受け，ヒトではCETPによって他のリポタンパク質との間で交換転送を受けて結果として多くがLDLに移り，肝細胞のLDL受容体によって取り込まれる．実際ヒトではLDL受容体の80％は肝細胞にあるとされ，LDLの20％が末梢細胞へのコレステロール輸送を行っているに過ぎない．このように，LDLは，ヒトのようにCETPをもった動物ではコレステロールの細胞外輸送の両方向の流れを担っている（図2，3）．

LDLと動脈硬化症

血漿LDL濃度の上昇が動脈硬化症，とりわけ虚血性心疾患発症の主要な危険因子であることが多くの疫学調査により示されてきた．高LDL血症のほとんどは血漿総コレステロール濃度の上昇として現れるところから，大まかに言って高コレステロール血症が動脈硬化症の危険因子であるという表現がとられることが多い．しかし，後に述べるように，HDL濃度の増減は疫学的にはLDLと全く逆の「負の危険因子」となり，したがって個々の患者でのリスクを考慮するときには，LDLとHDLをともに測り込んでいる総コレステロール濃度を用いるのは科学的でない．

LDLの増加と虚血性心疾患の関連については，疫学的な成績に加え，LDL受容体の遺伝的変異または欠損症である家族性高コレステロール血症におけるその高頻度の発現が注目された．この疾患の研究それ自身がLDL受容体の発見に至るものであったこと，またそれが発見者であるBrown，Goldsteinのノーベル賞受賞に至ったことからも，この分野での研究の鍵であったことは確かである．この疾患変異遺伝子のホモ接合体患者では，血漿LDL濃度は正常の数倍から10倍近くまで上昇し，100％の患者に冠状動脈硬化をはじめとした動脈硬化症が発症する．またヘテロ接合体でも重症例ではLDLは2倍以上に増加し，虚血性心疾患の発症頻度はきわめて高い．これらの疾患を含めて，虚血性心疾患の発症の危険率は，LDL濃度がそのコレステロール値にして140～150 mg/dLあたりから上昇し，上記のLDL受容体欠損症ホモ接合体においてほぼ100％の発症率となる．しかしながら，このようなLDL濃度に依存した危険率の上昇それ自身には生活環境の差は認められないが，同じLDL濃度における発症危険率の値自身には差が認められるものかも知れない．

LDLの上昇がなぜ動脈硬化発症に至るのかについて，明白な証拠に基づいた機序は分かっていない．現在最も有力な説得力のある仮説は，LDL脂質の酸化がその鍵となるというものである（図4）．LDLは血管内皮細胞の隙間を通って血管壁内に進入する．このときLDLの脂質は酸化を受けやすく，その酸化物がapoBを修飾していわゆる酸化LDLを生じる．この修飾LDLはもはやLDL受容体による正常の代謝を受けることができず，変性タンパク質や抗原抗体複合体の処理を受けもつマクロファージや血管平滑筋のscavenger receptor（異物処理受容体）に認識されて，非特異的にこれらの細胞に取り込まれ，細胞内に蓄積する．泡沫細胞とよばれる動脈硬化症の初期病変や皮膚黄色種にみられる脂質沈着細胞がこれにあたると考えられている．これらの仮説は，*in vitro*における培養細胞を使った実験での証明と同時に，*in vivo*での強力な脂質抗酸化物質による高コレステロールモデル動物におけ

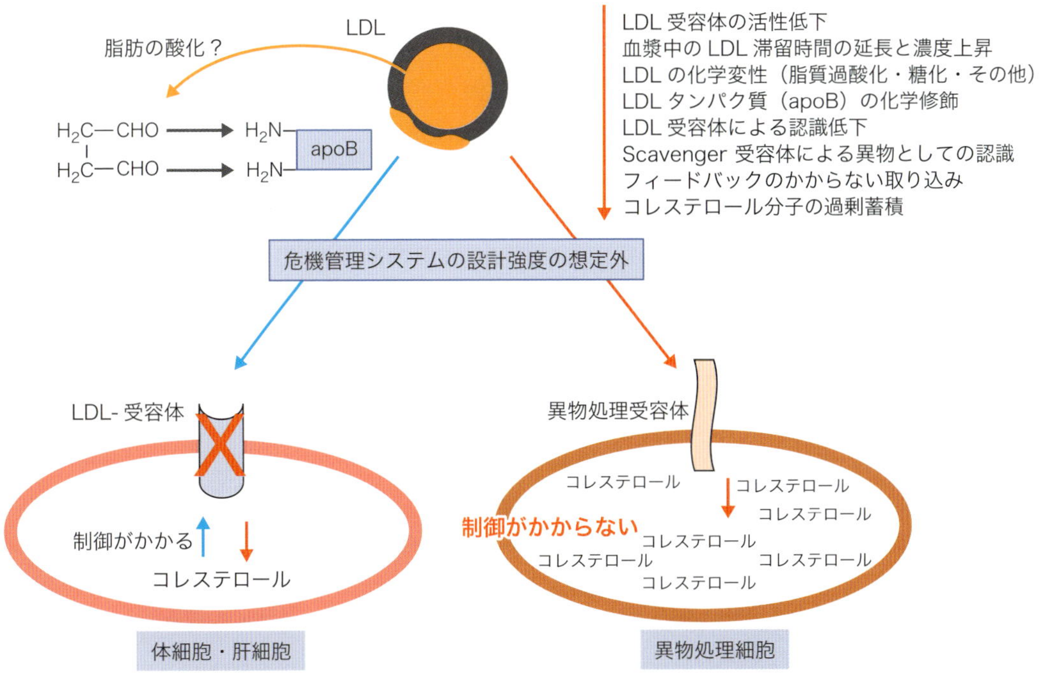

図4　細胞へのコレステロールの蓄積と動脈硬化の発症

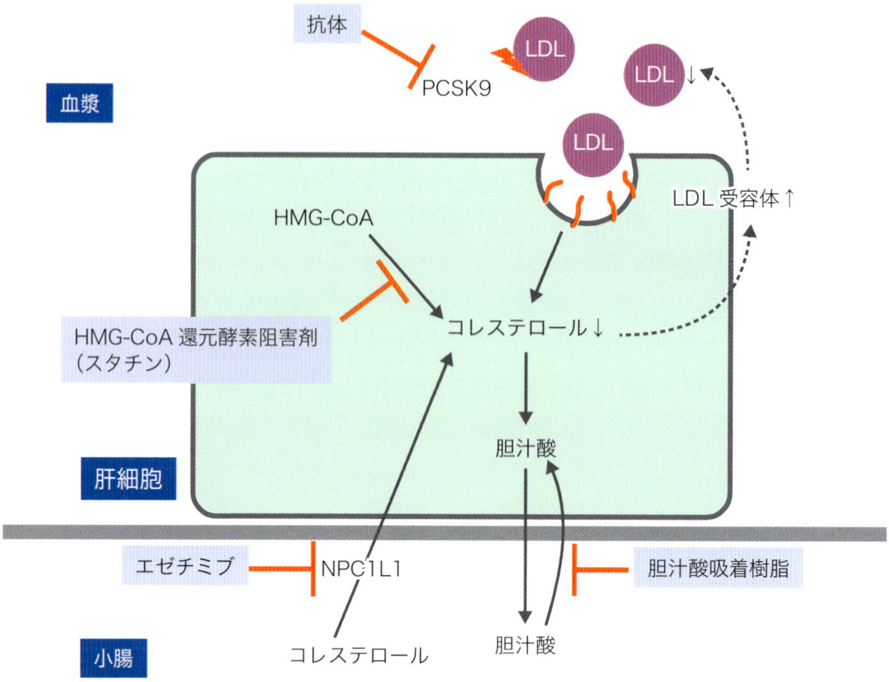

図5　LDL受容体の活性化による血漿LDLの低下

る動脈硬化病変の発症・進展の抑制によっても支持される．

LDLの増加は肝臓からのapoBリポタンパク質の分泌とLDL受容体の減少のどちらによっても起こる．いずれにせよこれらによって起こるLDL濃度の上昇と滞留時間の延長がそのまま酸化LDLの産生を増加させる方向に働くと考えられる．またさまざまな特異的にLDL酸化を促進する病態も検討されているが，仮説の域を出ていない．

LDLの他にapoBリポタンパク質で動脈硬化を発症させる要因とされるのはVLDLからLDLに変換される中間体のIDLである．この上昇はトリグリセリドの上昇として把握されることが多く，VLDLの上昇が危険因子とされる場合にも実際にはともに上昇しているIDLによるものと考えられることが多い．この点についての臨床疫学的成績はLDLに比べて定量性を欠き，その分確実性が低いが，それは主に疫学的にこのIDLを捉えるパラメータがトリグリセリド以外になく，精度が低いためと考えて良いであろう．

LDL濃度を下げる機構は主にLDL受容体の活性化による（図5）．細胞内のコレステロール量の減少は小胞体に存在するSREBP（sterol regulatory element binding protein）の2段階のプロテアーゼ反応によるN末端の切断をもたらし，これが核内に移行して脂質代謝にかかわる多くの遺伝子のプロモーターに存在するSRE（sterol regulatory element）に結合して転写の制御（多くは活性化）を行う．LDL受容体遺伝子もこれにより発現が増加する．したがって，LDL受容体の最大の発現臓器である肝細胞の細胞内コレステロールを減らすことがLDL受容体の増加を促し血漿LDLを減少させることになる．これには，胆汁酸吸着樹脂による胆汁酸の腸肝循環の阻止によって肝におけるコレステロールの胆汁酸への転換をはかり肝臓LDL受容体を増加させる方法，およびわが国で開発されたコレステロール合成の律速酵素であるHMG-CoA還元酵素の阻害剤（スタチン）による細胞コレステロールの減少を介するより直接的方法などがある．胆汁酸吸着樹脂による高LDL血症治療による虚血性心疾患の予防がまず証明され[4) 5)]，その後スタチンを用いたより強力かつ大規模な臨床試験により，その予防は一次・二次ともにより明白な形で確かめられている[3) 6) 7)]．

血漿リポタンパク質代謝の面から，これ以外の方法による動脈硬化症の予防・治療は，確立していない．しかし，比較的近い将来，高トリグリセリド血症の治療によるリスクの低下は確認されると思われる．先に述べた酸化LDL仮説に基づく抗酸化剤によるLDLの酸化抑制による治療は，いまだ臨床的証拠を得るに至っていない．

HDL代謝と病態生理

末梢細胞から肝細胞へのコレステロールの運搬は，体細胞で異化できないコレステロールを胆汁酸への転換のために肝臓に運ぶ，いわば使用済みコレステロールの回収システムであり，脊椎動物の生命維持にとってVLDL・LDL系による「配達・供給」システムと同じ程度に重要なシステムで，HDLが中心的役割を演ずるとされる（図5）．しかし，この「回収」系の理解はいまだきわめて不十分である．

HDLの生理的機能は，HDL上で起こるコレステロールをアシルエステル化する酵素LCATの反応を関連して提唱された．これは，コレステロールがLCATによって疎水性の強いアシルエステルとなってHDL表面から中心部に移動し，それにより生じたHDL表面と細胞表面とのコレステロールの濃度勾配によって細胞からリポタンパク質への流出が起こるというものである．そして，LCATがHDL上で反応することから，HDLが細胞コレステロールの搬出に中心的役割を演ずるとする見解の出発点ともなり，末梢細胞から肝へ向かうコレステロール輸送系の概念の原型となった．

この仮説は，血漿HDL濃度が冠動脈疾患の発症危険率と疫学的に逆相関を示す事実が明らかになるにつれ，動脈硬化の研究者から強い関心をもたれるようになる．そして，HDLが培養細胞からのコレステロール流出と細胞内コレステロールの減少を引き起こすという実験事実により，この反応が直接動脈硬化巣におけるコレステロール蓄積とその減少にかかわっているという仮説が定着した．エステル化されたコレステロールをリポタンパク質間で転送するタンパク質CETPが発見されると，この仮説は，細胞コレステロールのHDLへの流出，そのHDL上でのエステル化，エステル化コレステロールのリポタンパク質間の転送，各リポタンパク質の肝細胞への取り込みの4段階をとる「コレステロールの逆転送系」の図式へと発展し，その「抗動脈硬化作用」という仮説の枠組みの中で各々の反応が「逆転送」を促進する・しない，それが動脈硬化症の進展・抑制に働く・働かないという次元での議論に発展した．しかしながら，そもそもHDL粒子の起源と生成の機序すら不明確なままに，さまざまな条件下での必ずしも整合性のない実験結果の集積が，それぞれの反応のもつ生理的意味付けに対する理解の混乱を招いてきた.

HDLは直径5～10 nmの球形の粒子であるがその大きさや脂質・タンパク質の組成は不均一であり，多くのいわゆる「亜分画」をもつ．この理由は，その主な構成タンパク質であるapoA-Ⅰ，A-Ⅱ，Eなどの結合がやや緩い親和性をもって可逆的であり，かつ一粒子あたりその数分子が結合できることによる．その結果，タンパク質組成が不均一になり，粒子サイズも整数論的に不連続な分布をする．しかし，この大きさの粒子は表面の曲率が大きすぎて脂質のみでは安定化せず，apoBがリポタンパク質粒子に完全に組込まれて構造の一部となるのとは別の意味で，HDLアポタンパク質もその構造に不可欠なものである（図1）．これらのアポリポタンパク質はいずれも両親媒性ヘリックスの多分節構造により脂質と結合し，リン脂質と反応させると自動的に直径10 nm以下の円盤状粒子を生ずる．これはLCAT欠損患者の血漿中にみられるHDLに類似しており，コレステロールを含むこうした粒子にLCATを作用させるとコレステリルエステルを生じて球形となる．また他のリポタンパク質存在下ではコレステリスエステルはCETPによりHDLから移送されHDL粒子は正常な大きさに保たれるが，CETP非存在下でLCAT反応とコレステロールの流入が続けば，HDLは巨大化する．肝灌流液や肝細胞培養液にもコレステロールを含む円盤状HDL粒子がみられる．また，VLDLなどのトリグリセリドを加水分解すると，過剰になった表面リン脂質からも同様の円盤状HDLが生ずる．しかし，apoBリポタンパク質とは異なり，肝細胞などではゴルジ体内部にもHDL粒子は確認されず，HDL粒子の新生の樹序は不明のままである.

これらの点について，家族性HDL欠損症であるTangier病の病態解明が進みはじめ，アポリポタンパク質による細胞内脂質の搬出とそれによるHDLの新生が欠損していることが最近分かってきた．上に述べたように，HDLによる細胞脂質の搬出は，HDL上でのコレステロールのアシルエステル化で生ずる細胞膜とHDL表面との間でのコレステロール濃度勾配によるネット流出が提唱されてきたが，これに加え，ヘリックス型アポリポタンパク質が細胞と直接作用して細胞脂質から新たにHDLが生じる反応の存在が発見され[8)]，Tangier病細胞ではこれが全く起こらないことが明らかになって[9)]，この反応が血漿HDL生成の主要な反応であることが分かった．こうした成績を背景に，Tangier病とその他の家族性HDL欠損の責任遺伝子ABC1が見出された[10)～12)]．こうして，HDL粒子は膜タンパク質の機能により細胞脂質から直接産生することが明らかになった.

一方，HDLの血中からの除去については，必ずしも十分に理解されていない．肝細胞などにはHDLからコレステリルエステルのみを選択的に取り込む能力があることは古くから知られており，リソソームの酸性リパーゼ欠損症であるWolman病患者の繊維芽細胞もHDLコレステリルエステルの選択的取り込みを行い，かつこれを加水分解することが知られていて，この反応がリソソームと連携したLDL受容体などとは異なる体系に属するものであることを示唆していた[13)]．その後，異物処理受容体Bクラスに属するSRB1がHDLからのコレステリルエステルの取り込み機能を担うものであることが明らかになり，血漿リポタンパク質分野の研究の前進の一歩となった[14)]．今のところ，SRB1がHDLの代謝回転に主要な役割を果たしているとの証明はマウスによるもので，過剰発現による血漿HDLの著明な低下とノックアウトによる上昇が起こる．マウスにおける発現は，副腎・性腺などのステロイド産生臓器とコレステロールの主要な異化臓器である肝臓に強く，HDL代謝の基本的理解に矛盾しない結果である．ノックアウトマウスでは副腎脂質の著明な減少がみられ，その他にもマウスではステロイド産生細胞のコレステロールの供給は主としてSRB1を介して行われることを示唆する実験成績が多い．しかし，SRB1（ヒトでの相同遺伝子はCLA1）がCETP持ちLDLを主要な血漿リポタンパク質とする他の動物，とりわけヒトを含む霊長類でどのような生理的役割をはたし，HDL代謝にどれほどかかわっているのかは未解明である．

アポリポタンパク質Eと中枢神経系疾患

中枢神経系は脂質に富む臓器であり，全身のコレステロールの20～25%を含む．しかしながら，体循環系からは血液脳関門によって隔てられ，関門形成以前に急速に脳が発育する時期にはおそらくはLDLからコレステロールが利用されることを除くと，血漿リポタンパク質による細胞外脂質輸送は直接利用できない．脳脊髄液中に見出されるアポリポタンパク質はapoA-Ⅰ，E，Jなどであり，HDLの分画に回収される．このうちapoEとJはアストログリアやミクログリアでの合成が確認されており，HDLとして分泌される．一方脂質と複合体を作ったapoEに結合する「受容体」分子として多くのLDL受容体superfamilyに属する膜タンパク質が同定されており，apoE-HDLを介した中枢神経系における細胞外脂質輸送とその病態生理が注目を集めるに至っている．

その1つは神経細胞の障害の修復機転における役割である．末梢や中枢の実験的障害部位にapoEの集積が認められることと中枢神経系の障害で脳におけるapoE生合成が著しく高まることなどから，障害を受けた細胞膜の除去ないしは神経再生過程へのコレステロールの供給などの役割が想定されている．しかしながらapoEノックアウトマウスにおいて神経障害修復機転に異常を認めないことから，これはapoEに特異的な作用とは言えないとも思われる．

もう1つの重要な問題はアルツハイマー病との関連である．ApoEには通常E2，E3，E4の自然変異体が存在する．このうちE2は受容体への結合能を欠き，Ⅲ型高脂血症とよばれる病的なIDLの上昇をもたらすが，apoE4がアルツハイマー病の臨床疫学的な主要な危険因子であることが分かっている[15]．E4はアルツハイマー病のみならず，脳出血や慢性頭部外傷などの他の脳障害後の回復過程に干渉し同様の病変を招くとする指摘もある．アミロイドβタンパク質と直接作用してその沈着を促すという仮説もあるが証明はされていない．

◆ 文献

1） Shen BW, et al：Proc Natl Acad Sci U S A, 74：837-841, 1977
2） Tajima S, et al：J Biochem, 96：1753-1767, 1984
3） Nakamura H, et al：Lancet, 368：1155-1163, 2006

4）Lipid Metabolism-Atherogenesis Branch, NHLBI：JAMA, 251：365-374, 1984
5）Lipid Metabolism-Atherogenesis Branch, NHLBI：JAMA, 251：351-364, 1984
6）Scandinavian Simvastatin Survival Study Group：Lancet, 344：1383-1389, 1994
7）West of Scotland Coronary Prevention Study Group：Circulation, 97：1440-1445, 1998
8）Hara H & Yokoyama S：J Biol Chem, 266：3080-3086, 1991
9）Francis GA, et al：J Clin Invest, 96：78-87, 1995
10）Bodzioch M, et al：Nat Genet, 22：347-351, 1999
11）Brooks-Wilson A, et al：Nat Genet, 22：336-345, 1999
12）Rust S, et al：Nat Genet, 22：352-355, 1999
13）Sparrow CP & Pittman RC：Biochim Biophys Acta, 1043：203-210, 1990
14）Acton S, et al：Science, 271：518-520, 1996
15）Corder EH, et al：Science, 261：921-923, 1993
16）Shen BW, et al：Proc Natl Acad Sci U S A, 74：837-841, 1977
17）Borhani DW, et al：Proc Natl Acad Sci U S A, 94：12291-12296, 1997

第Ⅱ部
解析編

1 脂質解析に必要な器具類と保存方法

西島正弘

脂質の研究は，生物試料からの抽出，精製，分析などにより行われるが，対象とする生物試料は牛の脳や心臓などの大きな組織から細胞内オルガネラなどの小さな試料まで大きな幅があり，そのために必要な器具も異なってくる．近年は，質量分析器などによる微量分析を行う機会が増加してきたため，用いる器具も以前と異なり小型化してきている．脂質研究がタンパク質，核酸，糖質の研究と大きく異なる点は，有機溶媒を多用する点であり，そのために有機溶剤に耐性の材質の器具を用いなければならない．硬質ガラス製のものを用いるのが基本であり，プラスチック材質としてはテフロン製やシリコン製のものを用いる．

脂質研究に必要な有機溶剤

脂質研究では有機溶剤類は必須の試薬であるが，これらの安定性や純度などについて知っておくことは重要である．脂質の研究に用いる有機溶剤は，副生物を含んだり，貯蔵中に化学反応により新たな物質が生成されたりする．例えば，クロロホルムからはホスゲン，アルコール類からはアルデヒド，エーテルからは過酸化物質がそれぞれ生成される．これら生成夾雑物は，脂質の構成成分中のアミノ基，水酸基，活性メチレン基，二重結合に作用して脂質を変質させることがあるため，以下の前処理により夾雑物を除去してから蒸留した溶剤を用いることが重要である．

クロロホルムなどの塩素系有機溶剤は，水洗（分液ロートにクロロホルムと水を加え，撹拌後，下層のクロロホルムを分取する）をした後に塩化カルシウムで一昼夜乾燥してから蒸留する．蒸留後のホスゲン生成を防ぐため，約1％のメタノールかエタノールを添加して褐色びんに保存する．アルコール類は，固体の水酸化カリウムを加えて蒸留する．エーテルは，100 mLにつき5～10 gの水酸化リチウムアルミニウムを注意して静かに添加し，1～2時間還流後に蒸留する．なお，エーテル中の過酸化物の存否は，2～5 mLのエーテルに新たに調製した1 mLの10％ヨウ化カリウム水溶液とデンプン指示薬1滴を加えて十分に撹拌し，青藍色を呈するか否かで判定する．

以前はクロロホルム，メタノール，エーテルなどは使用前に蒸留したものを用いたが，現在は純度の高いLC-MSグレードやHPLCグレードのものが用いられている．しかし，これら溶剤も，上述したように，貯蔵中に化学反応を起こして副生物が生成することを知っておく必要がある.

脂質解析に必要な器具類

1. 溶媒の濃縮・除去に用いる器具

ロータリーエバポレーター（図1A）は，溶媒の多量，少量にかかわらず，迅速に溶媒を濃縮・除去することができる．水流ポンプで10～20 mmHgの減圧下，温度は制御装置付きの湯浴を30℃～35℃以下に保って行う．蒸気や蒸発した溶媒が逆流してこないように中間トラップを接続しておく．脂質抽出液中に水が混在するときは，ベンゼンまたはクロロホルム（多量の水が混在するときは無水エタノール）をくり返し加えて濃縮を行う．最後にエバポレーター内を常圧にもどすときには脂質の酸化防止のため窒素ガスを入れてもどすようにする.

窒素ガス吹付式濃縮装置（図1B）は，試験管などにはいっている少量の脂質溶液（10～15 mL以下）の濃縮・除去に用いられる．ドラフト内に設置した湯浴中に試験管などを入れ，溶液の表面に窒素ガスを直接吹き付けて濃縮する方法であり，簡便な濃縮・除去方法である．湯浴にジャッキがついていれば溶液の量によって高さを調節することができて便利である．窒素ガスは，ボンベからのガスを用いるか，窒素ガスジェネレーター（図1C）を用いる.

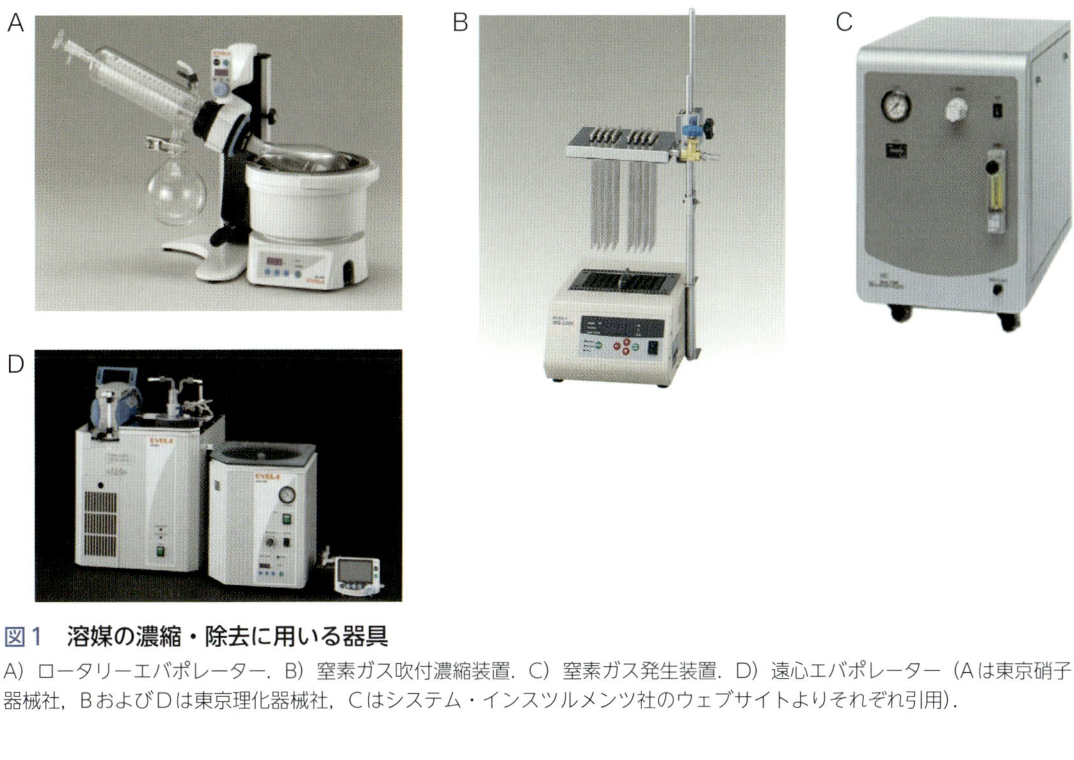

図1　溶媒の濃縮・除去に用いる器具

A）ロータリーエバポレーター．B）窒素ガス吹付濃縮装置．C）窒素ガス発生装置．D）遠心エバポレーター（Aは東京硝子器械社，BおよびDは東京理化器械社，Cはシステム・インスツルメンツ社のウェブサイトよりそれぞれ引用）.

遠心エバポレーター（図1D）は，蓋やチャンバーがガラス製やテフロンコーティングされて有機溶媒に耐性となっている機種を用いる．窒素ガスエバポレーターと同様に少量の溶液の濃縮・除去に用いられる．すべて自動化されている機種では，遠心機の回転数が設定値に達してから真空ポンポンプが起動し，停止時には真空解除後にポンプが停止し，その後回転が停止する．遠心下で真空にすることにより溶媒の突沸が防止される．真空ポンプは有機溶媒回収用のトラップがついた機種を用いる．

2. ピペット・容器類

0.1 mL以上の溶液を分取するときには硬質ガラス製のピペットが用いられ，ピペットによる溶液の採取は，有機溶剤に耐性のシリコン製安全ピペッター（図2Aの左）や分注器（図2Aの右）が用いられる．数μL～1,000 μLの溶液の分取には写真にあるようなシリンジ（図2B）が用いられる．

Bligh-Dyer法（Ⅱ-8）による脂質の抽出は主にテフロンキャップ付きチューブ（図2C）で行うが，大量の溶媒での抽出には分液ロートを用いる．

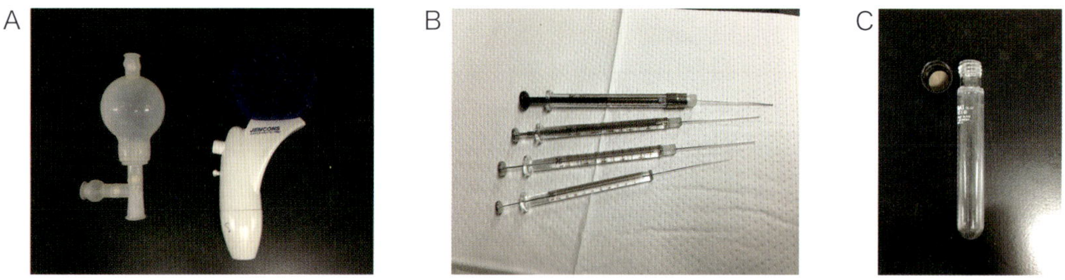

図2　ピペット・容器類

A）安全ピペッター．B）シリンジ．C）テフロン付きキャップチューブ．

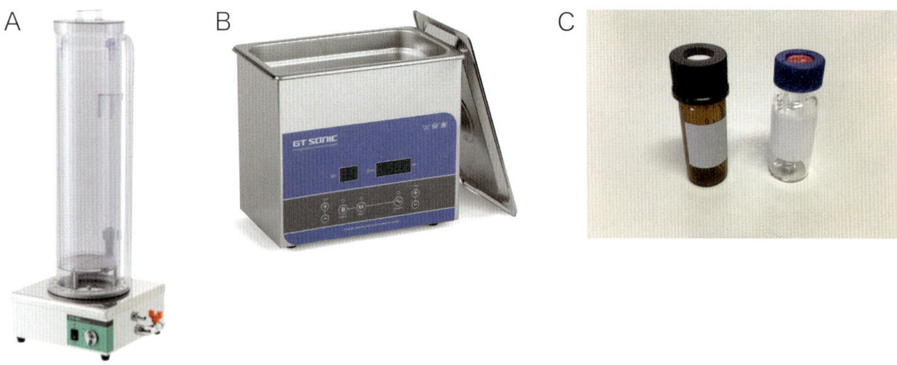

図3　洗浄・保存・その他に用いる器具

A）ピペットや試験管等の洗浄装置．B）ソニケーター．C）小型バイアル瓶．

3. 器具の洗浄

ガラス製器具の洗浄には，以前はクロム硫酸混液というものが用いられていたが，現在は使用が禁止されており，代わってアルカリ性洗剤が用いられている．大量の器具の洗浄は，アルカリ洗剤に十分に浸けた後，ピペットや試験管チューブを洗浄装置（図3Aの左：ソニケーター付きピペット洗浄器；右：試験管チューブ等の洗浄器）で水洗する．シリンジ類は，クロロホルム/メタノール混液（2：1）などで数回洗浄する．

4. その他

ソニケーター（図3B：水浴中での音波処理用，他に試験管などに投げ込み用もある）は，リポソームの作製や器具の洗浄などに便利な器具である．

ヒートブロックは，脂質を灰化するときなどに用いられる．

脂質の保存

脂質は，過酸化や加水分解を受けやすい．また溶媒との付加物を形成し，アセトン中では，リン脂質のNH_2の一部が置換反応を起こしてイソプロピリデンやジアセトン誘導体を形成する．したがって，脂質の分析は新鮮なサンプルを用いることが大切であり，脂質を長期間保存することは避けるべきである．しかし，脂質を数週間保存する場合は，蒸留した新鮮なクロロホルム/メタノール（2：1）に脂質を溶かし，容器に溶媒を十分に満たし，低温（−20℃〜0℃）で保存する．1〜2年の長期保存には，抗酸化剤として0.05%程度のトコフェノールやブチルヒドロキシトルエン（BHT）を加え，−40℃以下で保存する．少量の脂質溶液の保存には小型のバイアルビン（図3C）が便利であり，サンプルをこの容器から質量分析計に直接注入することができる．

2 血漿・血清

蔵野 信，矢冨 裕

血液中の脂質は，臨床検査でも広く測定されているが，生理活性脂質をはじめとする一部の脂質は，そのサンプリング方法により大きく値が変わってしまう．すなわち，①活性化された血小板をはじめとする血球からの放出，②サンプリングの際の溶血，③採血後の採血容器内での増加あるいは分解などが大きな影響を及ぼす場合がある．そのため，脂質の研究では，血漿，血清どちらの検体が適切か，さらにはどのような血漿作成法が適切であるか，ということに留意して研究を行う必要がある．

はじめに

血液中には赤血球，白血球，血小板といった血球と液性成分が存在している．臨床，実験で用いられる液性成分は，主に血漿と血清に分けられる．血漿とは，血液から血球成分を除いたもの，血清とは，血液から血球成分および凝固因子を除いたものと定義されるが（図1），検体を作成する視点からは，血漿とは，血液（全血）を抗凝固剤入りの容器に採血し，遠心分離して血球成分を除いたもの，血清とは，血液（全血）を凝固させ，遠心分離して血餅を除いたものということができる．血漿と血清の大きな違いは，前者は凝固因子が存在するという点とともに，後者では凝固の際に血小板が活性化され，血小板から放出される脂質は著増してしまうという点も重要である．例えば，血小板がその産生に重要な役割を果たしているエイコサノイド類やリゾホスファチジン酸，スフィンゴシン1-リン酸といったリゾリン脂質は血清検体では生体における血中濃度を検討することができない．一方で，コレステロールやリン脂質でも血小板の寄与が少ないリゾホスファチジルコリン，スフィンゴミエリンなどは血清検体でも測定することができる．血漿と血清との一般的な相違点について，表にまとめた．

さて，血漿は，採血容器に添加する抗凝固剤の種類により，その種類が異なる．よく使われる抗凝固剤としては，EDTA，クエン酸，ヘパリン，抗血小板カクテルCTAD（クエン酸，テオフィリン，アデノシン，ジピリダモール）があげられる．後述するが，リゾホスファチジン酸を測定する場合など，血小板の活性化を最大限に抑制する必要がある場合にはEDTAとCTADを併用することが望ましい[1]が，CTADが液体であるため，その容量が無視できず，正確な量を採取し，補正するという問題点があり，特に正確な採血量を採取

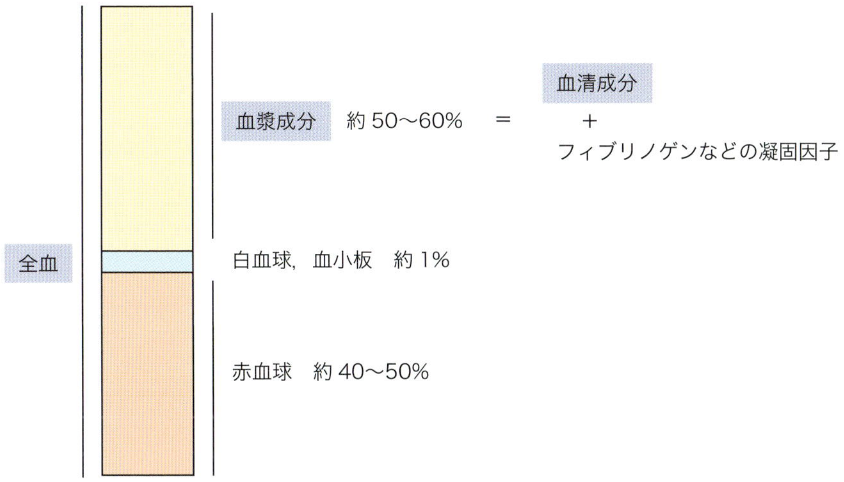

図1　血漿と血清
血漿と血清の相違を図示する．%は，健常人の例を示す．

表　血漿と血清の相違

相違点	血漿	血清
測定までの時間	短い	長い（凝固させる時間）
凝固因子	存在する	存在しない
酵素法への影響	影響があることもある	影響はない
血小板の活性化の影響	少ない	大きい

するのが難しいマウスの採血では手間がかかる．そこで，一般的には，EDTAが血漿作成の際に抗凝固剤として最もよく使われる．しかしながら，脂質の測定法によってはキレート剤であるEDTAが酵素反応を阻害する場合も考えられる．いずれにしても，サンプリング方法が確立していない脂質の場合，本実験の前に予備検討をすることが望ましい．さらには，サンプリングの際に検体が溶血するとスフィンゴシン1-リン酸など赤血球中に多く含まれる脂質は著明に増加してしまうので，サンプリング手技にも最大限の注意が必要である[2)]．

また，血漿検体中の生理活性脂質の測定ではサンプリングのみでなく，その後の保存，血球分離の際も注意が必要な場合がある．血球から放出されうる生理活性脂質はサンプリング後にできるだけすみやかに血球と遠心分離することが望ましい．また，その保存，および遠心分離の際も氷上あるいは4℃の条件でサンプルを扱うことで採血後の生理活性脂質の採血管内での変動を抑制することができる．特に注意すべきは，血液中に基質と産生酵素が共存する脂質である．その代表例としては，リゾホスファチジン酸があげられる．リゾホスファチジン酸は，採血管内に，その前駆体であるリゾホスファチジルコリンと産生酵素であるオートタキシンが共存するため，血球を分離した後でも室温に放置すると，とめ

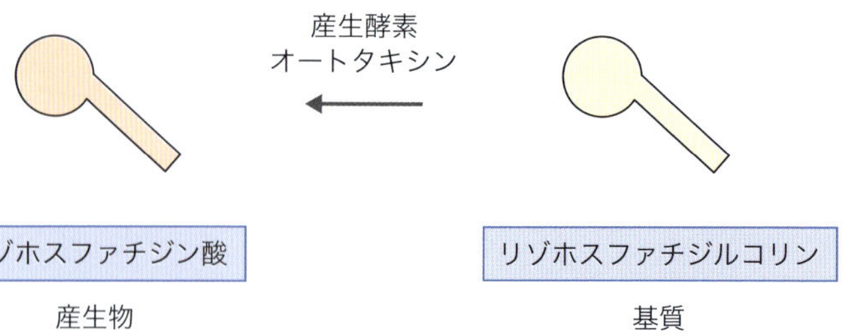

図2　採血後のリゾホスファチジン酸の上昇

血液サンプルを室温に放置してしまうと，血液中に豊富に存在するリゾホスファチジルコリンとオートタキシンが反応し，リゾホスファチジン酸が著明に上昇する．もともとの血漿リゾホスファチジン酸は100～300 nM程度であり，リゾホスファチジルコリンは100～300 μM程度であるため，この反応は無視できない．

どなくリゾホスファチジン酸が増加してしまう（図2）[1) 3)]．また，脂質によっては（特に生理活性脂質では），測定までの時間が長時間かかる際には，−80℃にて保存し，できるだけ凍結融解をくり返さないことが望ましい場合がある．ただし，リポタンパク質中の脂質を解析する際には，リポタンパク質を分離する前に血漿を凍結させるとリポタンパク質の構造が壊れてしまうため，リポタンパク質に分離してから凍結保存することが必要である．

準　備

1. 採血管，容器

ヒトからの採血には，市販されている専用の採血管を用いる．一般的に用いられるものは，血清ならトロンビンが塗布されている採血管，血漿ならEDTA-2KあるいはEDTA-2Na，クエン酸，ヘパリン，CTADが入っている採血管を用いる．

マウスからの採血では，採血量が限られるため，1.5 mLチューブにあらかじめ作製した抗凝固剤を分注・添加し，採血容器とする．血清検体を作成する場合は，トロンビンを添加する代わりに，何も添加していない1.5 mLチューブに採血し，30分間室温静置することにより血液を凝固させることで代用する．

2. 抗凝固剤

決まったレジメはないが，以下にマウスでの生理活性脂質の採血でよく用いるEDTA，CTAD＋EDTAの抗凝固剤を作製するレジメを紹介する．

□ CTAD 20×ストック液

citric acid H_2O	459 mg
trisodium citrate $2H_2O$	5.18 mg
theophylline	54 mg

adenosine	20 mg
dipyridamole	2 mg
H_2O	10 mL

□ EDTA 50×ストック液

EDTA-2K $2H_2O$	809 mg
EDTA-3K $2H_2O$	885 mg
H_2O	10 mL

筆者は，リゾホスファチジン酸を測定する際はCTAD＋EDTAを，その他の生理活性脂質を測定する際は，EDTAを用いている．

プロトコール

1．一般的な手順

1）採血

ヒトの場合は，駆血帯，シリンジ，採血針（直針あるいは翼状針），止血のための絆創膏などを用意するが，法律上，ヒトから採血できる人は，特定の医療従事者に限られる．

マウスからの採血は，マウスをサクリファイスするのなら，下大静脈や心臓から採血することができるが，採血後マウスをサクリファイスしないのなら，麻酔下にキャピラリーを用いて，眼窩より採血を行う．脂質の採血は，特に血小板の活性化により放出される生理活性脂質を測定する場合，使用するキャピラリーはヘパリン塗布のものが望ましい．血漿検体，ヒトの血清検体の場合，採血後は，よく採血容器を混和してそれぞれ抗凝固剤，凝固促進剤と混ぜる．

2）検体の保存・運搬

採血後，すぐに遠心分離することが望ましいが，動物実験を行う場所と遠心分離機が離れていることも多い．その場合は，採血後，採血管/容器をなるべく氷上に保存し，運搬する．

3）遠心分離

生理活性脂質は，室温で遠心分離しただけで遠心分離中にその濃度が上昇してしまう．そのため，あらかじめ遠心機をプレクーリングし，できるだけ4℃に保っておくことが望ましい．

遠心条件は，3,000 rpm, 10分間で行うことが多いが，リゾホスファチジン酸測定用の検体作りなど，しっかりと遠心分離したい場合は，長め（3,000 rpm, 30分間）で行う．

4）長期保存

特に生理活性脂質は，できるだけすみやかに測定することが望ましいが，不可能な場合は−80℃で保存する．この際，凍結融解を最小限にするため，複数の測定法を用いて脂質を測定する予定がある場合は，必要量を分注しておくことが望ましい．また，測定のために外注あるいは他施設に依頼する場合は，ドライアイス詰めにして送付する．

2. 実験例① ヒトからのリゾホスファチジン酸採血[1)]

1）採血管の準備

❶EDTA入り採血管中のEDTA量をメーカーに確認する＊1．

❷EDTA濃度が3 mg/mLになるような採血量を計算し，採血管に線を引いておく＊2．

❸予定採血量の1/10量のCTAD溶液を採血管に分注する（CTAD溶剤入りBDバキュテイナ採血管，日本ベクトン・ディッキンソン社）．

2）採血・血漿分離

❶採血前に採血管を氷中に入れて冷やしておく．

❷採血後，自分で引いた線のところまで血液を入れ，転倒混和後，氷上で15分間反応させる．

❸4℃，2,500 rpmで30分間遠心後直ちに上清を採取し，−80℃にて凍結保存する．

3. 実験例② マウスからのリゾホスファチジン酸採血

1）採血チューブの準備

❶準備に示した抗凝固剤〔EDTA（50×），CTAD（20×）〕を必要量，予定採血量に合わせて1.5 mLチューブに分注しておく．

❷空チューブに予定採血量に相当する水を入れ，それを参考にどこまで採血すればよいかすべてのチューブにマークする．

❸抗凝固剤を入れた採血チューブを氷冷しておく．

2）採血・血漿分離

❶マウスからヘパリン塗布キャピラリー＊3で，眼窩より採血し，自分で引いた線のところまで血液を入れ，転倒混和後，氷上で15分間反応させる．

❷4℃，3,000 rpmで30分間遠心後直ちに上清を採取し，−80℃にて凍結保存する．

＊1 通常採血でのEDTA量は1 mg/mLであるが，採血管へのEDTA添加量はメーカーにより異なる．例：当研究室使用の血算用の試験管（ピンク）は，4.5 mg.

＊2 例えば採血管中のEDTA量が4.5 mgであれば，EDTA 3 mg/mLにするためには1.5 mLとなる．

＊3 当研究室では，Drummond社，75 mm，＃1-040-7500-HC/5を使用している．

おわりに

あらためて強調するが，血液サンプルにおける脂質の測定は，日常診療で用いられているコレステロールや中性脂肪の検査のようにあまりサンプリングに配慮が必要のないもの，生理活性脂質（一部のリゾリン脂質，エイコサノイド）のようにきめ細かく注意を払わなければならないものがある．そのため，測定脂質のサンプリング方法による変動は，特に既報がない場合は，本実験の前に検討することを推奨する．

◆ 文献

1） Nakamura K, et al：Anal Biochem, 367：20-27, 2007
2） Ohkawa R, et al：Ann Clin Biochem, 45：356-363, 2008
3） Kurano M, et al：Arterioscler Thromb Vasc Biol, 35：463-470, 2015

3 細胞

蔵野 信，矢冨 裕

細胞実験での脂質の測定は，各群間のサンプリングの条件を統一しやすいので，ヒト組織と比べると研究しやすい．しかしながら，血漿・血清の項（Ⅱ-2）で述べたように一部の微量な脂質の解析は，できるだけすみやかに，かつ氷上でサンプル処理を行う必要がある．また，結果の解析の際に必要な補正方法についても決めておくことが勧められる．

はじめに

細胞実験では，臨床研究や動物実験に比べて，容易に，そして正確な条件（サンプリング方法を統一，最適化しやすい）で脂質の代謝，特定のタンパク質の変動による脂質量の変動を調べることができる．その一方で，生体に比べ，代謝系が異なっている場合（糖新生，脂肪酸合成能などは低下している細胞が多い），培養液中の脂質の影響を受ける場合があるので注意が必要である．また，解析の際，インプットのサンプル量の差をどのように補正するかについては決まった方法はない．一般的には，細胞数で補正する方法，タンパク質量で補正する方法，総リン脂質量など比較的大量に存在する脂質成分で補正する方法，脂質の割合で検討する方法などが用いられる．

準 備

□ 容器

後述するように液体窒素にて急速に凍結する場合は，それに耐えることのできる容器を用意する必要がある．

□ 液体窒素

液体窒素を液体窒素容器に入れておく．

□ PBS

細胞の洗浄に必要である．

□ トリプシン-EDTA（0.05%）

細胞の剥離に必要である．

□ セルカウンター

細胞数で補正する場合は必要である.

□ **プロテアーゼ阻害薬**

特に所定のものはないが，当研究室ではロシュ・ダイアグノスティックス社のプロテアーゼインヒビターカクテル（cOmplete, Mini）を用いている.

プロトコール

1. 一般的な手順

1）トリプシン-EDTAにより細胞剥離する場合

❶細胞剥離

細胞をPBSで2回洗い，トリプシン-EDTAを加え37℃でインキュベーションし，剥離する.

❷セルカウントとトリプシン-EDTAの除去

剥離した細胞に適量のPBSを加え，細胞を回収する．細胞数で補正する際は，一部は，セルカウントに使用する.

剥離した細胞を含むPBSは，200×g，5分間程度の条件で遠心し，細胞をペレットとする．ペレットの上清を，アスピレーターを利用して除く.

❸保存

ペレットは，すぐに脂質を抽出する際は，抽出用有機溶媒（例えば，リゾリン脂質の場合，1％ギ酸メタノール）を加え，抽出操作に移る．保存する場合は，液体窒素にて凍結する.

タンパク質量で補正する場合は，ペレットに適量のプロテアーゼ阻害薬入りのPBSを加え，細胞を氷上でホモジナイズする．その後，一部をタンパク質量測定，他を脂質測定に用いる．筆者の経験上，タンパク質量で補正した場合の方が，実験結果のばらつきが小さいことが多い.

2）直接ディッシュから細胞を回収する場合

❶細胞の回収

細胞を培養ディッシュのまま氷上で，PBSで2回洗う．その後，適量のプロテアーゼ阻害薬入りのPBSを加え，スクレイパーにて細胞をはがし，1.5 mLチューブに回収する.

❷保存

細胞を氷上でホモジナイズする．その後，一部をタンパク質量測定，他を脂質測定に用いる.

2. 実験例

1）RAW264.7細胞中のコレステロール測定（タンパク質量で補正する場合）[1]

❶RAW264.7細胞の回収

氷上にて，6 wellにて培養したRAW264.7細胞の培養上清をとり除き，PBSで2回洗う．その後，500 μLのプロテアーゼ阻害薬カクテル入りの氷冷PBSを加え，スクレイパーにて細胞をはがし，1.5 mLチューブに回収する．

❷保存

1.5 mLチューブに回収した細胞を，氷上でホモジナイズする．そのうち50 μLはタンパク質濃度測定に利用するため別の1.5 mLチューブに保存し，残りは別の1.5 mLチューブに保存し，−80℃で保存するか，そのままBligh-Dyer法にて脂質成分を抽出する．

2）HEK293細胞中のリゾリン脂質・エイコサノイド測定（細胞数で補正する場合）

❶HEK293細胞の剥離

6 wellにて培養したHEK293細胞の培養上清をとり除き，PBSで2回洗う．その後，トリプシン-EDTAを加え，HEK293細胞が剥離するまで37℃にてインキュベーションする．

❷トリプシン-EDTAの除去

細胞が十分剥離されたら，10 mL PBSを加えて剥離された細胞を集める．その後，200×g, 5分間程度の条件で遠心し，細胞をペレットとする．ペレットの上清を，アスピレーターを利用して除く．

❸保存

ペレットに，500 μLの内部標準入りの0.1%ギ酸メタノール（氷冷）を加え，ソニケーション5分間を行う．−80℃で保存する．

おわりに

脂質測定のための細胞サンプル採取は，基本的に，タンパク質成分を回収する際のように，細胞を回収すればよい．測定物質によっては，その扱いに神経質になる必要がないものもあるが，生理活性脂質など，微量かつ分解・産生されやすい脂質はなるべく氷上で急いで処理する必要がある．

◆ 文献

1） Kurano M, et al：J Atheroscler Thromb, 18：373-383, 2011

4 臓器・組織

蔵野　信，Baasanjav Uranbileg，矢冨　裕

臓器・組織中の脂質定量は，特にヒト検体においては，サンプリングの条件をそろえることは不可能である．そのため，リゾリン脂質やエイコサノイドのような不安定で微量にしか存在しない生理活性脂質については測定後の解析方法などについて配慮する必要がある．また，動物実験においても，生理活性脂質の測定においては，すみやかに処理し，凍結することに留意する必要がある．

はじめに

臓器・組織中の脂質の定量は，臓器・組織の構成脂質組成および脂質代謝，局所における生理活性脂質の変動をとらえるために必要である．実際には，動物実験における臓器中の脂質解析，およびヒト手術サンプルとして採取した組織を用いた脂質解析が行われることが多い．

その際に気をつけなければいけない点としては，①血液成分の除去（灌流操作），②臓器・組織採取後の脂質の変化，③測定脂質量の補正があげられる．これらの点は後述するように，動物実験においては最大限に注意できるが，ヒト組織は，当然のことであるが，検体の状態よりも手術サンプルの臨床的評価（手術標本の観察など）を最優先にする必要があるため，最適な条件でサンプルを採取することが難しい．

血漿検体の項（II-2）に記載したのと同様，リゾリン脂質，エイコサノイドなどの生理活性脂質はサンプリング，保存に可能な限り配慮することが望ましいが，コレステロールや脂肪酸はそこまで神経質にならないでよい．

準　備

□ 容器

後述するように液体窒素にて急速に凍結する必要があるため，それに耐えることのできる容器を用意する必要がある．

□ 液体窒素

液体窒素を液体窒素容器に入れておく．容器は検体を入れた容器を

できるだけ早く凍結できるように検体を処理する場所の近くに用意する.

□ **切り分ける道具**

□ **灌流するための道具・灌流液（動物実験）**

灌流液としては氷冷したPBSを用いる. 十分に全身灌流することが望ましいため, マウスの場合1個体につき50 mL程度は準備しておく必要がある.

□ **洗浄するためのPBS**

臓器を切り分けた後洗浄するためにPBSを用意しておく.

□ **キムワイプ**

重量で脂質量を補正する際に, 灌流操作などで, 臓器のウエット重量が増えてしまうことがあるため, キムワイプの上で水分を切ることが望ましい.

プロトコール

1. 一般的な手順

1） 灌流（動物実験）

動物を安楽死させた後, 血液成分を除去するため氷冷したPBSで灌流操作を行う. この操作は, 血液成分にも脂質が多く, 特に生体内に微量にしか存在しない生理活性脂質は, 混入する血液由来の生理活性脂質量が組織に比べ無視できない場合があるので, 灌流操作が可能である動物実験では行うべきである＊1. 一方, ヒトではこのような操作を行うことは倫理上不可能である.

＊1 編者注：合成酵素・分解酵素を失活させることを目的に, 脂質の抽出前に動物体を小動物用マイクロウェーブ発生機（室町機械社など）に4.5 kW, 1秒程度かけることもある[4)～6)].

2） 臓器・組織の採取

通常の動物の解剖の方法に従って, 臓器・組織を採取するが, 特に生理活性脂質を検討したい場合は, すみやかに標的の臓器・組織を採取することを心掛ける.

ヒト検体の場合, この操作は臨床医が行うが, サンプルの種類は表に示したような種類がある.

3） サンプルの切り分け

サンプルを切り分けて容器に入れる. この際, 脂質はその測定法により, 必要量が異なるため＊2, 保存後の凍結融解を避けるためにも, 解析に必要な臓器・組織量をあらかじめ切り分けて分注し保存することが望ましい. この際に, ヒト検体の場合, バイオハザード（針刺し事故など）について特に注意する必要がある. あらかじめ,

＊2 例えば, 質量分析法の場合, 数mgで十分な場合が多いが, 酵素法の場合より多くの量が必要なことが多い.

表　臓器・組織検体の種類

種類	特徴・注意点など
外科手術検体	あくまでも臨床的な手術検体の検索が優先されるため，採取後すぐに保存することはできない．検体量は他種類の検体に比べると多く取れることが多く，また，がんの手術では，通常，非がん部も同時に採取される．
内視鏡手術検体	消化管領域では，早期がんでは，患者への侵襲性が低い内視鏡的な手術が主流となりつつある． あくまでも臨床的な手術検体の検索が優先されるため，採取後すぐに保存することはできない．外科手術検体に比べると採取量は少ない．
生検検体	どのような疾患であるかを検討するための試験的なサンプリング．よって採取量はきわめて少ない．手術検体よりは，保存までの時間が短い場合が多い．

事故が起こった際の施設での対応方法について確認しておくことを推奨する．

4）保存・運搬

サンプルは，すみやかに液体窒素にて急速凍結を行う．保存は－80℃で行う．測定のために外注あるいは他施設に依頼する場合は，ドライアイス詰めにして送付する必要がある．

2. 実験例① ヒト外科手術検体からの生理活性脂質の測定[1, 2]

1）容器・液体窒素の準備

当研究室ではクライオチューブを用いている．

2）検体の採取・保存

検体の採取から保存までの時間は，症例によってさまざまである．そのため，例えばリゾホスファチジン酸，スフィンゴシン1-リン酸などの変動しやすいリゾリン脂質やエイコサノイドはその含有量の採取後の変動が症例によってさまざまである．当研究室では，生理活性脂質を研究対象としているため，検体中の脂質の絶対量ではなく，例えば同一検体からがん部と非がん部を採取し，両者をノンパラメトリック検定で比較するような工夫をしている[1]．

検体は，臨床医が検体を臨床的な観点（手術検体の断端にがん組織はないかどうか，所属リンパ節の肉眼的な腫脹はないかなど）から検索後，渡され，検体を小分けにし，キムワイプでできるだけ水分をとってから液体窒素に入れる．その後－80℃で保存する．

3. 実験例② マウス臓器の生理活性脂質の測定[3]

1）容器・液体窒素の準備

当研究室では14 mLのラウンドチューブを用いている．

2）灌流

氷冷したPBSを心臓から注入し，下大静脈を切断し，1個体50 mL程度灌流する．

3）検体の採取，保存

検体の採取後，小分けにし，PBSで洗浄し，キムワイプで水分を切る．ラウンドチューブに入れ，液体窒素にて急速凍結する．その後，－80℃で保存する．

おわりに

記載した通り，ヒト由来の臓器・組織の検討は，倫理上，最適な条件で行うことは不可能である．その点，研究結果の解釈は，産生酵素，分解酵素などの発現量や安定な関連脂質（前駆体，分解産物，代謝物）の量などを考慮し，行う必要がある．

◆ 文献

1）Uranbileg B, et al：PLoS One, 11：e0149462, 2016
2）Uranbileg B, et al：Clin Colorectal Cancer, 17：e171-e182, 2018
3）Kurano M, et al：Atherosclerosis, 229：102-109, 2013
4）Moroji T, et al：J Microw Power, 12：273-286, 1977
5）Murphy EJ：Prostaglandins Other Lipid Mediat, 91：63-67, 2010
6）Sugiura Y, et al：Proteomics, 14：829-838, 2014

5 体腔液・髄液

蔵野　信，森田賢史，矢冨　裕

体腔には，胸腔，腹腔，心膜腔がある．体腔液・髄液には，（血性でない限り）血漿・血清での生理活性脂質の測定の際に問題となる血球がきわめて少ないため，サンプリング，保存の際の人工的な脂質の増加については血液サンプルほど注意しなくてよい．ただし，感染症や腫瘍などの病的な状況では，血球数が増加し，理論上，血液サンプルと同様に生理活性脂質濃度に影響を与える可能性があるので，できる限りすみやかに遠心分離・凍結保存することが望ましい．

はじめに

体腔液とは，漿膜によって囲われた体内の腔に貯留する液体のことを指す．体腔は，左右の胸腔，腹腔，心膜腔がある．通常は，穿刺することができない程度のごく少量の液体が存在しているが，疾患によって大量の液体が貯留することがある．体腔液は，そのタンパク質濃度により，漏出性と滲出性に分けられる[1]．漏出性体腔液は，主に，心不全，ネフローゼ症候群，肝硬変といった循環障害，膠質浸透圧の低下により生じる．一方，滲出性体腔液は，感染症に代表される炎症，悪性腫瘍により生じる（表1）．

髄液は，脳室系とクモ膜下腔に存在する液体であり，脳室の脈絡叢で産生される．髄液は，正常では，血球成分が非常に少なく無色透明であるが，くも膜下出血のように出血が生じた場合は赤血球が混じり，悪性腫瘍の中枢神経系転移の場合は，悪性腫瘍が存在し，また，感染症，自己免疫疾患などの場合は，白血球数が増加する（表2）．

脂質の測定に関しては，体腔液，髄液は，病的な状態においても，血漿に比べると血球

表1　漏出性・滲出性体腔液

	漏出性	滲出性
色調・正常	透明～淡黄色，粘性が弱い	血性，混濁，粘性が強い
タンパク質量	＜2.5 g/dL	＞3.0 g/dL
細胞成分	少ない（100/ μL未満が多い）	多い（100/ μL以上が多い）
主な成因	心不全，ネフローゼ症候群，肝硬変	感染症，悪性腫瘍

表2　髄液検査異常と疾患（代表例）

外観
・血性髄液：くも膜下出血，脳内出血，がん性髄膜炎 ・キサントクロミー：くも膜下出血など血液混入，タンパク質濃度異常高値 ・混濁：細菌，真菌による髄膜炎，タンパク質濃度異常高値
細胞数
・好中球増加：化膿性髄膜炎 ・リンパ球増加：ウイルス性髄膜炎，真菌性髄膜炎，結核性髄膜炎，サルコイドーシス，多発性硬化症 ・好酸球増加：真菌，寄生虫による感染症
タンパク質濃度
・高値：髄膜炎，頭蓋内出血，腫瘍の中枢神経浸潤，中枢神経系腫瘍，多発性神経炎，多発性硬化症，ギランバレー症候群 ・低値：慢性髄液漏
グルコース濃度
・高値：糖尿病（髄液中グルコース濃度はサンプリング４時間前の血糖値の３分の２程度である），てんかん発作 ・低値：低血糖，髄膜炎（特に化膿性），がん性髄膜炎

（特に血小板）が少ないため，検体採取において慎重になりすぎる必要はない．また，血漿中のリゾホスファチジン酸は，検体を室温で放置すると著明に増加するが，髄液では増加の程度が少ない（図）[2]．これは，髄液と血清・血漿では，リゾホスファチジン酸の産生酵素であるオートタキシンはむしろ髄液の方が高値であるが，前駆体であるリゾホスファチジルコリン濃度は，髄液の方が圧倒的に低濃度であるためである．しかしながら，より正確な値を検討したい場合や，体腔液，髄液が血性の色調が強い場合は，検体採取後，できるだけ早く冷却遠心分離し，－80℃にて保存した方が無難である．

測定結果の解釈には，体腔液，髄液中の脂質の絶対値あるいは総タンパク質量，アルブミン量で補正した値を用いる場合があるが，どちらの解釈法にも理があり，研究者の考えによることが現状である．

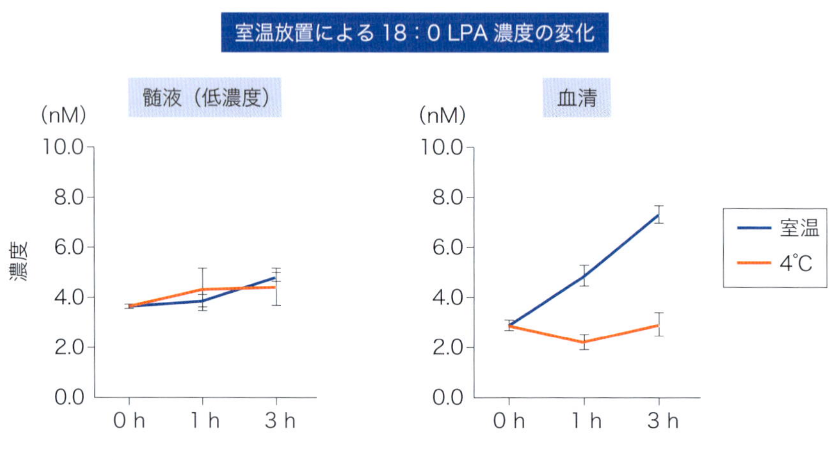

図　髄液・血清のサンプリング後のリゾホスファチジン酸の上昇
血清中にはリゾホスファチジン酸（LPA）の前駆体であるリゾホスファチジルコリン（LPC）が高濃度に存在するため，室温に放置するとLPAが著明に上昇するが，髄液中LPC濃度はきわめて低いため，室温で放置しても比較的安定である．

プロトコール

1. 一般的な手順

1）穿刺

ヒトの場合は，当然，行為者は特定の医療従事者に限られる．マウスなど実験動物の際は，サクリファイスするのなら21Gなど比較的太い注射針を用いてサンプリングする方が，溶血や血球の刺激によるサンプリングの際の生理活性脂質の上昇は抑えられる．

2）検体の保存・運搬

サンプリング後，検体の容器をなるべく氷上に保存し，運搬し，できるだけすみやかに血球成分を遠心分離する．

3）遠心分離

血漿の項（II-2）で記載したのと同様に遠心分離を行う．

4）保存

血漿の項で記載したのと同様に保存する．

2. 実験例：ヒト腹水中のリゾリン脂質の測定[3)]

❶検体の採取

ヒト腹水を穿刺し，シリンジから適量を滅菌スピッツに移し，氷上に保存する．

❷遠心分離

4℃，3,000 rpmで30分間遠心後直ちに上清を採取し，−80℃にて凍結保存する．

おわりに

脂質測定における体腔液，髄液の取り扱いは，一般的に血漿ほど気を付ける必要はないと考えられるが，なるべく氷上で扱い，すみやかに遠心分離することを心掛けるとよいと思われる．

◆ 文献

1）Light RW, et al：Ann Intern Med, 77：507-513, 1972
2）Kuwajima K, et al：PLoS One, 13：e0207310, 2018
3）Emoto S, et al：J Lipid Res, 58：763-771, 2017

6 尿

蔵野 信，森田賢史，矢冨 裕

尿はその採取の手軽さから，疾患関連バイオマーカーの検索によく使われる．脂質の臨床研究で用いられる尿サンプルは，主に中間尿・随時尿である．血液サンプルほどは血球成分が存在しないが，ごく少量存在するため，微量な生理活性脂質を測定する場合は，できるだけすみやかに遠心分離し，凍結保存することが望ましい．特にマウスからのサンプリングにおいて，採尿ケージを用いる場合，測定脂質の安定性に注意が必要である．また，その結果の解釈においては，尿は希釈に注意する必要があり，尿中クレアチニン濃度で補正する場合が多い．

はじめに

尿は，そのサンプリングのしやすさから疾患関連バイオマーカーの検索によく用いられる．尿サンプルの種類はヒトの場合，採尿方法および採尿の時間によって表1，表2のように分けられる．また，尿には，その量は少ないが，固形成分も存在する．ヒトの検査の場合，この固形成分は尿沈渣検査にて同定されるが，代表的な尿沈渣成分としては，血球成分（赤血球，白血球，扁平上皮細胞，尿細管上皮細胞），円柱成分（硝子円柱，顆粒円柱，上皮円柱，赤血球円柱など），結晶成分（リン酸アンモニウムマグネシウム結晶，シュウ酸カルシウム結晶，尿酸結晶など），微生物成分（細菌，真菌など）が観察される．

生理活性脂質の測定に適した尿は，採尿方法による尿の種類では，中間尿が望ましい．そ

表1 採尿方法による尿の種類

自然尿	自然に排尿
全部尿	排尿するすべての尿
初尿	出始めの尿
中間尿	最初と最後の部分を避けた尿
分配尿	分割採取した尿
カテーテル尿	カテーテルを挿入して採取した尿
膀胱穿刺尿	膀胱穿刺して採取した尿

表2　時間による尿の種類

早朝尿	起床時に採取した尿
随時尿	任意の時間に採取した尿
24時間尿	24時間の間に排尿した尿
負荷後尿	負荷をかけ一定時間後の尿

の理由としては，初尿では，特に女性では外陰部から白血球，細菌などが混入し，Ⅱ-2で説明したように採尿後の生理活性脂質の上昇が懸念されるためである．ただし，通常の日常検査では中間尿が採取されるため，臨床研究にて尿検体の残検体を用いる場合は問題とならないことが多い．時間による尿の種類では，運動などの影響があれば早朝尿が望ましいが，外来患者や健康診断受診者の場合，早朝尿は自宅で採取してから数時間かけて病院に持参するため，Ⅱ-2で記載した通り保存の問題が生じる．そのため，よほどの事由がない限り通常の日常検査で用いる随時尿で構わないと考えられる．

脂質の測定の場合，血球成分の影響を受ける脂質の場合，血液検体や体腔液と同様に，できるだけすみやかに遠心分離して凍結保存することが望ましい．しかしながら，尿は，たとえ血尿を呈していても，尿中の血球数は血液中に比較するとごくわずかであるため，血液ほど慎重になる必要はない．マウスの場合，採尿ケージで一日尿を採取することがあるが，その場合は測定する脂質の安定性に注意する必要がある．安定性がよくない場合は，カテーテルもしくは膀胱圧迫により随時尿を採取し，すぐに保存する必要がある．

測定結果の解釈では，尿の場合は，濃縮の問題があることに注意が必要である．すなわち，例えば，水分をよく飲み，24時間で4Lの尿が排出された場合と水分摂取制限し24時間で1Lの尿が排出された場合では，24時間の間で同じ量の物質が尿中に排出されたとしても，随時尿中のその物質の濃度は，前者の場合，後者の1/4となる．この補正のためには，尿中のクレアチニン濃度で補正することが多い．これは，体内からは24時間で尿中に排泄されるクレアチニンの総量はほぼ一定である（一般的に1g程度）という事象を利用している．

プロトコール

1．一般的な手順

1）採尿

ヒトの場合は，被験者が採尿コップを用いて，中間尿（中1/3程度が目安）を採取する．マウスの場合は，採尿ケージを用いるか，カテーテルか膀胱圧迫により採尿する．

2）遠心分離，保存

採尿した検体はできるだけすみやかに遠心分離（室温，3,000 rpm，5分間）し，上清を採取し，他の検体と同様に扱う．

2. 実験例：ヒト尿中のエイコサノイドの測定

1）検体の採取

プロトコールに記載した通りの方法で，中間尿を採取する．

2）遠心分離

検体を，すみやかに遠心できる容器（ヒトの場合は15 mL用のチューブなどを利用，マウスの場合は，採取尿が少ない場合は1.5 mLチューブを用いる）に移し替え，1,500 rpm（500×g）5分間の条件で遠心分離する．

3）保存

上清を別の容器に移し替え，−80℃で保存する．

おわりに

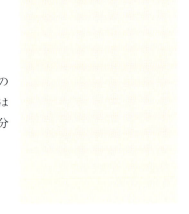

脂質測定における尿検体の取り扱いは，一般的には血漿ほど気を付ける必要はないと考えられるが，なるべく氷上で扱い，すみやかに遠心分離することを心掛けるとよいと思われる．

7 糞便サンプル

腸内細菌由来の脂溶性代謝物を捉えるためのサンプル調製法

安田 柊

哺乳類の消化管に共生する多種多様な腸内細菌は宿主の免疫系やホメオスタシスの調節に寄与し，それらの代謝物が重要な役割を果たすことが知られている．しかしながら，腸内細菌の織りなす複雑な代謝系の全容は，物性や構造多様性等の要因によりいまだ明らかになっていない．当研究室ではLC-MS/MSを用いた糞便の包括的メタボローム解析を行い，未知化合物も含めた多数の腸内細菌由来の代謝物プロファイルの解析を行っている．本稿では，糞便メタボローム解析手法での糞便サンプルの取り扱い方や脂質の抽出法について解説する．

はじめに

ヒトや動物の消化管には約1,000種類100兆個もの腸内細菌が共生している[1)]．これら腸内細菌は栄養成分の消化や腸管における感染防御等を担うのみならず，宿主の免疫系やホメオスタシスに寄与している[2)]．近年，腸内細菌バランスの乱れがさまざまな疾患の増悪や発症に寄与することが明らかになりつつある[3)]．宿主と腸内細菌叢との相互作用の分子メカニズムについてはいまだ不明な点が多い中で，その作用機序の一つとして腸内細菌の産生する代謝物の生理作用に注目が集まっている[4) 5)]．しかしながら，腸内細菌と宿主との相互作用の織りなす複雑な代謝系の全容は，それらの多様性等の要因によりいまだ明らかになっていない．

糞便の脂質メタボローム解析手法

腸内の代謝環境の探索を目的として，GC-MSやLC-MSによる糞便のメタボローム解析がよく用いられる[6)]．例えば，GC-MSを用いた糞便の水溶性メタボローム解析では，アミノ酸や短鎖脂肪酸など数100種類の代謝物の定性・定量が可能となっている[7)]．一方で，腸内細菌は宿主の代謝系で生成しない水酸化脂肪酸等の独自の生理活性脂質を産生することが明らかになってきているが[8)]，これらの標準物質については入手困難なものも多い．このため脂質メタボローム解析では，それぞれの構造情報を探索可能なLC-MS/MSによる方法が適していると考えられる．しかしながら，それらの構造多様性に応じた前処理法やLC分離法が十分に確立されておらず，データ解析法に関しても脂質の構造データベースなどが不足しており，技術的にさらなる向上が必要な状況である．

当研究室ではこれらの課題を克服するために，超高速高分離液体クロマトグラフ（UPLC）と高分解能な四重極飛行時間型（QTOF）MSを組合わせて，既知分子のみならず想定外の構造をもつ分子も対象とした糞便の包括的な脂質メタボローム解析に取り組んでいる．本稿では，包括的なメタボローム解析を行うための糞便サンプルの処理法ならびに抽出法にフォーカスして紹介する．

準　備

1. 試薬・器具

- □ メタノール（LC-MS用）（富士フイルム和光純薬社）
- □ クロロホルム（高速液体クロマトグラフィー用）（シグマ アルドリッチ社）
- □ マルチビーズショッカー用メタルコーン #MC-0316（S）（安井器械社）
- □ マルチビーズショッカー用3 mL凍結破砕用チューブ ST-0320PCF（安井器械社）
- □ ガラスチップ 0.2 mL用（柴田科学社）
- □ ガラスデジフィット 0.2 mL用（柴田科学社）
- □ 48 Glass Jacket Tubes 2.0 mL（エフ・シー・アール・アンド・バイオ社）
- □ スクリューバイアル2 mL（茶色・ラベル付）（アジレント・テクノロジー社）
- □ 一体型セプタム付きポリプロピレンスクリューキャップ（青・スリット入り・PTFE/シリコンセプタム）（アジレント・テクノロジー社）
- □ 250 μL不活性化ガラスインサート（アジレント・テクノロジー社）

2. 機器

- □ マルチビーズショッカー #MB1200（安井器械社）

プロトコール

1. 糞便の保存法

❶サンプル採取後ただちに−80℃で凍結保存する[*1]．

*1 特にマウスやラットなど飼育動物から採取する場合，排便直後の糞便をon iceで回収しすみやかに凍結保存する．

2. 糞便サンプル破砕・一層抽出

❶糞便を秤量後，メタルコーン（安井器械社）とともに3 mL凍結破砕用チューブ（安井器械社）へ入れて，液体窒素中に投入し，10分間以上静置する．

❷マルチビーズショッカー（安井器械社）で破砕する（2,500 rpm, 15秒間×2）．

❸濃度が10 mg/200 μLとなるよう氷冷メタノールを添加し，再び破砕する（2,500 rpm, 15秒間）．

❹糞便懸濁液200 μLをジャケットチューブ（エフ・シー・アール・アンド・バイオ社）へ移す．

❺懸濁液の入ったジャケットチューブ（エフ・シー・アール・アンド・バイオ社）にガラスチップとデジフィット（柴田科学社）を用いてクロロホルム（シグマ アルドリッチ社）を100 μL添加しボルテックス後，常温で2時間静置する．

❻MilliQを20 μL添加しボルテックス後，常温で10分間静置する．

❼2,000×g, 10分間，常温で遠心し，上清をインサートを入れたスクリューバイアル（アジレント・テクノロジー社）へ移し，キャップを閉じる．

❽LC-MS/MSの測定まで4℃で保存する．

特筆事項

脂質抽出法として，カラムへの親和性を利用した固相抽出や極性の違いによって分配するBligh-Dyer法も広く用いられるが[9]，包括的メタボローム解析のためには幅広い物性の脂質を抽出できる調製法が求められる．そのため当研究室ではBligh-Dyer法のような二層分配系の抽出法ではなく，一層系での抽出法を用いている[10]．

一層抽出でははじめに糞便サンプルをメタノールで懸濁し，各サンプルの重量が均等になるような状態で，クロロホルム:メタノール（1:2）の溶媒を用いて脂質を抽出する．次に水を添加した後，遠心分離操作で除タンパク質をして，上清を回収する（図）．この抽出操作においては，最終的な溶媒比率はクロロホルム:メタノール:水（1:2:0.2）となる．操作上の注意点としては，クロロホルム（を含む液）を取り扱う場合，MS分析でのイオンサプレッションの原因となる可塑剤の溶出を減らすために，プラスチック製ではなくガラス製チップを用いる．また，抽出効率と脂質の溶解度を向上させるために抽出操作は常温で行い，抽出後はすみやかに測定することが望ましい．

解析対象である脂質クラスが決まっている場合，内部標準物質としてその安定同位体化合物を用いて抽出効率などの補正を行うことを推奨する．最近では，SPLASH（Avanti Polar

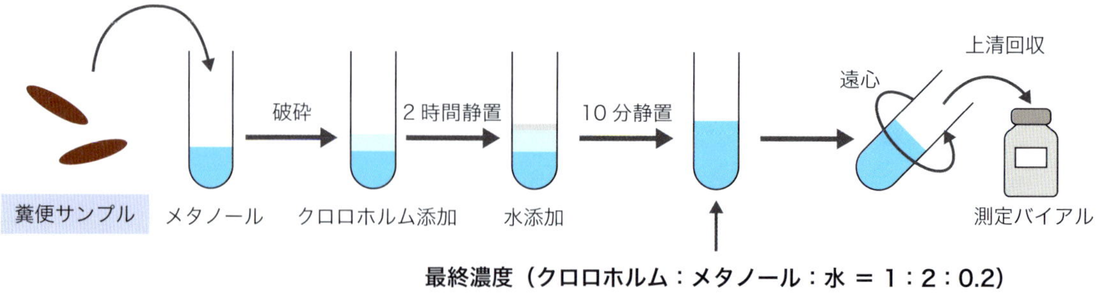

図　糞便の脂質抽出法ワークフロー

Lipids社）のようなリン脂質やスフィンゴ脂質などの重水素標識の脂質混合物も販売されており検討されたい.

おわりに

本稿では糞便サンプルの取り扱いと包括的メタボローム解析のための脂質抽出の手法を紹介した．この手法によってできるだけバイアスのないより正確な腸内脂質代謝環境を包括的に捉えることができる．本稿によって宿主と腸内細菌の相互作用の解明の一助となれば幸いである.

◆ 文献

1） Human Microbiome Project Consortium.：Nature, 486：207-214, 2012
2） O'Hara AM & Shanahan F：EMBO Rep, 7：688-693, 2006
3） Honda K & Littman DR：Annu Rev Immunol, 30：759-795, 2012
4） Ichimura A, et al：Front Pharmacol, 5：236, 2014
5） Nicholson JK, et al：Science, 336：1262-1267, 2012
6） Lamichhane S, et al：Methods, 149：3-12, 2018
7） Ahmed I, et al：PLoS One, 8：e58204, 2013
8） Kishino S, et al：Proc Natl Acad Sci U S A, 110：17808-17813, 2013
9） Gregory KE, et al：Anal Chem, 85：1114-1123, 2013
10） Ikeda K：Mass Spectrometric Analysis of Phospholipids by Target Discovery Approach.「Bioactive Lipid Mediators」（Yokomizo T & Murakami M, eds），pp349-356, Springer, 2015

Technical Tips ❹

有機溶媒の秤量の注意点

メタノールやクロロホルムなどの有機溶媒は揮発しやすいため，ピペットマンやガラスチップで溶媒をとる際にサスペンド等により平衡化させないと採取する液量が不安定となり，脂質の定量において大きなばらつきが出る.

8 脂質の抽出
Folch法，Bligh-Dyer法，MTBE法，BUME法の特徴とプロトコール

北　芳博

脂質の抽出は，生体試料を用いた脂質研究において必須の技術である．試料の種類や目的の脂質クラス，解析法などに応じてさまざまな抽出法が用いられるが，それらの中でも，総脂質抽出は「試料から脂質だけをすべてとり出す」という単純だが難しい目的を達成するための技術である．本稿では，総脂質抽出法としてスタンダードとされる2つの手法（Folch法，Bligh-Dyer法）について解説するとともに，それらの方法を元に改良された2つの手法（MTBE法，BUME法）について，その特徴を具体的なプロトコールとともに解説する．

はじめに

生体試料の脂質解析において，脂質抽出は最初のステップであり，さまざまな脂質を再現性よく安定かつ定量的に抽出することが目的となる．現在，医学・生物学分野において利用されている総脂質抽出法は1950年代にその基礎ができ上がったが，現在に至るまで，それらの古典的な手法はほとんどそのままの形で使い続けられている．その一方で，従来法の抱えているさまざまな問題点に対して，改良法や新手法の開発が継続的に行われており，自分の実験にどの脂質抽出法を用いるべきか悩む研究者も多いのではないだろうか．さまざまな試料からすべての脂質成分を抽出することができる単一の方法は存在しない．本稿では，現在の脂質研究の現場で用いられている古典的な総脂質抽出法についてその原理と特性について概説し，あわせて，近年めざましく発展しているリピドミクス解析技術に適合するように開発の進められている新しい抽出法についても紹介する．

総脂質の抽出

脂質は生体試料中でタンパク質などの生体成分（マトリクス）と疎水性相互作用，水素結合，イオン性相互作用などにより結合しているため，脂質抽出に用いる溶媒には，脂質－マトリクス間の結合を弱める作用と，遊離した脂質成分に対する十分な溶解性，の二つの特性を有することが求められる．さまざまな脂質成分に対して単独でこれらを完全に満たす溶媒は存在しないため，総脂質の抽出には，マトリクス結合を弱める極性溶媒と，脂質

表1　脂質抽出に用いられる代表的な溶媒

非極性溶媒		ヘキサン，ヘプタン，ジクロロメタン，クロロホルム，ジエチルエーテル
極性溶媒	非プロトン性溶媒	アセトン，アセトニトリル，酢酸エチル
	プロトン性溶媒	メタノール，エタノール，2-プロパノール，ブタノール，水

自体に対する溶解性の高い非極性溶媒との混合物が用いられることが多い（表1）．代表例は，非極性溶媒であるクロロホルムとプロトン性極性溶媒であるメタノールを組合わせた混合抽出溶媒であり，脂肪のような単純脂質からリン脂質や糖脂質，脂肪酸やその代謝物のような極性の高い脂質関連物質まで，幅広い脂質成分を試料から抽出することができる．

混合溶媒で抽出した粗抽出物には，脂質に加えてさまざまな非脂質成分が含まれる．本稿で紹介する4種類の総脂質抽出法は，すべて液-液分配で水溶性画分を除く操作が含まれる．その際，リゾリン脂質や酸性リン脂質，糖脂質の一部など極性の高い脂質は水層に失われやすく，抽出法によって得られる脂質プロファイルが異なる原因の一つとなっている．この問題に関して，塩や酸の添加により回収率を上げる工夫がなされているが，すべての脂質を網羅的に解析したい場合には必ずしも充分とは言えず，非脂質成分を含む粗抽出物を直接解析したほうがよい場合もある．

得られた脂質抽出物は，そのまま，もしくは必要に応じて目的の脂質クラスを分画した後に（Ⅱ-9），各種のアッセイ，解析に利用される．抽出法ごとに最終的な溶媒組成は異なるため，蒸発乾固-再溶解により希望の溶媒に置換して用いる．組織中の脂質はひとたび抽出されると，比較的多くの種類の溶媒に溶けるようになるため，必ずしも抽出時と同じ溶媒組成を用いる必要はない．

Folch法

Folch法[1]は，現在広く利用されている総脂質抽出法の中で最も古い手法であるが，単純脂質から複合脂質まで幅広く高い効率で抽出することができ，その実績から，**脂質抽出法を評価する際の比較対象**として用いられることも多い．

組織の粉砕物やホモジネート，血液，尿などの液体試料に対して20倍量のクロロホルム-メタノール（2：1, v/v）を添加することにより単層の溶液中で抽出を行う．不溶性の残渣（タンパク質などを含む）を濾過または遠心分離などで除去することで総脂質を含む粗抽出画分が得られる．ここまでのステップを単にクロロホルム-メタノール抽出とよぶこともある．この粗抽出液に0.2倍量の水を加えると，極性成分を含む水-メタノール層（上層）と総脂質を含むクロロホルム-メタノール層（下層）の**二層に分離**するので下層を回収する．糖脂質（ガングリオシド）は多くの分子種が上層に，一部が下層に分配されるため，分離

脂質抽出法を評価する際の比較対象：1951年と1957年の2報の論文が存在するが，現在用いられているのは後者である．

二層に分離：Folch[1]によれば上層と下層に含まれるクロロホルム／メタノール／水の比率はそれぞれ3：48：47および86：14：1である．

には適さない．また，極性の高いリゾリン脂質や酸性リン脂質類も上層に分配される．これらの回収率は，水の代わりに生理食塩水（0.9%，150 mM NaCl）など，塩を用いることである程度改善する[1]．1%酢酸を用いても同様の効果が得られる．いずれにしても，極性の高い複合脂質を液-液分配で完全に回収するのは困難であるため，目的によっては二層分離を行わずに粗抽出画分をそのまま利用するほうがよい場合もある．

Bligh-Dyer法

Bligh-Dyer法[2]は，Folch法から派生したプロトコールの一つであり，Folch法に比べて実験操作中の最大液量が1/3程度で済むため，液体試料からの脂質抽出に適した方法である．試料水溶液1容に対して，クロロホルム1.25容，メタノール2.5容を加えて単層で抽出を行う．その後，クロロホルム1.25容および水1.25容を追加して，最終的にクロロホルム-メタノール-水の比率を10：10：9（v/v/v）として遠心により層分離させると，下層のクロロホルム-メタノール層に総脂質画分が得られる．不溶性画分は中間層（フラッフ）を形成するため，パスツールピペットなどを用いて下層のみを慎重に回収する．なお，メタボローム解析においては，上層の水-メタノール層を水溶性代謝物画分として用いることもある．

Bligh-Dyer法の脂質抽出性能はFolch法との比較においてほぼ同等とみなされる場合が多いが，条件によってはFolch法に劣るとする報告もある[3]．リゾリン脂質や酸性脂質の抽出についてはFolch法の場合と同じく，中性pH・低イオン強度の条件では下層への回収率が悪いため，試料水溶液および二層分離に用いる水に1%酢酸または0.9%NaClを含有させることで回収率の改善が図られる．Bligh-Dyer法が常にFolch法の代用となるかどうかは，検体の特性や研究目的によるため，事前の検討が望ましい．

MTBE法

Folch法およびBligh-Dyer法はクロロホルムの比重が大きいため，液-液分離の下層を回収する必要があり，また，不溶物が取り扱いの難しい中間層を形成するため，手技が煩雑で多検体処理や自動化が難しいという課題があった．近年，この点を改良することを目的とした抽出法がいくつか提案されており，最も代表的なものがMTBE法[4]である．

MTBE法では，非極性溶媒としてクロロホルムの代わりにメチル*tert*-ブチルエーテル（methyl-*tert*-butyl-ether, MTBE）を利用する．Folch法やBligh-Dyer法と同様に，単層で抽出を行った後に二層に分離させるが，遠心分離後に不溶物は沈殿し，比重の小さいMTBE層が上層にくることから取り扱いが容易であり，自動化や多検体処理との相性もよい．

BUME（Butanol-Methanol）法

クロロホルムを使わないもう一つの総脂質抽出法として，ブタノール-メタノール（BUME）

法が開発されている．MTBE法は抽出時の液量が比較的大きいため，血液や尿などの水溶液試料の多検体処理には難があった．BUME法[5]は，検体容量に対してMTBE法に比べて少ない抽出溶媒量で抽出でき，また，血漿や動物組織からの総脂質抽出においてFolch法に近い抽出効率が得られることが示されている．

150 μL以下の試料水溶液（または150 mg以下の組織など）に対して，500 μLのブタノール／メタノール（3：1）（BUME液）を加えて撹拌，または150 mg以下の組織に対して500 μLのBUME液中でホモゲナイズすることで，単層の状態で脂質抽出を行い，引き続きヘプタン／酢酸エチル（3：1）500 μLと1%酢酸水500 μLを加えることで二層に分離し，上層を回収する．この方法は2 mLポリプロピレンチューブ内ですべての操作を実施できるため多検体処理と相性がよく，96ウェルプレートフォーマットでの自動化も報告されている．

BUME法においてもFolch法やBligh-Dyer法の場合と同様，リゾリン脂質類や酸性リン脂質などを有機層へ回収する目的で1%酢酸が用いられている．これに対し，酸に弱いプラズマローゲンなどを安全に回収することを目的として，塩化リチウム（LiCl）を用いる変法も報告されている[6]．BUME法において酢酸を用いた場合の脂質の安定性はもともと悪くないことに加えリチウムによりHPLC分離やマススペクトルのパターンが変化するなどの影響が懸念されることから，この変法の利用は特に推奨しない．

本稿で紹介する4つの抽出法の特徴を表2に示す．

表2　本稿で紹介する脂質抽出法の比較

手法	溶媒	最大液量	脂質の分配層	特徴
Folch法	クロロホルム/メタノール	25倍	下層	単純脂質から複合脂質まで効率よく抽出できる
Bligh-Dyer法	クロロホルム/メタノール	7.25倍	下層	最大液量が小さく液体試料からの脂質抽出に適する
MTBE法	メチル*tert*-ブチルエーテル/メタノール	38.75倍	上層	不溶物が沈殿し脂質層が上層にくるため取扱いが容易
BUME法	ブタノール/メタノール	11倍	上層	取扱いが容易かつ最大液量が小さいため多検体処理と相性がよい

プロトコール

1. Folch法[1]による総脂質抽出

❶（水溶性試料の場合）150 μL水溶性試料（組織ホモジネート・血漿・尿など）または150 mg（凍結粉砕物など）の試料に対しクロロホルム／メタノール（2：1, v/v）を3 mL（20倍量）加えてボルテックスにより撹拌する（30秒～1分間程度）．メタノール1 mL，クロロホルム2 mLをこの順で加えてもよい．

❷（組織の場合）組織をメタノール中でホモゲナイズした後，クロロホルム／メタノール比が2：1（v/v）になるようにクロロホルムを加えてボルテックスにより撹拌する（30秒～1分間程度）．抽出に時間のかかる組織の場合，時折混和しながら1時間程度抽出を継続する．

❸ 0.6 mL（0.2倍量）の水を加えてボルテックスにより撹拌する（10秒程度）＊1．

❹ 遠心（>1,500×g，10分間）により二層に分離させる．

❺ 下層をパスツールピペットなどを用いて回収する．上層と下層の間に不溶性の中間層（フラッフ）が存在するので，これを回収しないように注意深く行う．

＊1 純水の代わりに0.9% NaCl，5 mM $MgCl_2$，1%酢酸などを含む水を用いることにより極性の高い脂質の回収率が改善する．

2. Bligh-Dyer法[2)] による総脂質抽出

❶（水溶性試料の場合）400 μL水溶性試料に対しメタノール1 mL，クロロホルム0.5 mLを加えてボルテックスにより撹拌する（30秒～1分間程度）．

❷（組織の場合）組織片をメタノール中でホモゲナイズした場合は，組織由来の水分を考慮に入れながら，クロロホルム／メタノール／水の比が5：10：4（v/v/v）となるようにクロロホルムと水を加えてボルテックスにより撹拌する（30秒～1分間程度）．抽出に時間のかかる組織の場合，時折混和しながら1時間程度抽出を継続する．以下は，抽出液中の水を400 μLとした場合の手順であるので，適宜，比率を保って液量を増減すること．

❸ クロロホルム0.5 mLを加えてボルテックスにより混和．

❹ 水0.5 mLを加えてボルテックスにより撹拌する（10秒程度）．水を加えた段階で層分離が起こる．

❺ 遠心（>1,500×g，10分間）により，二層分離させる．

❻ 下層をパスツールピペットで回収する．上層と下層の間に不溶性の中間層（フラッフ）が存在するので，これを回収しないように注意深く行う．

3. MTBE法[4)] による総脂質抽出

❶ 100～200 μLの水溶性試料に対しメタノール1.5 mL，MTBE 5 mLを加えてボルテックスにより撹拌する（30秒～1分間程度）．

❷ 組織片をメタノール中でホモゲナイズした場合は，組織由来の水分を考慮に入れながら，MTBE／メタノール／水の比が50：15：1～2（v/v/v）となるようにMTBEと水を加えてボルテックスにより撹拌する（30秒～1分間程度）．抽出に時間のかかる

組織の場合，時折混和しながら1時間程度抽出を継続する．以下は，抽出液中の水を100～200 μLとした場合の手順であるので，適宜，比率を保って液量を増減すること．

❸ 1.25 mLから試料由来の水分を差し引いた量の水（最初の試料が200 μLの場合1.05 mL）を加えてボルテックスにより混和，層分離させる．室温で10分間置く．

❹ 遠心（>1,000×g，10分間）により，不溶物を沈殿させる．

❺ 上層を回収する．

❻ 下層に新たな上層液（MTBE／メタノール／水を10：3：2.5の比率で混ぜた際の上層）を2 mL加えてボルテックスにより撹拌（10秒程度）．室温で10分間置く．

❼ 遠心（>1,000×g，10分間）後，上層を回収して最初の抽出液と合わせる．

❽ 必要に応じてエバポレーターで蒸発乾固し，クロロホルム-メタノール（2：1, v/v）等に再溶解する．

4. BUME法[5]による総脂質抽出

❶（水溶性試料の場合）10～150 μLの水溶性試料に対してブタノール／メタノール（3：1, v/v）（BUME液）を500 μL加えてボルテックスにより撹拌（30秒～1分間程度）した後，5分間静置する．

❷（組織の場合）150 mgの組織を500 μLのBUME液中でホモゲナイズした後，5分間静置する．

❸ ヘプタン／酢酸エチル（3：1, v/v）500 μLを加えてボルテックスにより撹拌（30秒～1分間程度）した後，5分間静置する．

❹ 1%酢酸水500 μLを加えてボルテックスにより撹拌（30秒～1分間程度）した後，5分間静置する．

❺ 遠心（>1,000×g，10分間）後，上層を600 μL回収する．

❻ 下層にヘプタン／酢酸エチル（3：1, v/v）500 μLを加えて撹拌（30秒～1分間程度）した後，5分間静置する．

❼ 遠心（>1,000×g，10分間）後，上層を600 μL回収して最初のものと合わせる．

❽ 必要に応じてエバポレーターで蒸発乾固し，クロロホルム-メタノール（2：1, v/v）等に再溶解する．

おわりに

本稿では，生体試料からの総脂質抽出について最も広く行われているFolch法およびBligh-Dyer法について解説するとともに，最近登場した新しい抽出法であるMTBE法およびBUME法を，それらの特徴とともに紹介した．新しく開発された手法はいずれも，脂質抽出性能自体の改善をめざしたものではなく，従来法と類似の抽出性能を担保したまま，より安全に（クロロホルムを排除），かつ多検体化や自動化に適した形に（小容量化，上層への脂質分離）最適化がなされたものである．今後は，簡便であるだけでなく，より汎用性・網羅性の高い脂質抽出法が開発されることにも期待したい．

◆ 文献

1） Folch J, et al：J Biol Chem, 226：497-509, 1957
2） Byrdwell WC, et al：Lipids, 37：1087-1092, 2002
3） Iverson SJ, et al：Lipids, 36：1283-1287, 2001
4） Matyash V, et al：J Lipid Res, 49：1137-1146, 2008
5） Löfgren L, et al：J Lipid Res, 53：1690-1700, 2012
6） Cruz M, et al：Lipids, 51：887-896, 2016

9 脂質の分画

北　芳博

生体試料から抽出した総脂質は性質の異なるさまざまな脂質クラスを含んでおり，それらをクラスごとに分画することで，目的の画分に絞った解析が可能となる．すべての脂質を網羅的に解析する場合も，分画を行うことで，各脂質クラスに適した条件で解析を行うことが可能になる．本稿では，総脂質を大まかに分画する手法の中でも比較的実施の容易な溶媒分画法と固相抽出法について解説する．また，生体中に微量にしか含まれない脂質メディエーター類を高感度LC-MS分析するために，生体試料から脂質メディエーター類を抽出，前処理する代表的な手法についても紹介する．

はじめに

生体試料から抽出し，脂質以外の成分を除去して得られた総脂質は，必要に応じて単純脂質と複合脂質のように大まかに分画することができる．複合脂質は，リン脂質と糖脂質，グリセロリン脂質とスフィンゴ脂質，のようにさらに細かく分画することも可能である．特定の脂質クラスを対象とした研究を行う場合には，不要な成分をあらかじめ除いておくことで取り扱いや解析が容易になることがあり，含有量の少ない脂質成分を対象とする場合には特に有益である．また，探索的な研究では，まず標的脂質を絞り込む最初の段階で粗分画を行った上で，それぞれの画分をさらに細かく分けて評価するなど，段階的な手順を踏むことも多い．本稿では，総脂質を大まかに分画する手法のうち比較的実施の容易なものとして，溶媒分画法および固相抽出法について標準的なプロトコールを紹介する．さらに，生体内にごく微量にしか含まれない脂質メディエーター類の高感度LC-MS分析を目的とした脂質抽出について，筆者らの実際に行っているプロトコールを紹介する．

溶媒分画法

試料から抽出し，脂質以外の成分を除去して得られた総脂質は，脂質クラスごとの溶媒への溶解性の違いを利用しておおまかに分画することができる．複合脂質がアセトン不溶であることを利用して，単純脂質と複合脂質を分ける方法は古くから用いられてきた．得られた複合脂質はさらに，エーテル易溶性のグリセロリン脂質と難溶性のスフィンゴ脂質に分けられる．スフィンゴ脂質は，熱ピリジンへの溶解性により，易溶性スフィンゴ糖脂質と難溶性のスフィンゴリン脂質に分けられる（図1）．

溶媒分画法は，検体量に合わせてスケールアップしやすく，特別な器具も必要ないため，比較的容易に実施できるが，不溶物を遠心分離する際に沈殿物が目視で確認できないほど微量である場合には，濾過などの手法を検討する必要がある．また，溶媒分画法はあくまで主要な脂質を大まかに分離するだけであり，分離能力は高くないことに注意が必要である．例えば，総脂質のアセトン分画において，可溶画分には単純脂質だけでなく複合脂質もある程度含まれる．一部の糖脂質はアセトン溶解性であり，またリン脂質も完全に沈殿させられるわけではない．逆も同様で，アセトン不溶画分にも単純脂質が含まれる．不溶性画分を再溶解して同じ手順をくり返すことで精製度を高めることができるが，煩雑である．

溶媒分画はさまざまな因子によって影響を受ける．溶媒量に対して脂質量が多すぎると正しく分画されない．温度，pHおよびイオン強度（塩の種類と濃度）も重要な因子であり，特に後の2つは試料により変動の生じやすい因子である．また，脂質の溶媒溶解性は共存する他の脂質成分によって強く影響を受ける．アセトン分画を例にとると，高濃度のトリグリセリドを含む試料では，アセトン可溶性画分に混入するリン脂質の割合が増える．脂質以外の成分，すなわちタンパク質や糖質，水分量などによっても溶解性は変化する．このように，同じプロトコールで分画しても試料の質と量によって結果が異なるため，再現性を重視する場合は，試料側の条件も揃えるような配慮が必要となる．また，同じ脂質クラス内でも溶媒への溶解性は分子種ごとに同じではなく，分画後の脂質プロファイル（相対量）は必ずしも元の試料と同じではない．

溶媒分画を実施する場合は，未分画試料の脂質組成について予備的な解析を行っておき，さらに分画後の各画分を解析することで，全体として意図した通りの分画結果が得られているかどうか検証することが望ましい．この目的で，薄層クロマトグラフィー（TLC），液体クロマトグラフィー紫外吸収法（LC-UV），LC-MS法など各種解析手法を用いることができるので，詳細はⅡ-12，Ⅱ-13を参考にされたい．

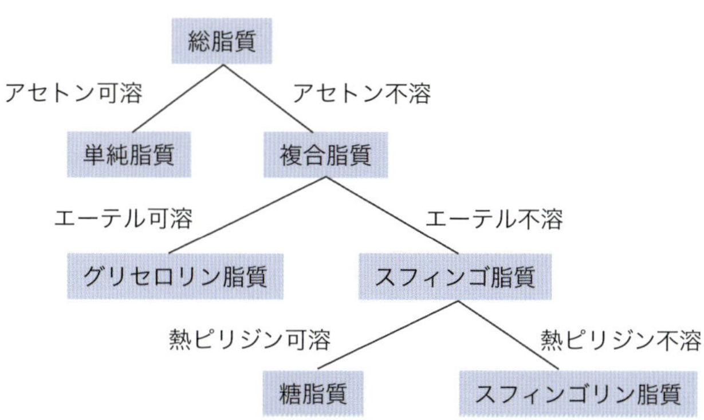

図1　総脂質の溶媒分画例

シリカゲル固相抽出カートリッジによる脂質クラスの分画

シリカゲルに対する脂質の吸着性を利用したクロマトグラフィー手法はさまざまな脂質クラスの分離に利用することができる．シリカゲルカラム（オープンカラム・フラッシュクロマトグラフィーカラム・HPLCカラム）を用いて脂質クラスの詳細な分離を行うクロマトグラフィー技術が確立しているが，ここでは，同様の原理に基づくより迅速簡便な手法である固相抽出法（solid phase extraction：SPE）による単純脂質と複合脂質の分画について紹介する．シリカゲルカートリッジに試料を添加吸着させた後，ヘキサン／ジエチルエーテルにより単純脂質を，メタノールおよびクロロホルム／メタノール／水により複合脂質を溶出する．プロトコール**2.**では，各々2段階で溶出しているが，単純脂質と複合脂質への大まかな分画に用いるのが無難である．

アミノプロピル（NH_2）固相抽出カートリッジによる脂質の分画

シリカゲルにアミノプロピル基を固定化した〔$Si-(CH_2)_3-NH_2$〕アミノプロピル固相抽出担体を用いた脂質クラスの包括的な分画法が，Kaluznyらにより1985年に報告された[1]．この報告では，総脂質抽出物を出発材料として，単純脂質（トリグリセリド・ジグリセリド・モノグリセリド・コレステロールエステル），リン脂質，コレステロール，脂肪酸の7つのクラスが定量的に分画・回収できるとされた．これは非常に魅力的なプロトコールであったが，実際にはアミノプロピル固定相との相互作用が強いために酸性リン脂質が溶出されないこと，トリグリセリド／ジグリセリド／モノグリセリドの厳密な分画は再現が困難であることなど，明らかな問題を抱えていた．しかし，当初発表されたプロトコールは，複数の製造元により固相抽出カートリッジ製品のプロトコール集や資料に掲載され，少なくともそれらの一部は修正されることなく現在まで流布しており，混乱を招く原因となっている．

Kaluznyらのプロトコールの後半の手順を見直すことで，中性リン脂質と酸性リン脂質の分画を可能にしたプロトコールが複数提案されている．Kaluznyらのプロトコールでは，クロロホルム／2-プロパノール（2：1）で単純脂質を，酢酸／ジエチルエーテル（2：98）で遊離脂肪酸をそれぞれ溶出した後，メタノールで“総リン脂質”を溶出しているが，実際には酸性リン脂質は溶出されずカートリッジに残存する．すなわち，ここでメタノールにより溶出される画分は中性リン脂質である．Egbertsら[2]による改良法では，メタノールにより中性リン脂質を溶出した後，ジクロロメタン／メタノール／アンモニア水（28%）／10 mM酢酸アンモニウム（28：7：1：1）でホスファチジルグリセロール（PG）およびホスファチジルイノシトール（PI）の一部を溶出し，さらに，ヘキサン／2-プロパノール／水／アンモニア水（28%）（60：60：20：1）で残りのPIとホスファチジルセリン（PS）を溶出している．一方，Kimら[3]は，メタノールで中性リン脂質を溶出した後，ヘキサン／2-プロパノール／エタノール／0.1 M酢酸アンモニウム水／ギ酸（420：350：100：50：0.5）に5%リン酸を添加した溶出液で酸性リン脂質〔ホスファチジン酸（PA）を含む〕をまとめて溶出している．これら2つのプロトコールは酸性リン脂質溶出時の液性（pH）が大きく異なるが，アンモニアによる高pH，および酢酸アンモニウムによる高イオン強度はアミノプロピル基の弱陰イオン交換基としての働きを弱める作用により，一方，リン酸はリン脂質のリン酸基のプロトン解離を抑制することにより，それぞれアミノプロピル基と酸性リン脂質の結合を弱め，溶出を可能にしていると考えられる．

このようにして得られた酸性リン脂質画分はpHが中性でなく，また，塩を含むため，必要に応じて得られた画分の洗浄を行ってから解析に用いる．リン酸を含む試料溶液はLC-MS分析においてリン酸塩の沈着によりイオン源を汚染するリスクがあるため，慎重な取り扱いが必要である．

脂質メディエーター類の抽出・前処理法

脂質メディエーター類は，生理機能やさまざまな疾患メカニズムにかかわる細胞間情報伝達物質であり，脂肪酸代謝物やリン脂質代謝物を中心に数百程度の脂質成分が解析の対象となっている．脂質メディエーターの多くはごく低濃度でしか生体試料中に存在しないため，ELISA法やLC-MS法などの高感度な検出法が用いられる．液体試料のELISAを行う場合を除き，生体試料から脂質メディエーター含有画分を抽出・濃縮する前処理は必須である．ここでは，特に脂肪酸代謝物系の脂質メディエーター類のLC-MS分析のための前処理について，逆相系固相抽出カートリッジを用いた手法[4)]について述べる．

まず，抽出に関しては，多くの脂質メディエーター類は中程度以上の極性を有しているため，試料をクロロホルム／メタノールなどで抽出する必要はなく，メタノールで十分に抽出される場合が多い．液体試料であれば等量以上（血漿などタンパク質が多い場合は5〜10倍以上），凍結粉砕した組織であれば湿重量に対して10倍量以上のメタノールを用いれば，多くの場合適切に脂質メディエーター類を抽出できる．遠心分離によりタンパク質の沈殿を除き，水分を含むメタノール層として粗抽出液が得られる．

次に，逆相系固相抽出カートリッジを用いて不要な成分の除去と濃縮を行う．逆相系の固相抽出担体として，オクタデシル基結合シリカゲル（ODS, C18）が代表的であるが，取り扱いの簡便性と回収率の安定性から，ポリマー系逆相固相抽出カートリッジが推奨される．試料（粗抽出液）を0.03〜0.1%ギ酸水で4倍に希釈し，コンディショニング済みのカートリッジに添加する．試料を酸性にするのは，エイコサノイドなどの脂肪酸代謝物のカルボキシ基のプロトン解離を抑制することで疎水性を高める目的であり，回収率に大きく影響する．ギ酸水，15%エタノール／ギ酸水，石油エーテルの順で洗浄した後，0.2%ギ酸／メタノールで溶出する．必要に応じて減圧濃縮，再溶解を行い，LC-MS分析に供する．

尿中プロスタグランジン代謝物のような疎水性の低い代謝物は保持が悪く回収率が低いため，それらの分析が重要である場合は，メタノール溶解検体のギ酸水による希釈率を10倍とし，かつ15%エタノール洗浄を行わないように変更する．これによりカートリッジへの保持が改善し，実用的な回収率が得られる．

リゾリン脂質とモノアシルグリセロールのアシル基転移

リゾホスファチジン酸（LPA）に代表されるように，リゾリン脂質類は，重要な脂質メディエーターを含む脂質サブクラスである．リゾリン脂質のアシル基の位置異性体（1-アシル型／2-アシル型）は，生物学的意義を議論する上で明確に区別されるべきであるが，これらの異性体が相互に変換する現象（アシル基転移，acyl-migration）が古くから知られている．1-アシル型リゾリン脂質と2-アシル型リゾリン脂質の相互変換が弱酸性（pH 4～5）条件下で最も抑制されることが報告されていたが[5]，奥平らによる詳細な検討により，pH 4付近に調整したメタノールを用いることにより，アシル基転移を充分に抑制した状態で抽出，解析できることが示された[6]．

同様のアシル基転移現象は，リゾリン脂質だけでなくモノアシルグリセロールでも起こることが知られている．2-アラキドノイルグリセロール（2-AG）は重要な脂質メディエーターであるが，容易に不活性な1-AGに変換されてしまう．2-AGを安定に解析するためには，リゾリン脂質の場合と同様，酸性条件下で取り扱うのが一つの対策である．また，筆者らは，脳組織中の2-AG分析の際に，メタノールの代わりに非プロトン性溶媒であるアセトニトリルを用いて抽出を行うことで，アシル基転移を充分に抑制できることを確認している[7]．

プロトコール

1. 溶媒分画法

1）総脂質のアセトン分画

❶ クロロホルムに溶解した試料に20倍量の氷冷アセトンと0.2倍量の10% $MgCl_2$-エタノール溶液を加えて4℃で2～3時間以上（試料濃度が低いほど長時間を要する）置いた後遠心し，上清と沈殿に分ける＊1～＊3．

2）複合脂質のエーテル分画

❶ アセトン分画の沈殿物を窒素ガス吹付けにより風乾した後，ジエチルエーテルを加えてグリセロリン脂質を可溶化，不溶物としてスフィンゴ脂質画分を得る＊4．

3）スフィンゴ脂質のピリジン分画

❶ エーテル分画の沈殿物を窒素ガス吹付けにより風乾した後，50℃に加温したピリジンを加えて溶解し，一晩室温で静置，可溶物として糖脂質画分，不溶物としてスフィンゴリン脂質（主としてスフィンゴミエリン）画分を得る＊5．

＊1　アセトンは水分を含まないものを用いること．

＊2　アセトン不溶性の非脂質性成分が大量の沈殿を生じるため，複合脂質を分画したい場合はあらかじめ試料から非脂質性成分を除いておく．

＊3　必要に応じて沈殿をクロロホルムに再溶解し，同じ手順をくり返すことで精製度を上げることができる．

＊4　ジエチルエーテルは水分を含まないものを用いること．

＊5　ピリジンは水分を含まないものを用いること．

2. シリカゲル固相抽出カートリッジによる単純脂質と複合脂質の分画

❶ シリカゲルSPEカートリッジ〔アジレント・テクノロジー社 Bond Elut SI（1 g, 6 mL）または同等品〕をヘキサン 15 mLで洗浄*6*7.

❷ クロロホルム／メタノール（2：1）に溶解した脂質0.5 mLを添加.

❸ ヘキサン／ジエチルエーテル（8：2）3 mLで溶出（単純脂質画分1）.

❹ ヘキサン／ジエチルエーテル（1：1）3 mLで溶出（単純脂質画分2）.

❺ メタノール 4 mL で溶出（複合脂質画分1）.

❻ クロロホルム／メタノール／水（3：5：2）4 mLで溶出（複合脂質画分2）.

❼ 各画分の組成をTLCなどの方法で確認する.

*6 水分を含む溶媒，湿気ったカートリッジを使わないこと.

*7 抽出操作中にカートリッジを乾かさないように注意すること.

3. アミノプロピル（NH_2）固相抽出カートリッジによる脂質の分画

1）Egbertsらの方法

❶ アミノプロピルSPEカートリッジ（Bond Elut NH_2, 100 mg, 1 mLまたは同等品）をヘキサン2 mLで洗浄（コンディショニング）.

❷ ジクロロメタンに溶解した脂質0.5 mLを添加.

❸ ジクロロメタン／2-プロパノール（2：1）1 mLで溶出（中性脂質画分）.

❹ 酢酸／ジエチルエーテル（2：93）1 mLで溶出（遊離脂肪酸画分）.

❺ メタノール2 mLで溶出（中性リン脂質画分）.

❻ ジクロロメタン／メタノール／アンモニア水（28%）／10 mM酢酸アンモニウム（28：7：1：1）3 mLで溶出（PGおよび一部のPI）.

❼ ヘキサン／2-プロパノール／水／アンモニア水（28%）（60：60：20：1）3 mLで溶出（PIおよびPS）.

2）Kimらの方法

❶ SPEカートリッジをヘキサン2 mLでコンディショニング

（2回）.

❷ クロロホルムに溶解した脂質100 μLを添加.

❸ クロロホルム／2-プロパノール（2：1）4 mLで溶出（中性脂質画分）.

❹ 酢酸／ジエチルエーテル（2：98）4 mLで溶出（遊離脂肪酸画分）.

❺ メタノール4 mLで溶出（中性リン脂質画分）.

❻ ヘキサン／2-プロパノール／エタノール／0.1 M酢酸アンモニウム水／ギ酸／リン酸（420：350：100：50：0.5：46）4 mLで溶出（PI, PS, PA）.

4. 脂質メディエーター類の抽出・前処理法

1）生体試料からの脂質メディエーター類の抽出

❶ 10～100 mgの凍結組織検体（−80℃保存）をクライオミルで粉砕する[*8].

❷ 液体試料（血漿・尿・培養上清）の場合は100～200 μLを量りとる.

❸ メタノール1 mLを添加（内部標準を使う場合はここで添加する）.

❹ 4℃で30分～1時間撹拌（液体試料の場合はより短時間で充分な場合が多い）.

❺ 遠心（10,000×g，5分間）後，上清を試験管に回収.

2）逆相系固相抽出法による脂質メディエーターの前処理

❶ Oasis HLBカートリッジ（日本ウォーターズ社，10 mg, 1 cc）

＊8 筆者の研究室ではトッケン社のオートミルTK-AM7（図2）を使用している.

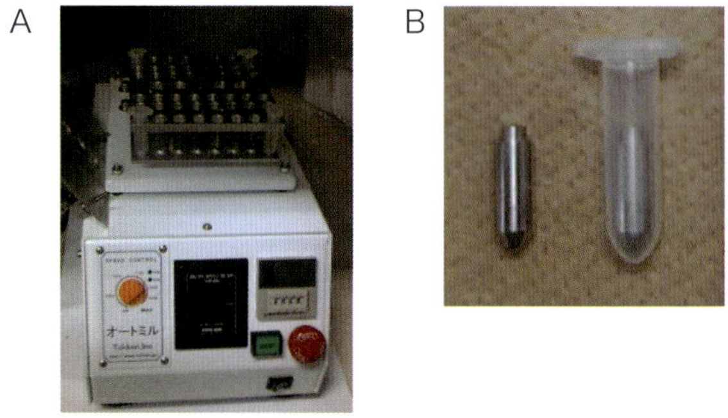

図2 クライオミル（A）と粉砕用ステンレスクラッシャー（B）
液体窒素で凍結した状態で振盪することによりチューブ内で粉砕を行う.

をメタノール200 μLで湿らせる.

❷ カートリッジに0.05%ギ酸水1 mLを通す.

❸ 試料（メタノール溶液）1 mLに0.05%ギ酸水を3 mL（4倍希釈）または9 mL（10倍希釈）加えて混和する.

❹ 希釈済み試料をカートリッジに添加する（1 mL×4回または10回）.

❺ 0.05%ギ酸水1 mLで洗浄する.

❻ 15%エタノール／0.05%ギ酸水1 mLで洗浄する（10倍希釈検体の場合は行わない）.

❼ カートリッジを低速遠心機で軽く遠心し（200×g, 1分間程度）水滴を除去する.

❽ 石油エーテル1 mLで洗浄する.

❾ 0.2%ギ酸-メタノール200 μLで溶出する.

❿ LC-MS分析.

5. 逆相系固相抽出法による脳組織2-AG分析用試料の調製

❶ 10～50 mgの凍結脳組織検体（−80℃保存）をクライオミルで粉砕する.

❷ アセトニトリル1 mLを添加.

❸ 4℃で10分間撹拌.

❹ 遠心（10,000×g，5分間）後，上清を試験管に回収.

❺ Oasis HLBカートリッジ（10 mg, 1 cc）をメタノール200 μLで湿らせる.

❻ カートリッジに0.05%ギ酸水1 mLを通す.

❼ 試料（アセトニトリル溶液）1 mLに0.05%ギ酸水を3 mL加えて混和する.

❽ 希釈済み試料をカートリッジに添加する（1 mL×4回）.

❾ 0.05%ギ酸水1 mLで洗浄する.

❿ 15%エタノール／0.05%ギ酸水1 mLで洗浄する.

⓫ アセトニトリル150 μLで溶出する.

⓬ LC-MS分析.

おわりに

本稿の前半では，代表的な総脂質の分画法について比較的容易に実施できる手法を紹介した．いずれも比較的古くに確立した手法であるため，個々の脂質分子種について詳細な挙動が調べられているわけではない．プロトコールの実施に際しては，目的の脂質がどのように分画されるか，常に結果を確認しながら進めることが重要である．生理活性脂質類の抽出と前処理については，本稿で述べた手法以外にもさまざまなプロトコールが報告されている．生理活性脂質にはペルオキシ基やエポキシ基など不安定なものが多く，安定化を目的として誘導体化するなどの方法も検討されている．本稿で述べたプロトコールで解析可能なのは比較的安定な脂質代謝物に限られることに留意されたい．

◆ 文献

1） Kaluzny MA, et al：J Lipid Res, 26：135-140, 1985
2） Egberts J & Bulskool R：Clin Chem, 34：163-164, 1988
3） Kim HY & Salem N Jr：J Lipid Res, 31：2285-2289, 1990
4） Kita Y, et al：Anal Biochem, 342：134-143, 2005
5） Plückthun A & Dennis EA：Biochemistry, 21：1743-1750, 1982
6） Okudaira M, et al：J Lipid Res, 55：2178-2192, 2014
7） Tanimura A, et al：Neuron, 65：320-327, 2010

10 血漿脂質とリポタンパク質の測定・解析

横山信治

本稿では，主として血漿リポタンパク質の測定・解析の基本的技術の原理と応用の実際を解説する．Ⅰ-12で述べたように，血漿リポタンパク質は脂質の細胞外輸送のための脂質タンパク質の分子集合体粒子であり，脂質とタンパク質の不均一な複合体である．したがって，その構造は一般的に不安定であり，保存状態によって物理的・化学的・生物学的な性質は変性し，解析とその結果の解釈に重大な影響を及ぼし誤った結論を導く恐れがあることを認識せねばならない．

試料の採取と保存

1．試料の採取

1） 抗凝固剤の使用

血液やリンパ液，脳脊髄液，あるいはその他の体液（昆虫などではヘモリンパなど）が解析対象となる場合が多く，これらは通常生体から採取することによって凝固反応が開始される．したがって，原則として採取時に抗凝固剤を使用すべきであり，EDTAなどのキレート剤の使用が望ましい．ヘパリンなどの硫酸多糖類はリポタンパク質代謝に影響を与える因子（アポリポタンパク質BやE，リポタンパク質リパーゼなど）との結合親和性があるので解析結果に影響を与える可能性があり，避けるべきである．しかし，技術的にあるいは研究環境上制限された条件での採取条件でこうした対処に困難がある場合には，やむをえない代替法としてフィブリン形成後の試料（血清）を使用せざるを得ない．その場合は解析結果の解釈にその条件を考慮すべきである．

2） 低温による反応の不活化

リポタンパク質は体液中で代謝される．したがってその構造や組成はその代謝の平衡状態を反映しているものであり，体外にとり出しされた瞬間から孤立した試料の中での代謝平衡状態に向かって変化しはじめる．したがって，理想的には，採取後直ちにこうした反応を不活化することが望ましい．通常は採取短時間で低温におくことで十分であるが，場合によっては採取プロセスから低温化する必要があることもある（採血針に長めの細いチューブを接続し氷冷水中をくぐらせて採血管に採る，など）．

2. 試料の保存

リポタンパク質の構造と物理化学的性質は凍結解凍による影響を受けるので，試料は，可能ならば4℃で保存して2週間以内を目処に解析する．どうしても長期保存が必要なときは，急速冷凍してできる限りの低温で保存し，解凍はくり返さないことが望ましい．したがって試料は必要に応じて小分けして保存すべきである．

電気泳動によるリポタンパク質の分離と解析

血漿リポタンパク質の分離分析の最も古典的方法は，血漿タンパク質の電気泳動による分析における脂質の分布に基づくものである．濾紙や低濃度のアガロースゲルなど，分子量数百万の巨大分子までが自由に移動できる条件下で，粒子の表面電荷によるタンパク質の陰極から陽極への泳動度の古典的定義に従って，α，pre β，β泳動度にピークをもつ画分をそれぞれα，pre β，βリポタンパク質とした．よく知られているように，これらは次に述べる水和密度に基づいた超遠心による分離方法における高密度，超低密度，低密度リポタンパク質（high, very low, low density lipoprotein：HDL, VLDL, LDL）に相当する．分析結果は脂質の質量の半定量的な分布のパターンとして示された．電気泳動法の進歩に従い，ポリアクリルアミドが導入され，ゲル濃度による粒子径の差による泳動度と粒子表面電荷による泳動度の組合わせにより，選択する条件によってβとpre β粒子の位置が逆転したりするようになる．さらに，目的によってはポリアクリルアミドグラジエントゲル利用による粒子サイズを基にした解析も可能となってきた．いずれの場合もキロミクロン粒子は粒子サイズが大きく表面電荷も小さいことから，ほぼ原点に止まる．これらに共通することは，通常のタンパク質分子の解析などに用いる界面活性剤などの変性剤は，粒子構造を破壊するので用いてはならないことである．リポタンパク質粒子の可視化は，初期は泳動後のOil Redなどによる脂質の染色に基づいた解析であり，Sudan Blackなどリポタンパク質粒子の表面電荷や粒子径に影響を与えない方法の利用により，泳動前染色（pre-staining）が可能となった（図1）．現在では，酵素法によるコレステロールなど脂質分子の特異的染色により，定量性の高い解析が可能となってきている（図2）．電気泳動法の利点は，少量の試料（～5 μL）による解析が可能であり，多数の試料を短時間に解析できることである．脂質分子特異性と定量性は高くなかったが，脂質分子の特異的染色による解析法の開発はこの弱点をある程度克服した．一般的に言って安価であり，リポタンパク質の分布パターンを一度に可視化できるという点で，現在でも目的によっては利便性の高い有用な技術である．電気泳動により分離した画分を採取するには，一般的に用いられる毛細管泳動法などの方法の利用はもちろん可能であり，応用例の報告も散見される．

超遠心法による解析

血漿リポタンパク質の解析の標準法となるのがその水和密度による分画である．歴史的

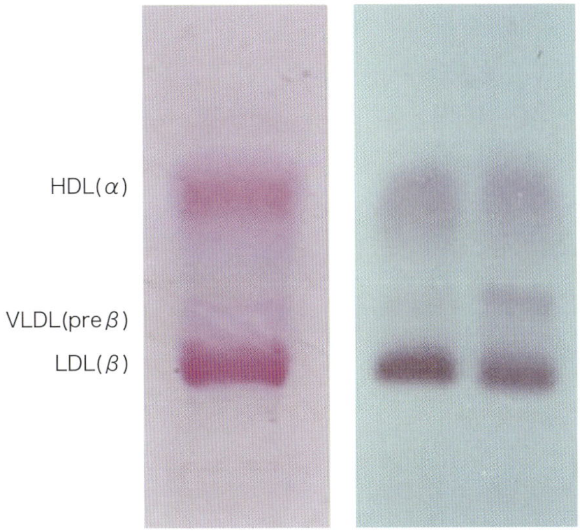

図1　アガロース電気泳動　Fat Red染色（左）と Oil Red O 染色（右）

アガロースゲルに血漿1 μL を塗布したのち，120 mV（定電圧）で35分電気泳動する．アガロースゲル：ユニバーサルゲル/8（ヘレナ研究所），緩衝液：バルビタール緩衝液．泳動後ゲルを乾燥させ，Fat Redまたは Oil Red Oで染色し，再度乾燥させる．染色液：Fat Red 25 mg/メタノール100 mL など（Fat Red染色標本は積水メディカル社，藤森氏提供）．

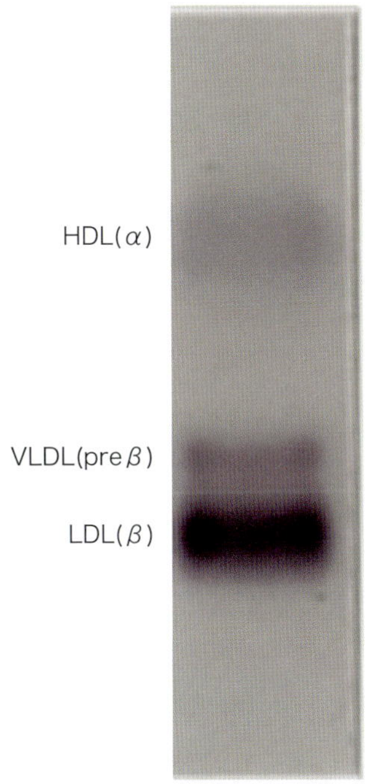

図2　アガロース電気泳動のコレステロール染色

電気泳動の条件は図1と同じ．ゲルを乾燥させたのち，コレステロール染色液で染色し，再度乾燥させる．コレステロール染色液：コレトリコンボCHO（ヘレナ研究所）．（積水メディカル社，藤森氏提供）．

には，分析用超遠心機による溶媒密度勾配中の分布パターンの解析からの密度分布の研究にはじまっている．回転中のロータ内の溶液に生じる密度勾配中の物質の分布を溶液の屈折率の変化で測定する方法で，1.21 g/L以下のタンパク質が存在しない密度域での物質の分布を検出していた．この方法では分取できる試料は限られ，タンパク質に比べ密度差の小さい画分の分離には長時間を必要とし，時間・費用などの面からも，実際の利用はごく初期の研究に止まったが，リポタンパク質各画分の密度を確定する上で歴史的役割を果たした．

分離用超遠心機を用いる段階的分画・分取が標準的方法である．通常のごとく溶媒密度をそれぞれの亜分画の境界密度に設定，遠心後に浮上画分と沈降画分を採取してゆく方法であるが，他の物質と異なるのは浮上画分を段階的に採取することと，分離に強い加速度による長時間の遠心が必要となることである．また，キロミクロンとVLDLの分離には，溶媒密度の境界が生理的電解質液の1.006 g/mLを下回る（0.95 g/mL程度）ことから，浮上速度定数S_fの差（境界はS_f=400）を利用する必要がある．

標準的には12 mL遠心管用の固定角ローター（日立工機社，P70AT2など）による分離には40,000 rpm（100,000×g）で20～40時間を要する．溶媒中の溶質の水平沈降速度は遠心加速度に比例するので，これから他の条件（ローター，回転数など）による遠心時間を大まかに求めることはできる（遠心加速度は回転半径に比例し回転速度の平方に比例，移動時間は加速度に反比例，最大水平移動距離に比例）．卓上型超遠心機の100～200 μL遠心管用固定角ロータを用いれば，遠心時間を数分の一に短縮できるので，少量の試料の解析には推奨できる．

溶媒密度の調整には，目的によってショ糖や塩などを用いることができるが，最大密度（HDLの浮上）には1.21 g/mLが必要でありショ糖では過度の粘性と過剰な体積増大などの問題が生じるので，通常は塩を用いる．1.21 g/mLまたはそれ以上の密度はNaClでは得られないので，それにはNaBr，KBrないしCsClを用いる．一般的なリポタンパク質画分では，段階的に溶媒密度を上げて行き，浮上画分を採取してゆく．

キロミクロンをS_f > 400画分として採取するには，血漿上にd=1.006のNaBr，KBrまたはNaCl溶液を重層，26,000×gで30分程度の遠心で浮上する画分を得る．次に，下層（溶媒密度d=1.006）を100,000×g，20時間遠心，浮上画分をVLDLとする．この下層画分の溶媒密度をNaBr，KBrまたはCsClでd=1.063とし，100,000×g，20時間遠心の浮上画分（d=1.006～1.063）をLDLとする．さらに下層をd=1.21として，100,000×g，40時間遠心の浮上画分（d=1,063～1.21）をHDLとする．当然のことながら，さらに細かい分離も，溶媒を必要な密度に調整することで自由に行うことで可能である．

溶媒密度の調整には加える溶質（NaBr，KBrなど）の偏比容（物質を水に溶かしたときの体積の増加，partial specific volume，単位は密度の逆数）の情報が必要である（図3）．これに基づいて，ヒト血漿を用いたときの計算の例を示す[1]．VLDLの採取までは，溶媒はd=1.006（生理的塩濃度の水溶液）とする．浮上画分VLDLを採取した後，下層を採取して均一溶液とし，この画分の溶液体積V，溶液密度D_s，を測定する．この溶液中のタンパク質の重量をP，溶媒体積をy，その偏比容を一般的なタンパク質偏比容0.74とすると，こ

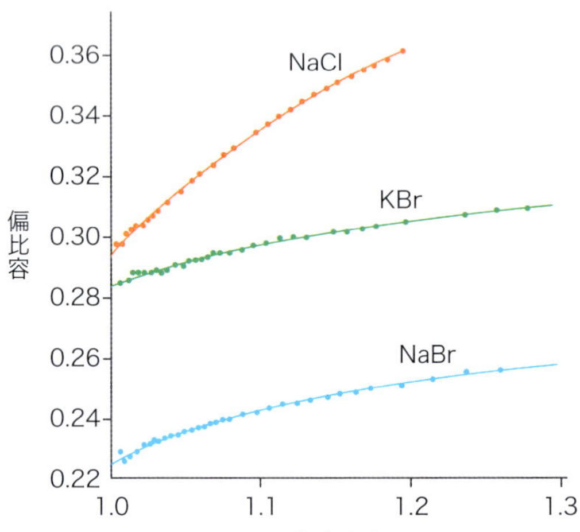

図3　各塩溶液密度（D）の関数であらわした偏比容（s）

の溶液について以下の式が成り立つ.

$$0.74P + y = V$$

$$P + 1.006 \cdot y = D_s \cdot V$$

ここからPを消去すると,

$$y = V\ (1 - 0.74 \cdot D_s)\ /\ (1 - 0.74 \cdot 1.006)$$

となる.溶媒密度をDにするために加える塩の重量xは,密度Dにおける塩の偏比容をsとすれば,$(V \cdot D_s + x)\ /\ (s \cdot x + y) = D$から

$$x = y\ (D - 1.006)\ /\ (1 - D \cdot x)$$

で求められる.塩の溶媒密度Dは遠心後も変化しないので,次のステップは1.006の代わりにDを用いて同じ計算をくり返し,加えるべき塩の重量が計算できる.

この方法による誤差は,すでに溶媒に溶けている塩の偏比容も濃度に依存することで生じる.また他の塩との共存下での偏比容の変化の補正も行えない.しかしこれによって生じる加えるべき塩の重量の誤差は,実際の条件下では,1%より小さく,(溶媒密度−1)の誤差も1%以下である.最初に含まれるNaClなどの塩の偏比容の変化を考慮すると,最終的な(溶媒密度−1)の誤差は0.3%程度であろう.これを改善するには,溶媒密度をAからBに上げるために加える塩重量は,1.006からBにするために必要な塩重量から1.006からAにするために必要な重量を差し引いて求めればよい.NaCl,NaBr,KBrの溶液濃度と偏比容の関係を非線形最小自乗法により求めた近似曲線は図3に示す[1].

密度勾配遠心による連続的分画によるリポタンパク質画分の分布パターンを観察することも可能である.リポタンパク質の密度領域の密度勾配を作成さえすれば通常の密度勾配遠心と同様に行えばよく,特殊なことはない.ゾーナルローター利用などによる遠心時間の短縮も可能である.塩による密度勾配作成など,媒体によっては溶媒の粘性の不足によるローター停止時の層の乱れが起こるので注意を要する.

沈殿法

臨床検査などに応用される方法で,硫酸多糖類のような多価陰イオンと二価の陽イオンによりアポB含有リポタンパク質を沈殿させ,非沈殿上清画分をHDL相当画分として,それに含まれるコレステロールなどの脂質を測定してHDL-コレステロールなどとする[2) 3)].これは,結果的にではあるが,LDLなどのアポB含有リポタンパク質がLDL受容体と結合する機序をなぞったものであり,家族性高コレステロール血症ホモ接合体のLDLを体外循環で除去するLDLアフェレーシス治療におけるLDL吸着カラムも同様の原理によるものである.さまざまな組合わせが可能であり,ヘパリン-Mn^{2+},ヘパリン-Ca^{2+},デキストラン硫酸-Mg^{2+},リンタングステン酸-Mg^{2+}などが研究上あるいは臨床検査試薬として実用化されてきた.そのほかに,界面活性剤やポリエチレングリコールを組合わせた方法なども開発されている.これらの方法は,HDLの亜分画の測定にも応用されており,比較的大型のHDL_2を沈殿させ上清を小型のHDL_3として測定することも可能である.この方法は押

し並べて経験的（empirical）で条件は実践的に定められていて，それぞれの解析における具体的な条件や手順は個別に文献を当たり実際に試してみるべきであろう．

一つの例として米国CDC（Center of Disease Control and Prevention）による臨床検査におけるリポタンパク質画分測定の標準とされているベータ定量法（β-Quantification method：BQ法）を紹介する[4]．この方法は超遠心分離と沈殿法の組合わせで，キロミクロン＋VLDL，LDL，HDLのコレステロールをそれぞれ測定することになっている．超遠心によりVLDLを除いた後，最も古典的な方法であるヘパリン-Mn^{2+}によるLDLを沈殿させ，上清をHDLとして取り扱う．この条件は通常の全血漿（VLDLの異常な増加などのない）にも適用できる．

①EDTAを抗凝固剤として採血を行い，血漿総コレステロールを測定．
②血漿5 mLを100,000×gでovernight超遠心し，浮上画分を除き，下層に生理緩衝液を加えて5 mLとする．この画分の総コレステロールを測定．
③②の画分にヘパリンナトリウム（5,000単位/mL静注用）を40 μL，1 M $MnCl_2$を50 μL加え沈殿が生じたら1,500×g 30分の遠心で除いて上清を得，上清のコレステロールを測定する．
④各リポタンパク質コレステロールの計算
VLDLコレステロール＝「血漿総コレステロール」－「②の下層総コレステロール」
LDLコレステロール＝「②の下層コレステロール」－「③の上清コレステロール」
HDLコレステロール＝「③の上清コレステロール」

臨床検査においてLDLコレステロールを求める簡便で実践的な方法として用いられるのがFriedewaldの計算式　「LDLコレステロール」＝「総コレステロール」－「HDLコレステロール」－「トリグリセリド」／5　である．これは，血漿トリグリセリドはほとんどVLDL中に存在し，またVLDL中のコレステロールは重量比でトリグリセリドの約1/5であるという経験則に基づいて導かれた式である．この式によって得られるLDLコレステロールの値は，血漿トリグリセリドが300～400 mg/dL以下であれば，BQ法による値とよく一致するが，高トリグリセリド血症ではVLDL/キロミクロン中のTG/コレステロール比が5より大きくなり，式の右辺の第三項が過大となって結果としてLDLコレステロールは過小評価される．

最近の臨床検査向けリポタンパク質測定は，古典的法による鑑別的沈殿法の技術を基礎に，溶液のままで各画分を鑑別測定する「直接測定法」ないし「均一系測定法」と称される方法になっている．詳細はⅡ-20に譲るが，基本原理は，脂質（一般的にコレステロール）の酵素学的測定（測定標的脂質水酸基の基質特異的酸化酵素により発生する過酸化水素を利用した発色）と，界面活性剤とイオンによる特定のリポタンパク質画分の酵素反応からの隔離（マスキング）の組合わせによるものである．HDL脂質の測定はアポB含有リポタンパク質を酵素反応からマスクした残ったHDLの脂質を測定する．LDL脂質の測定はVLDLとHDLをマスクしてLDL脂質を測る方法と，先にLDLをマスクし他のリポタンパク質の脂質を酸化酵素で三価官能基（水酸基）を「潰した」上で系全体を均一化して残ったLDL脂質を測定する方法の，二つに大別される．こうした測定法は，リポタンパク質画分の微妙な物理化学的性質の違いを利用した高度に洗練された技術であり，典型的な（健常な）リポタンパク質には有効であるが，病的な異常な粒子が出現すると対応できない．一般的に言って，高トリグリセリド血症などのリポタンパク質代謝異常が存在するときに測定精度が下がる傾向があり，とりわけLDLコレステロールの測定に問題が多い．こうした現状に鑑み，日本動脈硬化学会ではFriedewald式の使用を推奨しており，厚生労働省の「生活習慣病に関する特定健診（いわゆるメタボ健診）」におけるLDLコレステロールの測定がいったん「直接測定法」にされたが Friedewald式に戻された．したがって，高トリグリセリド血症におけるLDLの測定には簡便で正確な方法がなく，BQ法に準ずる方法が最も信頼性が高い．現在，わが国の一般臨床検査で得られるHDLコレステロールの値はほとんどが「直接測定法」によるものである．LDLコレステロールの値にはFriedewald式によるものと「直接測定法」によるものが併存しており，注意を要する．

高速液体クロマトグラフィー（HPLC）

血漿リポタンパク質はその粒子サイズによっても分画することができる．キロミクロンの～10,000 nmを最大として，VLDLが400～1,000 nm，LDLが200～300 nm，HDLは10～30 nmに分布し，代謝異常による特殊な粒子の出現を除いては，互いにoverlapしない．これに基づき，分子篩クロマトグラフィーによる分離分析は大分子量対応の分子篩ゲルSepharose 2Bや4Bゲルを用いて行われてきた．しかし，こうした通常のクロマトグラフィーによる解析は時間もかかりある程度の量の試料を必要とすることから一般には普及しなかった．

粒子径によるリポタンパク質の解析は，HPLCによる解析システムの開発とFPLC（Fast Protein Liquid Chromatography）システムの普及により，一般化した．HPLCによる血漿リポタンパク質の分析は，原・岡崎らによりはじめられ，現在ではかなり洗練されたシステムとして利用されている．HPLCによる巨大分子の分離用分子篩カラムTSK G3000SWが実用化されたことがこの方法の開発につながったと言える．当初はVLDL/LDLとHDLの分離であったが，これに続くG4000SW，G5000SWなどのさらなる大分子量用カラムの登場によりVLDL-LDLの分離が可能となり（図4）[5]，LipoSEARCHシステムとして汎用されるに至っている[6]．この方法は，数十μL以下の試料を用い，溶出液をコレステロールやコリンリン脂質，トリグリセリドなどの酵素法による脂質測定でモニターすることにより，各画分の脂質組成の詳細な情報を得ることが可能で，このデータから粒子数を計算できることも示されている[6]．

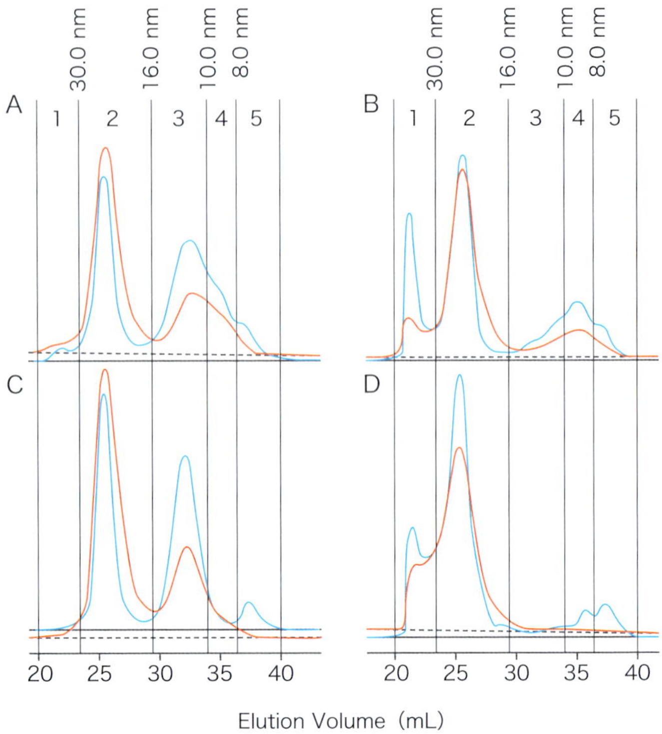

図4　ヒト血清由来コリンリン脂質（青線）とコレステロール（赤線）の溶出パターン

健常人女性（A），Ⅳ型高脂血症患者（B），肝硬変患者（C），急性肝炎患者（D）由来の血清をG4000SW＋G3000SWを用いたHPLCにより解析した．粒子径に応じ少なくとも5つのピークが認められ，それぞれキロミクロン＋VLDL（1），LDL（2），HDL_2（3），HDL_3（4），VHDL（5）に対応する（文献5より引用）．

核磁気共鳴（NMR）

NMRは分子内の特定の官能基に存在する原子核（プロトンなど）が磁場で共鳴振動するシグナルを検出して，分子構造などをもとめる技術であるが，これを血漿リポタンパク質の定量に用いる方法が開発されている．脂質分子のアシル基などの末端に存在するメチル基のプロトンの共鳴シグナルに着目する方法で，一般的な0.8 ppm付近のメチルプロトンシグナルはそれが含まれる粒子のサイズによりVLDLなどの大粒子では0.84 ppm付近，HDLなどの小粒子では0.78 ppm付近にシフトすることから，シグナルの位置と積分値をもとに粒子サイズとそれに含まれる脂質量をもとめる方法である[7]．キャリブレート用の標準物質のデータを積み重ねこれらをデータベースとして開発されたプログラムにより，脂質分子種（トリグリセリドとコレステリルエステルなど）の構成もある程度推測できるようになっている．開発者らによる測定企業の仕様に依れば，400メガヘルツNMR装置を用い，200 μL程度の血漿試料で一検体数分での測定が可能としている[7]．この方法は，開発されたプログラムに依存することから，大量の試料の測定を「請け負う」商業的測定として行われているが，原理としては装置があれば研究室レベルで可能な方法である．

血漿脂質の測定とその意義

高脂血症の診断と治療の第一義的目的は動脈硬化症とりわけ虚血性心疾患の発症危険率の予測とその軽減にある．したがって，なるべく正確に無駄なく危険率の予測を行うことが目標となる．この時問題となるのは①何が科学的指標か，②測定技術上どの指標が精度の信頼性が高いのか，の二点である．まず①については，虚血性心疾患の危険因子として確立し最も定量化されている指標が血漿LDL濃度（コレステロール）であり，ついで負の危険因子として知られているHDL濃度（コレステロール）である．しかしその危険因子としての重みはHDLの方が優位で，HDLコレステロールが非常に低い場合の高い危険率はほとんどLDLに依らない．危険予測因子としてトリグリセリドの精度はこれらに比べるとやや落ちると言ってよい．一方，高LDLコレステロール血症については，その治療手段も確立し，それによる低下の効果も定量的に予測できるのに対し，HDLについては特異的な是正の手段がなく，その効果についても臨床試験で確定したものは存在しない．これに比べて，精度は粗いものの，トリグリセリド上昇の治療による危険率の減少については，近い将来確実な成績が示されるものと考えられる．したがって，診断のパラメータの優先順位は，一般的には①LDL，②HDL，③トリグリセリドとなる．ところが実際に治療目標の設定という考え方にたてば，①LDL，②トリグリセリド，③HDLの順になる．一方，測定技術上の見地からは，測定の信頼性が最も高いのは血漿の総コレステロール測定であり，ついでトリグリセリドである．HDLコレステロール測定の精度はLDLの沈殿等の分離ステップが入る分だけ原理的に低くなる．LDLコレステロール測定は，Friedwaldの計算式による場合の精度は当然原理的に低くなり，直接測定を行えばその精度は上げることができるはずである．しかしこの方法自身が歴史の検証に十分晒されていない弱点がある．このように，一見簡単な高脂血症の診断と治療にも，検査の進め方とパラメータの設定の問題点は十分に理解しておくことが必要である．実際的には，精度上の問題を自覚した上で，LDLコレステロールに基づいた診断を優先し，危険率の判定は必ずHDLコレステロールを含んで行い，トリグリセリドは独立の危険因子として二次的治療目標とすることになろう．

◆ 文献

1） 横山信治：臨床検査, 29(11)：1321-1325, 1985
2） Burstein M, et al：J Lipid Res, 11：583-595, 1970
3） 野間昭夫：臨床検査, 29(11)：1359-1362, 1985
4） Nakamura M, et al：Clin Chim Acta, 431：288-293, 2014
5） Okazaki M, et al：Clin Chem, 29：768-773, 1983
6） Okazaki M & Yamashita S：J Oleo Sci, 65：265-282, 2016
7） Otvos JD, et al：Clin Chem, 37：377-386, 1991

11 質量分析

池田和貴，馬場健史

質量分析計（MS）は，その優れた検出感度だけでなく，さまざまな脂質分子を一斉探索したり帰属する能力が高いために，脂質代謝研究には欠かせないものとなった．一方で，脂質の性質に関する知識やMS分析の技術などの幅広い経験が必要で，いまだ実施においてハードルが高いものとなっている．本稿では，MSを用いたリピドミクスにおける分析概念・実施例・注意点などを紹介し，新たな技術導入や研究展開につながることを期待する．

はじめに

質量分析計（MS）は，脂質メタボロミクス（リピドミクス）の重要な基盤技術の一つであり，近年の脂質代謝研究に発展に大きく貢献している．リピドミクスは生体内の脂質を包括的かつ定量的に解析して，代謝変化の背後にかかわる分子の抽出を行い，表現型や生体機能との関連性を明らかにする研究であり，MSの高い定性能や定量能が技術的に欠かせない．

脂質は水に不溶な生体成分の総称であり，基本的には疎水性が高いとされるが，リン酸基や糖など，極性の高い分子種の結合により，幅広い極性をもつ．これに加えて，脂肪酸の鎖長や不飽和度だけが異なる構造類縁体や，脂肪酸の組合わせや結合位置が異なる構造異性体が数多く存在する．このような脂質の構造の多種多様性に対して，現状は入手可能な標準物質は少ないために，脂質の分析には高度な分離分析技術が要求される．また，データ解析においても，同じm/zを示す異性体が多数存在するため，脂質の性質に関する知識や経験に裏付けられた独特の解析技術が必要である．脂質構造や物性を起因としたこのような技術的要求が，脂質メタボロミクスを実施しようとしたときの大きなハードルとなる．本稿では，リピドミクス研究の実施における実用的な技術や注意点も含めて解説する．

質量分析を用いたリピドミクス法の概論

リピドミクスは，網羅的な脂質の解析を目的としているが，実際には一回の分析で必要とするすべての情報が得られるというわけでない．解析対象を脂質に限ったとしても多数

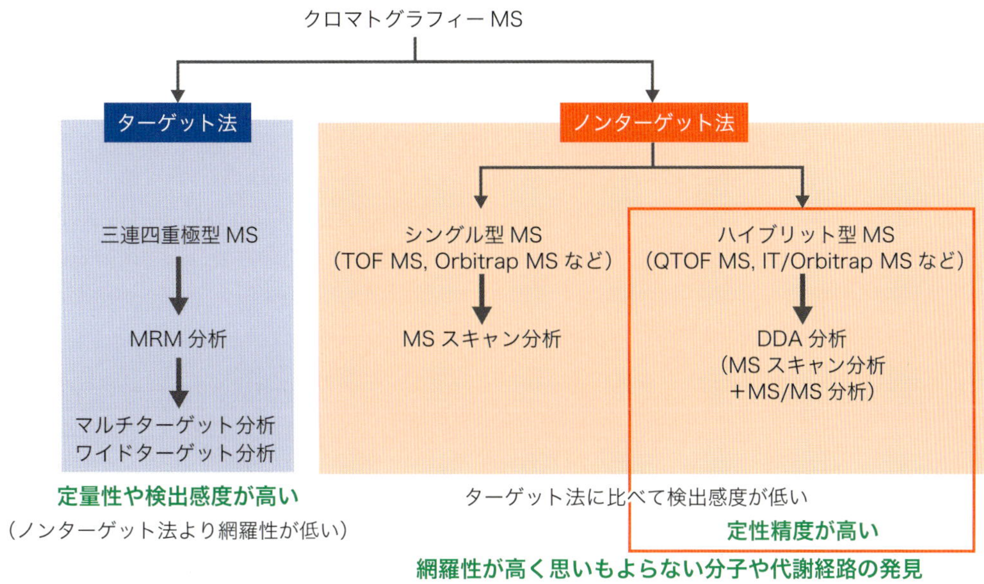

図1　質量分析を用いたリピドミクス分析法の種類

の分子種が存在し，それぞれの含有量も大きく異なることから，目的に応じた分析方法の使い分けが重要である．現在一般的に用いられている手法としては，**ダイレクトインフュージョン質量分析法**とクロマトグラフィー質量分析法がある．また，これらの分析により行われるリピドミクスは，その解析対象の範囲に応じて2つの手法に分類される（図1）．

1つ目の手法は，ノンターゲット法（ノンバイアス法）である．解析対象を特定の分子を限定せずに，検出された分子を対象として解析を行うものである．試料中の脂質の大まかなプロファイリングをとらえ，解析対象のスクリーニングを行う際に好適な手法であり，リピドミクスのファーストステップとして用いられることが多い．この手法においては，できるだけ多くの成分をもれなく検出し，またそれらを質量分析の解像度を利用して判別したいという目的から，飛行時間型質量分析計（Time of Flight Mass Spectrometry：TOF MS）やオービトラップ（Orbitrap）質量分析計などの高分解能のシングルMSがよく用いられる．また，構造情報を得るために，MS/MS分析によるフラグメント情報の取得が可能な四重極型（Q）-TOFやイオントラップ型（IT）-オービトラップ型などのハイブリッド型質量分析が頻用される．

2つ目の手法は，特定の分子種を解析の対象とするターゲット法である．ターゲット分析においては，ノンターゲット分析に比べて選択性や感度の向上が期待される．そのため，一般的にはスキャン分析ではなく，三連四重極型質量分析計（**QqQMS**）を用いたMultiple Reaction Monitoring（MRM，Selected Reaction Monitoring , SRMともいう）測定が主

ダイレクトインフュージョン質量分析法：抽出した脂質をLCなどのクロマトグラフィー分離を行わずに直接MSへ導入する分析手法のこと．

QqQMS（Triple Quadrupole Mass Spectrometer）：四重極が3つ連続してつながった質量分離部を有する三連四重極型質量分析計のこと．TQ（Triple Q）ともよばれる．

になる．解析対象の脂質が程度選定できている場合には，複数の代謝物にフォーカスしたマルチターゲット，スケジュール機能を利用してさらに多くの対象の解析を行うワイドターゲット分析が用いられる．また，ノンターゲット解析は主として定性解析に重きをおいているため，次のステップとしてノンターゲットで見つかった着目する脂質分子種は，ターゲット分析に展開することで，より安定的に定量精度の高い解析が可能になる．近年では千単位の分子を一斉分析が可能なQqQMSが開発されたことから，生体内に存在する重要分子種を対象としたワイドターゲット分析による多成分の一斉分析が精力的に行われるようになってきている．

脂質のイオン化について

それぞれの脂質により，正イオンで検出しやすい分子と負イオンで検出しやすい分子があるので理解しておく必要がある．一般的に，ホスファチジルコリン（PC）やホスファチジルエタノールアミン（PE）はプロトン付加体として正イオンモードで検出され，負イオンモードでは検出されにくい．一方，ホスファチジルイノシトール（PI）やホスファチジン酸（PA）は正イオンモードでは検出されにくく，脱プロトン体として負イオンモードで検出される．しかし，溶媒中に酢酸アンモニウムなどの緩衝液を加えておくと，PCは酢酸付加体として負イオンモードで，PGやPAはアンモニア付加体として正イオンモードで検出できるようになる．また，どちらのモードでもイオン化しにくいトリアシルグリセロール（TG），ジアシルグリセロール（DG）などの中性脂質についても，アンモニア付加体として正イオンモードで検出できる．このような付加体のパターンは，脱溶媒化の効率を上げるために加えるMSのイオン源のヒーター温度にも影響を受けるため，定量性の面で目的の以外の付加体の比率にも注意が必要である．また，各メーカーのイオン源によっても，付加体のパターンは異なる場合があるので，あらかじめ確認することをお勧めする．

次頁の表1に各種脂質クラスのイオン化パターンを示すので実際の分析の際に参考にしていただきたい．

また，それぞれの脂質クラスによってイオン化効率やフラグメンテーション効率が異なる（図2）．下記は次節で説明するSFC/MS分析系におけるそれぞれの脂質のイオン強度を示したものである．溶出時の移動相の条件やピーク形状により異なってくるが，脂質の種類によりイオン強度が大きく異なることを理解しておいていただきたい．存在量が少なく，ピーク形状が良くないPA，PSなどについてはイオン化効率も悪いため，検出できる分子種が少なくなってしまうため注意が必要である．また，コレステロールは存在量が多いものの他の脂質クラスと比べてイオン化効率が非常に悪いため，誘導体化等を行うなど別の系での分析が必要である．

表1　脂質のイオン化パターン（溶媒に酢酸アンモニウムを添加した場合）

脂質	種類	正イオンMRM		負イオンMRM	
		precursor	product	precursor	product
FA	脂肪アシル			$[M-H]^-$	$[M-H]^-$
Acyl-CoA	脂肪アシル	$[M+H]^+$	$[M+H-C_{10}H_{16}N_5O_{13}P_3\ (507.0)\ ]^+$	$[M-H]^-$	$[C_{10}H_{12}N_5O_9P_2\ (408.0)\ ]^-$
Acyl-carnitine	脂肪アシル	$[M+H]^+$	$[C_4H_5O_2\ (85.0)]^+$		
TG	グリセロ脂質	$[M+NH_4]^+$	$[M+H-Acyl\ FA\ (sn\text{-}1)\ ]^+$ $[M+H-Acyl\ FA\ (sn\text{-}2)\ ]^+$ $[M+H-Acyl\ FA\ (sn\text{-}3)\ ]^+$		
DG	グリセロ脂質	$[M+NH_4]^+$	$[M+H-Acyl\ FA\ (sn\text{-}1)\ ]^+$ $[M+H-Acyl\ FA\ (sn\text{-}2)\ ]^+$		
MG	グリセロ脂質	$[M+H]^+$	$[M+H-H_2O]^+$		
CL	グリセロ脂質			$[M-H]^-$	$[Acyl\ FA-H\ (R1)\ ]^-$ $[Acyl\ FA-H\ (R2)\ ]^-$ $[Acyl\ FA-H\ (R3)\ ]^-$ $[Acyl\ FA-H\ (R4)\ ]^-$
DGDG	グリセロ脂質	$[M+H]^+$	$[M+H-C_{12}H_{20}O_{10}\ (324.1)\ -Acyl\ FA]^+$		
MGDG	グリセロ脂質	$[M+H]^+$	$[M+H-C_6H_{10}O_5\ (162.1)\ -Acyl\ FA]^+$		
PC	グリセロリン脂質	$[M+H]^+$	$[C_5H_{15}NO_4P\ (184.1)\ ]^+$	$[M+CH_3COO]^-$	$[Acyl\ FA\ (sn\text{-}1)\ -H]^-$ $[Acyl\ FA\ (sn\text{-}2)\ -H]^-$
LPC	グリセロリン脂質	$[M+H]^+$	$[C_5H_{15}NO_4P\ (184.1)\ ]^+$	$[M+CH_3COO]^-$	$[Acyl\ FA\ (sn\text{-}1\ or\ sn\text{-}2)\ -H]^-$
PE	グリセロリン脂質	$[M+H]^+$	$[M+H-C_2H_8NO_4P\ (141.0)\ ]^+$	$[M-H]^-$	$[Acyl\ FA\ (sn\text{-}1)\ -H]^-$ $[Acyl\ FA\ (sn\text{-}2)\ -H]^-$
LPE	グリセロリン脂質	$[M+H]^+$	$[M+H-C_2H_8NO_4P\ (141.0)\ ]^+$	$[M-H]^-$	$[Acyl\ FA\ (sn\text{-}1\ or\ sn\text{-}2)\ -H]^-$
PS	グリセロリン脂質	$[M+H]^+$	$[M+H-C_3H_8NO_6P\ (185.0)\ ]^+$	$[M-H]^-$	$[Acyl\ FA\ (sn\text{-}1)\ -H]^-$ $[Acyl\ FA\ (sn\text{-}2)\ -H]^-$
LPS	グリセロリン脂質	$[M+H]^+$	$[M+H-C_3H_8NO_6P\ (185.0)\ ]^+$	$[M-H]^-$	$[C_3H_6O_5P\ (153.0)\ ]^-$
PI	グリセロリン脂質	$[M+H]^+$	$[M+H-C_6H_{13}O_9P\ (260.0)\ ]^+$	$[M-H]^-$	$[Acyl\ FA\ (sn\text{-}1)\ -H]^-$ $[Acyl\ FA\ (sn\text{-}2)\ -H]^-$
LPI	グリセロリン脂質	$[M+H]^+$	$[M+H-C_6H_{13}O_9P\ (260.0)\ ]^+$	$[M-H]^-$	$[C_6H_{10}O_8P\ (241.0)\ ]^-$
PG	グリセロリン脂質	$[M+H]^+$	$[M+H-C_3H_9O_6P\ (172.0)\ ]^+$	$[M-H]^-$	$[Acyl\ FA\ (sn\text{-}1)\ -H]^-$ $[Acyl\ FA\ (sn\text{-}2)\ -H]^-$
LPG	グリセロリン脂質	$[M+H]^+$	$[M+H-C_3H_9O_6P\ (172.0)\ ]^+$	$[M-H]^-$	$[Acyl\ FA(sn\text{-}1\ or\ sn\text{-}2)\ -H]^-$
PA	グリセロリン脂質	$[M+H]^+$	$[M+H-H_3O_4P\ (98.0)\ ]^+$	$[M-H]^-$	$[Acyl\ FA(sn\text{-}1\ or\ sn\text{-}2)\ -H]^-$
LPA	グリセロリン脂質			$[M-H]^-$	$[C_3H_6O_5P\ (153.0)\ ]^-$
Cer d18：1	スフィンゴ脂質	$[M+H]^+$	$[C_{18}H_{34}N\ (264.3)\ ]^+$		
HexCer d18：1	スフィンゴ脂質	$[M+H]^+$	$[C_{18}H_{34}N\ (264.3)\ ]^+$	$[M-H]^-$	$[M-H-C_6H_{10}O_5\ (162.0)\ ]^-$
SM d18：1	スフィンゴ脂質	$[M+H]^+$	$[C_5H_{15}O_4NP\ (184.1)\ ]^+$		
CE	ステロール	$[M+NH_4]^+$	$[C_{27}H_{45}\ (369.4)\ ]^+$		

FA：atty acid，TAG：triacylglycerol，DAG：diacylglycerol，MAG：monoacylglycerol，CL：cardiolipin，DGDG：digalactosyldiacylglycerol，MGDG：monogalactosyldiacylglycerol，PC：phosphatidylcholine，LPC：lysophosphatidylcholine，PE：phosphatidylethanolamine，LPE：lysophosphatidylethanolamine，PS：phosphatidylserine，LPS：lysophosphatidylserine，PI：phosphatidylinositol，LPI：lysophosphatidylinositol，PG：phosphatidylglycerol，LPG：lysophosphatidylglycerol，PA：phosphatidic acid，LPA：lysophosphatidic acid，Cer：ceramide，HexCer：hexosylceramide，SM：sphingomyelin，CE：cholesterol ester

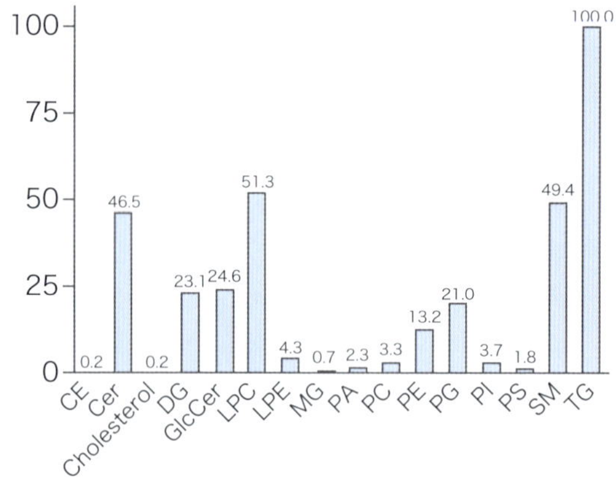

図2　脂質クラスにおけるイオン強度の比較

SFC/MS分析において（2−12文献1参照），脂質の濃度を一定にし，TGのイオン強度を100としたときの各脂質クラスのイオン強度を示した．CE (18:1(d7), $[M+NH_4]^+$, 675.70>369.40), Cer (d18:1(d7)/15:0, $[M+H]^+$, 531.55>271.30), Cholesterol ((d7), $[M+H-H_2O]^+$, 376.40>147.10), DG (15:0-18:1(d7), $[M+NH_4]^+$, 605.60>299.25), GlcCer (d18:1(d5)/18:1, $[M+H]^+$, 731.60>269.30), LPC (18:1(d7), $[M+H]^+$, 529.40>184.05), LPE (18:1(d7), $[M+H]^+$, 487.35>346.35), MG (18:1(d7), $[M+H]^+$, 364.35>346.35), PA (15:0-18:1(d7), $[M-H]^-$, 666.50>288.30), PC (15:0-18:1(d7), $[M+CH_3COO]^-$, 811.60>288.30), PE (15:0-18:1(d7), $[M-H]^-$, 709.55>288.30), PG (15:0-18:1(d7), $[M-H]^-$, 740.55>288.30), PI (15:0-18:1(d7), $[M-H]^-$, 828.55>288.30), PS (15:0-18:1(d7), $[M-H]^-$, 753.55>288.30), SM (d18:1-18:1(d9), $[M+H]^+$, 738.65>184.05), TG (15:0-18:1(d7)-15:0, $[M+NH_4]^+$, 829.80>523.45)

Multiple Reaction Monitoring（MRM）によるターゲット脂質分析

1. MRMとは？

MRM（Multiple Reaction Monitoring）とは，QqQMSにおけるターゲット測定法であり，最初の四重極（Q1）にてある特定の分子量イオンを選択的に通過させ，次の四重極（Q2）でのCID（collision-induced dissociation）により生じたプロダクトイオンのうち，特定の分子量をもつイオンを最後の四重極（Q3）で選択的に通過させ検出することで，分子構造特異的な検出を行うことができる（図3）．また，指定した分子量以外のイオンは排除されるためバックグラウンドを非常に低く抑えることができ，pgあるいはそれ以下の感度で測定を行うことが可能となっている．さらに，定量性も高いことから定量分析に好適な手法である．一般的にMRM測定を行うためには，事前にQ1，Q3の**トランジション**やQ2でのCIDのコンディションを標準品で最適化する必要があり，通常分析対象の標準品の入手が必須である．脂質は脂肪酸側鎖のバリエーションにより非常に多くの分子種が存在するが，脂質はクラスで非常に良く似た化学的性質を示すため，同じクラスのある分子種の標準品の情報をもとに脂肪酸のバリエーションを考慮した推定MRMトランジションを作成することにより，他の分子種についても分析が可能である．これが，成分同定が大き

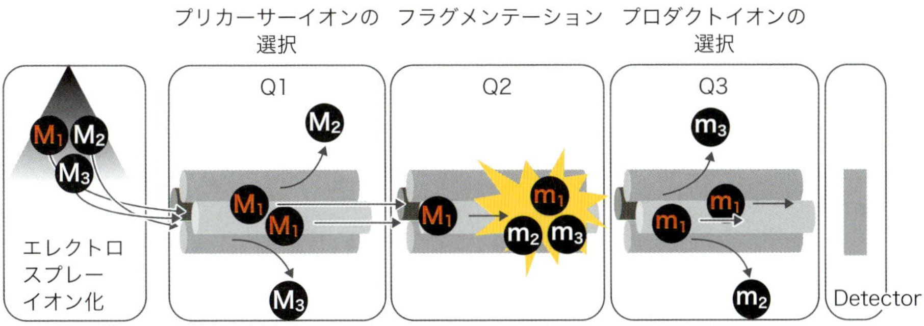

図3　三連四重極型質量分析計の構成とMRM測定

な課題とされているメタボロミクスにおいて，他の代謝物と比べてリピドミクスが積極的に進められている理由である．最近では，QqQMSのスキャンスピード，正負イオン化の切替が非常に高速化され，多くのMRMトランジションを設定することが可能になったことから，ターゲットの数を大幅に増やしたいわゆるワイドターゲット分析が可能になっている．

MRM分析においては通常Q1で**プリカーサーイオン**を，Q3で脂質クラスに特有のフラグメント（検出感度が良い理由から）を選択するため，どのような種類（クラス）であるかと結合している脂肪酸炭素数の合計までの情報を得ることは可能であるが，構成脂肪酸の完全な同定はできない．構成脂肪酸の同定を行うには，ネガティブモードにおいて脂肪酸のフラグメントの解析を行う必要がある．先に述べた脂肪酸に特異的なフラグメントをターゲットとしたプリカーサーイオンスキャン分析か，解析対象のプリカーサーイオンに対して各種脂肪酸のMRM分析を行い，検出された脂肪酸の情報をもとに構成脂肪酸を決定する．しかし，*sn*-1および*sn*-2の結合位置までは同定が難しく，完全な構造の同定にはクロマトグラフィーの情報等も併せて決定することが必要である（次節において詳しく解説）．

2. MRMトランジションの組み方

次に，PC17：0/17：0を例にして，MRMトランジションを決定するまでのスキーム図4にしたがって説明する[1) 2)]．

まず実際の測定に使う溶媒でのプリカーサースキャンで一番イオン化効率のよい（ピーク強度の高い）プリカーサーイオンを選択する．われわれの研究室では溶媒に5% w/vの酢酸アンモニウム（MeOH/H_2O 95/5）を使用しているためpositiveはプロトン付加，アンモニウム付加，negativeはプロトン脱離，酢酸付加のプロトン脱離となるケースが多い．プレカーサーイオンがきまったら次に**プロダクトイオン**の選定と衝突エネルギー（collision energy：CE）の最適化を行う．測定対象となるプロダクトイオン強度が最大になるCEを記録する．実際のサンプル測定は脂肪酸側鎖の異なった脂質のMRMはpredicted MRMで

トランジション：QqQMSを用いたMRM測定において，Q1およびQ3で設定する*m/z*の値．

プリカーサーイオン：単分子解離，イオン分子反応，異性化電荷状態変化などにより反応して特定のプロダクトイオンを生じるイオンのこと．MRM測定において，プリカーサーイオンの*m/z*をQ1に設定する．

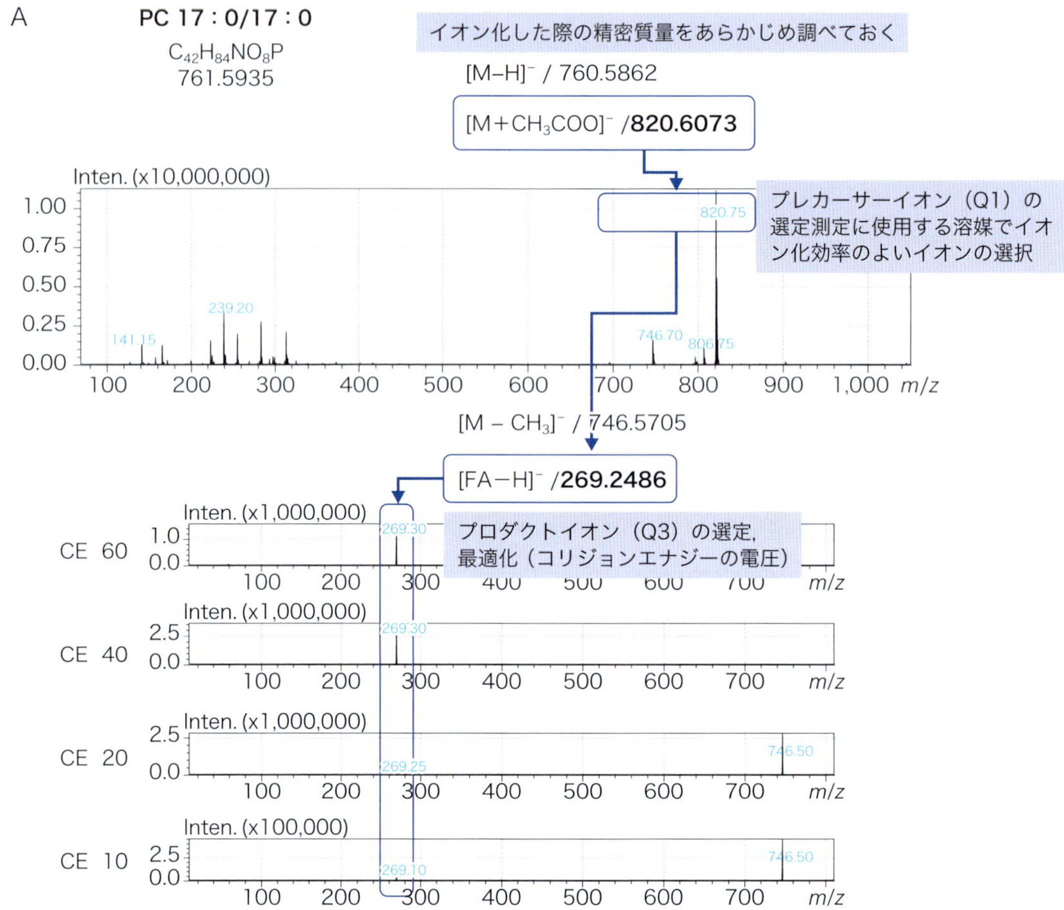

図4　PC17：0/17：0のMRMトランジション決定方法

各種脂質のMRMトランジションに関する情報は文献1，2を参照.

組み，CEは標準品と同等に設定する.

3. MRMのデータ解析における注意点

PC 16：0/16：0（733.5622）とPS 16：0/16：1（733.4894）のように分子量が近い脂質分子種については注意が必要である（図5）. 溶出時間をしっかり把握した上での解析が必要である. また，PCのnegativeイオンは[M−H]⁻でも若干イオン化するため，同じ脂肪酸側鎖を有する場合PSとプロダクトイオンが同じになることがあるなど，異なる分子種から同じシグナルが検出されることがあるため，細心の注意を払って解析を行っていただきたい.

同様にコレステロールエステル（CE 16：0）とDG（16：0/20：0）が全く同じトランジションになる. 多数の夾雑物が混在する生体試料においては，1つのトランジションで複数

プロダクトイオン：特定のプリカーサーイオンが関与する反応（単分子解離，イオン分子反応，異性化電荷状態変化など）の生成物として生じるイオンのこと. いわゆるフラグメントイオン. MRM測定において，プリカーサーイオンの*m/z*をQ3に設定する.

B

Positive (CE：−30eV)

Precursor	Adduct ion	Product
762.60	$(M+H)^+$	184.05

Negative (CE：39eV)

Precursor	Adduct ion	Product
820.60	$(M+CH_3COO)^-$	269.25

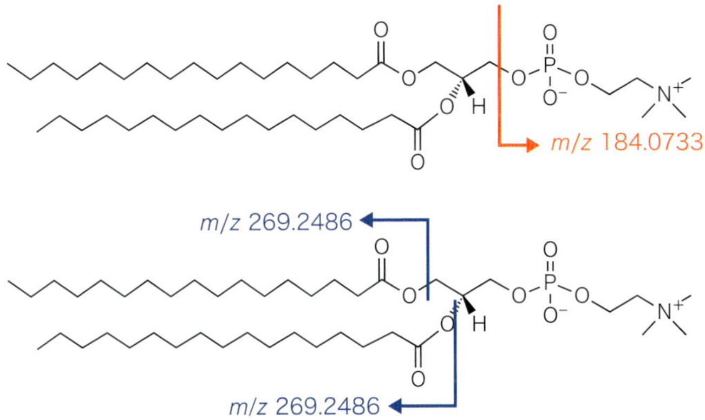

測定したい脂質のMRMトランジション作成（predicted MRM）
脂肪酸側鎖の違うものは上記より予想可能

Name	Precursor	Adduct ion	Product
PC16：0/16：0	734.60	$(M+H)^+$	184.05
PC16：0/18：0	762.60	$(M+H)^+$	184.05
PC18：0/18：0	790.65	$(M+H)^+$	184.05
PC16：0/16：0	792.60	$(M+CH_3COO)^-$	255.25
PC16：0/18：0	820.60	$(M+CH_3COO)^-$	255.25
	820.60		283.25
PC18：0/18：0	848.65	$(M+CH_3COO)^-$	283.25

図4　PC17：0/17：0のMRMトランジション決定方法（続き）

のピークが立つことがあり解析の際に注意が必要である．溶出時間を参考に解析を行うことが重要である．Ⅱ-12において，クロマトグラフィーによるリゾリン脂質，MG，DGの異性体分離について説明する．

また，脂質は骨格に炭素（C）を多くもつために，m/zが+2になる同位体のピークが重なることがあるため注意が必要である．18：0，18：1，18：2といった二重結合の数が異なる脂肪酸側鎖を有する脂質で，含有量の多い場合は特に注意が必要である．例えば，18：2の1%程度は18：1と同じトランジションで検出されてしまう．これは脂肪酸側鎖が2本のリン脂質でも同様に起こり，脂肪酸側鎖を3本もつTAGにおいては非常に厄介になる．

また，QqQMSのダイナミックレンジは10^4と広いため，ピーク強度が高い化合物が存在する場合は^{13}C同位体ピークの混入を考慮しながら定性/定量を行う必要がある．クロマトグラフィーが逆相系の場合，溶出順序は油水分配係数（LogP）に依存し，18：2＞18：1＞18：0となるため，クロマトグラフィーにおける溶出順位をもとに同定を行っていくことになる（順相は順番が逆になる）．

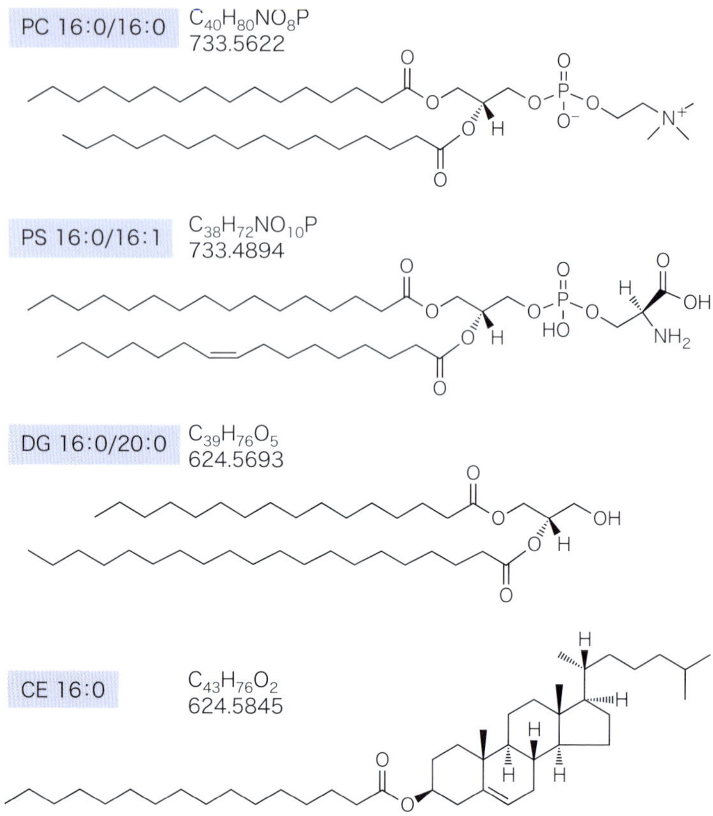

図5　MRM分析のデータ解析において注意が必要な脂質の例

このようにLC，SFC/MS/MSを利用した脂質の定性はクロマトグラフィーの性質と脂質の化合物特性を理解した上でサンプル中の含有量の多い脂肪酸側鎖をある程度把握しておかないと誤同定を引き起こす．そのため，われわれの研究室ではこれまで経験のないサンプルの解析を行う場合には，まずサンプルに水酸化ナトリウム水溶液などのアルカリを加えて加熱処理を行う鹸化処理によりあらかじめ主構成脂肪酸を同定するプレ実験を行うようにしている[3]．

Technical Tips 5

同定ミスについて

PGのトランジションはBMP〔bis（monoacylglycero）phosphate〕と同じで化合物特性も類似しているため誤同定しやすい．このような化合物は，クロマトグラフィーによる分離を行う必要がある[10) 11)]．

高分解能なハイブリッド型MSを用いたノンターゲット脂質解析

1. ノンターゲット分析とは？

多種多様な脂質分子種を解析するには，いかに包括的に捉えることができるかが，その生物学的意義の理解や病態での脂質代謝変化の探求においても重要である．しかしながら，現状は入手可能な標準品が少ないために，通常分析対象の標準品の入手が必須であるターゲット型の解析では，検出感度や定量性は非常に高いが，あらかじめ想定した範囲内の脂質分子種しか捉えられない．このため，想定外の新しい代謝変化の発見や，未知の化合物の同定に至るのも困難である．

これらの問題点を解決するために，MS/MS分析による構造フラグメント情報の取得が可能な四重極型（Q）-TOFやイオントラップ型（IT）-オービトラップ型などの高分解能なハイブリッド型MSを適用した，ノンターゲット解析法が注目されている（図1）．

ノンターゲット解析では，探索範囲を広くするために，対象サンプルからできるだけ多くの種類の脂質を回収する必要がある．一方，脂質はさまざまな極性をもつために，代表的な脂質の二層分配抽出法であるBligh-Dyer法（II-8）では，脂肪酸代謝物などの高極性物質は油層でなく水層に一部移行するなど総脂質を一斉回収するのが困難である．このた

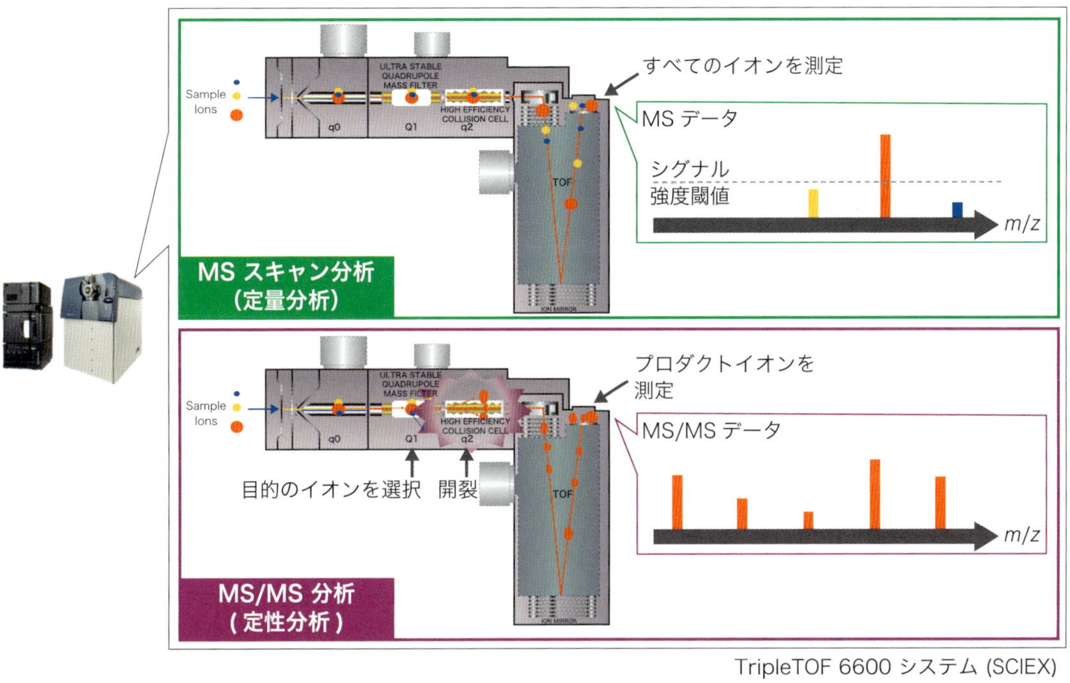

図6　DDAモードを用いたノンターゲット分析法

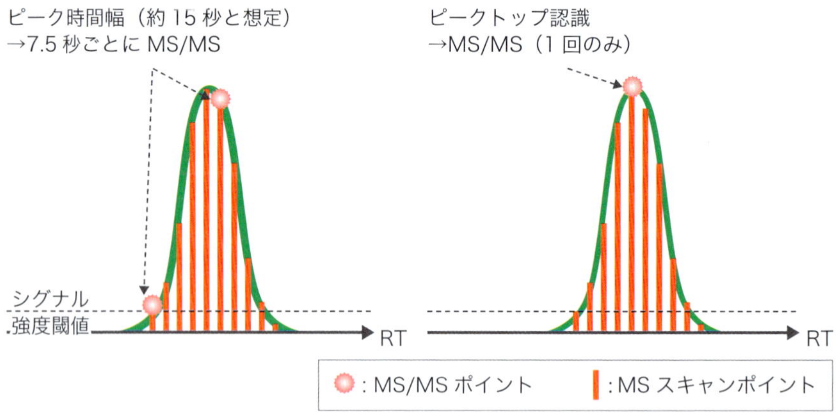

図7　MS/MSトリガーのアルゴリズムの例

め，筆者（池田）らは総脂質の調製法として，クロロホルム，メタノール，水の体積比率が1：2：0.2に構成された一層系の抽出溶媒をノンターゲット解析用のサンプル調製に用いている[4]．

得られた総脂質画分は，微粒子径（1.7μm）のODSカラム（ACQUITY UPLC BEH, 130Å, 2.1mm X 50mm / 日本ウォーターズ社）を用いた逆相系の超高速液体クロマトグラフィー（UHPLC）システム（ACQUITY UPLC / 日本ウォーターズ社）に適用し，幅広い極性の脂質に対応した移動相の条件を設定することで，一斉に高速分離が可能になってきている（Ⅱ-12において詳しく解説）．

一斉分離した脂質は，高分解能なQTOF型などのMSを用いて，データ依存式取得（Data Dependent Acquisition：DDA）モードでの測定に適用されることが多い（図6）[5]．この測定では，MSスキャン分析で網羅的にイオン化された分子の量的データを取得して，これらの中から設定ピーク強度閾値を越えた分子について，自動的なMS/MS分析を進めてフラグメント化をして，脂質の同定に必要な部分構造などの定性情報の入手を行う．DDAモードの測定では，いかに多くのMS/MSデータを取得することが重要となるために，設定した強度閾値を越えたMSピークのMS/MSを行うタイミングや回数の設定が重要となる．このMS/MSトリガーの設定法はMSメーカーごとに異なるが，例えば，筆者（池田）らはピークトップを認識して質が高いMS/MSデータを1回のみ取得するSCIEX社のアルゴリズムを用いている（図7）．これにより，生体サンプルの約1回あたりの測定でMSスキャンデータとMS/MSデータについて，総計で約5,000～10,000程度を取得することが可能である．一方，ピーク幅の時間に基づいてMS/MSのタイミングや回数を設定した場合，各ピーク幅は脂質分子の物性や量によって実際にはそれぞれ異なることから，MS/MSの回数を増やすなどして，ピークトップ付近でMS/MSを取得する必要がある（MS/MSの取得数が減らないように，MS測定のサイクルタイムなどの設定に注意も必要）．

DDAモードで質の高いMS/MSデータをとるために，MS/MSトリガーの設定以外に重要なパラメーターは，衝突エネルギー（Collision Energy：CE）の設定になる．DDAモードでは，MS/MS対象となった各脂質分子は，コリジョンセル内で不活性ガス（アルゴンや窒素）との衝突誘起解離（Collision-Induced Dissociation：CID）によって，フラグメントイオンが生成される．この際の，脂質イオンとCIDガスとのCEが最適でなければ，質の高いMS/MSデータを得ることができない．しかしながら，MRMモードとは異なりDDAモードでは，各脂質分子に最適なCE値を設定できないため，CEをランピングすることで，その範囲内において最適なCEに該当するデータが得られるような取り組みを行っている（図8）．

2. インフォマティクスによるノンターゲット分析のデータ処理について

ノンターゲット解析においては，得られた膨大なMSスキャンデータとMS/MSデータを高い精度で効率よく処理することが必要である．MSスキャンデータに関しては，解析対象となるサンプル間で定量的な評価を進めるために，各ピークの自動的なアライメントを行う必要がある．このデータ処理に関しては，さまざまなインフォマティクス技術が使われ

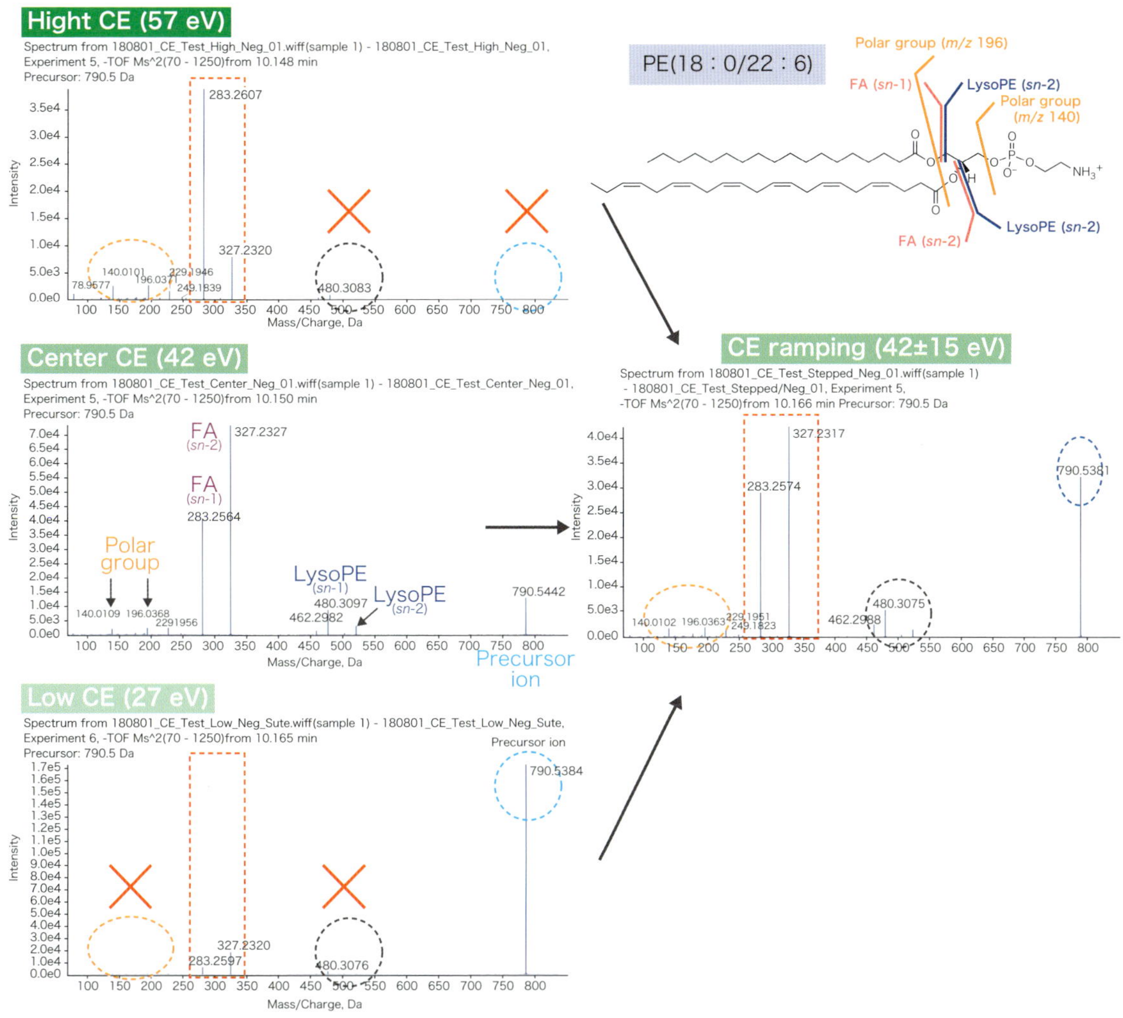

図8　ノンターゲット分析でのCEのランピング設定の例

ているが，複数の構造異性体などが含まれていてLC分離が不十分な場合，複雑なクロマトグラム形状になるケースも多く，自動での正しいピーク認識が難しく，マニュアルでの修正が必要になる．

MS/MSデータに関しては，いかに網羅的かつ高精度に構造同定を進めるかが重要となる．この構造スクリーニングには，インフォマティクス技術によるハイスループットな脂質同定システムが有効的かつ効率的である．このため，近年では複雑なノンターゲット解析に対して，ユーザーフレンドリーなLipid SearchやMS-DIALなどのソフトウエアの開発も進んでいる[6)]．

一方で，脂質の場合は構成する脂肪酸のバリエーションなどにより膨大な分子種が存在し，それぞれの標準物質を入手することは困難なために，いかに同定精度や網羅性の高い探索システムを構築するかがいまだ課題となっている．既存の脂質のMS/MSサーチでは，*in silico*ベースのMS/MSデータベースが主流で，タンパク質と異なり脂質は背景に遺伝情報も持たないために，同定クライテリアが統一化されていない．このため，同定ルールの設定が不十分なソフトウエアも多く，誤った同定結果が用いられているケースもみられる．さらに，ユーザーの使用装置やLC溶媒・MS測定パラメーターなどの分析条件もそれぞれ異なるために，ソフトウエアの同定クライテリアが実際には適しておらず，誤った同定を引き起こすケースが多いのが現状である．このため，脂質分子によっては得られた同定候補数に対して実際の同定正答率は低く，最終的に正しい同定結果を得るには，ユーザーがマニュアルでデータの再検証をする必要がある（つまり，普段からソフトウエアを過信しない心掛けが重要である）．

このような背景から，近年では実測ベースのMS/MSデータベースを基盤とした脂質のサーチエンジンが注目されている（mzCloudなど）．この手法では，同定精度を上げるために，LC/MS分析条件をある程度固定化して，各脂質クラス（脂質の種類）の数多くの実測のMS/MSデータをあらかじめ取得を行い，データベース化を行うことで同定精度の向上に取り組んでいる．さらに，筆者（池田）らはこの技術応用として，多くの実測データに基づいて，それぞれのMS/MSフラグメントピークの重要度・安定度などを綿密にパターン解析した後に，高精度かつ網羅的に同定するためルールを構築して組み入れたサーチ（Lipidiscoveryなど）の開発にも取り組んでいる（図9）．このアプローチは適合機種の範囲が狭いが，従来よりも解析の精度やスループット性も飛躍的に上がっている（社会実装として新バージョンのLipidiscoveryを用いた受託サービスを2019年度内に開始予定）．今後これらのMS/MSサーチエンジンの同定精度や探索範囲の向上が進むことで，ノンターゲット解析のさらなる発展が期待される．

おわりに

MSを用いたリピドミクスは生体内の脂質代謝の理解を深めるために非常に有用な技術として今後もその利用がさらに高まることが考えられる．しかしながら，いまだ定量面や定

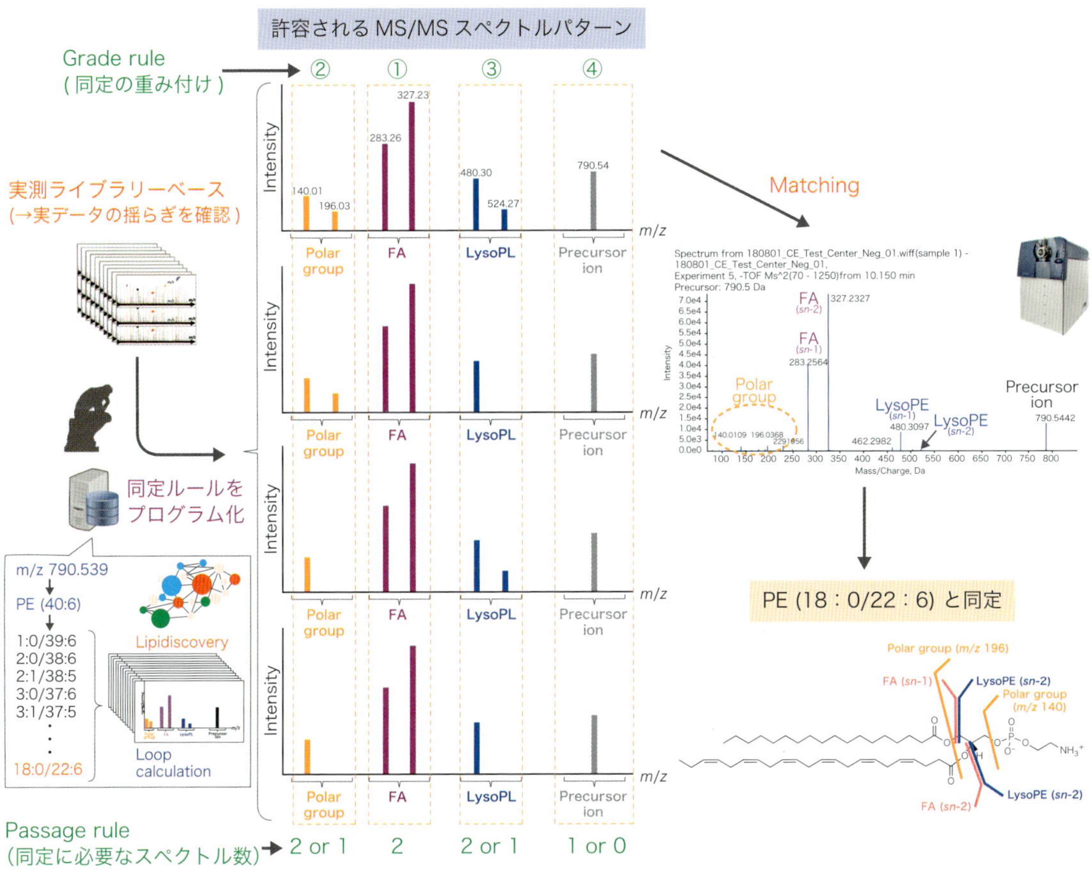

図9　インフォマティクス技術によるノンターゲット解析法

性面で発展途上のところや解決できていない課題を抱えている．

定量面では，ラボ間で試料調製，分析手法，データ解析手法が異なっており，ゴールデンスタンダードの手法が構築されていない状況である．このため，NIST（National Institute of Standards and Technology）のBowdenらがリピドミクスにおけるInterlaboratory Comparison Exerciseを企画して，世界31カ所のラボで実施した結果，それぞれから得られる結果も大きく異なることが明らかになった[7]．このような状況を解決するために，NISTやLIPID MAPSなどのいくつかの国際的なコンソーシアムの設立やワークショップの開催によりガイドラインの作成などの取り組みが行われている[8]．

定性面においては，上述した通り同定精度において，いくつかの課題が残っている．この精度課題の背景にある要因として，脂質には構造類縁体や構造異性体が数多いことがあげられる．このために，MS分析による区別だけでなく，クロマトグラフィーでの分離精度が脂質分子の同定する上で重要となるが，現状では立体構造が近い異性体については分離が不十分なケースが多い．今後さらなるLC分離技術の向上だけでなく，イオンモビリティーなどの別の分離技術による精度向上も期待される．また，現状のMS分析の精度では，MS/

MSによって脂肪酸の二重結合位置を判別可能な情報を得ることは困難であったが，SCIEXのBabaらのグループによってイオントラップでの電子励起解離反応による高精度なMS解析システムが開発されたことにより，従来よりも詳細な脂質の構造解析が可能となってきている[9]．

リピドミクスにおけるもう1つの大きな課題は，前処理，クロマトグラフィー分離，MS分析の過程で，いまだ長年蓄積してきた経験と知識に頼っている点があげられる．このために，池田や馬場らが取り組みをはじめている自動的な制御システム技術の開発が進むことで，リピドミクス研究の技術的なハードルが下がると考えられる．これにより，脂質研究者だけでなく他の領域の研究者の参入が期待でき，脂質研究の新展開や発展につながると考えられる．

◆ 文献

1） Takeda H, et al：J Lipid Res, 59：1283-1293, 2018
2） Tsugawa H, et al：Front Genet, 5：471, 2014
3） Ogawa T, et al：Rapid Commun Mass Spectrom, 31：928-936, 2017
4） Ikeda K：Mass-spectrometric analysis of phospholipids by target discovery approach.「Bioactive Lipid Mediators」（Yokomizo T & Murakami M, eds），pp349-356, Springer, 2015
5） 池田和貴，他：実験医学，36：1797-1803, 2018
6） Tsugawa H, et al：Nat Methods, 12：523-526, 2015
7） Bowden JA, et al：J Lipid Res, 58：2275-2288, 2017
8） Burla B, et al：J Lipid Res, 59：2001-2017, 2018
9） Baba T, et al：J Lipid Res, 59：910-919, 2018
10） Vosse C, et al：J Chromatogr A, 1565：105-113, 2018
11） Scherer M, et al：Anal Chem, 82：8794-8799, 2010

12 クロマトグラフィー① GC，SFC，LC，IMS

池田和貴，馬場健史

クロマトグラフィーは，生体サンプルから多種多様な脂質を分離する重要な基礎技術であり，さまざまな脂質研究おいて長年活用されている．一方で方法論が多いために，どのようなクロマトグラフィー技術を適用するかは，それぞれの検出法だけでなく対象となる脂質の物性を含めて理解して，実験目的に合った手法の選び出すことが重要となる．本稿では，各種のクロマトグラフィーの分離概念や適用例を紹介し，目的に適したクロマトグラフィーの選択に役立てて欲しい．

はじめに

脂質はエネルギー源としての役割の他，生体膜の主要な構成成分として細胞の形成や恒常性維持へ関与することや，メディエーターとして細胞内，あるいは細胞間の情報伝達を担うことが知られている．このように生体内でさまざまな役割をもっている脂質は，グリセロールやスフィンゴシンなどの骨格部に多様な脂肪酸やリン酸基・水酸基などの極性基が結合した構造を有する．このような多種多様な脂質を生体サンプルから分離する方法として，脂質クラスごとに広く簡便に捉えることが可能な薄層クロマトグラフィー（thin layer chromatography：TLC）法は，脂質生化学研究において長年活用されている（Ⅱ-13を参照）．一方，液体クロマトグラフィー（liquid chromatography：LC）と紫外可視（ultraviolet：UV）などの検出器を組合わせた方法の普及により，脂質を分子種レベルで分離検出することが可能になり，これまでに多くの生理活性脂質の発見につながっている．さらに，近年では高速液体クロマトグラフィー（high performance liquid chromatography：HPLC）や分離カラムの耐圧性能が向上し，超高速液体クロマトグラフィー（ultra high performance liquid chromatography：UHPLC）と充てん剤を微粒子化したカラムを組合わせた高分離システムが急速に普及している．このシステムによって，脂質を分子種レベルかつ包括的に分離が可能になり，これらの検出器として高感度な質量分析計（mass spectrometer：MS）を用いることで定性および定量的にも捉えられるようになったため，脂質メタボロミクス（リピドミクス）研究の発展につながっている．また，同じようにMSを検出器として組合わせた方法として，ガスクロマトグラフィー（gas chromatography：GC）が広く普及している．GCはLCより分離能が高いために，構造異性体が多い脂肪酸やステロイドの高分離分析に適していると考えられる．

最近では，脂質の新たな分離系として超臨界流体クロマトグラフィー（supercritical fluid chromatography：SFC）が注目されている．SFCは超臨界流体（物質固有の気液の臨界点を超えた非凝縮性の流体）を移動相として用いるGCとHPLCの両方の性質をもち合わせた分離分析が可能であり，リピドミクス研究での適用が増えてきている．さらに，脂質分子イオンを電場とガス衝突による移動差によって分離するIMS（Ion Mobility Spectrometry）法も，従来の各種のクロマトグラフィーと異なる分離技術として，最近注目されている．

本稿では，脂質の代用的な分離技術であるGC法・SFC法・LC法・IMS法について解説および適用例などについて紹介する．TLC法に関してはⅡ-13を参照されたい．

ガスクロマトグラフィー（Gas Chromatography：GC）による脂質分析

1. ガスクロマトグラフィー（Gas Chromatography：GC）とは？

ガスクロマトグラフィーは，移動相に気体を用いる分離手法であり，揮発性成分を対象とした分析に用いられる．移動相であるキャリアガスとしては，He，N_2，H_2などが用いられ，試料導入部で加熱され気化した試料はキャリアガスに運ばれてカラムに導入される．脂質分析には一般的に内径0.25～0.5 mm，長さ15～100 mのヒューズドシリカキャピラリーカラムが用いられる．カラムオーブンを加熱することによって，揮発性の差やカラムの内面にコーティングされた固定相との相互作用により分離される．

GCの分析対象物質は，常温で気体または加熱（通常400℃ぐらいまで）によって気体となり熱に安定な物質である．揮発しにくい化合物については，誘導体化の処理を行うことに分析できるようになる．誘導体化は分離を改善するためにも用いられており，後で記載する脂肪酸やステロイドの分析にもよく用いられる．

GCの検出器としては，**水素炎イオン化検出器（flame ionization detector：FID）**と質量分析計がよく用いられる．FIDは，広いダイナミックレンジをもつ汎用検出器で，可燃性の有機化合物を水素炎中で燃焼させたときに生成されるイオンをコレクターで捕集し，このときに発生した電流を検出する．FIDは定量的なデータが容易に取得できて検出感度も数ng～数十ngとそれほど悪くないことから頻用されるが，成分が分離されずに共溶出する場合には，正確な定量ができないため注意が必要である．また，成分の同定には標準品が必須であることから，決まった化合物のターゲット分析に用いられる．一方，質量分析計はイオン化される分子から質量スペクトルに基づく構造情報が得られることから，成分推定が可能である．GCにおいては一般的に電子イオン化法（electron ionization：EI）が用いられ，分析対象化合物の分子量に相当する分子イオンや特定の箇所で開裂したフラグ

水素炎イオン化検出器（flame ionization detector：FID）：試料ガスを水素炎で燃焼させて生じるイオン電流を検出する検出器．ガスクロマトグラフィーの検出器として用いられ，ほとんどの有機化合物を検出可能で，ダイナミックレンジが非常に広い（10^7）．

メントイオンが検出されることから，それらの情報をもとに構造解析が可能である．成分が共溶出する場合においても，干渉しないユニークなイオンピークを解析に用いることで正確な定量ができる．また，検出感度もFIDと比べて高いことから，微量成分の分析に適している．

2. 脂肪酸分析

GCを用いた脂質分析系として頻用されている脂肪酸分析について，サンプル調製，誘導体化および分析条件等具体的な方法について説明する．

1） サンプル調製，誘導体化

GCによる脂肪酸の分析においては，まず，酸またはアルカリにより加水分解を行い，続いて，試料の揮発性を高めピークをシャープにするためにメチルエステル化やトリメチルシリル化などの誘導体化が行われる．

脂肪酸のメチルエステル化の方法としては，ジアゾメタンを用いる方法や，塩酸-メタノール法，3-フッ化ホウ素-メタノール法，ナトリウムメトキシド-メタノール法など脂質の加水分解とエステル化を同時に行う方法を使うことが多い．ここでは，最もよく使われる塩酸-メタノール法について具体的な操作手順を紹介する．

プロトコール

❶0.1～0.5 μmol程度（FIDでは10～100 μg，MSでは1～10 μg）の分析試料をテフロン製のパッキンのスクリュー式ガラス試験管に入れ，窒素パージによって溶媒を留去する．

❷減圧デシケーター等で完全に乾燥させた後に，5％塩化水素-メタノール溶液（各試薬会社から市販されている）を1 mLを添加し，キャップをしっかり閉めてブロックヒーター等で100℃，30分間加熱する．

❸試験管を室温まで冷やした後，*n*-ヘキサン2 mLと蒸留水1 mLを加えて，ボルテックスミキサー等でしっかり撹拌する．

❹5分間遠心分離し，上層のヘキサン層を別のガラス試験管に移す．

❺下層の水/メタノール層に再び2 mLの*n*-ヘキサンを加え，同様に撹拌，遠心分離を行い，ヘキサン層をとり出し，先のヘキサン層と合わせる．

❻混入している塩酸をとり除くために，得られたヘキサン層に2 mLの水を加え，先と同様に撹拌，遠心分離を行い，ヘキサン層をとり出す．

❼窒素パージで溶媒を留去し，100 μLの*n*-ヘキサンにより再溶解しGC分析サンプルとする．

グリセリドの脂肪酸をメチル化するキット（脂肪酸メチル化キット．ナカライテスク社製．https://www.nacalai.co.jp/products/entry/d010005.html）も販売されている．室温で短時間かつ簡単な操作で試料調製ができ，精製キットも用意されているため分析に影響を与える高沸点物や不溶物をとり除くことができる．

各脂肪酸を定量するための検量線は，脂肪酸の標準液を調製し分析試料と同様の処理をして作成する．複数の脂肪酸メチルエステルを定量する場合は，市販の脂肪酸メチルエステル混合標準品を希釈しGC分析サンプルにすることで簡便に検量線を作成できる．

2） 分析

脂肪酸の分析には，内径0.25～0.5 mm，長さ15～100 mのヒューズドシリカキャピラリーカラムが用いられる．その内面は液相でコーティングされており，その極性によって，無極性，低極性，中極性，高極性に分類される．一般的には，ポリエチレングリコールをコーティングした高極性カラムが用いられる．高極性カラムは脂肪酸の結合の位置が異なる異性体の分離に適しているが，最高使用温度が250℃程度と比較的低いために，取り扱いに注意が必要である．

下記に脂肪酸メチルエステル（fatty acid methyl ester：FAME）標準品37種混合物のGC/MS分析例を示す（図1）．カラムはHP-88（内径0.25 mm×長さ100 m，膜厚0.2 μm，アジレント・テクノロジー社），キャリアガスはHeガスを1 mL/min，オーブン温度は100℃で3.56分保持した後，240℃まで3.37℃/分で昇温し20分間保持する設定である．注入口温度は250℃，トランスファーラインとEIイオンソースの温度はそれぞれ240℃，250℃に設定する．この分析条件において，上記で調製した試料1 μLをスプリット50：1で注入

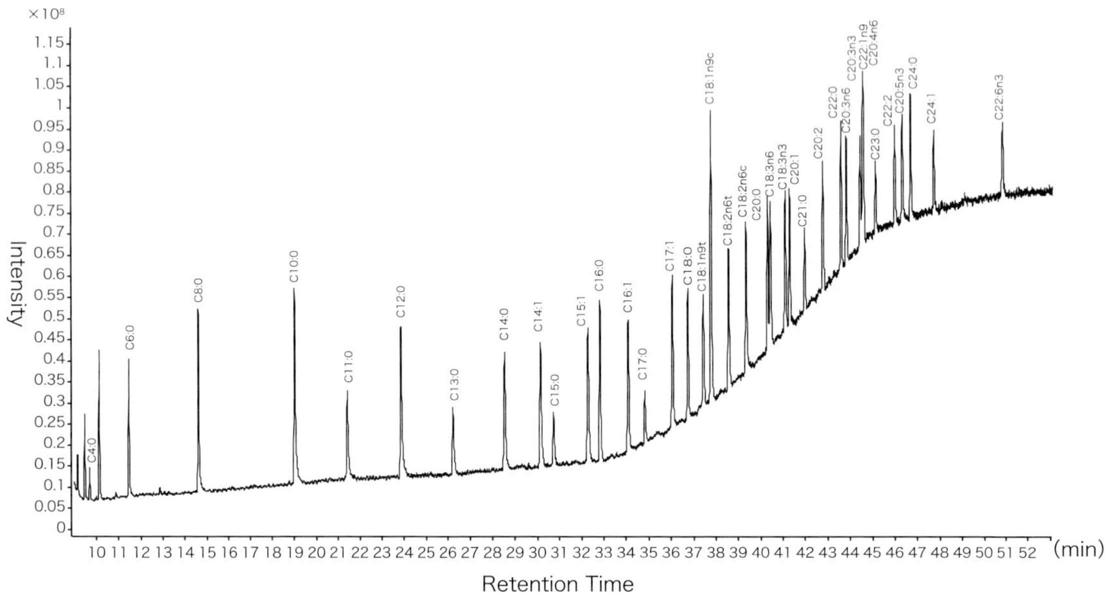

図1　脂肪酸メチルエステル標準品のGC/MSクロマトグラム（スキャンモード）

することにより，各脂肪酸の分離ができる．なお，脂肪酸の中には，分岐脂肪酸，水酸化脂肪酸等も存在するため，ピークの同定には注意が必要である．標準品を用いたチェックは必ず行い，可能であれば質量分析によるフラグメントの確認を行う．

3. ステロイド分析

ステロイドの分析はLC/MSを用いた分析系でも行われているが，ステロイドには類似した構造を有するものが多いため，分離能が高いGCが依然として利用されている．GC/MSを用いたステロイド分析について，サンプル調製，誘導体化および分析条件等具体的な方法について説明する．

1） サンプル調製，誘導体化

分析対象のステロイドは，図2の代謝経路に示す18種である．

プロトコール

1. ステロイド標準溶液の調製

まず，検量線作成のためにステロイド標準原液の調製を行う．今回は安定同位体ラベル内部標準を用いない方法を記載するが，安定同位体ラベル標準品が入手可能な場合は，そちらを用いるほうが良い．

❶作成する検量線の濃度に応じてステロイド混合標準溶液および内部標準溶液を1.5 mLポリプロピレンのマイクロチューブに採り，遠心濃縮による乾固を行った後，誘導体化を行う．

一般的には，MSTFA（*N*–methyl–*N*–trimethylsilyltrifluoroacetamide）による水酸基をターゲットとしたtrimethylsilylation＊1が用いられているが，ステロイドの多成分一斉分析にはpertrimethylsilylationが有用である（図3）．Pertrimethylsilylationの利点は，より多くの種類のステロイドが誘導体化されること，誘導体化物の分子量がより増加することで低分子夾雑物の影響が回避できること，MRM分析における選択性の高いフラグメントの生成による感度向上等がある．誘導体化試薬はシグマ アルドリッチ社からMSTFA activated Ⅰ（MSTFAとtrimethylsilyl iodideの混合物，1,000：2）が販売されている．

❷MSTFA activated Ⅰ 30 μLおよびピリジン7.5 μLを添加しボルテックスミキサーにより混合させた後，サーモミキサーを用いて500 rpm，80℃，30分間の条件で誘導体化したものをGC/MS分析サンプルとする．

＊1 TMS化（trimethylsilylation，トリメチルシリル化）：GCにおいて難揮発性物質を揮発性物質に変えたり，ピークテーリングの抑制に用いられる誘導体化方法．活性水素原子をもつ化合物のほとんどに適用可能．シリル化のされやすさは，アルコール>フェノール>カルボン酸>アミン>アミドの順．

2. 実サンプルの調製

実サンプルの調製については，ヒト副腎皮質由来細胞株H295R培養上清を例に説明する（図4）．

❸固相抽出カートリッジHLBi5-20（AiSTI Science社）に超純水1 mL，メタノール1 mL，超純水1 mLの順に1滴/秒で通液し，コンディショニングを行う．

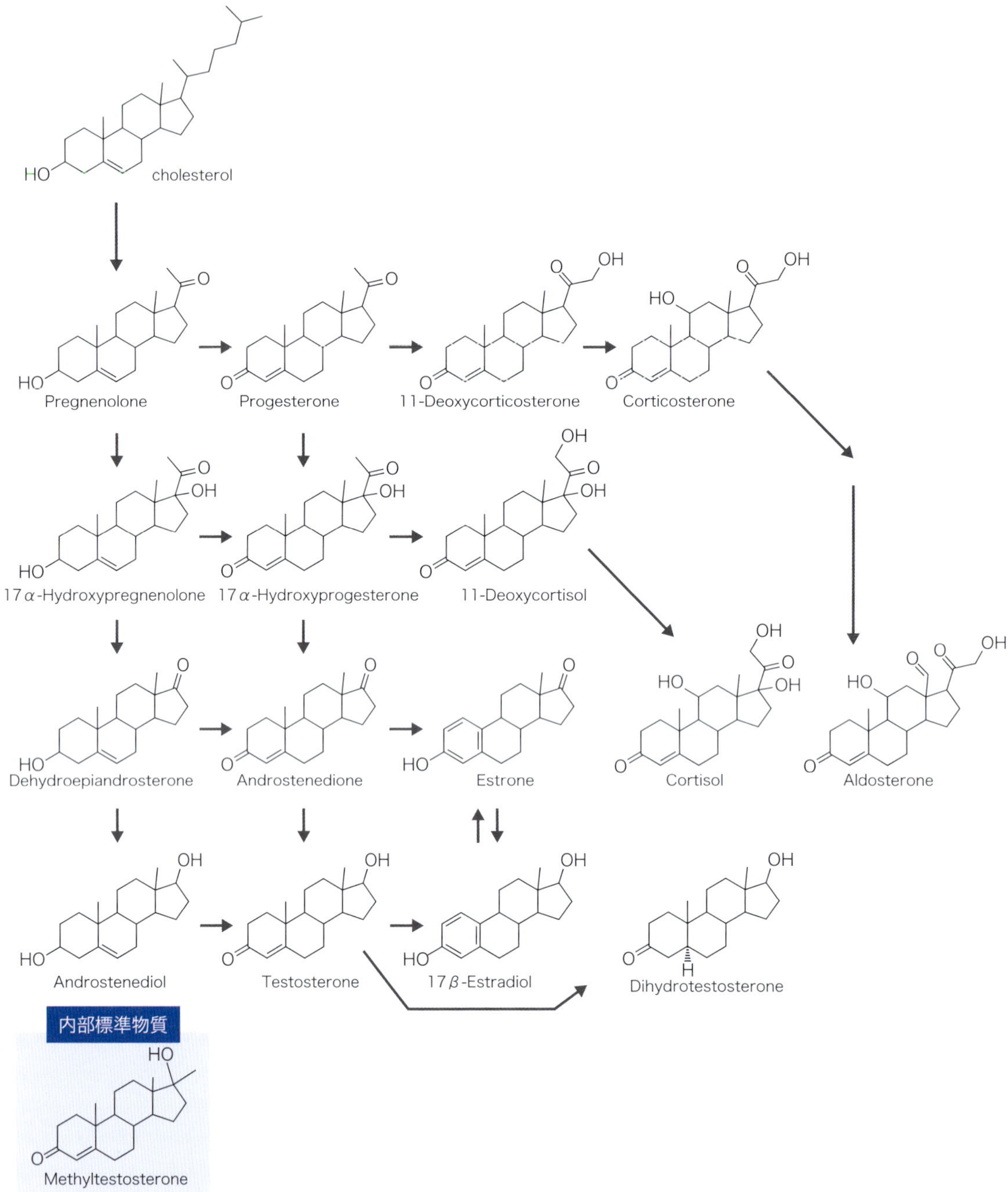

図2　分析対象ステロイドの構造と代謝経路

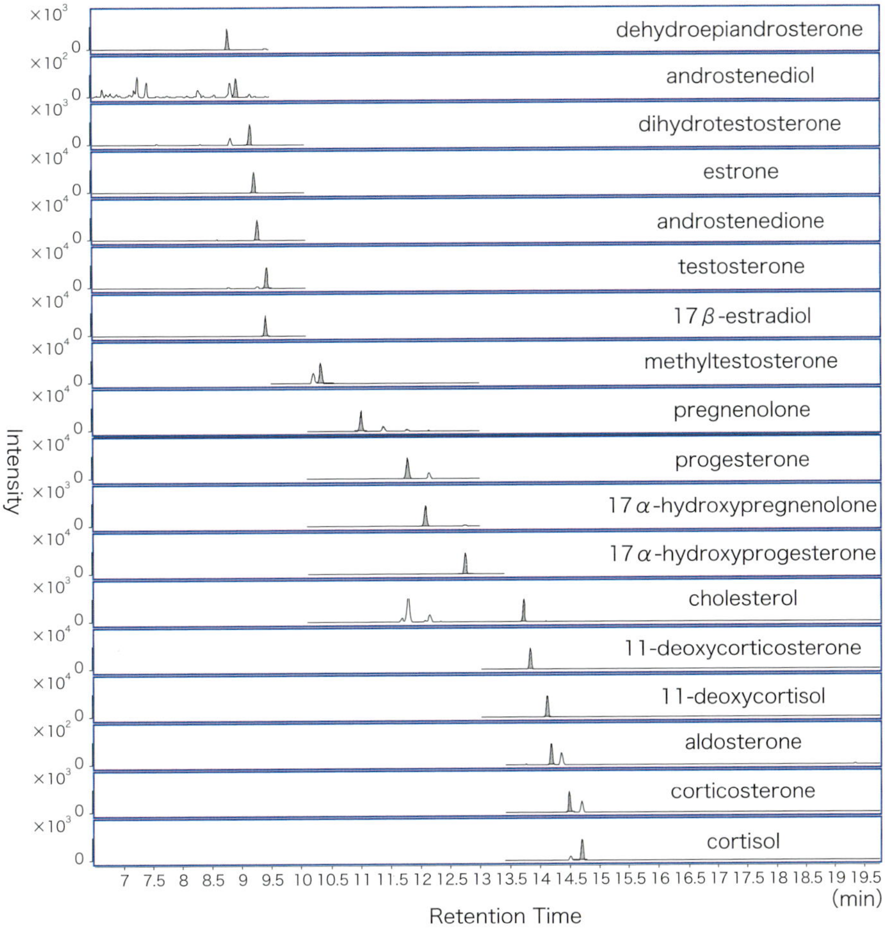

図3 TMS誘導体化した33 ng/mLステロイド混合標準品溶液のGC/MS/MSクロマトグラム（MRMモード）

❹次に内部標準を添加した上清サンプルを500 μL固相抽出カートリッジに負荷し，超純水1 mLにより1滴/秒程度の速度で洗浄した後，メタノール1 mLを同様に1滴/秒程度のゆっくりした速度で通液した画分をステロイド溶出液とする．

❺溶出液を遠心濃縮（1,500 rpm，常温，2時間）により乾固させ，MSTFA activated Ⅰ 30 μLおよびピリジン7.5 μLを添加しボルテックスを行い，500 rpm，80℃，30分間の条件で誘導体化したものをGC/MS分析サンプルとする．

血清や尿などのサンプルも同様に誘導体化を行うことにより分析は可能であるが，混在する夾雑物が異なるため，必要に応じて先行論文を参考に前処理を行っていただきたい．

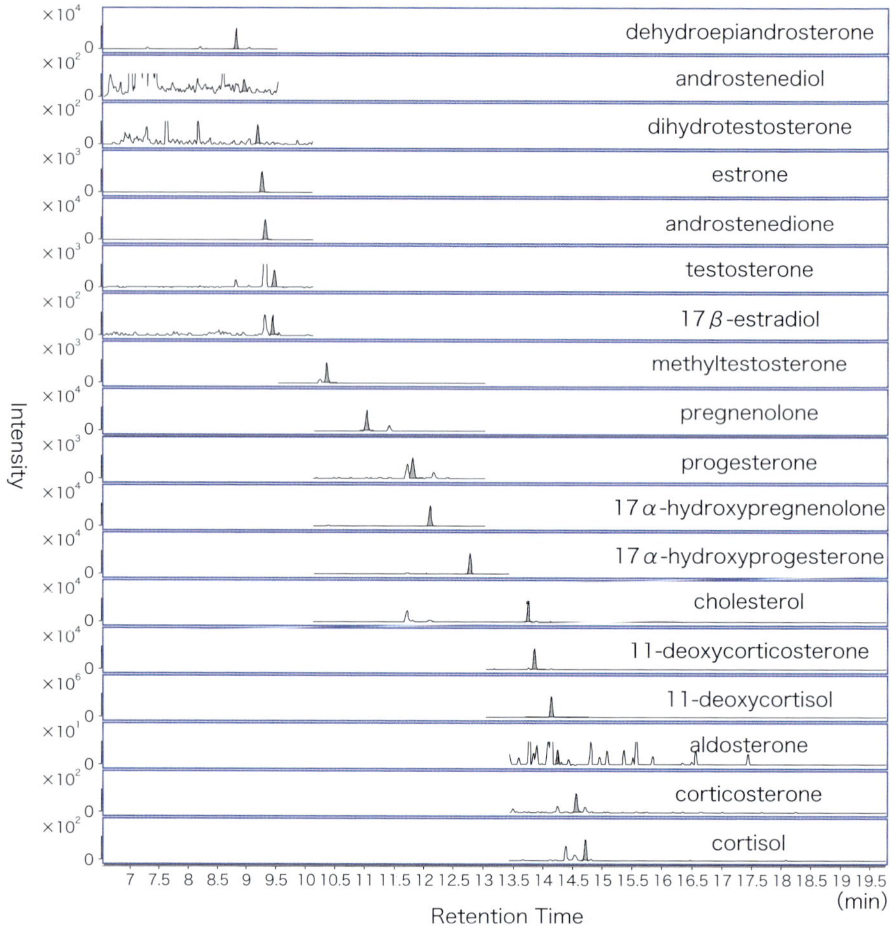

図4　H295R細胞培養上清サンプルのGC/MS/MSクロマトグラム（MRMモード）

2）GC/MS分析

GC/MS分析には，できれば微量成分の高感度分析が可能なMRM〔Multiple Reaction Monitoring，Selected Reaction Monitoring（SRM）ともいう〕測定が可能な三連四重極型質量分析計（QqQMS）を用いることをおすすめする．イオンソースにはElectron Ionization（EI）ソースを用い，分析カラムはInertCap 5MS/Sil（内径0.25 mm×長さ30 m，膜厚0.25 μm，ジーエルサイエンス社）などの低極性カラムを用いる．注入口温度は280℃，注入量はスプリットレスで1 μL，オーブン温度は150℃で1分間保持した後，270℃まで25℃/min，276℃まで1℃/min，325℃まで25℃/minで昇温させ6分間保持する昇温条件を設定する．キャリアガスはHeガスを1 mL/min，QqQMSのコリジョンガスは使用する機種に応じて設定する．トランスファーラインとイオンソースの温度はそれぞれ280℃，230℃に設定する．

超臨界二酸化炭素の特徴

- 高拡散性，低粘性
- 不燃性，安価，無毒性
- 非極性
- 取り扱いの簡便さ
  （臨界温度 31.1℃，臨界圧力 7.38 MPa）

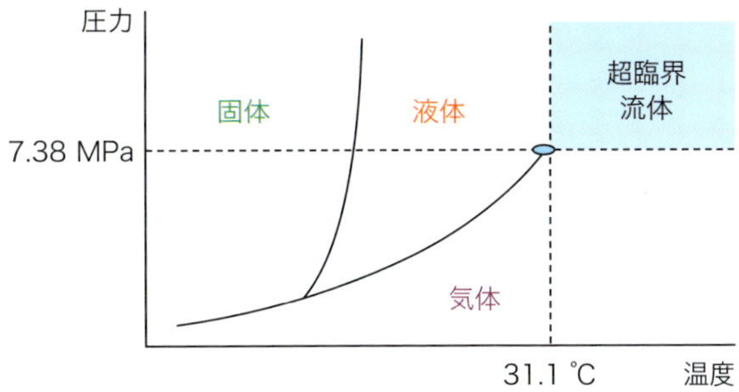

二酸化炭素の状態図

SFC の特徴

- 高速分析が可能
- 高分離
  } → ハイスループット
  イニシャライゼーションも短時間
- 疎水性化合物の分析に有用 ← CO_2 は低極性
- 添加剤（モディファイヤー）を加えることにより極性を大きく変化させられる
  →幅広い化合物の分離に対応

図5　SFCの特徴

超臨界流体クロマトグラフィー（Supercritical Fluid Chromatography：SFC）による脂質分析

1. 超臨界流体クロマトグラフィー（Supercritical Fluid Chromatography：SFC）とは？

SFCは，超臨界流体（物質固有の気液の臨界点を超えた非凝縮性の流体）を移動相として用いるGCとHPLCの両方の性質をもち合わせた高解像度，ハイスループットの分離手段である（図5）．SFCでは，カラム背圧が低いことを利用して，高速モードでの分離やカラム長を伸ばすことにより分離能を向上させることが可能である．また，温度や背圧を変化，すなわち，移動相の状態を変化させることによりGCやHPLCにない幅広い分離モードを選択できる特徴を有する．また，通常HPLCで使用する充填型カラムが使用でき，カラムや移動相に添加するモディファイヤーを選ぶことによって，種々の化合物の分離に適用可能である．二酸化炭素は，臨界圧力が7.38 MPaであり，臨界温度が31.1℃と比較的常温に近く，引火性や化学反応性がなく，純度の高いものが安価に手に入ることなどから，SFCに最もよく利用される．超臨界二酸化炭素はヘキサンに近い低極性であるが，メタノールのような極性有機溶媒をモディファイヤーとして添加することによって，移動相の極性を大きく変化させることが可能である．さらに，SFCの特筆すべき特徴として，分取への移行が容易であることがあげられる．最近開発されたUHPLCは粒子径の小さい充填剤を用いた超高圧の分離系であるため分取クロマトとして利用することは難しい．SFCはスケールアップが容易であり，代謝物解析において分取クロマトとして未知物質の同定や標準物質の取得に威力を発揮する．

2. SFC/MSを用いたリピドーム分析系

現在，HPLCによるクロマト分離技術やタンデム型質量分析計の発展に伴って，脂質分子種の包括的測定が実施されている．特に，逆相担体を用いたRP-LC/MS/MSはオクタデシルシリル（ODS）担体と脂質分子との疎水性相互作用によって異性体を含む個々の脂質をクロマト分離することができるため，最もよく使用されている分離分析手段である．しかし，個々の脂質分子はクロマト分離されることによって，イオン化サプレッションなどのマトリクス効果を正確に補正することができないことから定量的な観測は困難となる（検出されるすべての脂質分子の安定同位体標識化合物を準備できないため）．一方，順相クロマトグラフィー（NPLC）や親水性相互作用クロマトグラフィー（hydrophilic interaction chromatography：HILIC）はグリセロリン脂質や糖脂質の各脂質クラスのヘッド構造を認識するため脂質クラスの分離が可能となる．さらに，各脂質クラスの内部標準液を生体抽

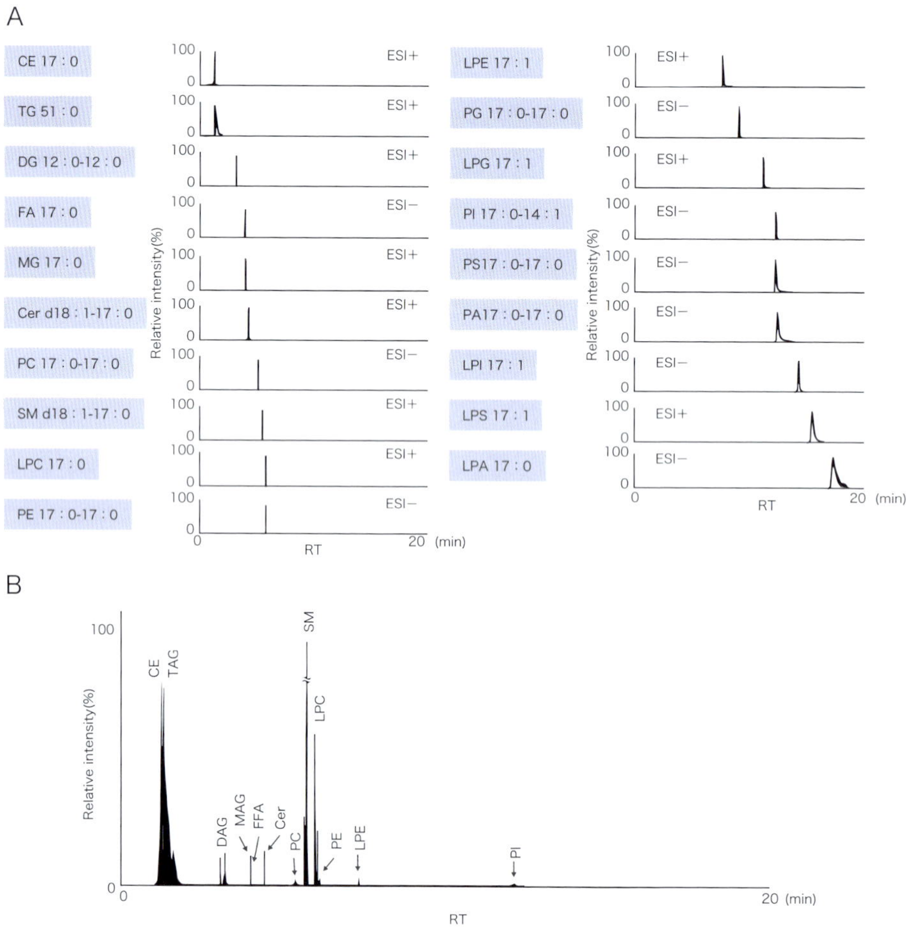

図6　SFC/QqQ-MSによる各種脂質クラスのクロマト分離
文献1より引用.

出液に添加することで定量的な脂質分子の測定が可能となる．しかし，NPLCやHILIC分離は包括的な脂質クラスの分離に課題があると同時に保持時間再現性も低い．また，NPLCでは用いる移動相の疎水性が高く質量分析に不向きである．SFCは順相系のカラムを用いることにより高度な脂質のクラス分離が可能であり，質量分析での高感度分析が可能な移動相を用いることができることから，リピドーム分析に好適である．本項においては，最近開発されたSFC/MSを用いた脂質分子の包括的かつ定量的なリピドーム分析系について解説する[1]．

超臨界流体クロマトグラフィー三連四重極型質量分析（SFC/QqQ-MS）を用いた新規の定量リピドーム解析手法の開発に取り組んだ．各種SFC分離条件の検討を行った結果，順相系のDEA（Diethylamine）カラム（エチレン架橋型ハイブリッドシリカ担体にDiethylamineを修飾）によるSFCが，22種の脂質クラスを短時間（20分）かつ高分離できることを見出した（図6）．SFC分離は，従来のNPLCやHILICと比べて広範囲の脂質クラスを短時間かつ高分離できることが利点であった．

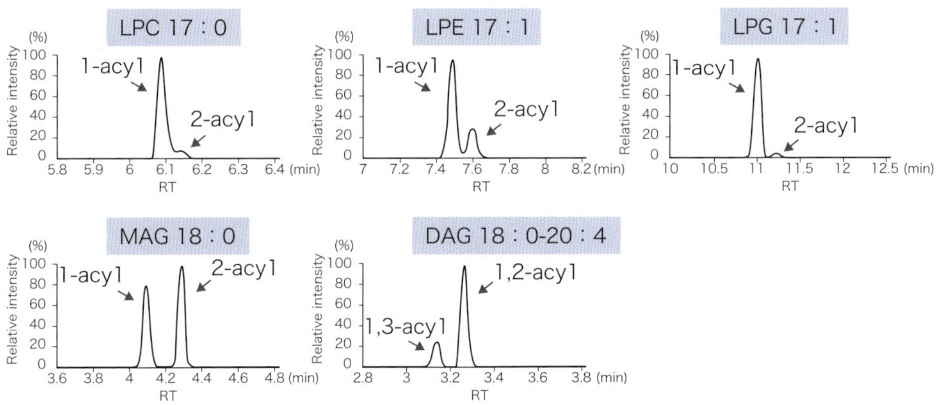

図7　位置異性体の分離
文献1より引用．

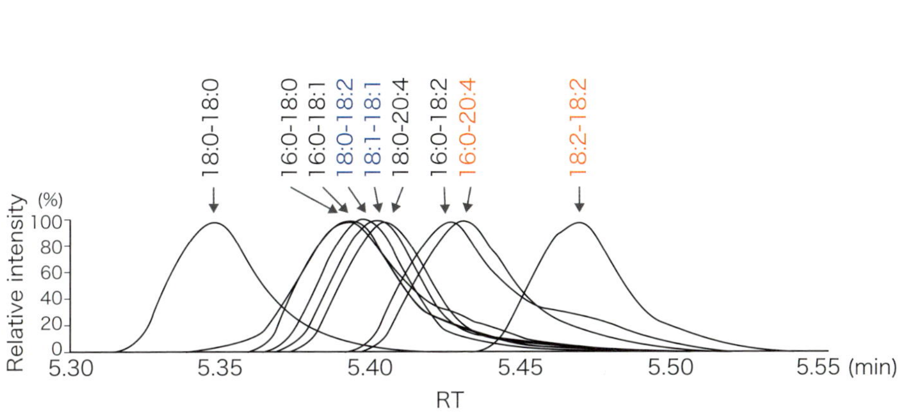

図8　MRMトランジションによるPC分子種の分離

また，質量分析では識別できないリゾリン脂質や中性脂質（MG, DG）の位置異性体についてもSFCによるクロマト分離ができることが分かった（図7）．さらに，各種脂質クラスのフラグメンテーションを詳細に解析し，適切なMRMを設定することで，ジアシルリン脂質の構造異性体（PC 16：0–20：4とPC 18：2–18：2など）を質量分離できることも明らかにした（図8）．各脂質クラスの個々の脂質分子に対して添加回収試験を実施したところ，回収率70%以上を達成したことから包括的かつ定量的な脂質分析が実施できることが示された．また，動物細胞，血漿，各種動物組織の分析を実施したところ，約400種以上の脂質分子種の定量が可能となった．

上記SFC/MS/MS分析法の特徴をまとめると，1. SFCの順相モードによる脂質クラスの高分離，2. 三連四重極型質量分析（MRM測定）によるワイドターゲット分析，3. SFC/MS/MSと安定同位体希釈法（各脂質クラスに対して1種の安定同位体IS）による定量分析である．当該分析法を用いることで，各脂質クラスの総量および個々の脂質分子の定量が可能となった．また，本手法は，保持時間を脂質同定のクライテリアとして活用できるため，データ解析のスループットや偽陽性・偽陰性を低減させた新規のリピドーム解析法であるといえる．

液体クロマトグラフィー（Liquid Chromatography：LC）による脂質分析

1. 順相系分離と逆順相系分離とは？

脂質は水に溶けない物性をもち，その物性により有機溶媒への溶解も異なることから，LC

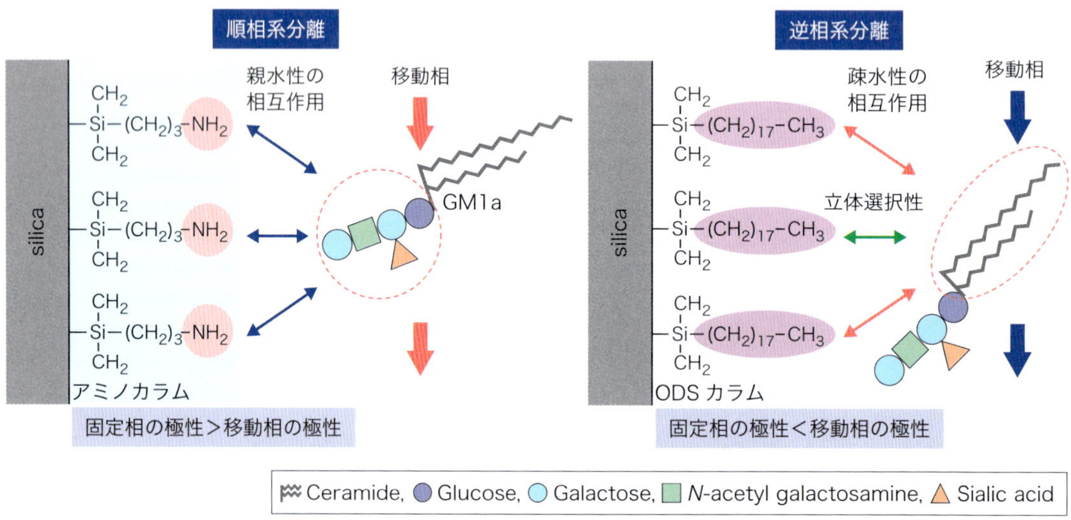

図9　順相系および逆相系分離とは

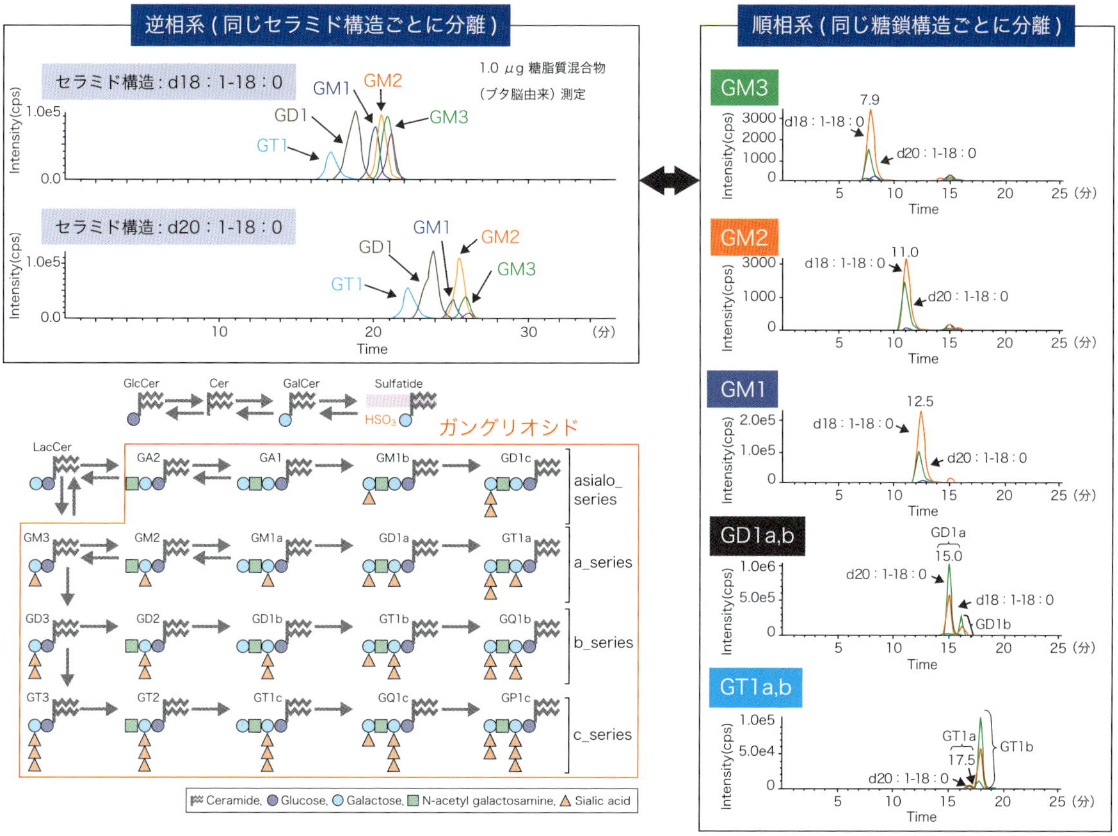

図10　順相系および逆相系分離パターンの特徴（ガングリオシドを例として）

分離技術が進歩した現在でも解析し難い対象である．一方，LCの移動相の種類やLCカラムの充てん剤の種類などが細分化されているために，対象となる脂質の物性に関する知識や経験に裏付けられた分離法の構築が重要である．

現在よく用いられるLCの分離モードについては，順相系と逆相系に大別される（図9）．順相系では，固定相に極性の高いシリカゲルやアミノプロピル基などを修飾したものが用いられ，極性の高い脂質は固定相に強く保持され，極性の低い脂質は弱く保持されるために，極性の低い順に溶出される．このため，固定相と脂質の極性部分との親水性などの相互作用の違いによって，脂質クラスごとに分離することが可能である．一方，逆相系においては，固定相に極性の低いオクタデシルシリル（octa decyl silyl：ODS）基（C18基）などを修飾したシリカゲルが使われ，疎水性相互作用により極性の低い脂質が強く保持されるため，極性の高い脂質から順に溶出される．

これらの系の相互作用の違いによる分離の影響は，糖脂質であるガングリオシドを例にとると分かりやすい（図10）．例えば，逆相系のC18カラムでは，ガングリシドの糖鎖構造の立体選択性よりも，そのセラミド部との疎水性の相互作用が強いために，スフィンゴシン骨格や脂肪酸が同じセラミドごとに集まって分離される（図10左）[2]．一方，順相系のHILICカラムは，ガングリシドの糖鎖部との親水性の相互作用が強いために，セラミド部の構造がほとんど認識されず，糖鎖部の同じガングリオシドごとに分離される（図10右）[3]．このように，脂質構造のどの部分にフォーカスして分離するかによって，使われる分離モードが異なることから，カラム選択を含め注意が必要である．また，これらのLCモードの運用上の注意点としては，逆相系のカラムに比べて，順相系で使われるHILICカラムやシリカカラムは固定相の耐久性が低く，測定バッチ間でのLCの溶出時間の再現性の精度も落ちるために，ルーチン分析の際には溶出時間などの高精度な補正が必要になる点を留意されたい．

2. 分離LCカラムの選択について

LCカラムの固定相の選択は，分離対象となる脂質の構造的な特徴や異性体の種類などによって決める必要がある．リゾリン脂質などの脂肪酸の位置異性体や，αリノレン酸やγリノレン酸などの二重結合の位置異性体などを分離する場合は，分離面の安定性だけでなくカラムの取り扱いやすさ（耐久面など）に基づき，逆相系のC18カラムから初期検討することが望ましい[4]．順相系のHILICカラムの固定相は，正もしくは負の電荷をもつタイプ・電荷をもたないタイプ・両電荷をもつタイプに分類され，分離対象の脂質構造に適した固定相を選択する必要がある[5]．

また，生理活性が異なる光学異性体を分離する場合は，不斉識別能を有する化合物をシリカゲルなどの担体に結合させたキラル固定相のカラムが適している[6]．光学異性体とキラル固定相との相互作用は，固定相の種類によって水素結合形成やイオン対形成などが複合的に寄与するために，光学異性体の分離につながることが多い．

3. LC分離における移動相組成の重要性

LCに用いられる移動相の溶媒組成は，対象の脂質の物性や検出方法に適したものを選ぶ必要がある．例えば，脂肪酸などの酸性物質の場合は，逆相系で酸性移動相を用いることで，非解離型となるためにカラムへの保持が高まる．一方，酸性物質に塩基性移動相を適用すると，解離型となりカラムへの保持が低下するが，逆にピーク形状がシャープになるために分離度の向上が期待できる（ただし，塩基性の条件の場合は，基材のシリカゲル溶解よるカラム劣化に注意が必要）．この性質を利用することで，カラム内での吸着が強くてテーリングが起きやすい脂質分子については，解離型を選択することで良好なピーク形状になり，定量性の向上にもつながる．

LC分離した脂質の検出方法としては，分子レベルで高感度な分析が可能なMSと組合わせた方法が近年広まってきている．一方，MS分析ではESI（electrospray ionization）を使用することが多く，安定的にイオン化させるために適切な溶媒を選ぶ必要がある．例えば，LC分離した後にUVなどで検出する場合にはリン酸緩衝液などが用いられるが，MS分析の場合はこの溶媒は適していない．この理由としては，不揮発性のリン酸塩などは，ESIでのイオン化が不十分となって析出してMSの感度低下するためである．このため，LC/MSで解離平衡化して分離の再現性を向上する場合は，酢酸アンモニウムのような揮発性のある緩衝液を用いる必要がある（Ⅱ-11において詳しく解説）.

4. 包括的なリピドミクス解析に向けたLC分離システム

リピドミクス研究において，包括的に脂質分子種を捉えて，想定外の新しい代謝変化の発見や未知の化合物の同定につなげることを目的としたノンターゲット解析（ノンバイアス解析）というアプローチが近年注目されている（Ⅱ-11において詳しく解説）．このノンターゲット解析を進める上で，包括的な脂質の分離系が重要であり，筆者らはこれまでに高極性の脂肪酸から低極性のトリグリセリドまでの一斉に分離するシステムを構築している（図11）[7]．この手法では，生体サンプルから総脂質を一層系の抽出溶媒（クロロホルム，メタノール，水の体積比率が1：2：0.2）で調整し，微粒子径（1.7 μm）のODSカラム（ACQUITY UPLC BEH またはHSS, 130Å, 2.1 mm X 50 mm / 日本ウォーターズ社）を用いて，逆相系のUHPLCシステム（ACQUITY UPLC / 日本ウォーターズ社）により分離を行っている．また，より幅広い極性の脂質に対応するために，移動相A液にアセトニトリル：メタノール：水（=1：1：3），B液にイソプロパノールを用いている（図12）．また，それぞれに緩衝液として5 mM酢酸アンモニウムと，脂質のLCシステムの金属素材への吸着を抑えるために低濃度のナトリウムフリーの10 nM EDTAを添加している．一方，リン酸基をもつようなLPAやS1Pなどの脂質は，EDTAを添加しても十分にLCシステムへの吸着を抑制することができない．そこで，カラムハードウェアの内側（接液部）がPEEK素材のメタルフリーカラムを適用することで改善するなど，リピドミクス解析の包括性のさらなる向上にも取り組んでいる（図13）[8]．

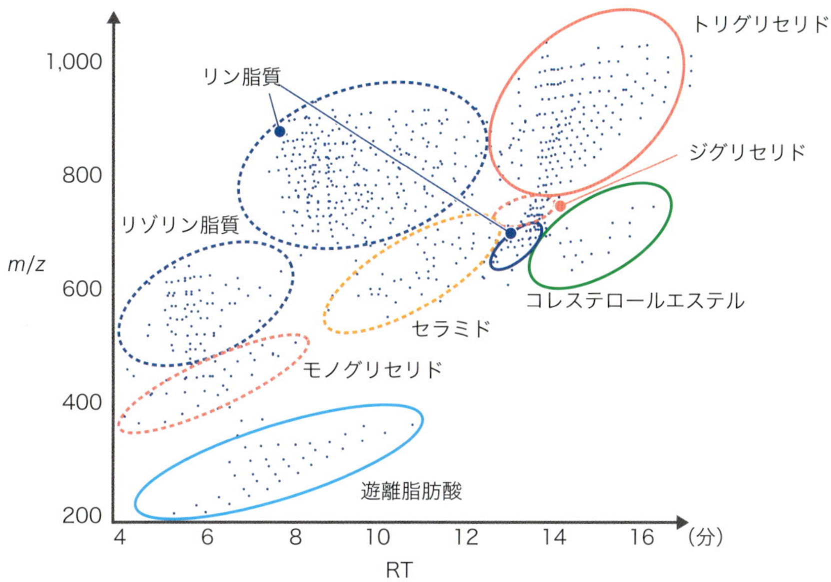

図11　包括的な脂質の分離系について（マウス肝臓を例として）

ノンターゲット解析用の LC 分離条件

グラジェント条件

時間 (min)	流速 (mL/min)	移動相 A(%)	移動相 B(%)
0	0.30	100	0
1	0.30	100	0
5	0.30	60	40
7.5	0.30	36	64
12	0.30	36	64
12.5	0.30	17.5	82.5
19	0.30	15	85
20	0.30	5	95
20	0.30	100	0
25	0.30	100	0

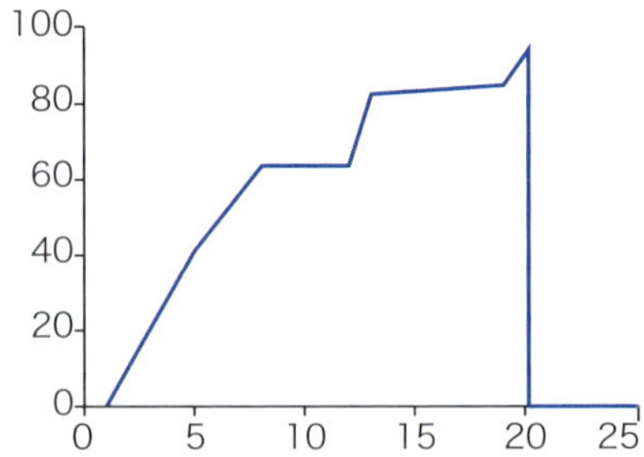

カラム

ACQUITY UPLC BEH C18 / Waters
(130Å, 1.7 μm, 2.1×50 mm)

カラム温度

45℃

移動相組成

A→アセトニトリル：メタノール：水 (=1：1：3)
　5 mM 酢酸アンモニウム ＋ 10 nM EDTA
B→イソプロパノール
　5 mM 酢酸アンモニウム ＋ 10 nM EDTA

ACQUITY UPLC システム (日本ウォーターズ社)

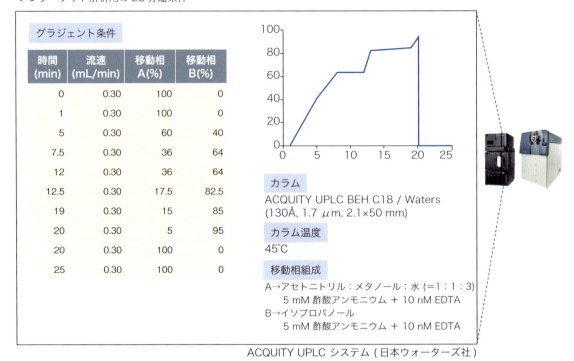

図12　包括的なリピドミクス解析でのLC分離法

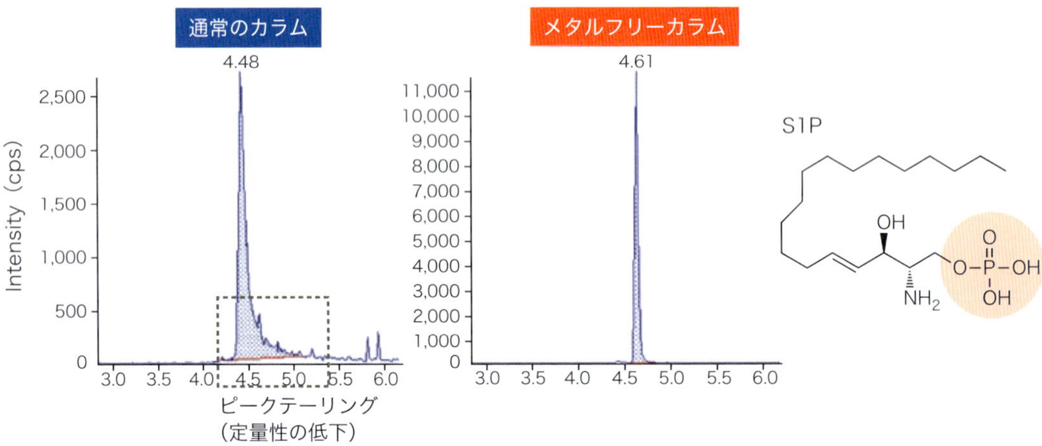

図13　メタルフリーカラムを用いた分離の最適化

イオンモビリティーによる脂質分析

1. IMS（ion mobility spectrometry）とは？

IMS（ion mobility spectrometry）は，分子イオンが高圧的なガスセル内を電場により移動する際に，ガスとの衝突で生じる移動度を利用して分離する技術である．IMSには，DTIMS（drift-time ion mobility spectrometry）型とDMS（differential-mobility spectrometry）型の種類があり，電場と分子イオンの移動方向との関係がそれぞれ異なる（図14）．DTIMS型では，分子イオンの進行方向に静電場が印加され，それぞれイオンが移動に要するDrift-timeの計測を行う[9) 10)]．例えば，嵩高い分子イオンは，嵩低い分子イオンと比べて衝突断面積が大きく，ガスとの衝突が頻繁に起こるために，それぞれの移動度差が生じることが期待される．一方，DMS型では，分子イオンが電場に対して垂直方向に移動し，SV（separation voltage）やCOV（compensation voltage）などの最適化により特定のイオンのみが静電場を透過することが期待できる．

近年では，IMSと質量分析計（MS）を組合わせた装置の開発が進んでおり，MSのみでは分離することが困難な質量電荷比（m/z）が同じ分子イオンとの区別に利用されている．例えば，生体サンプルのMS分析では，m/zが同じ夾雑成分によるバックグラウンドノイズの影響で，対象ピークを判別しにくいケースがあるが，IMSを併用することでノイズが軽減されてs/n（signal/noise）比の改善が期待される．また，IMSではm/zが同じ構造異性

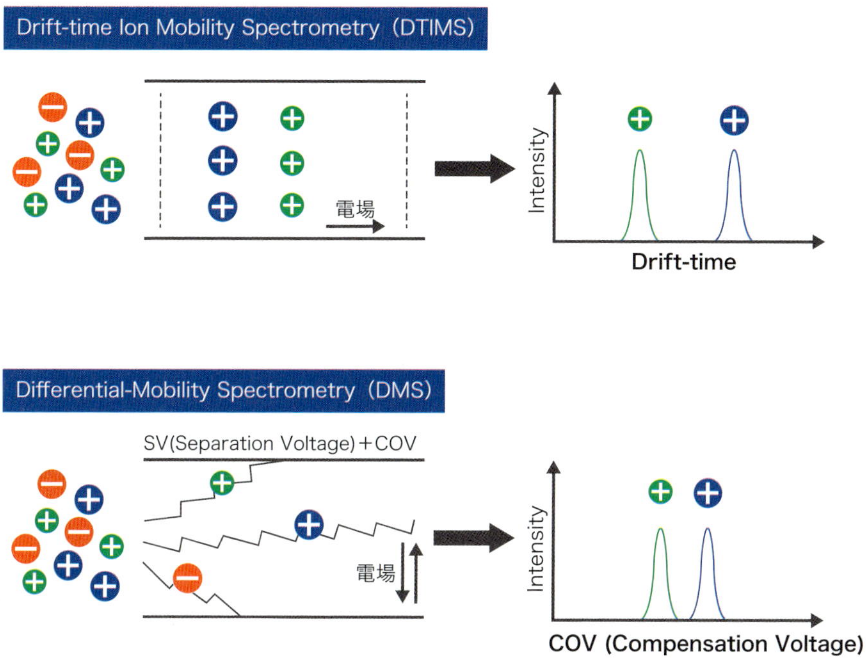

図14　IMSを用いた脂質分子イオン単離

体の分離が期待できるだけでなく，リン脂質のような極性基が異なる分子をLCなどのクロマト分離を適用せずに，ある程度区別することが可能である[10) 11)]．ただし，IMSとMSを組合わせた場合の注意点としては，IMSによってバックグラウンドノイズの軽減だけでなく，対象のピークの透過率も下がるために分析感度の低下に注意する必要がある．

2. DMSとMSを用いた脂肪酸異性体の分析

本稿では，DMS型のイオンモビリティー（SCIEX社）での脂肪酸のMS分析の例を紹介する．DMSでは，モビリティーセルに導入された分子イオンは，SVとCOVにより特定の脂肪酸を選択的に透過させることが期待できる（図15）．また，モディファイアーガス（MD）によるイオンクラスター形成と逆噴射窒素ガス（DR）で移動速度を変えることにより分離度の向上も期待できる．

ここでは，共役リノール酸であるCLA1（9c,11t）とCLA3（10t,12c）の分離分析を一例としてあげる（図15）．これらの共役リノール酸に比べて，CLA2（9t,11t）の方は2つのトランス型の二重結合をもつために立体構造が異なり，LC分離は容易である．一方，CLA1とCLA3は二重結合の位置とその結合様式は異なるが，立体構造が比較的に近くLC分離は難しいために，DMSとMSを組合わせた分離分析を行った．その結果，MDがイソプロパノールの条件下で，ポジティブイオンモード（$[M-H+2Na]^+$）において，DRを最適化

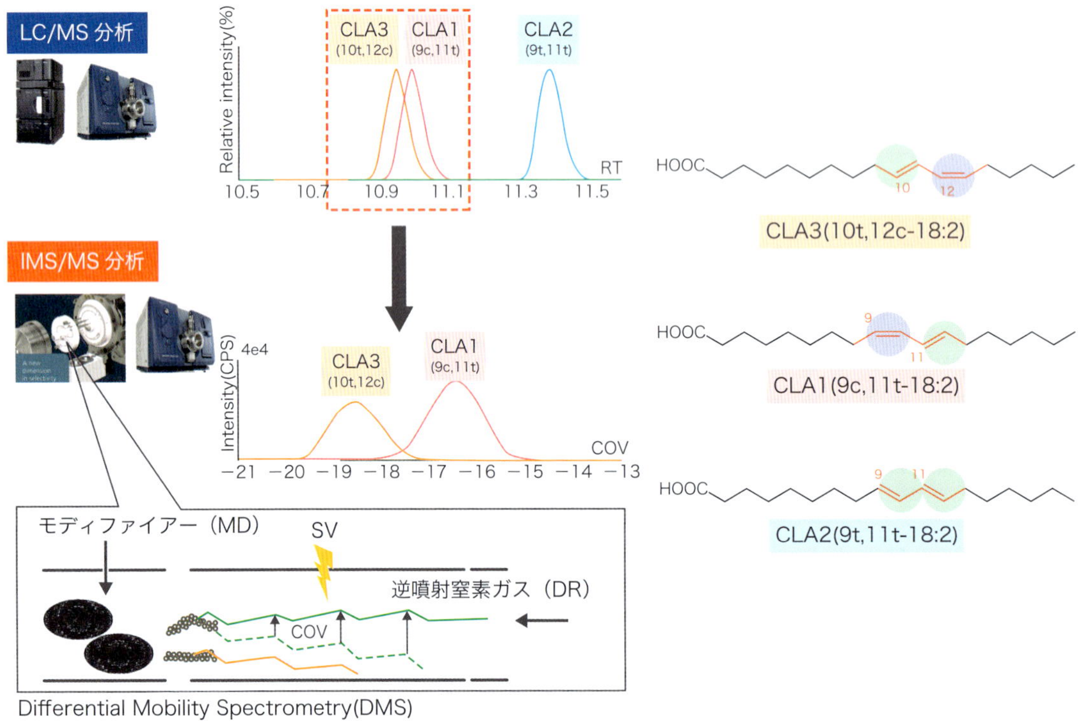

図15　IMSとMSを組み合わせた共役リノール酸の分離分析

することで分離効果が大きいことが明らかとなっている．イオンモビリティーでは，対象分子イオンのチャージパターンが分離への影響も大きいために，分離効果が得られない場合はMSのイオンモードや移動相の組成を変更するなどの工夫が必要である．

イオンモビリティーを用いた脂質のMS分析は，現段階ではLC/MSに比べると実施例が少ないために，技術的な成熟度は低いのが現状である．しかしながら，脂質は構造異性体が数多いために，いまだLCやSFCでは分離が不十分な分子も多数存在することから，イオンモビリティーは原理の異なる分離法として今後さらなる発展が期待されている．

おわりに

脂質には構造類縁体や構造異性体が数多いために，それぞれを区別するためにはクロマトグラフィーの分離が重要となるが，現状では立体構造が近い異性体については分離が不十分なケースが多く，さらなる技術向上が求められている．一方で，近年はカラムの固定相の種類も増えており，分離系の構築を進めやすい状況も整備されつつある．例えば，高密度にシリカに修飾されたC12のタイプのカラムなども開発されており，分離対象によってはC18と比較して短時間の分析でも，立体構造の高い認識性が期待できる場合もある．さらに，ハイスループットなSFCシステムは，通常HPLCで使用する充填型カラムも使用できるため，分離対象に適したカラムのスクリーニングによって，効率的に分離条件を最適化できるメリットもある．

一方で，分離系の構築の際に，主たる目的が分離精製なのか，MSを検出器として使うルーチンの分離分析かによって，カラムを検討する必要がある．例えば，固定相の支持体へアミノプロピル基など官能基を化学的に結合させたカラム（C18など直鎖アルキル型を除く）については，C18などに比べて分離能が高い場合もあるが，カラムロット差や測定間での溶出時間の再現性が低いケースもあるので注意されたい．

クロマトグラフィー分離でのもう一つの大きな課題は，人為的なシステム操作も多く，いまだ長年蓄積してきた経験と知識に頼っている点があげられる．このために，筆者らが取り組みをはじめている自動的な制御システム技術の開発が進むことで，今後技術的なハードルが下がることも期待できる．

◆ 文献

1） Takeda H, et al：J Lipid Res, 59：1283-1293, 2018
2） Ikeda K, et al：J Lipid Res, 49：2678-2689, 2008
3） Ikeda K & Taguchi R：Rapid Commun Mass Spectrom, 24：2957-2965, 2010
4） Chapter4, LC/MS, LC/MS/MSにおけるLC分離（4.2　分離モードとカラム分離）．「LC/MS, LC/MS/MSの基礎と応用」（日本分析学化学会/編），pp102-116，オーム社，2014
5） Chapter4, LC/MS, LC/MS/MSにおけるLC分離（4.2　分離モードとカラム分離）．「LC/MS, LC/MS/MSの基礎と応用」（日本分析学化学会/編），pp116-120，オーム社，2014
6） Chapter4, LC/MS, LC/MS/MSにおけるLC分離（4.2　分離モードとカラム分離）．「LC/MS, LC/MS/MSの基礎と応用」（日本分析学化学会/編），pp132-137，オーム社，2014
7） Ikeda K：Mass-spectrometric analysis of phospholipids by target discovery approach.「Bioactive Lipid Mediators」（Yokomizo T & Murakami M, ed）pp349-356, Springer, 2015

8） B Gowda SG, et al：Anal Bioanal Chem, 410：4793-4803, 2018
9） Leaptrot KL, et al：Nat Commun, 10：985, 2019
10） Baker PR, et al：J Lipid Res, 55：2432-2442, 2014
11） Lintonen TP, et al：Anal Chem, 86：9662-9669, 2014

13 クロマトグラフィー② TLC

秋山央子

液体クロマトグラフィーの一種である薄層クロマトグラフィー（TLC）は，シリカゲルなどの吸着材をガラスやアルミニウムなどの板上に薄膜状に塗布して固定相とし，移動相に液体を用いて物質を展開，分離する方法である．TLCは，特別な実験装置や高度な技術を必要とせず，再現性や精度が高いことから，脂質の分離，精製，分析に有用である．また，脂質代謝酵素の活性測定や抗脂質抗体を用いた免疫染色などに応用が可能であり，幅広く脂質研究に利用されている．

はじめに

薄層クロマトグラフィー（thin layer chromatography：TLC）は，シリカゲルなどの吸着剤を薄膜状にガラスやアルミニウムなどの板上に固定した薄層プレート（TLCプレート）を用いる分析法である．TLCプレートの一端を移動相の溶媒に浸すと，毛細管現象によって溶媒がTLCプレートに浸透し，この際にTLCプレート上に試料物質が存在すると，溶媒の移動に伴い試料物質も移動する．試料物質の吸着剤への吸着の強さと移動相の溶媒への溶解性の違いにより，試料物質の移動距離が異なることを利用して，試料物質を分離することができる．

TLCは特別な実験装置を必要とせず実験操作が単純であること，安価で短時間で行えること，同時に複数の試料物質の処理が可能であること，また再現性や精度が高いことから，脂質の分離，精製，分析に有用である．TLCでは，TLCプレートの種類や展開溶媒を工夫することによって異性体や同重体を分離することが可能である．また，試料物質に含まれる全成分がTLCプレート上に存在するため，試料物質の全体像を把握することができることもTLCの利点である．TLCは古典的な実験手法であるが，上記のような利点があることから現在でも脂質研究において頻繁に利用されている．

TLCプレート

脂質の分離，分析には，多くの場合シリカゲルを吸着剤として薄膜状に固定したガラス板が用いられる．TLCプレートを自作することも可能であるが，現在は既製品がさまざまな会社（メルク社，富士フイルム和光純薬社など）から市販されており，既製品が汎用されている．既製品は薄層表面が均一であり，分離能，再現性が安定している．ホウ酸や炭酸ナトリウムなどの試薬をシリカゲルに含ませたTLCプレートは事前に調製しなければならない．

TLCプレートは開封後，前処理などを必要とせずすぐに使用することができる．TLCプレートは空気中の汚れや水分がシリカゲルに吸収されると分離能や再現性が低下するため，開封後すぐに使用しない場合は，乾燥剤を入れたデシケーター中で保存することが望ましい．必要があれば，TLCプレートを80～110℃で15分間～1時間加熱することで，シリカゲルに吸収された水分を除去することができ，TLCプレートの分離能や再現性を回復させることができる．HPTLC（high-performance TLC）プレートは，粒子径の小さいシリカゲルが固定されたTLCプレートであり，試料物質の拡散が抑えられ，通常のTLCプレートに比べて分離能が非常に高い．そのため，通常のTLCよりも展開距離を短くして良好な分離結果を得ることができる．TLCプレートは，TLCプレート専用のガラスカッター（関東化学社）を用いることで希望の大きさに切断して使用することが可能である．

展開法

TLCで脂質を分離する場合の展開法には，一次元展開と二次元展開がある．一次元展開で行うTLCを一次元TLC，二次元展開で行うTLCを二次元TLCとよぶ．一次元TLCおよび二次元TLCでよく用いられるTLCプレートと展開溶媒およびその展開例を表1および図1にまとめた．

1. 一次元TLC

一次元TLCでは，多数の試料を同時に短時間で処理することができる．一次元展開だけですべての脂質を分離することは難しいため，実験の目的や用いる試料に応じて，目的の脂質の分離が最適となるように，TLCプレートの種類や展開溶媒を選択することが重要である．一次元TLCは，脂質代謝酵素の活性測定にも応用可能である．酵素反応後に反応液に含まれる総脂質を抽出し，基質，生成物および副生成物を一次元TLCで分離し，生成物を定量し活性を算出することができる．一次元展開のみでは分離が難しい複数の成分を含む試料の場合は，一次元展開を2回以上くり返す一次元多重展開や二次元展開によって分離を行う．

2. 二次元TLC

二次元TLCでは，異なる組成の展開溶媒が入った2つの展開槽を用意し，それらを順番に用いて直角2方向に展開する．二次元TLCは一次元TLCでは分離が難しい複数の成分を分離する場合に有用である．二次元展開は，複数の試料を同時に処理することはできないが，組織から抽出した総脂質画分など，多数の成分を含む試料を分離することができる．特に，組織由来の主要な糖脂質の組成を分析する場合には二次元TLCが有効であり，多くの場合一次元TLCでは糖脂質の数十倍量存在するリン脂質が糖脂質とオーバーラップしてしまうが，二次元TLCでは糖脂質とリン脂質を分離して分析することができる．

表1　一次元TLCおよび二次元TLCによる脂質の分離例

分離物質	TLCプレート	展開溶媒（混合比は容量比を示す）	図1参照	参考文献
中性脂質	シリカゲルプレート	ヘキサン-ジエチルエーテル-酢酸（80：20：1）	A	1
脂肪酸（鎖長による分離）	シリカゲルプレート	ヘキサン-エーテル（85：15）～（70：30），（60：40），（90：10）	−	2
プロスタグランジン	シリカゲルプレート	クロロホルム-メタノール（95：5）	−	2
	シリカゲルプレート	エーテル-メタノール-クロロホルム（65：15：20）	−	2
リン脂質	シリカゲルプレート	クロロホルム-メタノール-水（65：25：4）	B	1
	シリカゲルプレート	クロロホルム-メタノール-アンモニア水（65：35：8）	C	1
	シリカゲルプレート	クロロホルム-メタノール-酢酸-水（50：25：8：4）	−	3
	シリカゲルプレート	クロロホルム-メタノール-酢酸（90：10：10）	−	3
	1 mM炭酸ナトリウムを噴霧し乾燥させたシリカゲルプレート	クロロホルム-メタノール-酢酸-水（25：15：4：2）	D	4
	1.2% ホウ酸 - エタノール溶液：水（1：1）を噴霧し乾燥させたシリカゲルプレート	クロロホルム-メタノール-水-アンモニア水（120：75：6：2）	E	5
	1% シュウ酸カリウムを噴霧し乾燥させたシリカゲルプレート	クロロホルム-メタノール-4 N アンモニア水（9：7：2）	F	6
	シリカゲルプレート	フリップフロップ展開 1 回目：クロロホルム-メタノール-28% アンモニア水（65：35：7.5） フリップフロップ展開 2 回目：クロロホルム-アセトン-メタノール-酢酸-水（50：20：10：15：5）	G	7
	シリカゲルプレート	一次元多重展開 1 回目：石油エーテル-ジエチルエーテル-酢酸（90：10：1） 一次元多重展開 2 回目：トルエン	H	1
	シリカゲルプレート	二次元展開-一次展開：クロロホルム-メタノール-28% アンモニア水（65：35：5） 二次元展開-二次展開：クロロホルム-アセトン-メタノール-酢酸-水（5：2：1：1：0.5）	M	1
セラミド	シリカゲルプレート	クロロホルム-メタノール（95：5）	−	8
中性糖脂質	シリカゲルプレート	クロロホルム-メタノール-水（60：35：8）	I	8
中性糖脂質（グルコース化脂質とガラクトース化脂質の分離）	1% ホウ酸を噴霧し乾燥させたシリカゲルプレート	クロロホルム-メタノール-2.5 N アンモニア水（65：35：8）	J	9
硫糖脂質	シリカゲルプレート	クロロホルム-メタノール-0.2% $CaCl_2$（60：30：6）	K	10
ガングリオシド，中性糖脂質	シリカゲルプレート	クロロホルム-メタノール-0.2% $CaCl_2$（60：35：8）	L	8
ガングリオシド	シリカゲルプレート	クロロホルム-メタノール-2.5 N アンモニア水（65：35：8）	−	8
GM3から10以上の糖をもつガングリオシド	シリカゲルプレート	多重展開1回目：プロパノール-水-28% アンモニア水（6：3：1） 多重展開2回目：クロロホルム-メタノール-0.2% $CaCl_2$（50：50：10）	−	8
ガングリオ系ガングリオシド	シリカゲルプレート	二次元展開-一次展開：クロロホルム-メタノール-0.2% $CaCl_2$（60：35：8） 二次元展開-二次展開：プロパノール-水-28% アンモニア水（75：25：5）	N	8

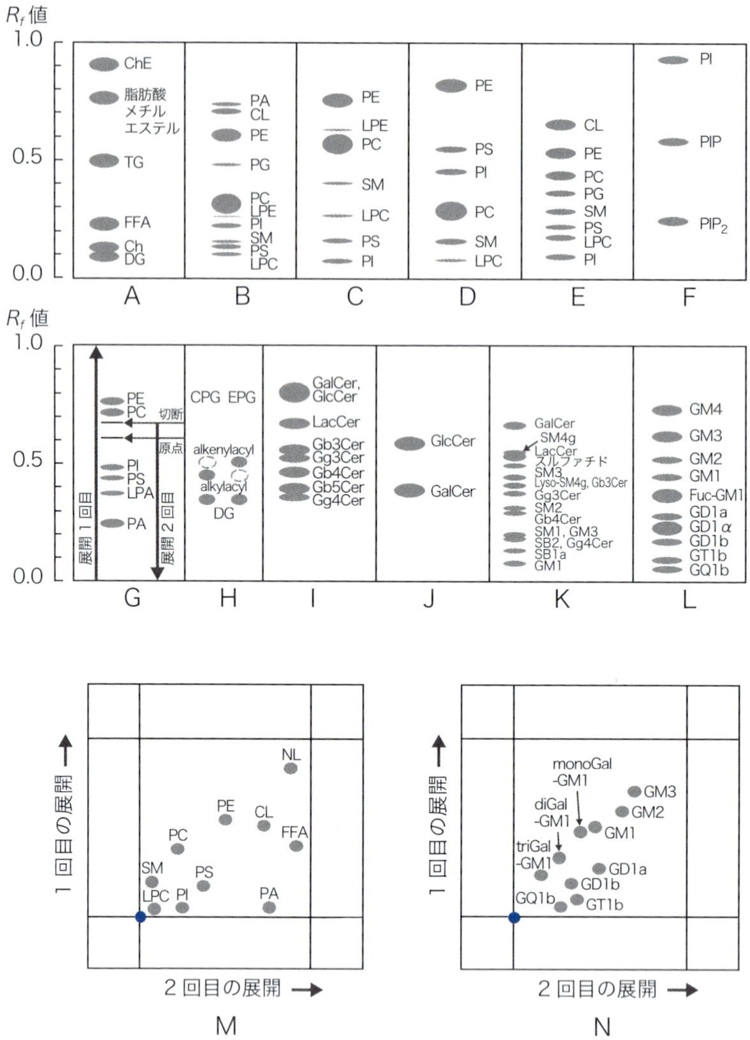

図1　一次元TLCおよび二次元TLCによる脂質の分離例（表1の補足図）

alkenylacyl：アルケニルアシルアセチルグリセロール．alkylacyl：アルキルアシルアセチルグリセロール．Ch：コレステロール．ChE：コレステロールエステル．CL：カルジオリピン．CPG：コリンリン脂質．DG：ジアシルグリセロール．diGal-GM1, GD1a, GM1, GM2, GM3, monoGal-GM1, triGal-GM1：a-シリーズガングリオシドの一種．EPG：エタノールアミンリン脂質．FFA：遊離脂肪酸．Fuc-GM1：フコシルGM1．GalCer：ガラクトシルセラミド．Gb3Cer：グロボトリアオシルセラミド, Gb3．Gb4Cer：グロボテトラオシルセラミド, Gb4．Gb5Cer：グロボペンタオシルセラミド, Gb5．GD1b, GQ1b, GT1b：b-シリーズガングリオシドの一種．GD1 α：α-シリーズガングリオシドの一種．Gg3Cer：アシアロGM2, GA2, o-シリーズガングリオシドの一種．Gg4Cer：アシアロGM1, GA1, o-シリーズガングリオシドの一種．GlcCer：グルコシルセラミド．GM4：シアロシルガラクトシルセラミド, gala-シリーズガングリオシド．LacCer：ラクトシルセラミド．LPA：リゾホスファチジン酸．LPC：リゾホスファチジルコリン．LPE：リゾホスファチジルエタノールアミン．Lyso-SM4g：リゾセミノリピド．NL：中性脂質．PA：ホスファチジン酸．PC：ホスファチジルコリン．PE：ホスファチジルエタノールアミン．PG：ホスファチジルグリセロール．PI：ホスファチジルイノシトール．PIP：ホスファチジルイノシトール 4-リン酸．PIP_2：ホスファチジルイノシトール 4,5-ビスリン酸．PS：ホスファチジルセリン．SB1a：ビススルホガングリオテトラオシルセラミド．SB2：ビススルホガングリオトリアオシルセラミド．SM：スフィンゴミエリン．SM1：モノスルホガングリオテトラオシルセラミド．SM2：モノスルホガングリオトリアオシルセラミド．SM3：スルホラクトシルセラミド．SM4g：セミノリピド．TG：トリアシルグリセロール．

検出法

TLCで分離された脂質は，検出試薬などを用いてTLCプレート上で検出することができる．検出試薬は，脂質を非可逆的に破壊する破壊性試薬と，非破壊性試薬の2種類に分けられる．また，特定の脂質構造を検出する試薬と，脂質を非特異的に検出する試薬があるため，検出試薬を用いる場合は，実験の目的や目的の脂質の性質に応じて使い分ける必要がある．検出試薬と検出方法の組合わせについて表2にまとめた．

脂質代謝酵素の活性測定に放射性同位体標識された基質を用いた場合には，TLCプレートをイメージングプレート（富士フイルム和光純薬社）に密着させイメージングプレート上に蓄積された情報をスキャンする方法，ならびに生成物が含まれる箇所のシリカゲルをかきとって液体シンチレーションカウンターで測定する方法を用いて活性を算出することができる．脂質代謝酵素の活性測定に蛍光標識された基質を用いた場合には，用いた蛍光物質の励起波長と蛍光波長にしたがって蛍光検出を行うことによって，活性を算出することができる．糖脂質については，検出試薬で発色させた後，TLCプレートをクロマトグラフ用スキャナーでスキャンし（オルシノール-硫酸試薬の場合：540 nm，レゾルシノール-塩酸試薬の場合：580 nm），デンシトメトリーで分析して糖脂質含量を算出することができる[8]．脂質代謝酵素の活性測定に定量データが必要な場合，ならびに糖脂質含量をデンシトメトリーで算出する場合には，既知量の標準物質と試料を同一のTLCプレートで展開し，検量線を作って補正することが望ましい．

表2　TLCでの脂質の検出法

脂質	検出試薬	検出法	呈色	破壊性/非破壊性	参考文献
脂質全般	ヨウ素蒸気	TLCプレートをヨウ素の結晶を入れた密閉ガラス容器中に入れ，ヨウ素蒸気にさらす．	黄色～茶色．長時間処理すると不飽和脂肪酸をもつ脂質が分解される．不飽和度により検出感度が異なり，飽和脂肪酸のみをもつ脂質の検出感度は低い．	非破壊性	1, 11
脂質全般	プリムリン試薬（0.001～0.005% プリムリン-80% アセトン溶液）	TLCプレートに噴霧後，紫外線（365 nm）を照射する．	青白色	非破壊性	1, 8
脂質全般	Coomassie brilliant blue試薬（染色液：0.03% Coomassie brilliant blue RまたはG-20% メタノール/脱色液：20% メタノール）	TLCプレートを染色液に浸し，脂質の検出のみの場合は10～30分，デンシトメトリーを行う場合は30分～2時間静置する．その後脱色液にTLCプレートを浸し，時々撹拌しながら2～5分かけて脱色する．脱色後のTLCプレートは乾燥させる．TLCプレートのシリカゲル層はメタノール溶液中で剥離しやすいため，シリカゲル層が剥離しにくいHPTLCプレートを用いるのが望ましい．	青色	非破壊性	12

（次ページへ続く）

表2　TLCでの脂質の検出法（続き）

脂質	検出試薬	検出法	呈色	破壊性/非破壊性	参考文献
脂質全般	硫酸（40～50%）	TLCプレートに噴霧後，150～180℃で20～60分間加熱する．	茶色～黒色	破壊性	1, 11
脂質全般	銅-リン酸試薬（Cupric試薬）〔3%酢酸銅（Ⅱ）-8%リン酸溶液〕	TLCプレートに噴霧後，180℃で15～30分間加熱する．	茶色	破壊性	13
ステロール，ステロールエステル	Ferric chloride試薬（$FeCl_3$・$6H_2O$ 50 mgを水90 mLに溶かし，酢酸5 mL，硫酸5 mLを加えて全量100 mLとする）	TLCプレートに噴霧後，100～120℃で3～10分間加熱する．	紫色	破壊性	14
リン酸を含む脂質	Dittmer試薬（A液：三酸化モリブデン4.01 gを25 N硫酸100 mLに加え煮沸して溶解する/B液：A液50 mLに粉末モリブデン180 mgを加え15分間煮沸し，室温に戻した後，上清をデカンテーションで分取する）	A液とB液を1：1で混合し，混合液の二倍量の水を加え，TLCプレートに噴霧する．	青色	破壊性	11
コリンを含む脂質	Dragendorff試薬〔A液：塩基性硝酸ビスマス（次硝酸ビスマス）1.7 gを酢酸20 mLに溶かし，水80 mLを加える/B液：ヨウ化カリウム10 gを水25 mLに溶解する〕	使用時にA液20 mLとB液5 mLを混合し，水70 mLを加え，TLCプレートに噴霧する．	オレンジ色	破壊性	11
プラズマローゲン	0.4% 2,4-ジニトロフェニルヒドラジン-2 N塩酸溶液	TLCプレートに噴霧する．	黄色～赤黄色	破壊性	11
グリコール基を含む脂質	過ヨウ素酸-Schiff試薬〔A液：メタ過ヨウ素酸ナトリウム1 gを水100 mLに溶かす/B液：フクシン（ローズアニリン）1 gを水100 mLに溶かし，亜硫酸ガスで脱色する〕	TLCプレートにA液を噴霧し，5～10分間放置し脂質を酸化させる．その後水を噴霧し，亜硫酸ガスを充満させたタンクで過剰の過ヨウ素酸を除き，ヨウ素を消失させた後，B液を噴霧する．	ホスファチジルグリセロール：紫色 ホスファチジルイノシトール：黄色（40分後） 糖脂質：青色 1-アシルグリセロール：紫色	破壊性	1
アミノ基を含む脂質	ニンヒドリン試薬（ニンヒドリン300 mgを酢酸3 mLを含む1-ブタノール溶液100 mLに溶かす）	TLCプレートに噴霧後，100～120℃で数分間加熱する．	赤紫色	破壊性	1, 8
糖脂質全般	オルシノール-硫酸試薬（オルシノール200 mgを水88.6 mLに溶かし，硫酸11.4 mLを加えて全量100 mLとする）	TLCプレートに噴霧後，100～120℃で3～10分間加熱する．	赤紫色	破壊性	8
糖脂質全般	アントロン試薬（アントロン0.05 gとチオ尿素1 gを66%硫酸100 mLに溶かす）	TLCプレートに噴霧後，110℃で5～10分間加熱する．	紫色～黒色	破壊性	1
硫黄を含む脂質	アズールA試薬（噴霧液：アズールA 1 gを0.04 N硫酸20 mLに溶かし，水を加えて全量40 mLとする/脱色液：0.06 N硫酸-25%メタノール溶液）	TLCプレートに噴霧後乾燥させる（噴霧→乾燥を2～3回くり返す）．その後脱色液にTLCプレートを浸して脱色する．脱色を数回くり返すとバックグラウンドの青色が消える．	青色	破壊性	8
ガングリオシド（シアル酸含有糖脂質）	レゾルシノール-塩酸試薬（レゾルシノール200 mgを水10 mLに溶かし，濃塩酸80 mLと0.1 M硫酸銅0.25 mLを加え，水を加えて全量100 mLとする）	TLCプレートに噴霧後，ガラス板を重ね，シリカゲル面を下にして105℃で5～10分間加熱する．	青紫色	破壊性	8

TLCの実際

1. TLCプレートへの試料のスポット

一次元TLCの場合は，芯の柔らかい鉛筆を用いてTLCプレートの下端から1.5～2 cmくらいのところに3～8 mm幅で試料をスポットする位置をマークする（図2）．二次元TLCの場合は，芯の柔らかい鉛筆を用いてTLCプレートの2つの辺の端から1.5～2 cmくらいのところに線を引き，2本の線が交差する点を原点とする（図2）．

試料はクロロホルム-メタノール混液〔クロロホルム-メタノール（2：1）など〕に溶解し，TLCプレートにスポットする量が1～5 μLになるように調製する．スポットする試料の脂質含有量は対象とする脂質や検出方法にもよるが，中性脂質の場合は4～50 μg，リン脂質の場合は20～80 μg，糖脂質の場合は0.1～3 μgを目安とする[1]．試料は，マイクロシリンジまたはガラス製のキャピラリーを用いて，TLCプレート上の鉛筆で印をつけた場所にスポットする．試料をスポットした後には，ドライヤーなどで冷風を当て溶媒をよく乾燥させる．

2. 展開

展開槽はガラス製垂直型とテフロン製水平型の2種類がある（図3）．垂直型展開槽の場合には，ろ紙を入れた展開槽に展開溶媒を0.5～1 cm程度の深さになるように入れ蓋をする．垂直型展開槽の大きさにもよるが，展開槽に溶媒の蒸気を充満させるために，15～60分間置いてから展開するのが好ましい．水平型展開槽の場合には，5～10 mLの展開溶媒で展開ができる．水平型展開槽に展開溶媒を0.3 cm程度の深さになるように入れ，蓋をして15分間程度置いてから展開する．水平型展開槽の場合には，TLCプレートの両端から中央に向けて展開ができるため，1枚のTLCプレートで通常の2倍の数のサンプルを処理することが可能である．垂直型ならびに水平型のどちらの展開槽の場合においても，展開槽の蓋の上に重しを置くなどして蓋をしっかりと容器に密着させ，展開槽の中が溶媒で飽和した状態にしてから展開することが重要である．試料をスポットしたTLCプレートを展開槽に入れ展開を行い，展開後はTLCプレートを展開槽からとり出し，ドライヤーなどで冷風を当て溶媒をよく蒸発させる．一次元多重展開の場合には，1回目の展開終了後，TLCプレートを展開槽からとり出し溶媒をよく蒸発させ，2回目の展開の展開溶媒が入った展開槽で展開を行う．一次元多重展開の応用法であるフリップ-フロップ展開では，1回目の展開終了後，TLCプレートの上下を逆さにして2回目の展開を行う．二次元TLCの場合には，一次元目の展開後，TLCプレートを展開槽からとり出し溶媒をよく蒸発させ，TLCプレートを90度回転させ，二次元目の展開溶媒が入った展開槽で展開を行う．

3. 検出

表2参照．

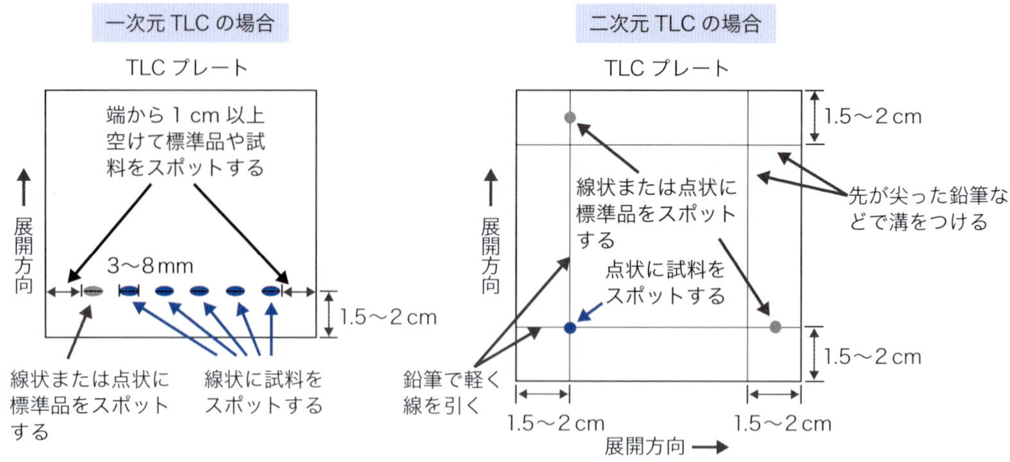

図2　TLCプレートへの試料のスポット

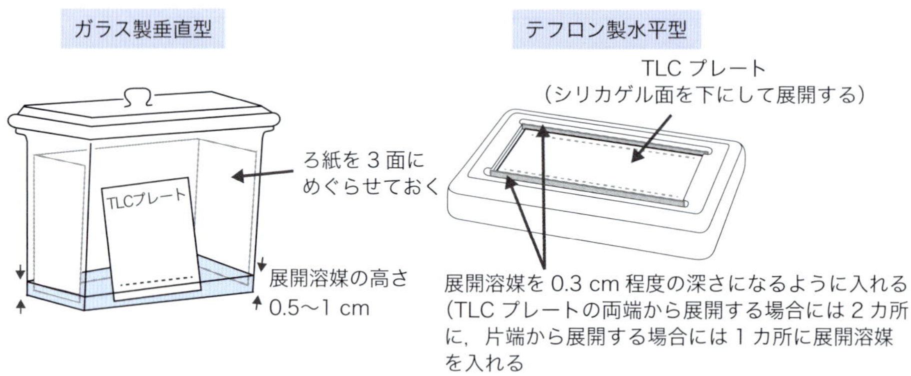

図3　展開槽

TLCによる脂質の精製

TLCで分離された脂質は，脂質が含まれる箇所のシリカゲルをかきとって溶媒を用いて抽出することによって精製することが可能である[1]．

具体的には，試料物質を展開後，非破壊性試薬であるプリムリン試薬（表2）をTLCプレートに均一に噴霧し，紫外線下でスポットを確認する．TLCによる脂質の精製を行う際には破壊性試薬を使うことはできないので注意が必要である．目的の脂質に相当するスポットの部分のシリカゲルをカミソリなどでかきとり，ガラス試験管に集め，クロロホルム-メタノール-水（1：2：0.8）混液を加える．その後，スターラーを試験管に入れて撹拌，または超音波処理によってケイ酸を細かく砕き，クロロホルムと水を加えて最終的にクロロホルム-メタノール-水（1：1：0.9）になるようにする（Bligh-Dyer法）．1,000〜1,500 ×gで10分間遠心し，2層に分離した下層に脂質が分配される．精製画分と標準物質を用いて再度TLCを行い，精製画分に含まれる脂質の同定，ならびに純度の確認を行う．

TLC-免疫染色法

ガングリオシドなど特異的な抗体が存在する脂質については，展開後のTLCプレートに抗脂質抗体を反応させるTLC-免疫染色法を用いて検出することが可能である[8]．抗原抗体反応は水溶液中で行わなければならないが，TLCプレートのシリカゲル層は水に弱く水溶液中では剥離してしまうため，展開後にTLCプレートをポリイソブチルメタクリレートでコートする．その後，抗脂質抗体を一次抗体として反応させ，次にペルオキシダーゼで標識された二次抗体を反応させ，ペルオキシダーゼの基質となる発色試薬を作用させて検出を行う．^{125}Iで標識された二次抗体を用いて検出することも可能である．具体的な方法については参考文献[1][8]を参照されたい．

ファーイースタンブロット法（TLCブロット法）

TLCブロット法は，TLCによってTLCプレート上で分離した脂質をポリビニリデンジフルオリド膜（PVDF膜）に転写する方法である[15]．展開後のTLCプレートを転写溶媒〔イソプロパノール-0.2% $CaCl_2$-メタノール（40：20：7）〕に20秒間浸した後，TLCプレートと同じ大きさに切ったPVDF膜，ガラス繊維ろ紙を順にTLCプレートのシリカゲル面の上に重ね，加熱転写装置（TLCブロッター，バイオエックス社）または家庭用アイロン（表面温度，約180℃）を用いて30秒間押さえつける．PVDF膜上に転写された脂質は，TLCプレート上の脂質の検出に用いる試薬で検出が可能である．また，PVDF膜から目的の脂質が転写された部分を切り取り，有機溶媒を用いて脂質を抽出することによって目的脂質を精製することができる．特異的な抗体が存在する脂質が転写されたPVDF膜は，抗脂質抗体を用いてタンパク質のウエスタンブロット法に準じて検出することが可能である．具体的な方法については参考文献[1][15]を参照されたい．転写の際に約180℃に加熱するため，熱に不安定な脂質は分解される場合があることに注意する．また，酸を含むTLCプレートを用いた場合には，転写の際の加熱とTLCプレート由来の酸によって脂質が分解される場合があるので注意する．

おわりに

近年の脂質研究では，質量分析法（MS）や高速液体クロマトグラフィー／質量分析法（LC/MS）がさかんに用いられ，質量分析計の利用が欠かせなくなっている．MSならびにLC/MSは，TLCに比べると検出感度や精度が格段に高い分析法であることは言うまでもないが，MSやLC/MSではイオン化された化合物のみが検出されるため，試料中に含まれるすべての化合物が検出されるという保証はない．MSやLC/MSが全盛の現在の脂質研究において，古典的な実験手法であるTLCが必須の分析法としていまだに用いられている理由の1つには，TLCでは試料物質に含まれる全成分がTLCプレート上に存在し，試料物質の全体像を把握することができることがあげられる．TLCで得られる情報をその他の分析法で得られる情報と組合わせることによって，多角的に対象物質の性質を理解することができるだろう．

◆ 文献

1）山下　純，他：「基礎生化学実験法5　脂質・糖質・複合糖質」（日本生化学会/編），pp5-14，24-27，138-167，東京化学同人，2000
2）「生化学データブック［Ⅰ］生体物質の諸性質・生体の組成」（日本生化学会/編），東京化学同人，1979
3）Snyder F：J Chromatogr, 82：7-14, 1973
4）Skipski VP, et al：Biochem J, 90：374-378, 1964
5）Fine JB & Sprecher H：J Lipid Res, 23：660-663, 1982
6）Gonzalez-Sastre F & Folch-Pi J：J Lipid Res, 9：532-533, 1968
7）Kennerly DA：J Biol Chem, 262：16305-16313, 1987
8）滝　孝雄：「新生化学実験講座4　脂質Ⅲ　糖脂質」（日本生化学会/編），pp135-155，東京化学同人，1990
9）Akiyama H, et al：J Lipid Res, 57：2061-2072, 2016
10）Tadano-Aritomi K & Ishizuka I：J Lipid Res, 24：1368-1375, 1983
11）Skipski VP & Barclay M：Methods Enzymol, 14：530-598, 1969
12）Nakamura K & Handa S：Anal Biochem, 142：406-410, 1984
13）Fewster ME, et al：J Chromatogr, 43：120-126, 1969
14）Lowry RR：J Lipid Res, 9：397, 1968
15）Taki T, et al：Anal Biochem, 221：312-316, 1994

Technical Tips ❻

TLC実施上の注意点

・TLCプレートに試料をスポットする際にスポット範囲が大きくなりすぎると，展開槽にTLCプレートを入れた際に試料が展開溶媒に浸かってしまい，試料が展開溶媒に溶解し分離されない．

・展開溶媒を調製する際の総量が少なすぎると，溶媒が揮発し溶媒の組成が変わってしまい，試料の分離の再現性が低下する．

・展開槽に入れる展開溶媒の量が少なすぎると，TLCプレートの上端まで溶媒が到達せずに展開が途中で止まる．

・展開途中で展開槽の蓋を開け閉めすると，展開槽内の展開溶媒が揮発し溶媒の組成が変わってしまい，試料の分離の再現性が低下する．

・1度展開槽に入れた展開溶媒は同日であれば2～3回使用することが可能だが，展開槽の蓋の開け閉めの回数が増えた場合や翌日以降に使用した場合には，展開槽内の展開溶媒が揮発し溶媒の組成が変わってしまい，試料の分離の再現性が低下する．

14 蛍光脂質

中村浩之，花田賢太郎

膜脂質は細胞内のオルガネラを移動し，複数のステップで代謝されることがしばしばある．したがって，脂質の細胞内動態や代謝を解析することは非常に重要である．蛍光標識した脂質は，脂質の細胞内動態の観察や，脂質代謝酵素の活性を測定する際の基質として有効に利用されている．本稿では蛍光脂質を活用した解析方法などについて概説する．

はじめに

蛍光脂質は，広義には蛍光を発すことのできる脂質全般を意味し，デヒドロエルゴステロール（dehydroergosterol）のように天然の脂質で蛍光性の脂質も存在する．しかし，最近の脂質生物学の分野では，本来蛍光性をもたない天然の脂質構造に蛍光基を人工的に結合した脂質が，酵素活性を測定する際の基質や細胞内での脂質動態を観察するツールとして汎用されている．また，種類によっては人工蛍光脂質が細胞内小器官（オルガネラ）を標識することにも利用できる．本稿では試薬会社から市販されている人工的な蛍光脂質の中でも特に汎用されている蛍光標識セラミドおよび蛍光標識リン脂質（グリセロリン脂質）の特徴や使用法などについて概説する．また，私たちが開発した蛍光標識セラミド誘導体を紹介する．

蛍光脂質の種類

蛍光脂質はさまざまな種類があり，グリセロリン脂質やスフィンゴ脂質の他，コレステロールやトリグリセリドに関しても蛍光標識されたものが開発されている（図1）．また脂質ではないが，蛍光標識したリポタンパク質も開発されている．蛍光基はNBD（nitrobenzoxadiazole; 最大励起波長465 nm/最大蛍光波長535 nm），BODIPY（boron dipyrromethene; 4,4-difluoro-4-bora-3a,4a-diaza-s-indacene），Pyreneなどがある．BODIPY蛍光団には光学特性の異なるBODIPY-FL（最大励起波長503 nm/最大蛍光波長512 nm），BODIPY-TMR（最大励起波長543 nm/最大蛍光波長569 nm），BODIPY-TR（最大励起波長592 nm/最大蛍光波長618 nm）といった異性体があり，BODIPY-FLはBODIPYのジ

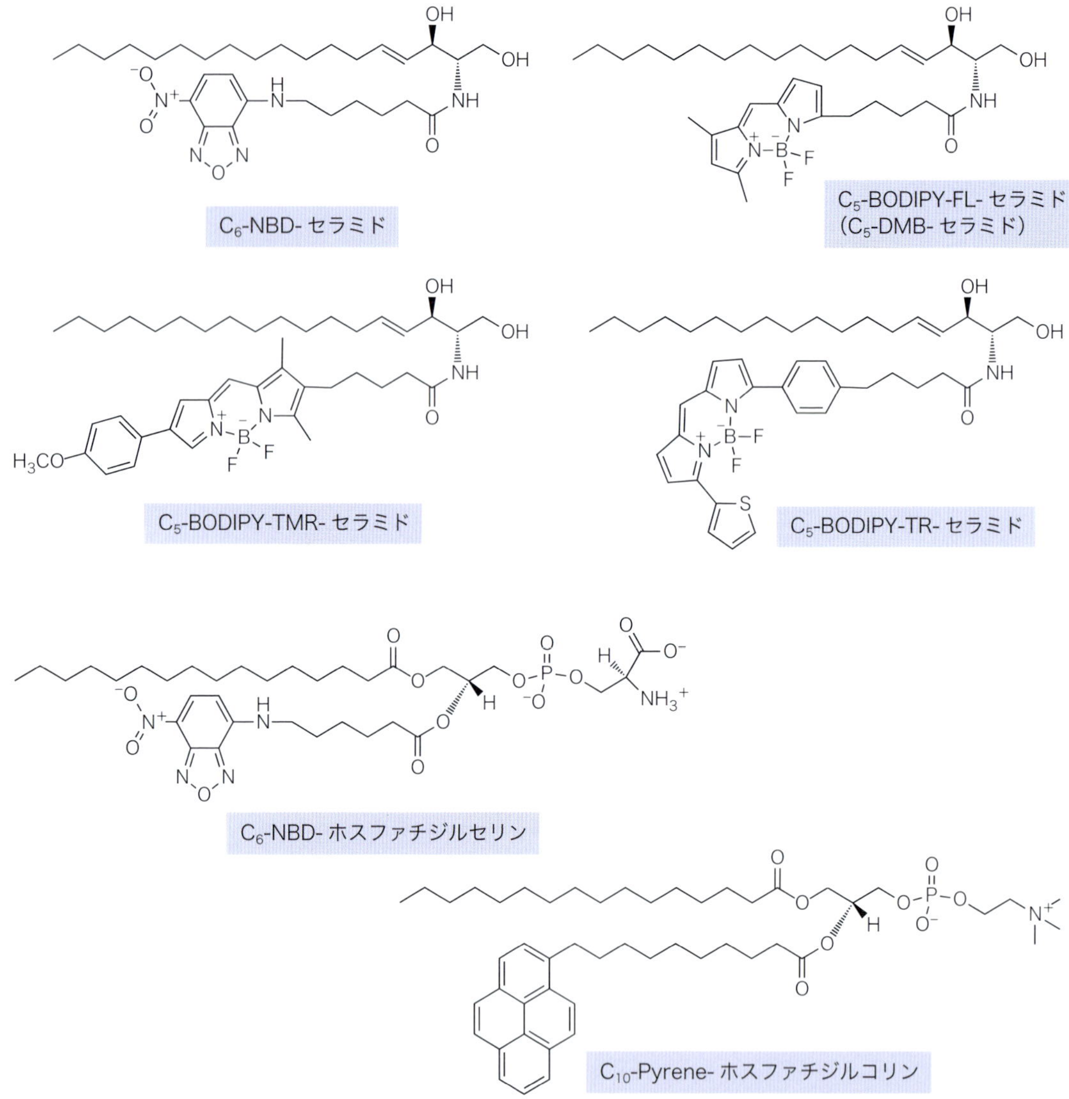

図1　蛍光標識脂質の構造

C$_6$-NBD-セラミド，C$_5$-BODIPY-FL-セラミド（C$_5$-DMB-セラミド），C$_5$-BODIPY-TMR-セラミド，C$_5$-BODIPY-TR-セラミド，C$_6$-NBD-ホスファチジルセリン，C$_{10}$-Pyrene-ホスファチジルコリンの構造.

メチル化体であるのでDMB（dimethyl BODIPY）とも称される．Pyreneは4個のベンゼン環が結合した多環芳香族炭化水素であり，通常はモノマー発光（375 nm）を示すが，高濃度になると2分子が近接し励起会合体を形成することで蛍光波長が長波長側（475 nm）にシフトする．これら蛍光標識脂質を含むさまざまな蛍光試薬について詳細にまとめられたハンドブックがサーモフィッシャーサイエンティフィック社から供給されているため，詳細についてはこのハンドブック[1]を参照されたい．

蛍光標識セラミド

1. C_6-NBD-Cer と C_5-DMB-Cer

現在汎用されている蛍光性セラミドは，C_6-NBD-Cer と C_5-DMB-Cer の2つである（図1）．NBD と DMB という化学構造の違いにより，蛍光特性だけでなく生物学的特性もいくつかの点で異なる[1) 2)]．よって，使用する際は目的に応じて使い分ける必要がある．①NBD基はDMB基よりも構造的に小さく，疎水性も低い．よって，炭素鎖長は C_6-NBD-Cer の方が長いにもかかわらず，分子全体の疎水性は C_5-DMB-Cer の方が高く，自律的な膜間転移もしにくい（本節**2.** も参照）．②NBD部分はリン脂質二重層中に挿入されずに膜表面に残される．③C_5-DMB-Cer に比べて C_6-NBD-Cer は，1分子あたりの蛍光強度が弱く，励起光を当てている間の退色も早い．④C_5-DMB-Cer は濃度によって蛍光色が緑から赤色へと変化する．⑤酵素の特異性が両蛍光セラミド体の間で異なる（本節**3.2）** も参照）．

2. 細胞内での動態と代謝（図2）

C_5-DMB-Cer を低温で細胞に添加すると細胞膜を拡散通過し，すべてのオルガネラ膜を標識する（膜面積的に最大のオルガネラは小胞体なので主に小胞体が標識されたように見える）[3)]．このパルス標識細胞を生理的温度でインキュベートすると，蛍光がゴルジ体に集積していく．細胞内の小胞体膜上で合成された天然のセラミドは，2つの経路，すなわち，セラミド輸送タンパク質<u>CERT</u>に依存した経路もしくは依存しない経路によってゴルジ体

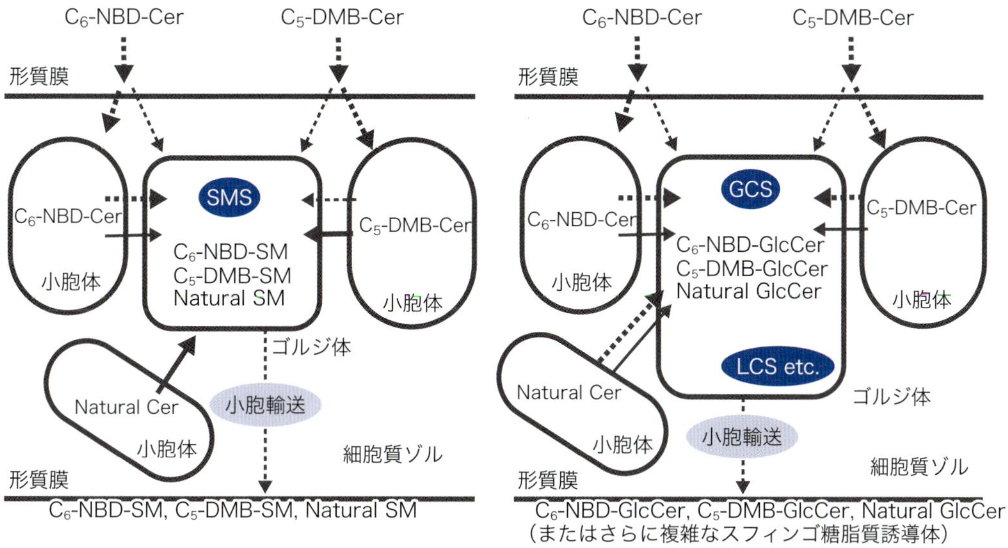

図2 天然セラミドと蛍光標識セラミドの細胞内での代謝と挙動

セラミド分子の膜間移動におけるCERT依存性：実線＝依存性，破線＝非依存性（太線が主たる経路）．Natural Cer：天然セラミド，Natural SM：天然SM，SMS：SM合成酵素，GCS：GlcCer合成酵素，LCS etc.：LacCer合成酵素など．

へと運ばれる[4]．CERTに変異をもち，CERT依存性のセラミド輸送が欠失しているLY-A細胞（CHO-K1細胞の変異株）では，C_5-DMB-Cerのゴルジ体への集積が顕著に遅れる[5]．したがって，C_5-DMB-Cerは主にCERTにより小胞体からゴルジ体に輸送される．一方，C_6-NBD-Cerを低温で細胞に添加するとC_5-DMB-Cerと同様に，主に小胞体膜を標識する．このパルス標識細胞を生理的温度でインキュベートすると蛍光がゴルジ体に集積するが，低温でインキュベートしてもゴルジ体に集積する[6]．C_6-NBD-Cerのゴルジ体への集積はLY-A細胞において遅れが生じない[5]．また，2-deoxy-D-glucoseおよびNaN_3の処理により細胞内のATPを枯渇してもC_6-NBD-Cerはゴルジ体に遅延なく集積する．したがって，C_6-NBD-Cerのゴルジ体への集積にはCERTおよびATPを必要としない．CERTはC_5-DMB-CerだけでなくC_6-NBD-Cerも基質として認識するが，C_6-NBD-Cerは水溶性が高く単分子分散しやすいのでCERTの助けがなくても自律的に膜間転移をしてしまうためである[7]．疎水性の高い天然型セラミドの場合，膜間転移のCERT依存性はC_5-DMB-Cerよりもさらに顕著である．この事例でもわかるように，人工的蛍光脂質は便利なツールではあるが，天然型脂質の挙動を正確に模倣しているわけではないことを常に留意しておく必要がある．

細胞内の天然セラミドは，ゴルジ体に存在するスフィンゴミエリン（sphingomyelin：SM）合成酵素およびグルコシルセラミド（glucosylceramide：GlcCer）合成酵素によりSMおよびGlcCerにそれぞれ変換される．C_6-NBD-CerおよびC_5-DMB-Cerもゴルジ体で両酵素により代謝され，C_6-NBD-CerはC_6-NBD-SMおよびC_6-NBD-GlcCerに，C_5-DMB-CerはC_5-DMB-SMおよびC_5-DMB-GlcCerに変換される．GlcCerはゴルジ体に存在するラクトシルセラミド（lactosylceramide：LacCer）合成酵素によりLacCerに変換され，さらに糖が付加されて複雑なスフィンゴ糖脂質になる．これらセラミド代謝物はゴルジ体から形質膜に移行する．ゴルジ体から形質膜への小胞輸送を阻害するモネンシンを処理すると，蛍光性セラミド代謝物の形質膜への移行が阻害される[3) 8)]．したがって，ゴルジ体で生成された蛍光性セラミド代謝物は**輸送小胞**により形質膜へ運ばれると考えられる．

3. 蛍光標識セラミドの使用法

1）細胞染色としての使用法

C_6-NBD-CerおよびC_5-DMB-Cerは細胞内を移動するため，セラミドの細胞内輸送を追跡するツールとして使用することができる．また，蛍光標識セラミドがゴルジ体に集積する特徴を利用して，ゴルジ体マーカーとして活用することができる．例えば，生細胞に1〜5 μM程度の蛍光標識セラミドを添加してインキュベート後，必要に応じてグルタルアルデヒドで固定する．ゴルジ体から形質膜に輸送されたC_6-NBD-Cerの代謝物は，過剰のリポソームやアルブミンを培地に添加することで取り除くことができる（back exchange）．このback exchangeの操作によりゴルジ体を選択的に標識することができる．一方，形質膜

CERT：セラミドを小胞体からゴルジ体へ選別輸送するタンパク質．68 kDaの親水性タンパク質であり，そのほとんどは細胞質に分布するが，一部はゴルジ体にも会合している．

輸送小胞：タンパク質の細胞内輸送に利用される小さな膜胞．形質膜やオルガネラ膜から出芽した輸送小胞がタンパク質を目的の場所に輸送する．

に輸送されたC_5-DMB-Cerの代謝物はback exchangeで完全に取り除くことはできない[3)9)]. C_6-NBD-Cerは膜間輸送によりゴルジ体に移行するため，グルタルアルデヒドで固定した細胞に添加してもゴルジ体を標識することができる．

現在使用されている蛍光脂質は全般的に退色しやすい．また，蛍光性脂質はグルタルアルデヒドで固定しても細胞内を移動するため[6)]，細胞を固定したらすばやく顕微鏡で観察することを心がけたい．C_5-DMB-Cerが集積すると蛍光波長が長波長側（～620 nm）にシフトし，赤色の蛍光を発するため，多重蛍光染色を行う際には注意する必要がある[10)]．グルタルアルデヒド重合体は自家蛍光を発することも考慮し，カバーグラス上で蛍光脂質染色した細胞は，すぐ氷冷0.125%グルタルアルデヒド/生理食塩水中で5分間固定し，氷冷・低温下に保ちつつもなるべく早めに蛍光顕微鏡観察に移行する，その際，サンプルを室温の顕微鏡台にセットしたら10秒以内に観察を終了する（蛍光像を撮る）[5)]．このような細かい注意が再現性のある結果を得るには必要である．

2）セラミド代謝酵素の基質としての使用法

C_6-NBD-CerおよびC_5-DMB-Cerはセラミド代謝酵素の基質になるため，細胞内でのセラミド代謝の測定に有効に利用される．例えば，生細胞に1～10 μM程度の蛍光標識セラミドを添加してインキュベート後，有機溶媒を用いて抽出した脂質を薄層クロマトグラフィー（TLC）で分離する．検出器はイメージアナライザーを用いることでTLCプレートのまま蛍光強度を測定することができる．分光蛍光光度計で測定する場合には，TLCをUVや青色LEDで照射して検出されたスポットを掻きとり，シリカゲルから抽出した脂質の蛍光強度を測定する．C_6-NBD-Cerを通常の細胞内で代謝させるとC_6-NBD-SMおよびC_6-NBD-GlcCerにほぼ同じ割合で代謝される．一方，C_5-DMB-CerはC_5-DMB-GlcCerに代謝されにくい（図3）[3)]．また，細胞破砕液を酵素源として活性測定することも可能であるが，破砕液では水溶性因子の濃度が細胞内のそれと比べて希釈されてしまっていることは留意する必要がある．例えば，GlcCer合成で使われるもう1つの前駆体であるUDP-グルコースは酵素反応液に補填する必要がある．一方，SM合成で使われるもう1つの前駆体であるPCはSM合成酵素の埋まっている膜に豊富に存在するため酵素反応液に別途追加せずともよい．

蛍光標識セラミドとセラミド代謝酵素を*in vitro*でインキュベートすることで酵素活性を測定することもできる．また，C_6-NBD-CerおよびC_5-DMB-CerはセラミドのC1位をリン酸化するセラミドキナーゼ，およびセラミドのアミド結合を加水分解するセラミダーゼの基質にもなる[11)]．

蛍光標識リン脂質

蛍光標識されたグリセロリン脂質の多くは，アルキル鎖の末端あるいは極性頭部が標識されている．極性頭部が標識されているリン脂質は，アミノ基を利用した化学修飾のしやすさからホスファチジルエタノールアミン（phosphatidylethanolamine：PE）およびホス

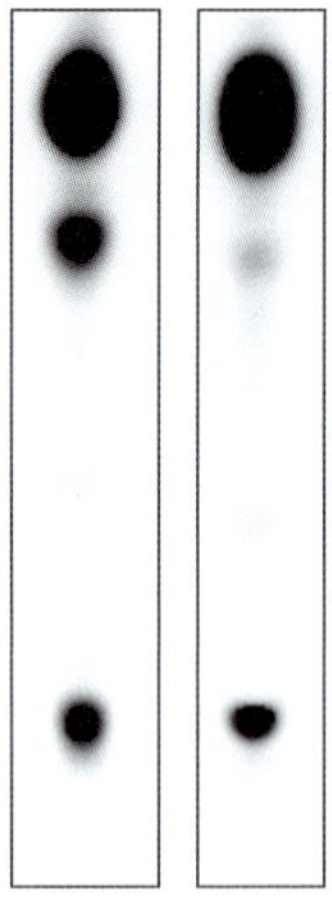

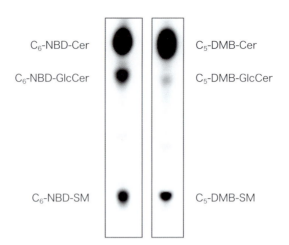

図3　蛍光標識セラミドの代謝
HeLa細胞に10 μM C_6-NBD-Cerまたは5 μM C_5-DMB-Cerを添加して37℃で90分間インキュベート後，培養上清および細胞から抽出した脂質を薄層クロマトグラフィーで分離した（1-ブタノール：酢酸：水＝3：1：1）．C_5-DMB-CerはC_6-NBD-Cerに比べてグルコシルセラミドに代謝されにくい．

ファチジルセリン（phosphatidylserine：PS）が多い．また，*sn*-2位のアルキル鎖がC6やC12など，天然のリン脂質に比べて短い脂質は細胞に取り込まれやすい．NBDで標識したリン脂質を細胞に添加すると形質膜の外層に挿入され，NBD-PSおよびNBD-PEは形質膜内層へと移行する[12]．NBD-ホスファチジルコリンも形質膜内層へと移行するが，多くは外層にとどまる．これは，アミノ基を有するNBD-PSおよびNBD-PEがフリッパーゼ（アミノリン脂質トランスロカーゼ）により，ATP依存的に形質膜内層へ輸送されるためである．形質膜内層の蛍光性リン脂質はフロッパーゼにより形質膜外層にも輸送される．この脂質二重層間での脂質分子の移動（**フリップ-フロップ**）の測定に蛍光標識リン脂質は有効に利用される．

ゴルジ体を長時間安定的に標識する蛍光性セラミド誘導体

C_6-NBD-CerおよびC_5-DMB-Cerはゴルジ体で代謝されて形質膜に運ばれるため，生細胞で長時間ゴルジ体を標識することは困難である．牧山らは，ゴルジ体で代謝されにくく，ゴルジ体を長時間（48時間以上）標識することができる蛍光性セラミド誘導体Acetyl-C_{16}-Ceramide-NBD（Ac-C_{16}-Cer-NBD）を開発した[13]．本化合物はスフィンゴイド塩基のC1位がアセチル化されていることから，C1位を修飾するスフィンゴミエリン合成酵素およびグルコシルセラミド合成酵素による代謝を受けない．また，*N*-アシル基はC16で，スフィンゴイド塩基にNBDが導入されている．Ac-C_{16}-Cer-NBDを低温で細胞に添加

フリップ-フロップ：膜中の脂質分子が二重層内外を横切って外から内（フリップ）または内から外（フロップ）に移動する現象．このフリップ-フロップによる脂質分子の移行のバランスによりリン脂質の非対称性が形成・維持される．

すると，おそらく細胞膜を拡散通過してオルガネラの膜全体を標識する．このパルス標識細胞を37℃でインキュベートすると，蛍光がゴルジ体に集積し，48時間後もゴルジ体を標識する（図4）．一方，C_6-NBD-Cerで同様の実験を行うと，48時間後にはゴルジ体での蛍光がほとんど観察されない．Ac-C_{16}-Cer-NBDのゴルジ体への集積はLY-A細胞において遅れるため，一部CERTに依存した経路でゴルジ体に輸送されると考えられる．ゴルジ体は細胞分裂時に細かい小胞に分断され細胞全体に分散し，分裂が終了すると再構成される．Ac-C_{16}-Cer-NBDで標識した細胞をcyclin-dependent kinase 1阻害剤のRO-3306でG2/M期に同調すると，細胞全体に蛍光が観察される．阻害剤を培地から除去して細胞分裂を開始させ，分裂が終了すると再びゴルジ体に蛍光が集積するようになる．この細胞分裂時におけるAc-C_{16}-Cer-NBDの細胞内挙動はゴルジ体のマーカータンパク質Golgi-RFPとほとんど一致する．このように，Ac-C_{16}-Cer-NBDは細胞分裂時のゴルジ体を経時的に標識することができる．また，セラミドは細胞死を誘導することが知られている．CHO細胞を10 μM C_6-NBD-Cerに曝すと24時間以内に細胞死が誘発されるが，10 μM Ac-C_{16}-Cer-NBDは24時間以内に細胞死を誘発しない．このように，Ac-C_{16}-Cer-NBDを用いることで長時間安定的にゴルジ体を標識することができる．

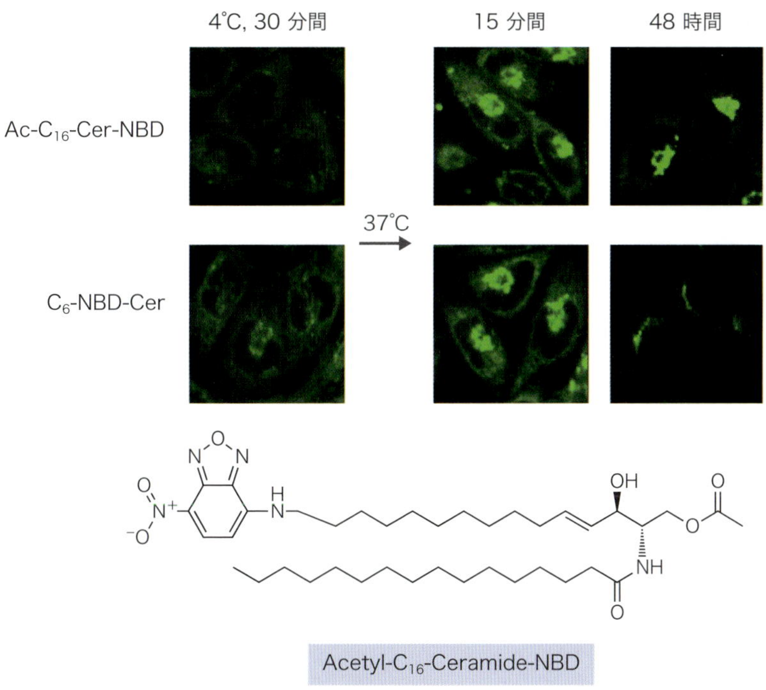

図4　Acetyl-C_{16}-Ceramide-NBDによるゴルジ体標識

CHO細胞を1 μMのAc-C_{16}-Cer-NBDまたはC_6-NBD-Cer存在下，4℃で30分間標識すると細胞全体が標識される．細胞を洗浄後，37℃で15分間インキュベートすると蛍光がゴルジ体に集積する．48時間後にはAc-C_{16}-Cer-NBDで標識した細胞ではゴルジ体への強い蛍光の集積が観察されるが，C_6-NBD-Cerで標識した細胞ではゴルジ体にほとんど蛍光が観察されない（写真は文献13より引用）．

おわりに

極性頭部の構造多様性だけでなく脂肪酸の鎖長や不飽和度の違いも含めると，細胞内には実に多くの脂質分子種が存在しており，それぞれの脂質の時空間的な配置が細胞のホメオスタシスに重要だと考えられている．しかし，脂質の分布や細胞内動態を解析することは容易ではない．本稿で紹介したように，蛍光標識脂質を上手く活用することで，脂質の膜内での挙動や細胞内動態を追跡することができる．ただし，蛍光標識脂質は，蛍光基の種類や蛍光標識された場所が異なると，細胞内での挙動が異なる場合がある．したがって，蛍光標識脂質と天然脂質の挙動の違いを常に注意する必要はある．この点に関して本稿では紹介しなかったが，SMの極性頭部に親水性のリンカー（ポリエチレングリコール）と蛍光基を導入した脂質は，細胞膜上で天然のSMと同じ挙動をすることが報告されている[14]．このような蛍光標識脂質を活用した技術を駆使することで，脂質の分布や挙動の理解がより一層進むことが期待される．

Technical Tips 7

蛍光脂質開発のパイオニア

天然脂質の人工的な蛍光性類似体を自ら開発し，それを生きた細胞における脂質動態の解析に使う道筋をつけたパイオニアは米国の故・Richard E. Pagano博士である．ホスファチジルエタノールアミン（phosphatidylethanolamine：PE）のアミノ基にローダミン基を付加させるというようにリン脂質の極性頭部に蛍光団を付けて研究に利用することは，Paganoらの研究よりも前から行われていたが，極性頭部を化学修飾してしまうともともとの脂質の特質を大きく損なってしまう．また，炭素鎖16以上のアシル基を2本有する脂質では，疎水性が強すぎて水溶液中で単分子では存在できず，細胞培地に加えても細胞表面にほとんど転移しない．Paganoらは，2本のアシル基の1本は炭素鎖6の短い脂肪酸とし，その末端にNBD団をもつような人工的な蛍光脂質をセラミド，PE，ホスファチジルコリン（phosphatidylcholine：PC），ホスファチジルグリセロール（phosphatidylglycerol：PG）に対して作製した（C_6-NBD-Cer，C_6-NBD-PE，C_6-NBD-PC，C_6-NBD-PG）．これら蛍光脂質は天然脂質に比べると水溶性が高いため，リポソームに埋め込んで細胞培地に添加すると，エンドサイトーシスが抑制される低温（2℃）条件下においても，リポソームから細胞の形質膜へと転移し，そのリン脂質二重層外葉に挿入されることを1980年に示した[10]．そして，形質膜に移った蛍光脂質の動態を37℃に温度を上げて逐次的に蛍光顕微鏡で観察すると，その動態や代謝は極性頭部の構造に依存することを見出した[15]．付加された蛍光団や短いアシル鎖長に起因した物性の違いだけでなく，外から細胞に入ってきた物質であるという点もあり，細胞内代謝で生まれた天然脂質のすべての挙動を蛍光脂質が正確に模倣できるわけではない．しかし，その後の他の研究グループの検証も受けつつ，Paganoらの開発した蛍光脂質は，生細胞中の天然型脂質の挙動の少なくとも一部は定性的であるにせよ再現できると認められて今日に至っている．

◆ 文献

1）「Molecular Probes Handbook, A Guide to Fluorescent Probes and Labeling Technologies, Eleventh Edition」, Thermo Fisher Scientific, 2010
2）Wolf DE, et al：Biochemistry, 31：2865-2873, 1992
3）Pagano RE, et al：J Cell Biol, 113：1267-1279, 1991
4）Hanada K, et al：Nature, 426：803-809, 2003
5）Fukasawa M, et al：J Cell Biol, 144：673-685, 1999
6）Pagano RE, et al：J Cell Biol, 109：2067-2079, 1989
7）Kumagai K, et al：J Biol Chem, 280：6488-6495, 2005
8）Lipsky NG & Pagano RE：J Cell Biol, 100：27-34, 1985
9）Martin OC & Pagano RE：J Cell Biol, 125：769-781, 1994
10）Struck DK & Pagano RE：J Biol Chem, 255：5404-5410, 1980
11）Tada E, et al：J Pharmacol Sci, 114：420-432, 2010
12）Naito T, et al：J Biol Chem, 290：15004-15017, 2015
13）Makiyama T, et al：Traffic, 16：476-492, 2015
14）Kinoshita M, et al：J Cell Biol, 216：1183-1204, 2017
15）Pagano RE & Sleight RG：Science, 229：1051-1057, 1985

15 脂質プローブ

田口友彦，向井康治朗

近年の細胞内分子可視化技術の爆発的な進展は，タンパク質に限らず脂質についても多くの知見をもたらしている．例えば，われわれの体を構成している真核細胞は，細胞膜やオルガネラ膜などさまざまな膜を有するが，それぞれの膜が特徴的な脂質を有していること，そしてそのような脂質がオルガネラの機能を制御していること，などである[1)～3)]．本稿では，蛍光顕微鏡によりどのように脂質の細胞内局在が解析されているのか，特に脂質を可視化するタンパク質性プローブを使った解析手法に焦点をあてて解説する．

はじめに

生体膜は水溶性分子を透過させないバリアとしての機能を有する．その性質によって，細胞は細胞外と組成が異なる細胞質環境を獲得し，また細胞内小器官（オルガネラ）は細胞質と組成が異なるオルガネラ内部（ルーメン）環境を獲得している．この物理的なバリア機能に加えて，生体膜は，さまざまな細胞内シグナル伝達を発生させる場としても機能していることが明らかになってきた．そのキープレーヤーの1つが膜脂質である．本稿では，生体膜脂質の機能を解明する上で重要な手法となっている，タンパク質プローブを用いた膜脂質の細胞内局在解析法について解説する．

脂質結合性タンパク質プローブを用いた生体膜脂質の可視化

特定の脂質に結合するタンパク質ドメイン（次節で詳述）を用いて生体膜中の脂質の局在を可視化することが可能である．大腸菌などに発現させて調製した精製リコンビナントタンパク質ドメインを用いる方法と，タンパク質ドメインをコードするcDNAを細胞質に発現させる方法，が主に使われている2つの手法である．この両手法の原理を理解することで，目的の脂質を上手に可視化したい．

1．リコンビナントタンパク質を用いた生体膜脂質の可視化

脂質結合ドメインにGFPなどの蛍光タンパク質を結合させたリコンビナントタンパク質が広く利用されている．脂質結合ドメインに直接Alexa Fluor® などの蛍光色素を導入して

利用する場合もある．図1Aに示すように，**界面活性剤**を用いない場合は，生細胞でも固定細胞（4%パラホルムアルデヒド溶液で固定する場合が多い）でも，細胞膜を構成する脂質二重膜の外側の層に存在する脂質のみが可視化される．これはリコンビナントタンパク質が細胞膜を通過できないからである．

一方，界面活性剤を用いて膜透過処理を行った場合は，リコンビナントタンパク質が細胞膜およびオルガネラ膜を通過するようになるので，原理的には，細胞膜を構成する脂質二重膜の両側に存在する脂質，およびオルガネラ膜の脂質が可視化できることになる（図1B）．しかしながら，固定と界面活性剤による膜透過の影響を常に考えておかなければならない（Technical Tips⑧参照）．アルデヒド系の固定剤は，一級アミノ基と反応する性質をもつ．このことによって，例えば，リジン残基（一級アミノ基を側鎖にもつ）を含有するタンパク質同士を架橋し固定することができる．一方，一級アミノ基をもつホスファチジルセリン（phosphatidylserine：PS）とホスファチジルエタノールアミンを除く大部分の脂質はアルデヒド系固定剤とは反応しない．よって，固定されなかった膜脂質が，界面活性剤により抽出されてしまい，その結果，目的の膜脂質が細胞から失われてしまう可能性

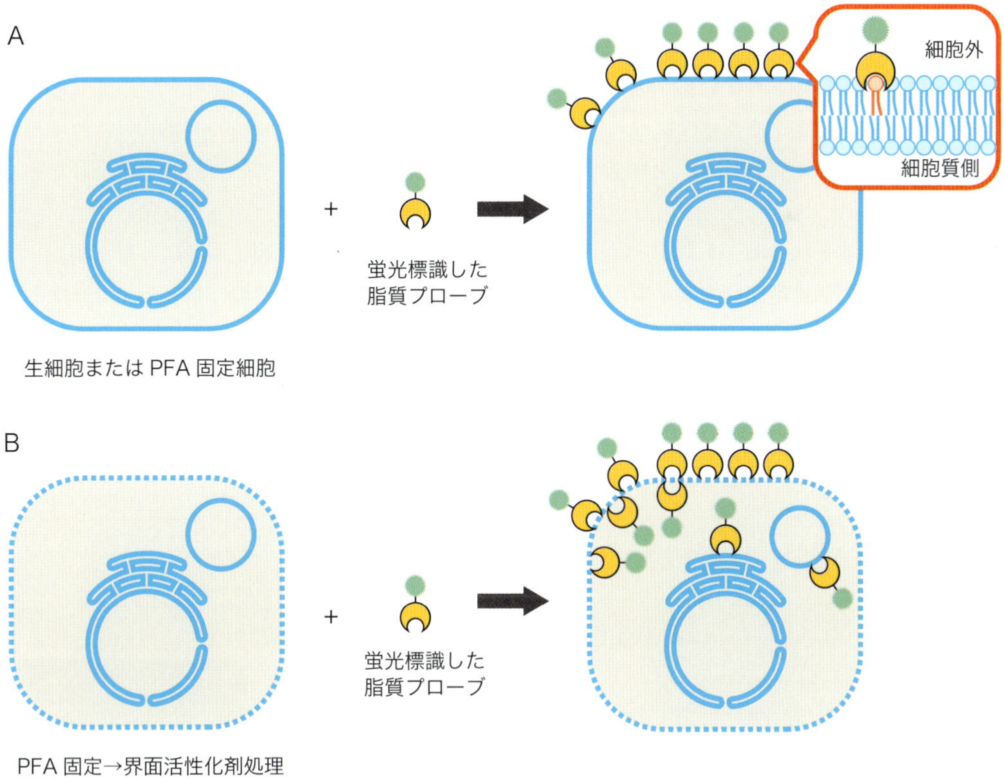

図1　リコンビナントタンパク質を用いた生体膜脂質の可視化

界面活性剤：1つの分子内に，水になじみやすい部分（親水性部分）と油になじみやすい部分（疎水性部分）を有する分子の総称．両親媒性分子ともよばれる．ミセルなどを形成することで，水に不溶な分子を可溶化することができる．細胞に添加すると，生体膜中の膜タンパク質や膜脂質が可溶化される．

がある．

界面活性剤の選択はきわめて重要である．細胞内タンパク質の可視化のための膜透過に汎用されるTriton X-100などの界面活性剤は，膜脂質の大部分を可溶化してしまう．そのため，ジギトニンやサポニンなどの比較的弱い界面活性剤や，コレステロールに選択的に結合して細胞膜に孔をあけるタンパク質性の溶血毒素であるストレプトリジンOなどが利用されている．目的の膜脂質に応じて，これらの界面活性剤を使い分ける必要がある．

2. タンパク質ドメインをコードするcDNAの発現による生体膜脂質の可視化

本手法は，脂質に選択的に結合するタンパク質ドメインをコードするcDNAを細胞に発現させて，膜脂質を可視化する方法である．**1.** で述べたリコンビナントタンパク質を利用する場合と同様に，GFPなどの蛍光タンパク質を結合させたタンパク質ドメインが汎用されている．

現在までに圧倒的に多い報告は，細胞質に脂質プローブを発現させる系である（図2A）．この場合は，生体膜の細胞質側の脂質層に存在する脂質（細胞膜の細胞質側の脂質，およびオルガネラの細胞質側の脂質）を可視化することになる．一方，脂質プローブのN末端に小胞体移行シグナル配列を結合させることで，オルガネラ内部にプローブを移行させる系も報告されている（図2B）[4) 5)]．この場合は，オルガネラのルーメンに面している脂質を可視化することになる．この手法はまだまだ一般的ではないが，目的のオルガネラのルーメンに脂質プローブを輸送する手段が確立されれば，非常に魅力的な実験系になると期待される．

本手法では，**1.** で述べた手法と異なり，細胞内脂質を可視化するにあたり細胞を固定・界面活性剤処理する必要がない．すなわち，固定・膜透過処理のアーティファクトがないが，それでも考慮すべき問題はある．まず第一に，脂質プローブが標的脂質に強固に結合してしまうことにより，標的脂質そのものの量（および代謝）に影響を与えてしまう可能性である．実際に，細胞膜の細胞質側に存在するホスホイノシチドの1つである$PI(4,5)P_2$に結合するMARCKSタンパク質を過剰発現した細胞では，$PI(4,5)P_2$量の増加が報告されている[6)]．これは，例えば，脂質プローブの結合により脂質が隠されてしまい，$PI(4,5)P_2$を代謝する酵素が$PI(4,5)P_2$を攻撃できなくなってしまっていることによるのかもしれない．

Technical Tips 8

細胞固定法の選択に注意！

タンパク質（特に細胞骨格系のタンパク質）の可視化の際によく使われる細胞固定法に，メタノール固定があるが，この固定はリコンビナントタンパク質を使った脂質の可視化には禁忌である．メタノールは脂質を溶解してしまうので，目的の脂質がなくなってしまう！リコンビナントタンパク質を使った脂質の可視化には，アルデヒド系の固定剤を利用しよう．

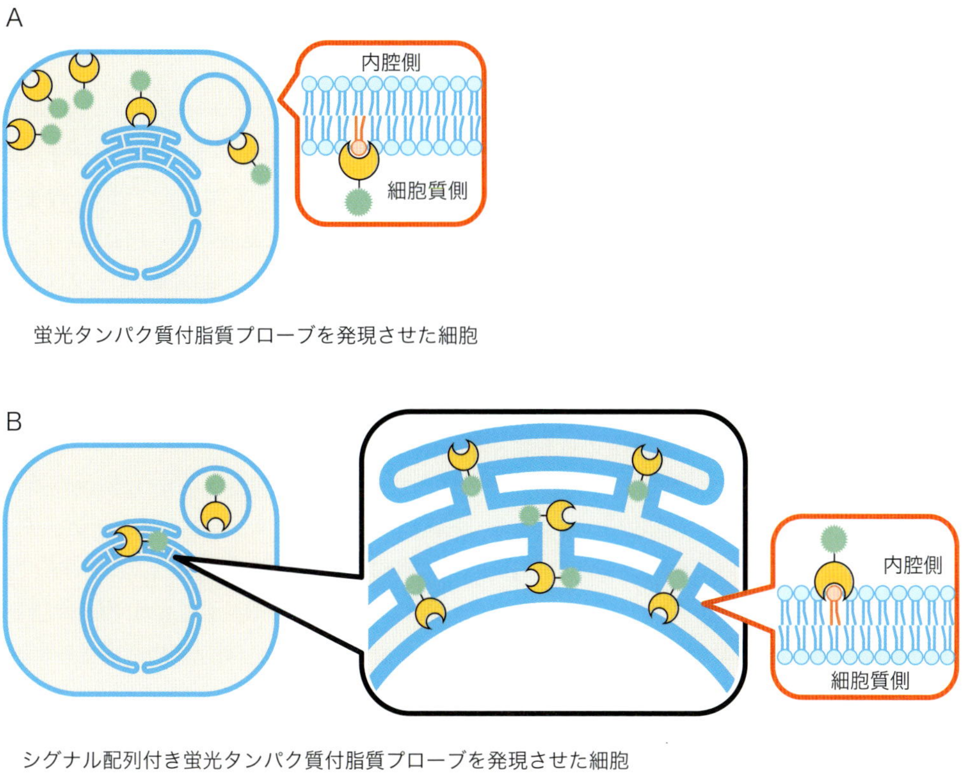

図2　cDNA発現による生体膜脂質の可視化

次に，脂質プローブの標的脂質への結合が，標的脂質の本来の機能を損ねてしまう可能性である．ホスホイノシチドの1つであるPI(3)Pは初期エンドソームに局在し機能するが，PI(3)Pを認識するFYVEドメインの細胞質発現は，初期エンドソームの肥大化を引き起こし[7]，また初期エンドソームからリサイクリングエンドソーム，または初期エンドソームから後期エンドソームへの物質輸送を妨げてしまう．このようなプローブ発現による影響を最小限にするためには細胞内のプローブ発現量を可能な限り抑えるべきであるが，実際にどこまで発現量を下げれば問題が起こらなくなるか知ることは難しいし，またプローブの蛍光量が低下することになるので観察も難しくなるという問題も同時に生じる．

脂質結合タンパク質ドメイン

前節では生体膜脂質を可視化する手法について述べた．本節では脂質の可視化に汎用されているタンパク質ドメインについて紹介する．現在までに脂質に選択的に結合する10種類以上のタンパク質ドメインが知られている[8]．それぞれのドメインは，約50から200アミノ酸残基から構成されており，代表的なものにPH（pleckstrin-homology）ドメイン，

FYVEドメイン，PXドメイン，C1ドメインなどがある．

1. PHドメイン

PHドメインは約120アミノ酸残基から構成され，細胞内シグナル伝達や細胞骨格制御にかかわる多種多様なタンパク質に見出されるドメインである．ヒトのプロテオームには約250種類のPHドメインが存在しており，最大のファミリーを形成している．今まで解析されてきたほぼすべてのPHドメインはホスホイノシチドに結合する．PHドメインは7本のβ-ストランドからなるβ-サンドイッチ構造をとり，β1-β2の間のループに存在する塩基性アミノ酸残基のクラスターがホスホイノシチド頭部のリン酸基と結合する[9]．可視化プローブとして広く利用されているものに，PLCδのPHドメイン〔PI(4,5)P_2の可視化〕，AktのPHドメイン〔PI(3,4,5)P_3の可視化〕，TAPPのPHドメイン〔PI(3,4)P_2の可視化〕，OSBPのPHドメイン〔PI(4)Pの可視化〕などがある．

evectin-2は，N末端にPHドメインを，C末端に膜貫通領域をもつ約200アミノ酸からなるタンパク質である[10]．筆者らは，evectin-2のPHドメインがホスホイノシチドを認識せず，その一方でPSを選択的に認識することを2011年に明らかにした[11]．それまでに解析されていたすべてのPHドメインはホスホイノシチドを認識するものであったが，筆者らの発見はPSを認識するはじめてのPHドメインの同定となった．筆者らはさらにevectin-2のPHドメインをタンデムに結合した2xPHドメインを開発し，PS選択性を残しながらも親和性を大幅にあげることに成功した[12]．この2xPHは細胞内PSの非常によいプローブとして，現在，国際的な研究で幅広く利用されている[13]．

2. FYVEドメイン

FYVE（Fab1, YOTB, Vac1, EEA1）ドメインは60～70アミノ酸残基から構成され，初期エンドソームに局在するいくつかのタンパク質に見出されるドメインである．ヒトのプロ

Technical Tips 9

タンデム結合にするとうまくいく？！

evectin-2のPHドメインは，本稿で述べたようにPSに選択的に結合するPHドメインである．しかしながら，リコンビナントのevectin-2 PHドメインのPS結合能は弱く，また細胞質に発現させても，リサイクリングエンドソームに弱くターゲティングすることが観察されるだけであった．2000年の論文[7]に，FYVEドメインをタンデムに2つ結合した2xFYVEが，単量体のFYVEと比較してPI(3)Pへ劇的に高い親和性をもつこと，および2xFYVEを細胞質に発現すると初期エンドソームにきれいに局在化した，という報告があった．この論文を参考にして，evectin-2 PHをタンデムに2つ結合してみたところ，PSへの親和性を劇的に増加させることができた[12]．さらに，2xPHを細胞質に発現させると，リサイクリングエンドソームと細胞膜の2つの生体膜中のPSをきれいに観察することができた．脂質結合ドメインの脂質結合能がいまひとつ弱く，脂質の可視化に苦労しているような時，脂質結合ドメインを単純にタンデムにつないでみるといいかもしれない．

テオームには約30種類のFYVEドメインが存在しており，ほぼすべてのFYVEドメインはホスホイノシチドPI(3)Pに選択的に結合する．FYVEドメインは2つのβ－ヘアピンとα－ヘリックスからなり，β1に存在するR（R/K）HHCR（R，アルギニン；K，リジン；H，ヒスチジン）モチーフがPI(3)Pのリン酸基と結合する．FYVEドメインや後述するPXドメインは，初期エンドソームに濃縮して存在するPI(3)Pの可視化プローブとして広く利用されている．

3. PXドメイン

PXドメインは約130アミノ酸残基から構成され，初期エンドソームに局在するいくつかのタンパク質に見出されるドメインである．ヒトのプロテオームには約30種類のPXドメインが存在しており，ほぼすべてのPXドメインはホスホイノシチドPI(3)Pに選択的に結合する．ファゴソーム膜・エンドソーム膜で機能するNADPH複合体サブユニットのp40phox（phagocytic oxidase）に見出されたドメインであり，PX（Phox-homology）domainと名称がつけられた．

4. C1ドメイン

C1ドメインは約50アミノ酸残基から構成されるドメインである．ヒトのプロテオームには約80種類のC1ドメインが存在しており，C1ドメインの多くはジアシルグリセロールに結合する．歴史的には，プロテインキナーゼC（PKC）ファミリー分子間で高度に保存されているドメインの1つとして同定され，conserved region-1というのがその名前の由来である．C1ドメインは〔$HX_{12}CX_2CX_{13-14}CX_2CX_4HX_2CX_7C$（C，システイン；H，ヒスチジン；X，任意のアミノ酸残基)〕というシステインとヒスチジンが特徴的に並んだモチーフをもつ．

脂質結合タンパク質

脂質結合タンパク質ドメインではないが，脂質の可視化に利用されている脂質結合タンパク質についていくつか紹介する．

1. アネキシン

アネキシンはカルシウムおよびリン脂質に結合するタンパク質ファミリーで，約300アミノ酸残基から構成されている（アネキシンⅥのみ約600アミノ酸残基）．αヘリックスが4回（アネキシンⅥは8回）くり返した構造をもち，この構造がカルシウムおよびリン脂質に結合する．蛍光標識されたアネキシンⅤは市販されており，アポトーシス細胞の検出に汎用されている．これは，アポトーシス細胞ではPSが細胞膜の細胞外脂質層に露出し，そのPSをアネキシンⅤが認識できることを利用したものである．

アネキシンのリン脂質選択性は非常に低い．PSのみならず，酸性リン脂質全般に結合するとされる．よって，特異的な脂質の可視化には向いていない．また，リン脂質との結合にカルシウムを必要とすることから，「脂質結合性タンパク質プローブを用いた生体膜脂質の可視化」の**2.**で紹介した細胞質に発現させる可視化にも応用が困難である．

2. コレラ毒素Bサブユニット

コレラ毒素はコレラ菌（*Vibrio cholerae*）が産生するオリゴマータンパク質で，1つのAサブユニットと5つのBサブユニットから構成されるAB_5型タンパク質性毒素である．毒性を発揮するのはAサブユニットであり，Bサブユニットは糖脂質の一種であるGM1ガングリオシドに結合する[14]．蛍光標識されたBサブユニットは市販されており，細胞膜表面のGM1ガングリオシドの検出に汎用されている．コレラ毒素Bサブユニットに加えて，シガ毒素Bサブユニットも糖脂質の検出に用いられている．シガ毒素のBサブユニットは，Gb3という糖脂質に選択的に結合する．

検出には優れているコレラ毒素Bサブユニットであるが，局在の解析という観点では問題を抱えている．5量体であるコレラ毒素Bサブユニットは5分子のGM1と結合する．よって，コレラ毒素Bサブユニットの存在によってGM1のクラスター化が細胞膜で人為的に誘導され，本来のGM1の局在を観察できていない可能性が生じる．また，一級アミノ基をもたないGM1は化学固定されないので，固定細胞で解析しても，生細胞と同様にクラスター化が誘導されてしまうという問題がある．

3. ライセニンとエキナトキシン-II

スフィンゴミエリン（sphingomyelin：SM）はスフィンゴ脂質の一種である．SMは細胞膜の細胞外脂質層に豊富に存在していることがよく知られている．SMの検出には，シマミミズ由来のタンパク質性毒素であるライセニンが広く利用されている．ライセニンはクラスター化したSM（例えば，脂質ラフト中のSMはクラスター化していると考えられている）を選択的に認識する非常に優れたプローブであるが，分散して存在するSMを検出できない．

SMに結合するタンパク質はいくつか報告されているが，それらを利用して，細胞内SMを可視化する研究はこれまでほとんどなかった．筆者らは，イソギンチャク由来のタンパク質性毒素であるエキナトキシン-II（equinatoxin：Eqt-II）に着目し，ライセニンとの比較を行った．リコンビナントのEqt-IIとライセニンを利用して，細胞膜のSMを染色したところ，どちらもSM依存的に細胞膜に結合するものの，その染色パターンはかなり異なっていた[15]．さらに，SMが分散して存在するSM：DPPC（dipalmitoylphosphatidylcholine）人工リポソーム膜に対して，Eqt-IIはライセニンと比較してはるかに強く結合することが明らかになった．すなわち，Eqt-IIはライセニンと異なり，会合したSMでなく分散化したSMを好んで結合することが示唆された．細胞膜での染色結果の差は，会合状態が異なるSMが細胞膜に存在することを示唆している．

Eqt-IIは，オルガネラのSMも検出することができる．パラホルムアルデヒドで固定し，digitonin処理で膜透過した細胞で検討が行われているが，リサイクリングエンドソームのSMがリコンビナントEqt-IIによって検出されている．

低分子化合物を用いた生体膜脂質の可視化

最後に，脂質の可視化に利用されている低分子化合物を2つ紹介する．フィリピン（filipin）は，コレステロールやエルゴステロールなどのステロールに結合するポリエン系抗生物質の1つである．放線菌*Streptomyces filipinensis*の菌糸体および培養濾液から単離された化合物であることが，その名前の由来である．フィリピンは共役二重結合による特有の蛍光を有するので，ステロールの可視化に汎用されている．フィリピンは生体膜を透過するので，細胞膜のステロールに加えて，オルガネラのステロールも同時に可視化される．Ro09-0198（Cinnamycin）は，環状ペプチドでホスファチジルエタノールアミンに選択的に結合する低分子化合物である．Ro09-0198をビオチン化し，さらに蛍光をつけたアビジンタンパク質を結合させたものを使うことで，細胞膜の細胞外脂質層に存在するホスファチジルエタノールアミンを可視化することができる[16]．

生体膜脂質可視化の実験例

タンパク質ドメインをコードするcDNAの発現による生体膜脂質の可視化（オルガネラの細胞質側の脂質の可視化），および脂質結合タンパク質を使った生体膜脂質の可視化について，実際のデータを紹介する．

図3は，PI(3)Pに結合するEEA1タンパク質のFYVEドメインにGFPを結合させたもの，PI(4)Pに結合するOSBPタンパク質のPHドメインにGFPを結合させたもの，それぞれをコードするcDNAを細胞に発現させた結果である（図2Aを参照）．PI(3)Pが核近縁部に点状に存在する初期エンドソームに局在すること，PI(4)Pが核近縁部に輪っか状に存在するゴルジ体に局在していることがわかる．両者で認められるプローブの核局在は，GFPの核に対する親和性によるものである．

図4は，SMに結合するリコンビナントEqt-Ⅱを用いた実験結果である．図4AはPFAで

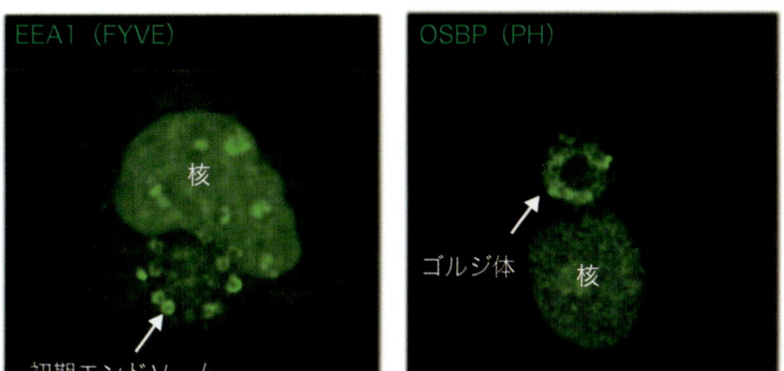

図3　GFP融合タンパク質のcDNA発現によるホスホイノシチドの可視化
文献11より引用．

A

B

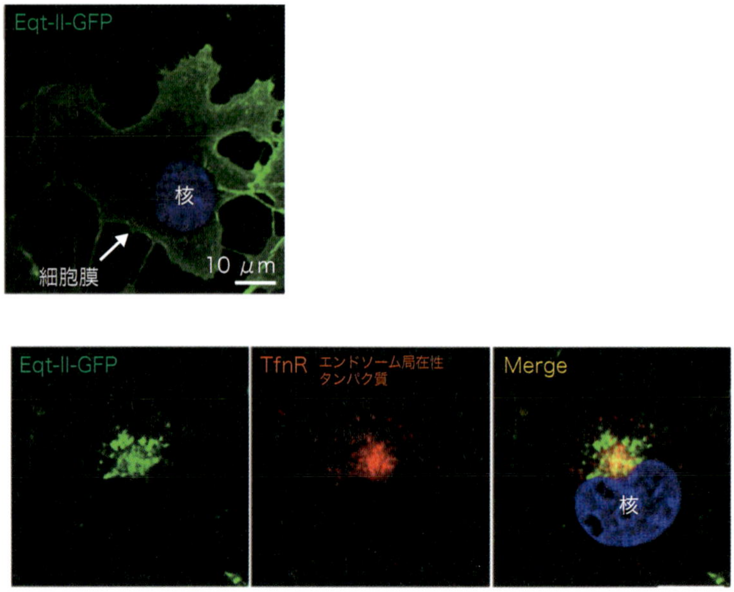

図4　リコンビナントEqt-Ⅱによる SMの可視化
A，Bは文献12より引用．

固定した細胞にEqt-Ⅱ-GFPを培地に加えて得た結果であり，細胞膜のSMが可視化されていることがわかる．オルガネラ局在性のSMが検出されないことに注意されたい（図1Aを参照）．一方，図4BはPFAで固定後，ジギトニンで膜透過処理を行った細胞に対して行った実験で，オルガネラのSMが可視化されていることがわかる（図1Bを参照）．膜透過処理によって，細胞膜のSMの染色が激減していることから，細胞膜のSMが可溶化されてしまい失われてしまっていることが示唆される．

おわりに

本稿では，タンパク質性の脂質プローブを用いた細胞の膜脂質の可視化法について概説した．リコンビナントプローブを用いる方法，脂質プローブを細胞質に発現させる方法，この2つの原理を理解し，研究目的に応じて使いこなすことが可視化のコツである．一般的に行われているタンパク質の可視化と異なり，脂質の可視化は多くの検討事項が必要である．界面活性剤による膜透過処理によるアーティファクト（特にリコンビナントプローブを用いる場合），脂質プローブの細胞質発現によるアーティファクトを理解し，常に適切な対照実験を置くことで，目的の脂質の可視化が行われているのか確認することが重要である．また，他稿で紹介されている蛍光脂質を用いた解析，電子顕微鏡を用いた解析，なども非常に強力な脂質可視化技術である．必要に応じて，これらの手法も検討したい．

◆ 文献

1） Behnia R & Munro S：Nature, 438：597-604, 2005
2） Di Paolo G & De Camilli P：Nature, 443：651-657, 2006
3） Leventis PA & Grinstein S：Annu Rev Biophys, 39：407-427, 2010
4） Deng Y, et al：Proc Natl Acad Sci U S A, 113：6677-6682, 2016
5） Kay JG, et al：Mol Biol Cell, 23：2198-2212, 2012
6） Laux T, et al：J Cell Biol, 149：1455-1472, 2000
7） Gillooly DJ, et al：EMBO J, 19：4577-4588, 2000
8） Lemmon MA：Nat Rev Mol Cell Biol, 9：99-111, 2008
9） Thomas CC, et al：Curr Biol, 12：1256-1262, 2002
10） Krappa R, et al：Proc Natl Acad Sci U S A, 96：4633-4638, 1999
11） Uchida Y, et al：Proc Natl Acad Sci U S A, 108：15846-15851, 2011
12） Lee S, et al：EMBO J, 34：669-688, 2015
13） Chung J, et al：Science, 349：428-432, 2015
14） Lencer WI & Tsai B：Trends Biochem Sci, 28：639-645, 2003
15） Yachi R, et al：Genes Cells, 17：720-727, 2012
16） Emoto K, et al：Proc Natl Acad Sci U S A, 93：12867-12872, 1996

16 電子顕微鏡を用いた観察

辻　琢磨，藤本豊士

膜脂質の詳細な分布を知ることは生体膜の局所的分化やその生理的意義を解明するために重要である．しかし脂質分子をその場に固定する有効な化学的方法がないため，タンパク質分布を見るための免疫電子顕微鏡法をそのまま適用するとさまざまな人工産物が生じる可能性がある．膜シート法，凍結超薄切片法，凍結置換・樹脂包埋切片法，凍結割断レプリカ法について概説し，それぞれの利点と問題点について述べた．

はじめに

生体高分子の細胞内分布を電子顕微鏡（電顕）で観察するためには，さまざまな処理の間，対象となる分子の本来の分布が保たれていなくてはならない．タンパク質の場合，通常，細胞をホルムアルデヒドなどで固定することによってこの目的を達することができ，その上で抗体標識することによって対象分子の分布を可視化する．一方，脂質にはアルデヒド系の固定剤が有効に作用しないため（理由は後述），タンパク質標識のための免疫電顕法をそのまま適用すると問題が生じる可能性がある．このため，脂質を特異的に認識する抗体や脂質結合タンパク質が数多く存在するにもかかわらず，脂質分布の観察はタンパク質の場合より難しい．

本稿では脂質の分布解析に使われてきたいくつかの電顕法をとりあげ，それぞれの方法の概略について述べる．なお紙数の関係上，ここでは脂質全般ではなく，膜脂質を見る方法だけを取り扱う．電顕を含む脂質分布解析法全般についてのより詳細な考察については別の総説をご覧いただきたい[1]．

膜シートを使う方法

抗体や脂質結合タンパク質（以下，一括して『脂質標識プローブ』とよぶ）による標識を行う場合，細胞外に面した形質膜外葉にある脂質については直接標識することができる．しかしそれ以外のところにある膜脂質を見るためには，何らかの方法で細胞膜に孔を開け，脂質標識プローブが細胞内にアクセスできるようにする必要がある．対象がタンパク質の場合には固定後の細胞を界面活性剤で処理することが一般的だが，同様の処理は脂質分布に影響を与えてしまう.

界面活性剤の使用を避け，形質膜内葉の膜脂質分布を電顕で見る手段の一つとして，物理的に剥離した膜シート（Membrane sheet）を用いる方法がある[2].

1. 方法の概略（図1）

電顕観察に用いる試料を載せるグリッド（目の細かい金属製のネット）に透明な支持膜を張り，ポリリジン処理で陽性荷電を与えた上で，培養細胞の頂部形質膜に押しつけ，接着させる．このグリッドを細胞から遊離させることによって，支持膜に貼り付いた状態の頂部形質膜を回収することができる．このようにして得た形質膜標本をアルデヒドで固定したあと，標的脂質と結合する脂質標識プローブを作用させ，最終的には金コロイドで標識して分布を可視化する.

あらかじめGFPなどのタグを付加した脂質標識プローブを生きた細胞に発現させておき，その細胞の形質膜を上述の方法で回収したあとに，抗GFP抗体などを用いて脂質標識プローブの分布を観察する場合もある[3]．いずれの場合でも，標識後に酢酸ウラニルで電子染色を行ったあと，表面張力でサンプルの破壊が起こらない方法でサンプルを乾燥させ，電顕観察を行う.

上記の方法では細胞頂部の形質膜しか観察できないが，支持膜上に細胞を培養しておき，細胞の上半分を物理的に除去するという方法を使えば，支持膜に残った基質側形質膜を標識，観察することができる.

2. 標識の見え方

支持膜上に貼り付いた形質膜に結合した金コロイドの分布を二次元的に観察することができる．形質膜の局所分化を細かく見ることは難しいが，コーテッドピットやカベオラは特有の形態によって同定可能である.

3. 利点

①透過型電顕以外の装置を必要としない.
②電顕観察までの試料処理を短時間で行うことができる.

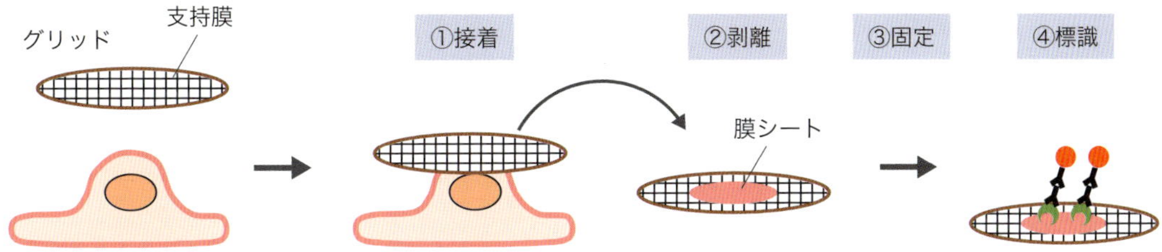

図1　膜シートを使う方法
支持膜を張った電顕グリッドを培養細胞の頂部形質膜に接着後，これを剥離することで形質膜のシートを回収する．アルデヒドで固定したあと，脂質標識プローブで標的脂質を標識する.

③点過程解析の手法を使って，標識の二次元的分布（クラスター形成の有無など）を客観的に解析することができる．

4. 問題点

①解析対象が基質に接着した培養細胞の形質膜に限定される．

②細胞から剥離した形質膜はアルデヒド（ホルムアルデヒド，グルタルアルデヒドなど）で固定されるが，アルデヒドはアミノ基をもつリン脂質（ホスファチジルセリン，ホスファチジルエタノールアミン）など，一部の膜脂質としか反応しないため，膜の流動性は残る[4]．このためアルデヒドと反応する脂質はタンパク質とクロスリンクされることによって影響を受け，一方，反応しない脂質は脂質標識プローブの結合によって分布が変化する可能性が残る．脂質標識プローブがIgG抗体のように二価である場合はもとより，一価と考えられてきたPHドメインも古典的な結合部位以外のドメインで標的脂質と相互作用しうることが示されており[5]，標的脂質の架橋と分布変化を引き起こしうる．

③細胞にあらかじめ発現させた脂質標識プローブ（GFP付加PHドメインなど）の分布を観察する場合には，タンパク質である脂質標識プローブの分布はアルデヒド固定によって保たれる．しかし脂質標識プローブの分布が標的脂質の分布を正しく反映しているかどうかについてはたびたび疑問が呈されている[1) 6)]．その原因として，脂質標識プローブと内在性脂質結合タンパク質の競合，脂質標識プローブの結合への別の要因（膜タンパク質，膜の曲率等）の関与などがある．蛍光顕微鏡以上に微小な領域の観察を行う電顕法ではこれらの問題はさらに大きな影響をもつと考えられる．

④剥離後の形質膜には細胞骨格が部位によってさまざまな程度に付着しており，脂質標識プローブの接近・結合が一様に起こらないことがあり得る．また形質膜の剥離に伴って生じると予想される膜張力の変化が膜脂質分布に影響する可能性もある．

凍結超薄切片標識法（徳安法）

徳安法は免疫電顕のスタンダードとなっている方法であり[7]，タンパク質を抗体標識で検出する効率は樹脂包埋の切片を用いる方法よりも高いことが多い．樹脂包埋切片に比べて膜構造がクリアに見えるため，膜脂質分布の観察にも使われてきた[8]．

1. 方法の概略（図2）

アルデヒドで固定した試料に高濃度のショ糖溶液を浸透させたあと，液体窒素で凍結し，極低温下（−90℃以下）で超薄切片を作製する．高濃度ショ糖によって氷晶形成が防止され，超薄切片作製が容易になる．グリッドに回収した凍結切片を常温に戻したあと，脂質標識プローブを作用させ，最終的には金コロイドで標識して，電顕で観察する．

2. 標識の見え方

樹脂包埋した試料の超薄切片像に比べてコントラストが低く，細胞骨格などの分別は難

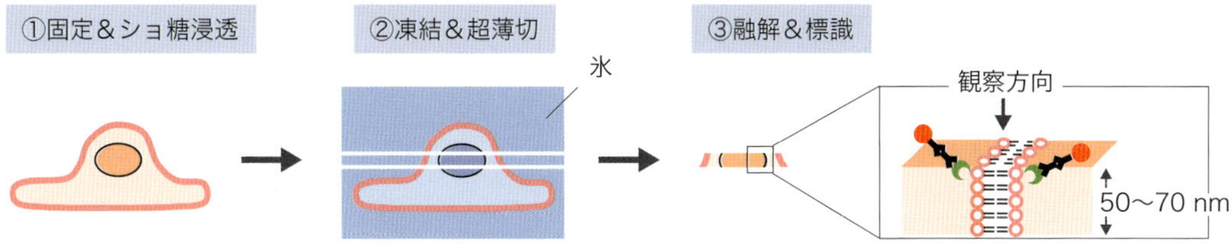

図2　凍結超薄切片標識法
アルデヒドで固定し，ショ糖溶液を浸透させた試料を凍結し，凍結超薄切片を作製する．凍結切片を常温に戻し，脂質標識プローブを用いて標的脂質を標識する．

しいが，オルガネラなどの膜構造の観察は容易である．線として見える膜の断面像に沿って分布する金コロイド標識を観察する．

3. 利点

①細胞内すべてのオルガネラが解析可能であり，細胞構造と関連づけた脂質分布の情報を得ることができる．
②樹脂包埋の超薄切片像に比較して，膜の構造（暗明暗のいわゆる単位膜構造）を明瞭に観察できる．
③試料に浸透させたショ糖溶液は標識時には洗い流されているため，脂質標識プローブが標的脂質にアクセスする効率は高い．
④脱水，包埋，重合などの操作が不要であり，比較的短時間のうちに結果を得ることができる．

4. 問題点

①標識のためには作製後の凍結超薄切片を常温に戻す必要があり，その際に膜の断面，すなわち膜脂質の疎水性部分が水相に露出されることになる．この状態で膜は元の構造を保つことができないため，エネルギー的に安定な状態になるように膜は再構成され，膜脂質は本来の分布を失う[9]．その結果，例えばコレステロールは膜内に留まらず，膜外に拡散してしまう[10]．このような分布変化を防ぐために酢酸ウラニル（おもにリン脂質のリン酸基と結合して膜構造を安定化する作用がある）を用いる方法が考案されており，一部の脂質については良好な結果が報告されているが[11]，膜脂質全般に適用可能かどうかの検証は不十分である．
②GFPを付加した脂質結合タンパク質を細胞に発現させておき，凍結超薄切片上で脂質結合タンパク質を抗体（GFPを付加したタンパク質の場合には抗GFP抗体）で標識する方法も報告されている[12]．この方法には，前項で述べたようにGFP付加脂質標識プローブに関する問題が内在する．
③凍結超薄切片を作製するための超ミクロトームの設備と技術が必要である．

凍結置換・樹脂包埋切片標識法

細胞を急速凍結したあと，極低温下で樹脂を浸透，重合させることによって脂質を物理的に固定する．その後，室温で超薄切片作製を行い，切片上で脂質を標識する方法である[13]．

1. 方法の概略（図3）

急速凍結により細胞内の分子の動きを瞬時に停止させる．急速凍結には数十ミリ秒以内に試料を凍結できる加圧凍結装置を用いることが一般的である．その後，試料を極低温（通常は－90℃前後）に保った状態で細胞内の水分を有機溶媒に置換し（この操作を凍結置換という），さらに樹脂に置き換える．次いで低温下（通常は－20℃～－45℃）で紫外線照射によって樹脂を重合させ，重合後に常温に戻して，通常の電顕用超ミクロトームで超薄切片を作製する．超薄切片を脂質標識プローブで標識し，金コロイドの分布を電顕で観察する．

2. 標識の見え方

試料は樹脂に覆われており，標識効率は凍結切片法に劣るが，通常の超薄切片像と似たコントラストの像が得られる．凍結超薄切片法と同じく，膜断面として表れる膜構造と金コロイド標識の関係を見ることができる．

3. 利点

①樹脂が重合した後は，膜を含む細胞構造の変化や分子移動の可能性を排除できる．
②樹脂包埋試料を常温で長期間保存することができる．
③超薄切片作製は通常の電顕試料と同じ方法で行うことができる．

4. 問題点

①凍結置換では，試料はメタノールやアセトンなどの有機溶媒に酢酸ウラニルなどを溶かした液に長時間（通常2日程度）浸漬される．この間，試料はリン脂質を固定する効果がある酢酸ウラニル（おもにリン脂質頭部のリン酸基に結合すると考えられている）と脂質抽出作用がある有機溶媒に同時に晒される．膜脂質分子の一部が抽出されたり，残存する膜脂質の分布が変化したりする可能性を排除できない．

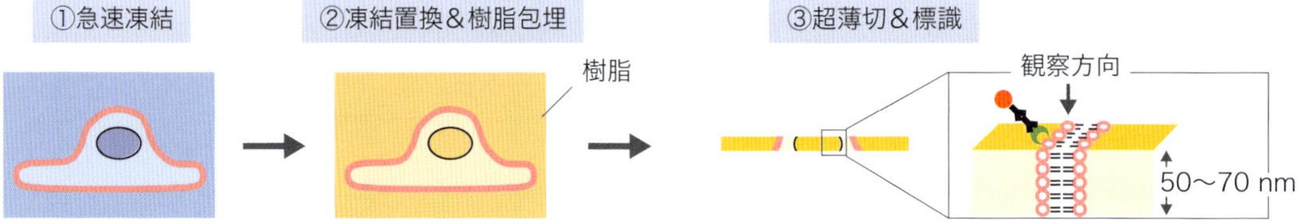

図3　凍結置換・樹脂包埋切片標識法
急速凍結後，凍結置換により有機溶媒，次いで樹脂を浸透させ，低温下で樹脂を重合させる．超薄切片を作製し，脂質標識プローブで標的脂質を標識する．

②標識効率が低い．その主な原因は，試料が樹脂に覆われており，切片表面に露出した一部の分子だけにしか脂質標識プローブがアクセスできないためと考えられるが，有機溶媒や樹脂，酢酸ウラニルなどの処理の影響も否定できない．

③凍結置換後の超薄切片では膜のコントラストが低く，明瞭な単位膜構造を観察することは難しい．

④脂質二重層のどちらの膜葉に標的脂質が存在するかの判断は困難である．電顕で見える金コロイドと標的脂質の間の距離が最大約15 nmあり，生体膜の厚さ（約5 nm）よりも遠いこと，膜構造がはっきり見えないことなどが原因である．

⑤凍結置換，樹脂浸透までは手製の器具でも実施可能だが，急速凍結，低温下の紫外線重合には専用の装置が必要である．

凍結割断レプリカ標識法

細胞を急速凍結したあと，化学的処理を行うことなく，極低温下で膜脂質を物理的に固定し，標識する方法である[14]．原理的には最も忠実に生きた細胞内の膜脂質分布を保持，標識することができる．

1. 方法の概略（図4）

急速凍結した試料を，極低温（通常は－100°C～－115°C），高真空中で割断し，脂質二重層を疎水性界面で劈開（へきかい）させる（この操作を凍結割断とよぶ）．疎水性界面に露出した膜脂質の疎水性尾部に炭素・白金を真空蒸着することにより，炭素・白金の薄膜（レプリカと言う）を形成し，膜分子を物理的に固定する．試料を常温，常圧に戻したあと，高温のSDS溶液で処理して，膜の親水性表面（レプリカとは反対側）に付着した膜表在性タンパク質などを除去し，その後に脂質標識プローブで膜脂質を標識する．

2. 標識の見え方

凍結割断は膜平面に沿って，脂質二重層の中間（疎水性部分）で起こるため，膜を広く

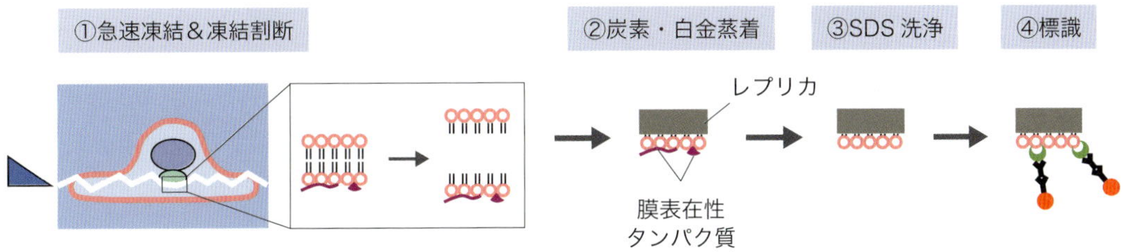

図4　凍結割断レプリカ標識法

急速凍結した試料を，凍結割断し，脂質二重層を2つの脂質一重層に分離する．割断で露出した疎水性面に炭素・白金の薄膜（レプリカ）を真空蒸着して膜分子を物理的に固定する．レプリカをSDS溶液で処理して，膜表在性タンパク質などを除去し，脂質標識プローブを用いて膜脂質を標識する．

二次元的に観察することができ，膜の突起や陥凹（例えば形質膜のカベオラなど）の観察が容易である．膜シート法と同様，二次元の膜平面に分布する金コロイドを俯瞰するような電顕像が得られる（図5）．

3. 利点

①化学的処理を行うことなく，物理的に膜脂質分布を保持，標識することができる．

②凍結割断によって2枚の膜葉に分かれたあとに標識，観察するため，脂質二重層のどちらの膜葉に標的脂質があるのかを明確に区別して解析することができる．

③切片を使用する方法に比べて標識効率が高い．

④点過程解析の手法を使って，標識の二次元的分布（クラスター形成の有無など）を客観的に解析することができる．

⑤膜の形態的分化と標識の関係の解析が容易である．

4. 問題点

①大半のオルガネラは形態学的特徴によって同定できるが[9]，一部のオルガネラは同定が困難で，マーカータンパク質を抗体標識するなどの工夫が必要となる．

②膜表在性タンパク質はSDS処理で除去され，レプリカに残る内在性タンパク質もプロテイナーゼK処理で消化できるが，発達した糖鎖をもつ糖脂質が大量に存在する場合には脂質標識プローブのアクセスが障害される可能性がある．

③レプリカは元の膜と同じ曲率をもつため，二次元の電顕写真から正確な膜の面積を求め

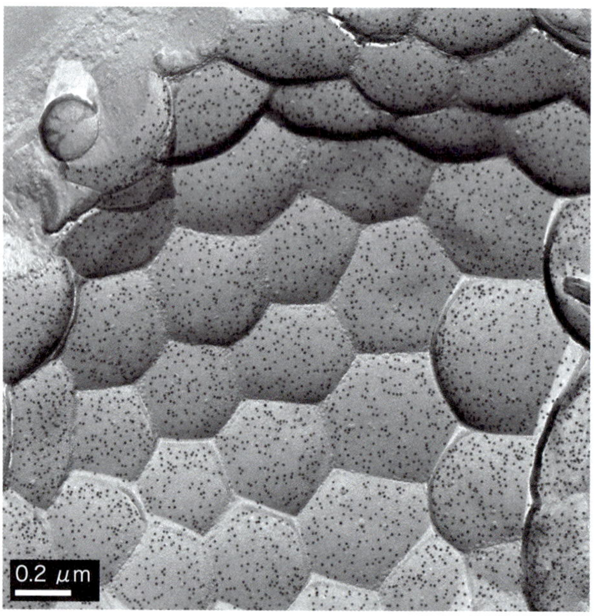

図5　凍結割断レプリカ標識法によるイノシトール3リン酸の標識
静止期の出芽酵母の液胞膜．多角形のドメインを形成した液胞膜の細胞質側膜葉に強い標識が観察される．

ることができない．このため，曲率の高い膜ほど，面積は本来より小さく見積もられ，単位面積あたりの標識強度が過大評価される．

④標識強度が特に高い場合には金コロイドを含む標識プローブ同士の立体障害が起こり，局所的に標識が飽和する可能性がある．同様の問題は他の方法でも起こりうるが，標識効率が高い凍結割断レプリカ標識法で特に問題になる．

⑤急速凍結，凍結割断には専用の装置と操作技術の習得が必要である．

おわりに

脂質分布を電顕で解析するためには，いかにして脂質を元の部位に留め置き，高い効率で標識を行うかが重要なポイントになる．タンパク質に関してはアルデヒド固定が有効であるのに対して，脂質全般に使用可能な化学的固定剤は見当たらず（酢酸ウラニルはリン脂質には有効だが，国際規制物資であり，使用は制限される），これが脂質分布の正確な解析を阻んでいると言える．われわれは現在のところ，凍結割断レプリカによる物理的固定が最も優れた方法であると考えているが，一般的な研究室が導入するには装置，技術面で困難が大きい．電顕解析がさらに大きく脂質研究に貢献するためにはこのハードルを少しでも低くすることが必要と思われる．

◆ 文献

1） Takatori S, et al：Biochemistry, 53：639-653, 2014
2） Prior IA, et al：Sci STKE, 2003：PL9, 2003
3） Ariotti N, et al：J Cell Biol, 204：777-792, 2014
4） Tanaka KA, et al：Nat Methods, 7：865-866, 2010
5） Yamamoto E, et al：Structure, 24：1421-1431, 2016
6） Hammond GR & Balla T：Biochim Biophys Acta, 1851：746-758, 2015
7） Tokuyasu KT：J Microsc, 143：139-149, 1986
8） Downes CP, et al：Trends Cell Biol, 15：259-268, 2005
9） Cheng J, et al：Nat Commun, 5：3207, 2014
10） Möbius W, et al：J Histochem Cytochem, 50：43-55, 2002
11） Karreman MA, et al：Traffic, 12：806-814, 2011
12） van Rheenen J, et al：EMBO J, 24：1664-1673, 2005
13） Fairn GD, et al：J Cell Biol, 194：257-275, 2011
14） Fujimoto K, et al：J Cell Sci, 109（Pt 10）：2453-2460, 1996

17 イメージングMS

佐藤智仁，佐藤駿平，堀川　誠，瀬藤光利

イメージングMSは，顕微鏡技術と質量分析技術を組合わせた，分子標識を行うことなく組織や細胞中における生体分子の分布を網羅的に可視化できる新しい観察手法であり，脂質のように生体に豊富に存在し，炭素鎖長や不飽和結合数のわずかな構造的違いにより多種多様な組合わせをもつ生体分子の分布観察に適している．本稿では，イメージングMSの原理と方法論を概説するとともに，実際の脂質解析の手順について紹介したい．

イメージングMSの概要

イメージングMSとは，位置情報を保持しながら局所の生体分子のイオン化を行うことで空間的な分子分布の解析を可能とする手法であり，主にイオン化方法の違いにより分類される（図1）．イオン化方法の特性により測定可能な脂質分子種が異なるため，それぞれ最適の手法を選ぶ必要がある[1]．各手法における空間分解能や測定可能な質量範囲などを表1にまとめる．

マトリクス支援レーザー脱離イオン化法（matrix-assisted laser desorption/ionization：MALDI）によるイメージングMSは，現在最もよく使用されている手法であり，イオン化剤である**マトリクス**を試料に塗布することで分子のイオン化を補助し，脂質など幅広い質量範囲の分子を断片化させることなく，最高で数μm程度の空間解像度で観察することが可能である．なお，マトリクスおよび測定条件の詳細に関しては後述する（図2，表2）[2]．

脱離エレクトロスプレーイオン化法（desorption electrospray ionization：DESI）は，試料に帯電した微小液滴を噴霧することで分子の抽出，脱離，イオン化を行う．主要なイメージングMSのなかで最もソフトなイオン化方法をもつ手法である．また，MALDIのようなマトリクスによる前処理を必要とせず，大気圧条件下で測定が可能である．DESIにより検出可能な分子種はMALDIと重なる部分もあるが，MALDIでは難しい遊離脂肪酸や脂質メディエーターの検出が可能である（図3）．しかしスプレーイオン化法であるがゆえに，空間解像度が数十μmとやや低い[3]．

二次イオン質量分析法（secondary ion mass spectrometry：SIMS）は，希ガス原子や金

マトリクス：UVレーザーを吸収し，試料化合物のイオン化を支援する有機化合物．質量顕微鏡法で脂質の極性やイオン化傾向に合わせて異なるマトリクスが利用されている．

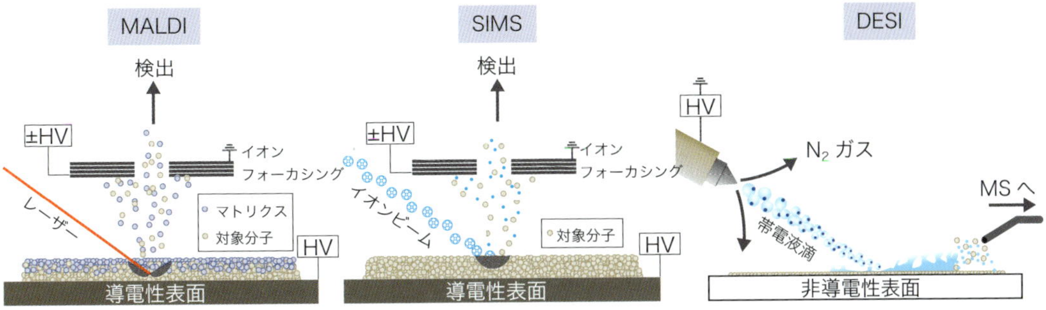

図1　イメージングMSの模式図

表1　各イメージングMSの性質

	イオン化ソース	イオン化強度	真空度	分解能 (μm)	質量範囲 (Da)	前処理	主な対象分子
MALDI-IMS	UV/IR レーザー	ソフト	真空 or 大気圧	1～	0～50,000	マトリクス塗布	タンパク質，脂質薬物，生体低分子
DESI-IMS	イオンスプレー	ソフト	大気圧	25～	0～2,000	不要	脂質，薬物 生体低分子
TOF-SIMS	イオン銃	ハード	真空	0.1～	0～2,000	不要	元素，同位体 生体内低分子

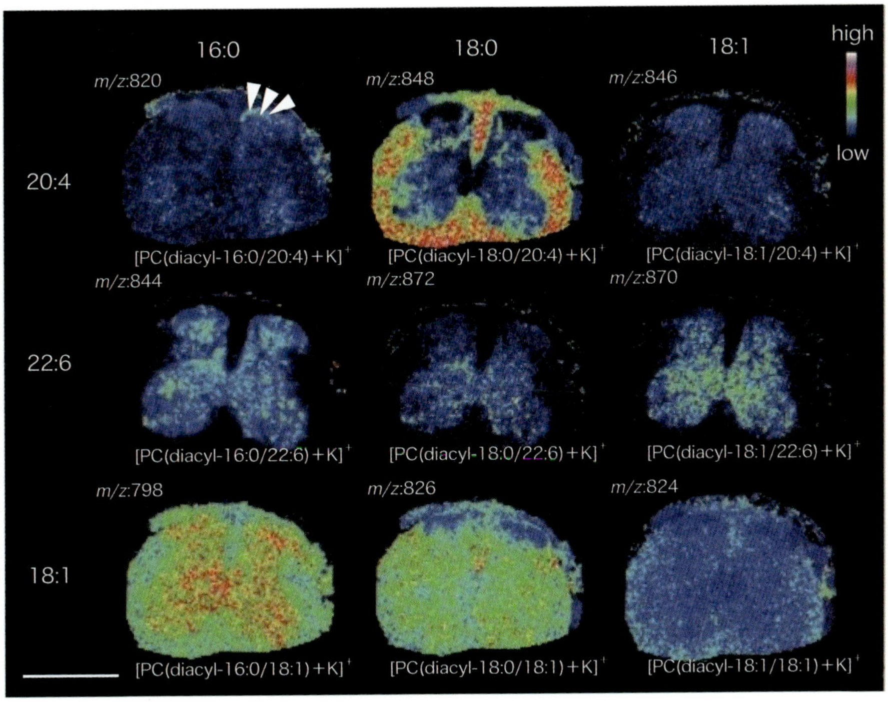

図2　MALDIによるイメージングMS

坐骨神経障害により脊髄後角においてPC（16：0/20：4）が増加．スケールバー＝1 mm（文献2より引用）．

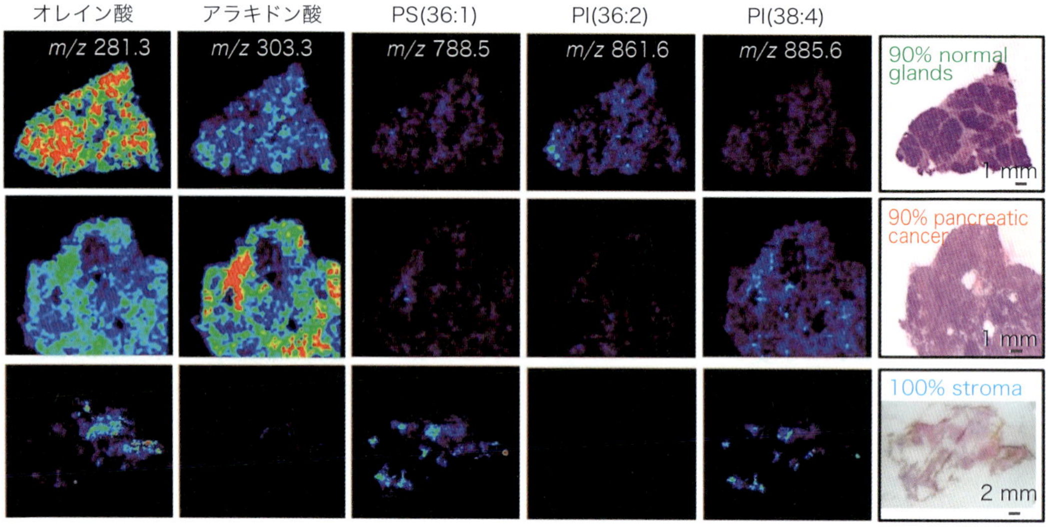

図3　DESIによるイメージングMS
DESI IMSにより膵がんのがん部特異的な遊離脂肪酸を検出（文献9より引用）.

属原子などをイオン化して試料に照射することで，試料表面の分子を二次イオンとして得る手法である．SIMSはDESI同様に前処理が不要で，サブミクロンスケールの高い空間解像度を誇る．特に，深さ方向の解像度がきわめて高く，細胞膜の厚みと同程度の十数nmである．しかし，ハードなイオン化法であるため脂質分子の断片化が生じやすく，脂質分子の脂肪酸組成やヘッドグループなど構成成分の違いを高空間解像度で解析することに適した手法であるといえる．

さらに，イメージングMSの手法ごとに組合わせられる質量分析装置も異なっており，どのイオン化法が勝っているということはなく，互いの欠点を埋め合う相補的な技術であり，目的に適した選択をすることが重要である．MALDIでは導電性のスライドガラス，DESIでは非導電性のスライドガラスを使用するといった違いもあることから，切片を作成する前の段階からどの手法で解析を行うかあらかじめ決めておくことが望ましい．また，近年ではUVLDI（UV laser desorption/ionization）や[4]，ME-SIMS（matrix-enhanced secondary ion mass spectrometry）など既存の方法を改良した手法や組合わせた新しい手法の開発も進められている[5]．

次項より各イオン化法の概説と，脂質のイメージングMSの実用例について紹介を行う．

イメージングMSの実際

1. MALDIによる脂質のイメージングMS

MALDI IMSの特徴はマトリクスの使用であり，そして検出される分子種を大きく変える重要な要素である．われわれを含めさまざまなグループの研究でさまざまな物質がマトリクスとして検討されており，主要な脂質分子に対応するマトリクスに関して表にまとめる（表2）．われわれの過去の総説なども参照いただきたい[6]．また，MALDIでは原則として導電性の素材で表面をコートされた支持素材を用いる．最も簡便には，金属MALDIプレートに直接組織切片を載せることもできるが，酸化インジウムスズ（indium-tin-oxide：ITO）でコートされたITOスライドガラスを使用するのが一般的である．

測定したい分子に対応するマトリクスを決定したら，次は組織切片への塗布条件を決定する．これらの条件は，分子の検出感度，イメージングの空間解像度などに影響する．最も単純なのはスプレー法である．有機溶媒にマトリクスを溶かして，プラモデルの塗装に使うようなスプレーヤーで塗布を行う．イメージング結果に偏りが出ないよう，塗布は組織切片全体に対して均一に行い，有機溶媒が組織にかかるやすぐに揮発する程度の勢いで行う．こうすることで，生体分子は有機溶媒によって組織から抽出されてマトリクスと混ざり，乾くと同時にマトリクスと共結晶を作る．MALDI IMSにおけるイオン化はレーザー照射によって行われ，このときレーザー径とレーザー照射間隔は空間解像度を左右するが，有機溶媒による抽出作業が粗いと，それが空間解像度の決定要因となる．有機溶媒によって組織を濡らせば濡らす程，分子が抽出されてくることで感度が上がるが，同時に分子が組織から流れ出して空間的に広がるので，感度と解像度はトレードオフになる．また，レーザー径より大きいマトリクス結晶も，空間解像度の決定要因となる．これに対して，蒸着法は固体のマトリクスを真空と高温により気体へと昇華させて組織切片に塗布することで，より細かい結晶を作る．しかしながらこれは有機溶媒による抽出過程を含まないため，感度が犠牲となりやすい．

マトリクスを組織切片に塗布したら測定を行う．MALDI IMSに限らず，実験間で再現性の良い結果を得るためには，効率よい脱離やイオン化を目的とした，日常的な機器パラメータの最適化が不可欠である．MALDI IMSの機器パラメータとしては，ラスター幅（空間解像度），レーザー照射径，レーザー強度，ショット数などが主なものである．本測定の前にレーザーを試し撃ちしながら，レーザー強度などの調整を行い，ターゲット分子がよく検出できる条件で本測定を行う．例えば，試料中の脂肪酸の総量，すなわち遊離脂肪酸と他の脂質から外れたフラグメントとしての脂肪酸を合わせた総量を検出したい場合は，レーザー強度を高い値に設定する．測定時間はレーザー照射回数に依存する．

測定の後，解析に移る．まずは各測定点のスペクトルの平均スペクトルを出力すると，全体像が掴みやすい．ただし，その前にあらかじめターゲット分子の質量を知っておく必要がある．このときの質量はモノアイソトピック質量（monoisotopic mass）を用いる．これは，各元素の同位体の中で最も天然存在比の多い同位体で構成された分子の精密質量（exact mass）で，実際のスペクトルからターゲット分子をチェックする際に対象となる正確な値である．実際のスペクトルでは，m/z 1ずつの差で異なるピークが現れることが多い．これらは**同位体のピーク**である．ターゲット分子のピークが見つかったら，そのシグナル強度を各測定点で輝度として表示することでイメージングする．このとき，そのピークが本当にターゲット分子由来であるのか推定する必要がある．なぜならば，ほとんどの場合，ター

表2　MALDIで使用される主なマトリクス

マトリクス		測定対象	特徴
略語	名称		
DHB	2, 5-dihydroxybenzoic acid (2, 5-ジヒドロキシ安息香酸)	脂質, 糖, ペプチド, 核酸関連物質, タンパク質	正イオンの検出 結晶が大きくなりやすい
sDHB	super-DHB (スーパーDHB)	脂質, 糖, ペプチド, 核酸関連物質, タンパク質	DHBを主成分とする マトリクスの組合わせ
α-CHCA	a-cyano-4-hydroxycinnamic acid (α-シアノ-4-ヒドロキシケイ皮酸)	ペプチド, 薬物, 糖, 脂質	使用頻度が高い
SA	sinapinic acid (シナピン酸)	タンパク質, ペプチド, 脂質	正・負イオンの検出
9AA	9-aminoacridine (9-アミノアクリジン)	脂質	負イオンの検出
DAN	1, 5-diaminonaphthalene (1, 5-ジアミノナフタレン)	脂質, ペプチド 核酸関連物質	正・負イオンの検出 還元作用がある
DHAP	2, 5-dihydroxyacetophenone (2, 5-ジヒドロキシアセトフェノン) 2, 6-dihydroxyacetophenone (2, 6-ジヒドロキシアセトフェノン)	タンパク質, ペプチド, 糖脂質	正・負イオンの検出 揮発性
THAP	2, 4, 6-trihydroxyacetophenone monohydrate (2, 4, 6-トリヒドロキシアセトフェノン)	オリゴヌクレオチド	
NIT	*p*-nitroaniline (パラ-ニトロアニリン, 4-ニトロアニリン)	脂質, ペプチド, タンパク質	正・負イオンの検出 揮発性
NPG	2-nitrophloroglucinol (2-ニトロフロログルシノール)	ペプチド	多価イオン 揮発性
DMAN	1, 8-bis (dimethyl-amino) naphthalene, proton sponge (1, 8-ビスジメチルアミノナフタレン, プロトンスポンジ)	脂質	負イオンの検出 揮発性
PA	picolinic acid (ピコリン酸)	オリゴヌクレオチド, DNA	
HPA	3-hydroxypicolinic acid (3-ヒドロキシピコリン酸)	オリゴヌクレオチド, ペプチド, 糖タンパク質	
3-APA	3-aminopicolinic acid (3-アミノピコリン酸)	オリゴヌクレオチド, DNA	
HABA	2- (4-hydroxyphenylazo) benzoic acid (2- (4-ヒドロキシフェニルアゾ) 安息香酸)	糖脂質, ペプチド, タンパク質	
MBT	2-mercaptobenzothiazole (2-メルカプトアゾベンゾチアゾール)	ペプチド, タンパク質	
CMBT	5-chloro-2-mercaptobenzothiazole (5-クロロ-2-メルカプトアゾベンゾチアゾール)	タンパク質, ペプチド	
Ag NPs	Ag nanoparticles (銀ナノ粒子)	リン脂質	高解像度
Fe NPs	Fe nanoparticles (鉄ナノ粒子)	糖脂質	高解像度
Au NPs	Au nanoparticles (金ナノ粒子)	糖脂質	高解像度
TiO NPs	TiO nanoparticles (酸化チタンナノ粒子)	低分子	高解像度

ゲット分子と似たような質量をもつ分子は多数存在するためである．簡便な手段は，類似した条件（イオン化手法，マトリクス，サンプルなど）で測定を行っている文献を探し，ターゲット分子を同定している場合，同じイオンが同定されていると考えるというものである．文献がない場合，別の手段は**多段階質量分析**（MS^2）を行うことである．イオンにコリジョンガスを当てると，その構造に応じて特定の部位でイオンが分裂するため，特定イオンの分裂後のスペクトルパターンを調べることで，構造を推定する．その他の手段は，精密質量を測定することである．フーリエ変換型質量分析（Fourier transform mass spectrometry：FT MS）は他の手法に比べて，非常に高い質量分解能をもつため，類似した分子のピークがあっても，分けて観察できる可能性が高い．なお，質量が全く同一の分子（異性体）を質量分析で分けることはできない．イオンモビリティはそれを可能にする技術の一つで，ガスを導入した空間でイオンを移動させることで，異性体をその立体構造の違いによって分離させる技術であり，質量分析法と組合わせて用いられることがある．上記の解説は，MALDIでイオン化した後の分析部の話であるが，いずれもMALDI IMSの分析部として各企業から製品の売られている装置があるので，実験計画の際の参考になれば幸いである．

2. SIMSによる脂質のイメージングMS

次に，この項ではSIMSを用いた脂質のイメージングMSについて説明する．切片や細胞試料はMALDI法と同じように，導電性のITOガラス上に貼り付け・播種を行う．SIMS法ではマトリクス塗布が不要であるため，作成した試料をそのまま分析器に導入して解析を行う．試料はイオン銃によりイオン照射が行われ，得られた二次イオンは主に飛行時間型質量分析計において解析が行われる．なお，SIMS法で生じる脂質イオンの荷電傾向はMALDI法と異なる場合がある．SIMS法における各種脂質の荷電傾向は，Passarelliらの論文に詳しく紹介されている[7]．われわれはSIMS法を用いた解析により，200 nmでの細胞内の脂肪酸分布の観察が可能であることを示した[8]．また，核酸特有のシグナルであるCN⁻イオンを測定することで，核の構造を捉えることにも成功している．しかし，小胞体などの他の細胞内小器官の構造に由来する分子分布に関しては検出出来ていない．そこで現在われわれは，電子顕微鏡観察における試料の固定調製法を改良した前処理を行うことで，細胞内の構造保持したままSIMSによる高空間解像度での脂肪酸分子分布観察を試みている．

3. DESIによる脂質のイメージングMS

DESIの特徴は，そのイオン化法のソフトさである．エレクトロスプレーによって生成した帯電液滴を試料表面に照射することで，試料中の成分は帯電液滴に抽出され，脱溶媒過程を経てイオンが気相へ放出され質量分析計に導入される．DESIにおけるイオン化の機構は，エレクトロスプレーイオン化法（electro spray ionization：ESI）にきわめて類似して

同位体ピーク：一般には，天然存在比が最大ではない同位体を含むイオンによるピークの総称．最大存在比の同位体のみからなる一般イオンmに対し，^{13}Cまたは^{2}Hを1個含むイオン（m+1）や^{18}Oを1個含むイオン（m+2）などが存在する．

多段階質量分析：試料から生成したイオンをさらに分解し，そのm/zを測定することでイオンの同定を行う手法．イオンの分離，分解をn回くり返すことからMS^nとも表記される．

いる．そのため局所的な急速加熱（MALDI）やイオン衝撃（SIMS）などによる他のイオン化法よりソフト（イオン化エネルギーが低い）であり，遊離脂肪酸や脂質メディエーターのイメージングに非常に優れた方法といえる[9)10)]．ただし，帯電液滴から生成した脂質イオンを質量分析計に導入するという性質上，測定試料は非導電性の通常のスライドガラスを使用しなければならない．他のイメージングMS同様，試料表面を連続的に抽出サンプリングし，数十～数百μmの解像度で脂質のイメージングが可能である．またマトリクス塗布といった前処理が不要であり，レーザー照射による組織の掘削も生じないため，DESIによる測定をくり返したり，測定後に組織学的検査を行うことも可能である．DESI IMSによる測定も，基本の流れはMALDIと同様で，まず目的分子が測定可能な条件を検討する．

DESIの機器パラメータとしては，スプレーの溶媒流量（0.1～5 μL/分），電圧（1～8 kV），スプレーノズル―サンプル間距離，入射角等が調整できる．これらはシグナルの強度，安定性に影響する．その他に検討する条件は，スプレーを行う溶媒である．アセトニトリル／ジメチルホルムアルデヒド（ACN/DMF）やメタノール／水（MtOH/Water）の組合わせが標準的であるが，経験的にさまざまな溶媒が候補としてあげられる．過去に報告されている脂質分子と使用された溶媒を表にまとめる（表3）[11)~15)]．MALDIにおけるマトリクス選択と同様に，先行研究における検出例と検出された分子の構造などから，目的分子がイオン化されるであろうものを選択して試験を行う．標準品がある場合，液をスライド上に滴下して乾燥させ，イオンスプレー下に置くことで測定を行うのが最も簡便である．その他測定の結果もMALDI IMSと同様にピクセルごとに質量分析スペクトルが得られるので，目的の分子を示す*m/z*のイメージを作ることができる．

イメージングMSと定量

イメージングMSにおける定量は，LC-MSに比べると正確性に難がある．LC-MSがカラム分離によって比較的均一な溶媒の中でイオン化を行う一方，IMSにおけるイオン化は組織から直接行うために，目的分子の周りの環境が異なる．周りに存在する分子の違いは

表3　DESIで検出可能な脂質と使用される溶媒

検出可能な脂質	イオンモード	溶媒	参考文献
FA, PI, PS, ST	Negative	50%MtOH	11
FA, PI, Cer	Negative	ACN：DMF（1：1）	12
DG, CE, SM, PC, TG	Positive	ACN：DMF（1：1）	13
FA, MG, Cer, PE, PG, PS, PI	Negative	100%ACN	13
FA, PI, Cer, PE, PG, PS, PI	Negative	ACN：DMF（1：1）	14
FA, FA dimers	Negative	ACN：DMF（1：1）	15

FA : fatty acid, PI : Phosphatidylinositol, Cer : ceramide, PS : Phosphatidylserine, ST : sulfatide, DG : diacylglycerol, CE : Cholesteryl ester, SM : Sphingomyelin, PC : phosphatidylcholine, TG : triglyceride, MG : monoacylglycerol, PE : Phosphatidylethanolamine, PG : Phosphatidylglycerol．文献11～15より引用．

イオン化抑制レベルの違いとなって表れうるために，実際の分子の量とシグナル強度との差が，組織の部位によって異なることが懸念される．イメージしたい部位で目的分子がイオン化抑制によってその分布を示していないか検証する方法として，類似した構造の標準品を切片に塗布するというものがある．もし目的分子の分布がイオン化抑制に伴って現れているものだとしたら，類似の標準品が切片上で均一ではなく，組織の形を表すかもしれない．また，絶対定量を行う場合にも同様のイオン化抑制の問題がある．少なくとも検量線は連続切片の定量対象部位の上に標準品の希釈系列を置いて行われるべきで，対象と同じスライドで同時に測定されるのが望ましい．組織のホモジネートと標準品を混ぜて凍結させ，切片化してスライドに張り付けるという方法もある．このとき混ぜる標準品で希釈系列を作り，切片化して測定することで，検量線を作成する．

以上の点を考慮すると，試料中のイメージングしたい脂質分子が決まっており，それら

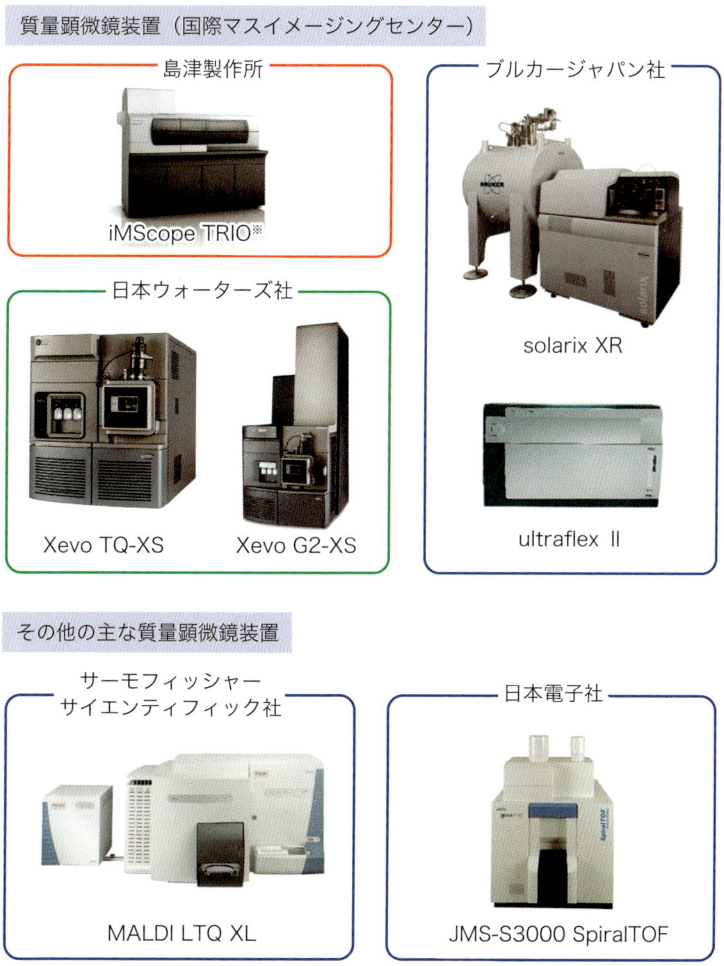

図4　国際マスイメージングセンターのイメージングMS装置一覧
※国際マスイメージングセンターで保有しているのはプロトタイプ機

の分布を調べたい場合，あるいは，試料中のある部位に注目しており，その部位に分布する脂質分子を調べたい場合などがイメージングMSの良い適応と考えられる．

おわりに

われわれの国際マスイメージングセンターでは，MALDI IMSの装置を3台，DESI IMSの装置を2台設置し，毎年イメージングMSに関する講習会を行っている（図4）．興味を持たれた方は参加いただけると幸いである（http://www.hama-med.ac.jp/about-us/mechanism-fig/intl-mass/index.html）．また，イメージングMSは原子・分子の顕微イメージングプラットフォームを通じて利用申請も可能であり（http://www.imaging-pf.jp/），2019年2月には，株式会社プレッパーズを設立，4月からイメージングMSの受託サービスを開始した．

◆ 文献

1）堀川　誠，瀬藤光利：実験医学，36：1773-1780，2018
2）Banno T, et al：PLoS One, 12：e0177595, 2017
3）本山　晃，木原圭史：J Mass Spectrom Soc Jpn, 65：98-101，2017
4）Wang J, et al：Rev Sci Instrum, 88：114102, 2017
5）Passarelli MK & Winograd N：Biochim Biophys Acta, 1811：976-990, 2011
6）佐藤智仁，他：実験医学，33：2521-2527，2015
7）Passarelli MK & Winograd N：Biochim Biophys Acta, 1811：976-990, 2011
8）Masaki N, et al：Sci Rep, 5：10000, 2015
9）Eberlin LS, et al：PLoS Med, 13：e1002108, 2016
10）Parrot D, et al：Planta Med, 84：584-593, 2018
11）Eberlin LS, et al：Cancer Res, 72：645-654, 2012
12）Zhang J, et al：J Am Soc Mass Spectrom, 28：1166-1174, 2017
13）Sans M, et al：Cancer Res, 77：2903-2913, 2017
14）Zhang J, et al：J Am Soc Mass Spectrom, 28：1166-1174, 2017
15）Banerjee S, et al：Proc Natl Acad Sci U S A, 114：3334-3339, 2017

18 脂肪酸の新しい可視化技術
細胞内（蛍光X線，ラマン）とリポソーム二重膜（AFM）

植松真章，徳舛富由樹，進藤英雄

生体内にはさまざまな種類の脂質が存在しており，膜の構成成分，栄養源，生理活性脂質，タンパク質の修飾など，さまざまな形で重要な役割をはたしている．このような役割は主に生化学的な解析によって明らかになってきた側面があるが，近年のイメージング技術の進歩により脂質の分布についても高い空間分解能で取得することができるようになってきた．蛍光標識脂質や脂質結合プローブ，急速凍結・凍結割断レプリカ標識法，イメージングMSといった手法を駆使することで，多種の脂質の局在情報が得られることは，ここまでの稿で述べられているとおりである[1)2)]．しかし，炭素の鎖長や不飽和度が異なる多種の脂肪酸の局在を細胞レベルで観察することは今まで非常に困難であった．脂肪酸はタンパク質と比較して非常に小さく（5～10 nm），蛍光団を付加すると，他分子との相互作用や脂肪酸の疎水性に大きな影響を与えてしまうためである[3)]．また，脂肪酸は通常細胞膜や脂肪滴の内部に埋もれているため，プローブを用いて外部からその種類の差異を検出することも困難である．これらの問題を克服するための手法として，ラマン顕微鏡を中心に，2種類の脂肪酸イメージング技術を紹介する．これらはともに，従来用いられていたものより小さな標識を用いつつ，オルガネラレベルでの観察を可能とする有用なツールである．また，脂肪酸種によって異なるリン脂質二重膜の厚さや柔らかさなどの物性の観察に有効な原子間力顕微鏡についても紹介する．

蛍光X線顕微鏡

走査型蛍光X線顕微鏡を用いて臭素標識脂肪酸（図1A）を可視化することが可能である[4)]．蛍光X線（特性X線）とは，原子にX線を照射した際にその原子種に応じて放出される，波長の異なるX線である．X線が照射されると，そのエネルギーにより原子の内側の電子殻から電子がはじき飛ばされて原子は励起状態になる（図1B）．内郭軌道が空いた原子は不安定であるため，より高いエネルギー準位をもつ外側の軌道から内側の軌道へ電子が遷移して安定化する．この際，各々の軌道電子のエネルギー差が蛍光X線として放出されるが，軌道電子のエネルギー差は各原子に固有であるため，放出される蛍光X線の波長特性を調べることで試料の元素組成に関する情報を得ることができる．

この原理を顕微鏡に応用することで，細胞内にほとんど存在しない原子で標識された分

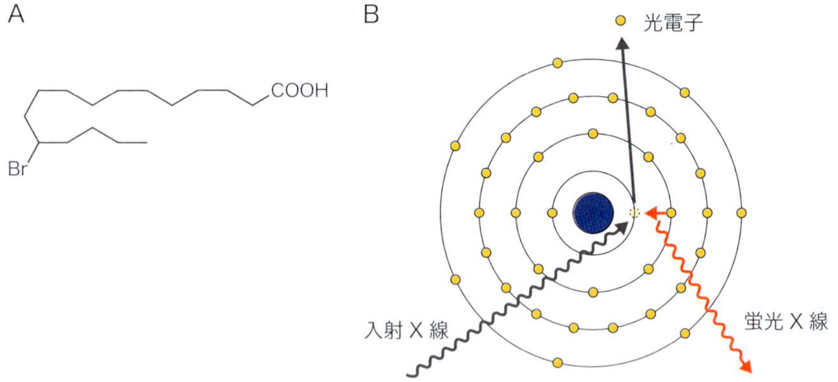

図1　蛍光X線顕微鏡による臭素標識脂肪酸可視化の原理
A）臭素標識脂肪酸．B）蛍光X線の原理．入射X線により系外に放出された電子の空きを埋めるため，より外側の軌道に存在する電子が遷移してくる．その際，余剰なエネルギーが蛍光X線として放出される．

子（例えば臭素標識脂肪酸，図1A）の局在を可視化することができる．不便な点としては，用いられる入射X線のエネルギーや微量にしか存在しない元素を観測する都合，理化学研究所SPring-8のような強力なX線源が必要であり，また標識も臭素などの比較的重い元素を用いる必要がある．既存の蛍光標識と比較すると格段に小さなプローブで済むとはいえ，標識体の挙動が無標識の脂肪酸と同じである保証はない．また，放射線損傷の影響により生細胞試料を観測することは難しい．他の脂肪酸可視化技術と比較しながら今後評価していく必要がある．

ラマン顕微鏡

細胞内脂肪酸を可視化するためのもう1つの手段として，私たちはラマン顕微鏡を用いた安定同位体標識脂肪酸の可視化技術開発を進めている．ラマン顕微鏡を用いると，物質にレーザーを照射した際の散乱光から，物質中の化学結合に関する情報を取得できる[5]．図2に，その原理を簡単に示した．物質に入射・吸収されたレーザー光は物質と相互作用を起こした後，散乱光として物質から放出される（図2A）．散乱光の大部分は入射した光と同じエネルギーをもつため，入射光と同じ波長の光が放出される．これはレイリー散乱とよばれ，通常われわれが目にする散乱光である．しかしごく低い確率（約100万分の1）で，入射光のエネルギーの一部が試料中に存在する分子の化学結合の振動エネルギーとして使われることがある．この場合は放出される光のエネルギーは入射光より弱くなるため，散乱光の波長がより長いものとなる．この現象はラマン散乱とよばれ，このラマン散乱光に化学結合の振動のエネルギーに応じたスペクトルが含まれるのである．このラマン散乱という現象はChandrasekhara Venkata Raman（1888-1970，インド）によって1928年に報告され，そのわずか2年後にノーベル物理学賞が授与されている[6]．なお，分子振動を解析

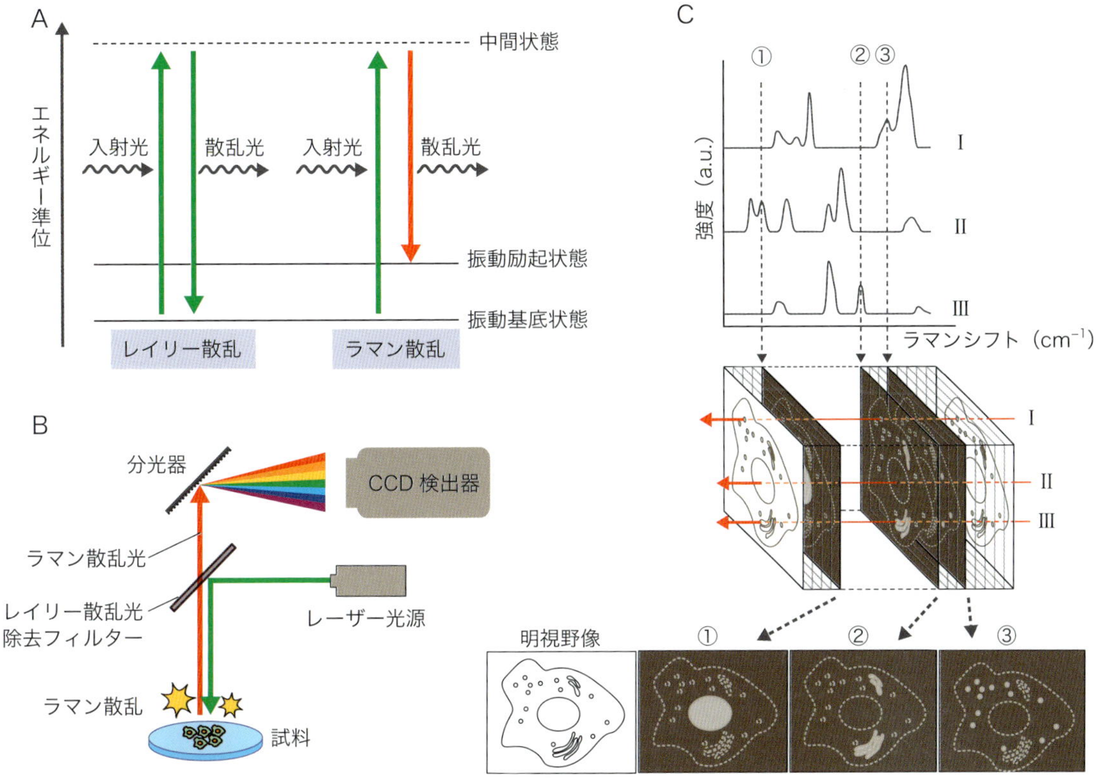

図2　ラマン顕微鏡の原理

A）ラマン散乱におけるエネルギーダイアグラム．取り込まれたエネルギーは通常すべて放出される（レイリー散乱）が，その一部が化学結合の振動に使われた場合，散乱光のエネルギーは弱くなるため，波長が変化する（ラマン散乱）．B）ラマン顕微鏡の構造．フィルターを通すことで，試料の散乱光からラマン散乱光のみをとり出す．さらに分光器で波長に応じて分けられた光が検出器へと導かれる．C）ラマン顕微鏡で取得されるデータおよびその解析方法の例．*xy*平面方向にスペクトル（I～III）が束になった三次元的なデータが得られ，これを適当なラマンシフト（①～③）で切り出すことで，一つのデータからさまざまな画像を構築することができる．

する方法としては散乱スペクトルではなく吸収スペクトルを検出する赤外分光法もあげられるが，こちらは赤外波長によって決まる回折限界のために分解能が10 μm程度に制限され，また水溶液中では水が広範な吸収スペクトルを示し他のスペクトルを覆い隠してしまうため，溶液中のオルガネラレベルでの観察には不向きである[7) 8)]．

ラマン散乱光から情報を最大限取得するために，試料から発せられるラマン散乱光を分光し，スペクトルを得ることが一般的である（図2B）．ラマンスペクトルでは，横軸にラマンシフト（カイザー：cm^{-1}）という波数（1 cmあたりに含まれる波の数）のずれ（入射光とラマン散乱光の波長の逆数の差）に相当する単位が用いられる．スペクトルによっては，ピークの位置を調べることでそのピークが試料中のどのような化学結合に由来するかを推測することができる．この原理を顕微鏡へと応用したのがラマン顕微鏡である（図2B）．視野の各点に対して上述のラマンスペクトルを測定し，最終的にスペクトルが*xy*平面方向

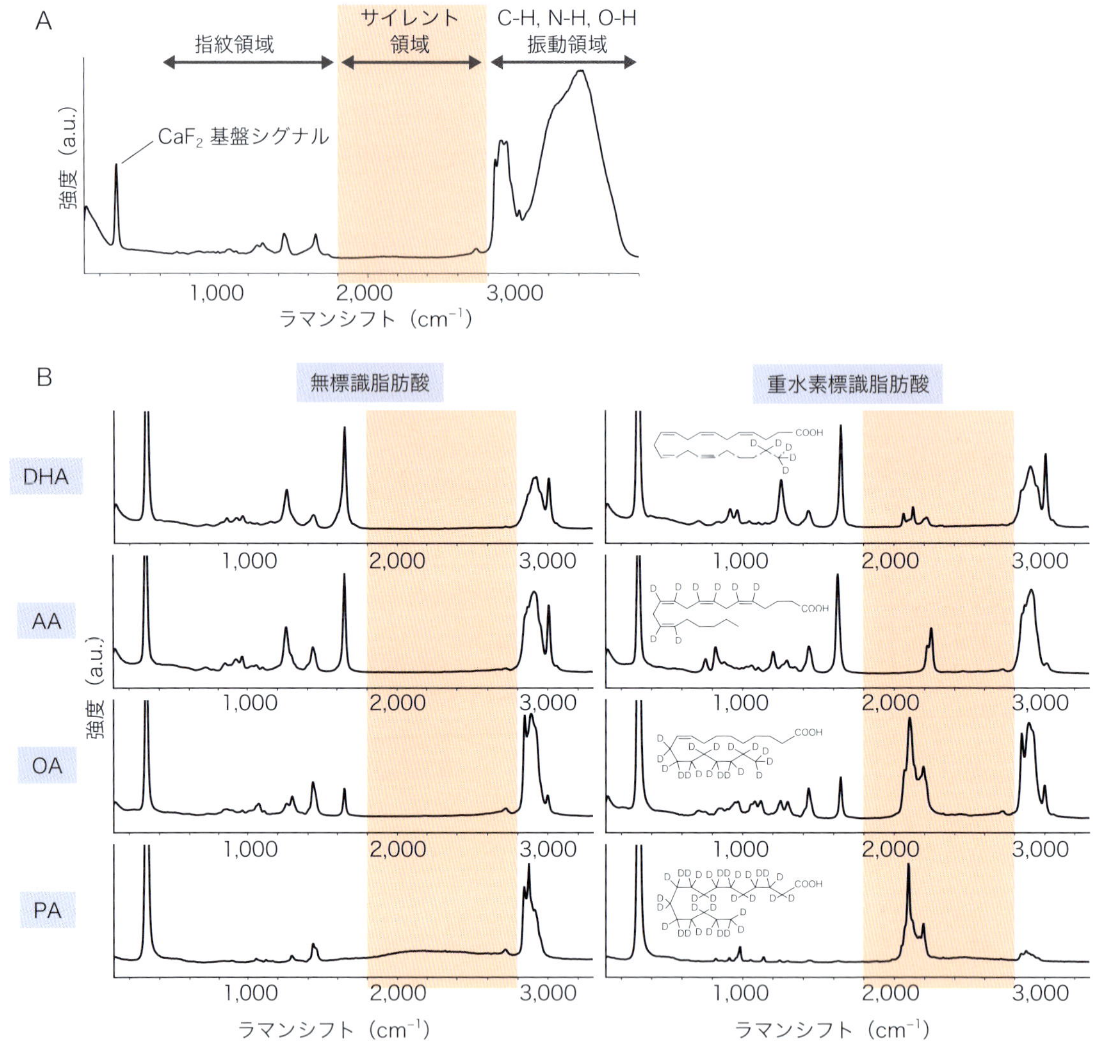

図3　細胞内および代表的な脂肪酸のラマンスペクトル

A）細胞内の代表的なラマンスペクトル．大きく分けて指紋領域，サイレント領域，C–H，N–H，O–H振動領域に分けることができる．321 cm^{-1}付近のシャープなピークは基盤として用いているCaF_2のシグナルである．B）代表的な無標識脂肪酸およびそれに対応する重水素標識脂肪酸のラマンスペクトル．重水素標識脂肪酸はどれもサイレント領域に特異的なピークをもつ．DHA：ドコサヘキサエン酸，AA：アラキドン酸，OA：オレイン酸，PA：パルミチン酸．

に束になった三次元的なデータが得られる（図2C）．これを，例えば特定のさまざまな波数でスライスすると1つのデータセットからさまざまな情報を得ることができる．

ラマン顕微鏡を用いて細胞を観察した際に得られるスペクトルは，細胞内に含まれるさまざまな化合物のスペクトルを重ね合わせたものとなるため，当然ながら複雑になる．細胞のラマンスペクトルは大きく分けると指紋領域（数百～1,800 cm^{-1}），サイレント領域（1,800～2,800 cm^{-1}），C–H，N–H，O–H振動領域（2,800～4,000 cm^{-1}）に分けられる

（図3A）[9]．指紋領域は，細胞に含まれる多数の化合物のラマンスペクトルのピークが多く表れてくる領域である．一方，サイレント領域には生体内にある分子はほぼスペクトルを示さない．このため，サイレント領域に特徴的なラマンスペクトルを示す化学結合で標識された化合物，例えば重水素－炭素間の化学結合をもつ脂肪酸は，細胞内標識として用いることができる．図3Bに，代表的な無標識脂肪酸およびそれに対応する重水素標識脂肪酸のラマンスペクトルを示した．これらの重水素標識脂肪酸はどれも，無標識体にはみられない特異的なスペクトルがサイレント領域に現れており，標識として有用であることがわかる．また，安定同位体を用いた標識ではないが，例えばアルキン（C≡C）やシアノ基（C≡N）もサイレント領域に特異的なピークを示すことが知られており，人工膜上での脂質の局在を調べたりラマン顕微鏡で使用可能な抗体として用いられたりしている[10) 11)]．

このようなラマン顕微鏡の性質を利用して細胞内に取り込まれた重水素標識脂肪酸を観察した例は，少ないながら報告されている[12) 13)]．図4では，HeLa細胞培養環境下に30 μM

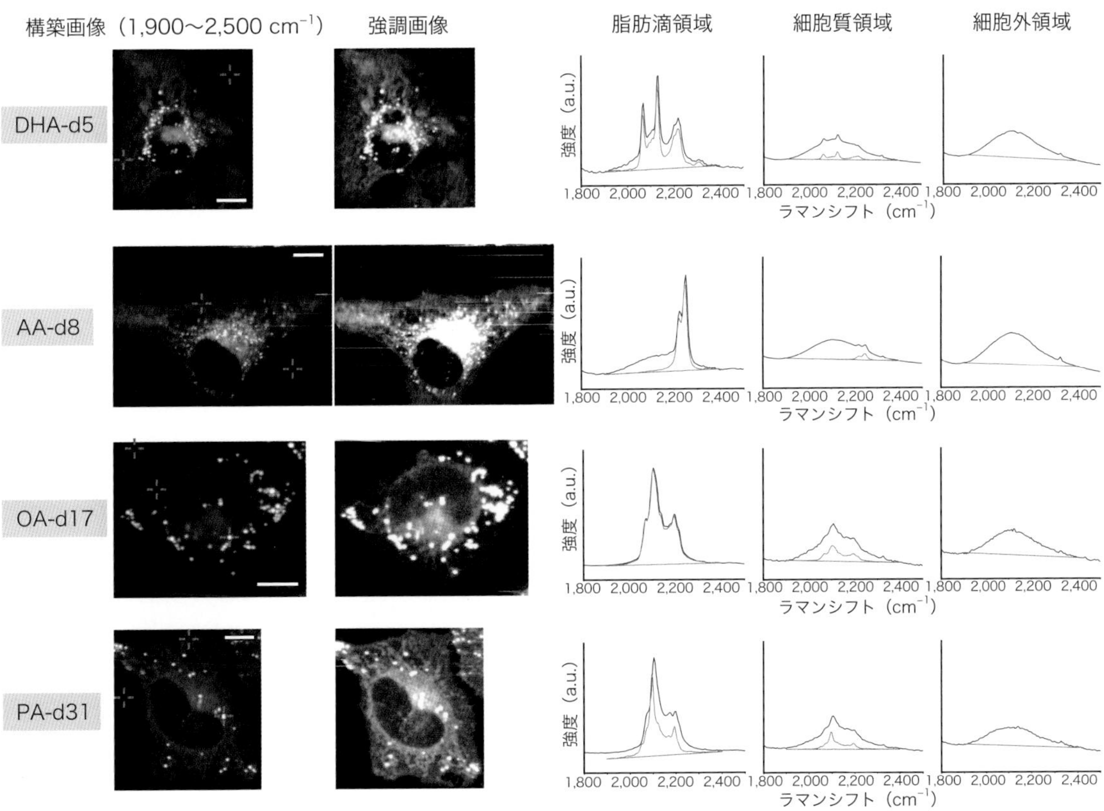

図4　HeLa細胞に取り込まれた重水素標識脂肪酸の局在および，代表的な点におけるラマンスペクトル
左側の図においてマゼンタのクロスで示されている3点のスペクトルが右側に示されている．右側の図において黒線は実測スペクトルを，マゼンタの線は計算によって算出された重水素標識脂肪酸の存在割合を示している．スケールバー：10 μm．DHA：ドコサヘキサエン酸，AA：アラキドン酸，OA：オレイン酸，PA：パルミチン酸．inVia Reflex共焦点ラマン顕微鏡（RENISHAW社）を使用．

重水素標識脂肪酸（図3B）を24時間添加し，4% PFAで固定した後にラマン顕微鏡で測定したデータを示した．左側の画像においてマゼンタのクロスで示されている3点の実測ラマンスペクトル（サイレント領域のみ）が，右側のグラフにおける黒線で示されている．ラマン顕微鏡で測定されたデータはノイズ除去処理を行った後，独自に開発したソフトウェアを用いて各重水素標識脂肪酸の存在割合を計算している（マゼンタ線）．この開発したソフトウェアの詳細については割愛する．このマゼンタのラインで囲まれた部分の面積を輝度に換算し，画像構築を行ったものが左側の画像であり，これは細胞に取り込まれた重水素標識脂肪酸の分布を示すことになる．取り込まれた重水素標識脂肪酸はどれも主にドット状の局在を示しているが，高コントラストの画像からは細胞質領域にも重水素標識脂肪酸が存在することが見てとれ，パルミチン酸など一部の脂肪酸ではオルガネラ様構造体への局在も観察できる．細胞質領域のスペクトルには，サイズは小さいが無細胞領域にはみられない重水素標識脂肪酸特有のスペクトルパターンが見られており，細胞質領域のシグナルがノイズによるものではないことがわかる．また，画像におけるドット状の構造は，細胞内で余剰となった脂肪酸が脂肪滴として取り込まれたものと推察される．

このようにラマン顕微鏡は脂肪酸などの細胞内小分子の挙動を可視化することができる有用なツールである．今回は脂肪酸に関して1種類の観測画像のみを示したが，図3に示されているようにラベルのされ方が異なる脂肪酸は特異なラマンスペクトルを示すため，理論的には複数種の脂肪酸を同一細胞で見分けられる（投稿準備中）．

ラマン顕微鏡の最大の問題点は感度である．前述したように，ラマン散乱はレイリー散乱と比較すると約100万分の1の強度しかないため，1ピクセルあたりの露光時間を長くする必要がある．今回示したデータは，どれも1データあたり3～5時間程度の時間をかけて撮影されており，固定した細胞を観察せざるを得ない．固定剤としてPFAを用いた場合はホスファチジルセリン，ホスファチジルエタノールアミンなどを除くアミノ基をもたない脂質分子は固定されないため，上記画像が生の状態の細胞を反映している保証はない．また時間がかかるだけでなく，そもそもの光量が少ないために感度も悪くなる．これらの問題を克服するための手段として，通常のラマン散乱とは異なる原理で起こるラマン散乱を用いる方法がある．CARS（Coherent Anti-Stokes Raman Scattering），SRS（Stimulated Raman Scattering），ハイパーラマン散乱などは，スペクトル方向のチャネル数を犠牲にするかわりに通常のラマン散乱と比較して数千倍程度の感度向上を望め，ライブイメージングも可能である[14]．しかし2本以上のレーザーを用いるなど装置が複雑で実験の難易度が高くなるため，今後これらの技術が安定した系として確立されていくことが望まれる．

また，ラマン顕微鏡はあくまで標識された化合物の局所的な化学構造を観測するものであるため，リン脂質など脂肪酸と極性基の組合わせからなる分子固有の可視化が困難であったり，ラベルのされ方によっては代謝された分子種も同一のシグナルとして検出されたりしてしまうといった問題点もあげられる．質量分析計を用いた結果と組合わせるなど，さまざまな角度から細胞内脂肪酸の動態を捉えることが必要である．

他にも，X線顕微鏡の場合に用いた臭素化脂肪酸と同様，重水素標識脂肪酸であっても無標識の脂肪酸と挙動が同じとは限らないということも問題である．安定同位体は元の化合物と化学的な性質こそ近いものの，その反応速度は遅延することが知られている．特に重水素は安定同位体の中でも影響が大きく，例えば販売されている重水（$^{2}H_2O$）は普通の水と重水の電気分解の速度差を利用して天然に存在するものを濃縮して作られている．また，重水は大量に摂取（体重比数十%）すると生体内反応に失調をきたす[15]．今後，^{13}C標識など影響がより少ない安定同位体で標識された脂肪酸を観測する系を確立すること期待される．

原子間力顕微鏡

原子間力顕微鏡（Atomic Force Microscope：AFM）は，走査型トンネル顕微鏡（Scanning Tunneling Microscope：STM）や走査型近接場光顕微鏡などと並び，走査型プローブ顕微鏡の1つである[16]．AFMでは，シリコンまたは窒化シリコン製の125 μmほどのカンチレバーに先端径が5～20 nmの探針で試料の表面をなぞり，発生するカンチレバーのたわみ量に応じて*xyz*スキャナステージを上下移動させる．AFMはこのスキャナーの移動量を試料の表面構造として画像化している（図5A）．カンチレバーのたわみ量は，それに当てたレーザー光の反射角度の変化として検出するため，カンチレバーの大きさに比べてはるかに遠いところに存在する検出器には微少のたわみ量が大きな変化として感知される．この検出システムによりAFMはオングストロームレベルの解像度を達成している．また電気や蛍光ではなく探針が試料を直接「ふれる」しくみが液中に存在する生物試料に非常に適しており，構造だけではなく試料の機械特性（粘弾性など）も評価することができる．

AFMは，核酸，水溶性タンパク質，膜タンパク質といった分子に加え，バクテリア，ウイルスなども直接可視化することができる画期的なイメージングツールとして1990年代後半から生物学分野において活発な利用が広まった．さらに近年登場した高速AFMを用いてタンパク質の動きを可視化した例も報告されている[17]．脂質・生体膜分野でも2000年頃から応用がさかんになり，アシル鎖やヘッドグループの違いによる脂質二重膜の構造変化を液中でリアルタイムに観察することにより，脂質の熱力学特性をはじめとするさまざまな膜ダイナミクスの研究が一気に加速した．それらの研究で大きな部分を占めるのがリポソームから作製した平面脂質二重膜の膜厚変化を利用した膜ドメインの研究である．例えば脂質は温度上昇にともない相転移前のゲル相（L β）から相転移後の液晶相（L α）へと変化するが，リン脂質の場合はアシル鎖の開き方が大きくなり二重膜の厚さが減少する．この相転移に伴う1 nm未満の膜厚変化をはじめてリアルタイムで可視化に成功したのはAFMである[18] [19]．またDLPC（1,2-dilauroyl-sn-glycero-3-phosphocholine）とDPPC（1,2-dipalmitoyl-sn-glycero-3-phosphocholine）など，アシル鎖長の大きく異なる脂質を含む人工混合平面脂質二重膜を基板上に作製すると，それぞれの脂質が自己集積することにより膜厚に差がでる「相分離」が起こる[20]～[22]．これらの分離は，ある温度で異なる相（L βまたはL α）にあるリン脂質の混合ではより顕著な膜厚の差が生じ，パッチ状のドメインが出現する．図5Bでは2本のパルミチン酸をもつDPPCと2本のドコサヘキサエン酸をもつDDPC（1,2-didocosahexaenoyl-sn-glycero-3-phosphocholine）の混合平面脂質二重膜をAFMで観測した結果が示されている．常温でゲル相にあるDPPCと液晶相にあるDDPCの相分離により発生した膜厚の差はわずか1 nm程度であるが，AFMはその差を液中で明確に検出できる分解能を有することがわかる．このドメイン様構造は，脂質の混合比率や温度，コレステロールの有無に敏感に反応して変化し，多くの論文で混合比と相状態を調べた「相ダイアグラム（Phase diagram）」が報告された[23) 24)]．興味深いことに，混合脂質で発生するドメインは決して脂質が完全に分離しているわけではなく，それぞれ異

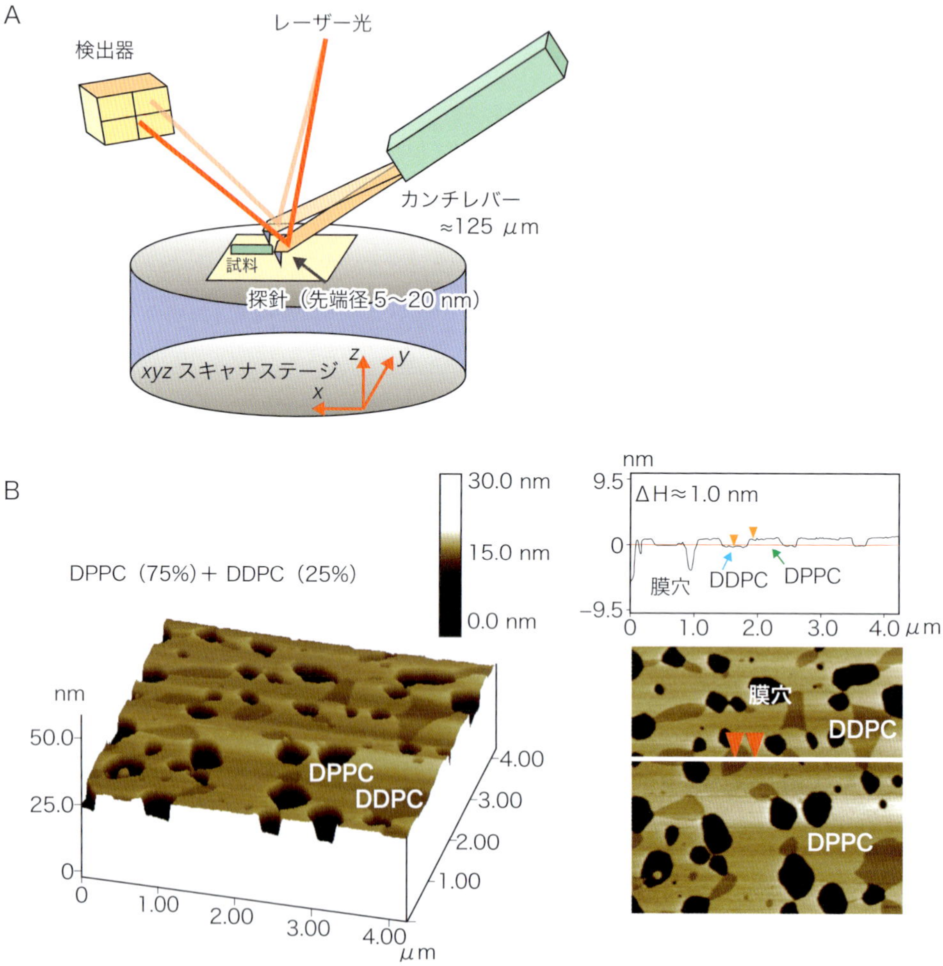

図5　原子間力顕微鏡による脂質二重膜の観察

A）原子間力顕微鏡の可視化原理．サンプル表面をなぞるプローブにレーザーを当て，サンプルの起伏に伴う針のしなりを解消するように*xyz*スキャナステージを連動して上下させる．B）左：基板上に作製したDPPC（1,2-dipalmitoyl-sn-glycero-3-phosphocholine）とDDPC（1,2-didocosahexaenoyl-sn-glycero-3-phosphocholine）の混合脂質二重膜をAFMで可視化した三次元再構成像．平面膜に厚さの異なる2種類のドメインと，膜の存在しない穴が多数存在している．擬似カラーは試料の高さを表す．右：同じ試料の断面図と二次元像．相分離により発生したわずか1 nm程度の膜厚差が観測できる．AFM Multimode Nanoscope Ⅲ A（ブルカージャパン社）を使用．

なる比率で脂質が混合している．このようなAFMをはじめとする微小構造情報から学べることは，わずか1～2%の混合比の変化で脂質膜の相，すなわち物理学的特性が大きく変化する場合があるということである．同時に，可視化技術でドメイン等が確認できない超微小空間においても異なる種類の脂質間でさまざまな現象が起きている可能性も考えられる．特に膜タンパク質の場合，土台となる脂質膜の物理学的特性が変化すると自身の運動や局在，さらには機能そのものにも直接影響してくる可能性があり，今後ナノレベルの脂質膜の特性を研究することにより生化学データでは語りきれない脂質膜のダイナミクスが明らかになってゆくことが期待される．

◆ 文献

1） 高島　翔，藤本豊士：生化学，86：5–17, 2014
2） 堀川　誠，瀬藤光利：実験医学，36：1773–1780, 2018
3） Kaiser RD & London E：Biochim Biophys Acta, 1375：13–22, 1998
4） Shimura M, et al：FASEB J, 30：4149–4158, 2016
5） 岡田昌也，他：生化学，86：137–144, 2014
6） Raman CV & Krishnan KS：Nature, 121：501–502, 1928
7） 宇野公之，西村喜文：赤外吸収とラマン散乱．「機器分析概論（新生化学実験講座 20）」．pp59–78，東京化学同人，1993
8） 酒井　誠，高橋広奈：実験医学，36：71–72, 2018
9） Kann B, et al：Adv Drug Deliv Rev, 89：71–90, 2015
10） Ando J, et al：Proc Natl Acad Sci U S A, 112：4558–4563, 2015
11） Wei L, et al：Nature, 544：465–470, 2017
12） Stiebing C, et al：Anal Bioanal Chem, 406：7037–7046, 2014
13） van Manen HJ, et al：Proc Natl Acad Sci U S A, 102：10159–10164, 2005
14） 小関泰之：生物物理，54：311–314, 2014
15） Katz JJ, et al：Am J Physiol, 203：907–913, 1962
16） Bustamante C & Keller, D：Phys Today, 48：32–38, 1995
17） Kodera N, et al：Nature, 468：72–76, 2010
18） Leonenko ZV, et al：Biophys J, 86：3783–3793, 2004
19） Tokumasu F, et al：J Electron Microsc（Tokyo）, 51：1–9, 2002
20） Fanani ML & Wilke N：Biochim Biophys Acta Biomembr, 1860：1972–1984, 2018
21） Tokumasu F, et al：Biophys J, 84：2609–2618, 2003
22） Mangiarotti A, et al：Biochim Biophys Acta, 1838：1823–1831, 2014
23） Feigenson GW & Buboltz JT：Biophys J, 80：2775–2788, 2001
24） Konyakhina TM & Feigenson GW：Biochim Biophys Acta, 1858：153–161, 2016

19 脂質の酵素定量法

森田真也

脂質酵素定量法とは，複数の酵素反応と化合物を組合わせることで，測定対象とする脂質から特異的な吸光度または蛍光強度の増加を導くことにより，その脂質の量を求める方法である．酵素定量法は，操作が簡便で，マイクロプレートを用いたハイスループットアッセイが可能であり，臨床検査にも利用されている．本稿では，以前より広く用いられているコレステロール・グリセリド・リン脂質・脂肪酸の酵素定量法ならびに，われわれが開発している各リン脂質クラスの酵素蛍光定量法について，測定原理を中心に注意事項を交えて解説する．

はじめに

脂質の酵素定量法とは，複数の酵素反応を組合わせることで，対象とする脂質を特異的に定量する方法のことである．特に，コレステロールやトリグリセリドに対する酵素定量法は，キット製品化され，長年，基礎研究から臨床検査まで幅広く応用されている．

一般的な脂質酵素定量法では，複数の特異的な酵素反応により，測定対象脂質の量に比例した過酸化水素（H_2O_2）の産生を導く．そして，その産生したH_2O_2を検出し，作成した検量線から対象脂質の量を導き出すことができる．H_2O_2の検出は，ペルオキシダーゼによる化合物の酸化反応を利用して，吸光度測定あるいは蛍光強度測定により行う．測定のための主な操作は，ピペットを用いた試料と酵素反応液の分注で，非常に簡便であり，マイクロプレートを用いたハイスループットアッセイが可能である．また，利用する酵素反応によるが，比較的短時間で測定が完了する．このような利点から，キット製品として販売されている脂質酵素定量法も多い．本稿では，一般的に広く利用されている脂質酵素定量法ならびにわれわれが新たに開発した酵素定量法について，その測定原理を中心に，注意事項を交えて紹介していく．詳細なプロトコールについては，原著論文を参照していただきたい．

過酸化水素の検出測定

酵素反応としては最終段階ではあるが，多くの脂質酵素定量法で共通しているH_2O_2の検出について最初に説明する．酵素定量法におけるH_2O_2の検出で代表的なものは，4-アミノアンチピリンとフェノールのカップリング反応を利用した吸光度測定である[1)～3)]．ペルオキシダーゼの作用により，H_2O_2は，4-アミノアンチピリンとフェノールを酸化縮合させ，赤色キノンイミン色素を生成させる（図1A）．この赤色の吸光度（極大吸収波長505 nm）を測定することにより，H_2O_2の濃度を決定できる．ペルオキシダーゼは，通常，西洋ワサビ由来のものを使用する．さらに，フェノールに代えてDAOS〔*N*-エチル-*N*-（2-ヒドロキシ-3-スルホプロピル）-3,5-ジメトキシアニリン〕やTOOS〔*N*-エチル-*N*-（2-ヒドロキシ-3-スルホプロピル）-3-メトキシアニリン〕（同仁化学研究所）などのトリンダー試薬と4-アミノアンチピリンを用いることで，より大きなモル吸光係数を有する色素化合物を生成させることができ，約3倍程度までの検出感度の向上が図れる[4)]．

また，10-アセチル-3,7-ジヒドロキシフェノキサジン（Amplex Red，サーモフィッシャーサイエンティフィック社）は，ペルオキシダーゼによりH_2O_2と反応することで，蛍光化合物レゾルフィンへと変化する（図1B）[5)]．この蛍光強度（最大励起波長571 nm，最大蛍光波長585 nm）を測定することにより，H_2O_2の量を求めることができる．Amplex Redを用いた酵素蛍光法の96穴マイクロプレートアッセイにおいて，2 pmolのH_2O_2を検出することが可能であり，上記の酵素発色法と比べてはるかに高い検出感度を達成できる[6)]．他に，3-（4-ヒドロキシフェニル）プロピオン酸（HPPA）とペルオキシダーゼを用い，H_2O_2と反応して二量体化したHPPA（最大励起波長318 nm，最大蛍光波長404 nm）の蛍光強度測定によりH_2O_2の量を求める方法もある[7)]．

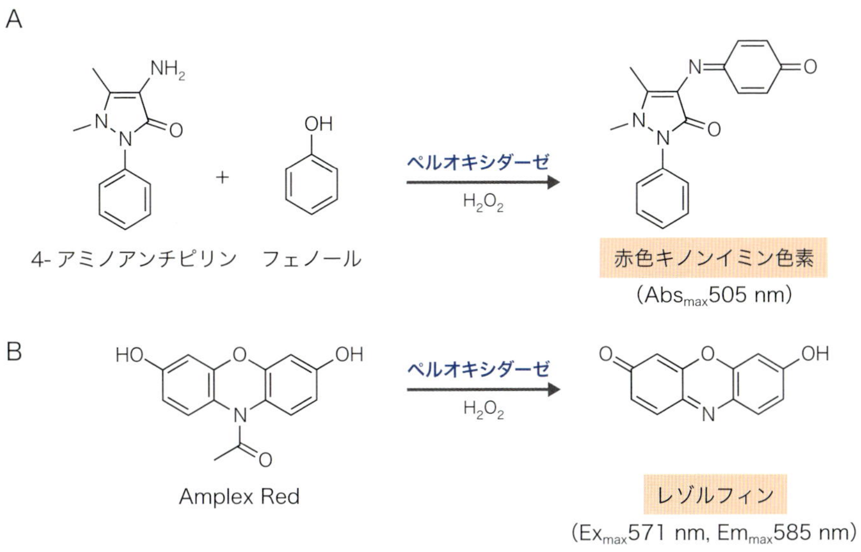

図1　過酸化水素（H_2O_2）の検出

A）4-アミノアンチピリンとフェノールを用いた発色法．B）10-アセチル-3,7-ジヒドロキシフェノキサジン（Amplex Red）を用いた蛍光法．

各種脂質の酵素定量法

1. コレステロール酵素定量法

コレステロールならびに脂肪酸が結合したコレステリルエステルに対する酵素定量法が，幅広く用いられており，その測定原理を図2Aに示す[1]．まず，コレステリルエステルを，ステロールエステラーゼによりコレステロールと脂肪酸に分解する．続いて，コレステロールオキシダーゼにより，コレステロールを酸化させることによりH_2O_2を発生させる．このH_2O_2を測定することにより，コレステロールとコレステリルエステルの合計量が得られる．ステロールエステラーゼによる酵素反応段階を省略することで，コレステロールのみの量が求まる．そして，コレステロールとコレステリルエステルの合計量からコレステロールの量を差し引くことで，コレステリルエステルのみの量が求まる．コレステロール定量のマイクロプレートアッセイにおいて，H_2O_2の検出にAmplex Redを用いる酵素蛍光法では，5 pmolのコレステロールを検出することができ，これは4-アミノアンチピリンとフェノールを用いる酵素発色法の100倍の感度である[8]．

ステロールエステラーゼは，*Pseudomonas*属由来のものなどが用いられ，ステロールに結合している種々アシル鎖のエステル結合を切断する．コレステロールオキシダーゼは，*Streptomyces*属由来や*Rhodococcus*属由来のものなどが利用される．ここで注意することは，コレステロールオキシダーゼは，コレステロールに限らずシトステロール・スチグマステロール・プレグネノロンなどさまざまなステロールを酸化させることである[9]．ただし，ラノステロールや胆汁酸に対するコレステロールオキシダーゼの活性は，無視できるほど低い．このことから，コレステロール酵素定量法は，さまざまなステロールも同時に検出していることを理解しておくべきである．

2. グリセリド酵素定量法

トリグリセリドに対する酵素定量法は，以前より臨床検査に広く用いられている．その原理（図2B）として，最初にリパーゼによって3本のアシル鎖を切断することで，グリセロールを生じさせる[10]．続いて，グリセロールキナーゼによりグリセロール-3-リン酸を生成させ，グリセロール-3-リン酸オキシダーゼの作用によりH_2O_2を発生させる．このH_2O_2を検出することにより，定量を行う．

リパーゼとしては*Chromobacterium*属由来のものなどが用いられる．これらのリパーゼは，トリグリセリドからジグリセリドとモノグリセリドを経て，グリセロールと脂肪酸に完全に分解する．このため，原理上，本酵素定量法は，トリグリセリドとジグリセリドとモノグリセリドを区別できず，それらの合計量を測定している．多くの生体由来サンプルは，トリグリセリドのみでなくジグリセリドとモノグリセリドも一定量含んでいることから，注意が必要である．よって，本酵素定量法は，正確には「トリグリセリド定量法」ではなく「グリセリド定量法」とよぶべきである．また，グリセロールキナーゼは*Cellulomonas*属由来のものなどが，グリセロール-3-リン酸オキシダーゼは*Aerococcus*属由来のものなどが用いられる．原理として，反応段階の中間生成物となるグリセロールならびにグリセロール-3-リン酸も同様に検出するので，これらが混在しているサンプルには気を付けなければならない．

3. リン脂質酵素定量法

リン脂質の酵素定量法についても，以前からよく用いられている[2)]．しかし，この従来法では，リン脂質クラスのなかでも分子内にコリンを含むホスファチジルコリン（PC）・リゾホスファチジルコリン（LPC）・スフィンゴミエリン（SM）の合計量をそれぞれ区別せずに求めていることを知っておかなければならない．この定量法の原理（図2C）は，まず

A

コレステリルエステル + H_2O —ステロールエステラーゼ→ コレステロール + 脂肪酸

コレステロール + O_2 —コレステロールオキシダーゼ→ H_2O_2 + コレステノン

B

トリグリセリド + H_2O —リパーゼ→ ジグリセリド + 脂肪酸

ジグリセリド + H_2O —リパーゼ→ モノグリセリド + 脂肪酸

モノグリセリド + H_2O —リパーゼ→ グリセロール + 脂肪酸

グリセロール + ATP —グリセロールキナーゼ→ グリセロール-3-リン酸 + ADP

グリセロール-3-リン酸 + O_2 —グリセロール-3-リン酸オキシダーゼ→ H_2O_2 + ジヒドロキシアセトンリン酸

C

PC + H_2O —ホスホリパーゼD→ コリン + PA

LPC + H_2O —ホスホリパーゼD→ コリン + LPA

SM + H_2O —ホスホリパーゼD→ コリン + セラミド-1-リン酸

コリン + $2O_2$ + H_2O —コリンオキシダーゼ→ $2H_2O_2$ + ベタイン

D

脂肪酸 + CoA + ATP —アシルCoAシンセターゼ→ アシルCoA + AMP + ピロリン酸

アシルCoA + O_2 —アシルCoAオキシダーゼ→ H_2O_2 + 2,3-*trans*-エノイルCoA

図2　各種脂質に対する酵素定量法の原理

A）コレステロール．B）グリセリド．C）リン脂質．D）脂肪酸．

ホスホリパーゼDにより，PC・LPCおよびSMからコリンを遊離させる．次に，コリンオキシダーゼによりコリンを酸化してH_2O_2を生じさせ，このH_2O_2を検出することにより定量を行う．

ホスホリパーゼDとしては，多くのリン脂質クラスに対して加水分解活性を有する*Streptomyces*属由来のものが用いられる．このホスホリパーゼDは，最適pHが中性付近にあるため，他の酵素と組合わせやすい．なお，コリンオキシダーゼは，*Arthrobacter*属由来のものなどが用いられる．原理上，反応段階の中間生成物であるコリンも同様に検出されるため，サンプル内のコリンの混在には注意しなければならない．

4. 脂肪酸酵素定量法

脂肪酸の酵素定量法も，以前から利用されている[3]．その測定原理（図2D）では，まず，アシルCoAシンセターゼにより，脂肪酸をアシルCoAに変換する．次に，アシルCoAオキシダーゼによりH_2O_2を生成させ，検出することで脂肪酸の定量が行える．

アシルCoAシンセターゼは*Pseudomonas*属由来のものなどが，アシルCoAオキシダーゼは*Candida*属由来のものなどが用いられる．この脂肪酸酵素定量法において，炭素数12～18の脂肪酸では大きな差は生じず，ほぼ同等に測定できる[3]．一方，酢酸やプロピオン酸・酪酸といった短鎖脂肪酸は，検出されない．また，炭素数20以上の脂肪酸では，反応性が低下する．これらの脂肪酸の種類による定量値の差は，使用するアシルCoAシンセターゼならびにアシルCoAオキシダーゼの基質特異性に依存する．

新規リン脂質酵素蛍光定量法の開発

前述しているように，従来のリン脂質に対する酵素定量法では，PC＋LPC＋SMの合計量を求めている．しかし，われわれは，これからの脂質研究分野を含む生命科学研究全般の発展のために，リン脂質クラスごとに高感度で定量する方法が必要と考え，各リン脂質クラスに対する酵素蛍光定量法の開発に着手した．以下に，これまでにわれわれが開発したリン脂質クラス酵素蛍光定量法を紹介する．

1. PC酵素蛍光定量法

PCに特異的な酵素蛍光定量法（図3A）では，まず，グリセロリン脂質特異的ホスホリパーゼDにより，PCからコリンを遊離させる[11]．そして，コリンオキシダーゼにより1分子のコリンから2分子のH_2O_2を発生させ，H_2O_2をAmplex Redとペルオキシダーゼを用いて検出する．ここで用いるグリセロリン脂質特異的ホスホリパーゼD（旭化成ファーマ社）は，*Streptomyces*属由来のもので，SMやLPCに対しては活性を示さないため，本定量法はSMとLPCを検出せず，PCに特異的である．コリンオキシダーゼ（富士フイルム和光純薬社）は，*Alcaligenes*属由来のものを用いており，従来法と同様にサンプル内のコリンの混在には気を付ける．本定量法では，さまざまなアシル鎖をもつPCやエーテル結合型PCを区別なく同様に定量する．

A PC + H_2O —(グリセロリン脂質特異的ホスホリパーゼ D)→ コリン + PA

コリン + $2O_2$ + H_2O —(コリンオキシダーゼ)→ $2H_2O_2$ + ベタイン

B PE + H_2O —(ホスホリパーゼ D)→ エタノールアミン + PA

エタノールアミン + O_2 + H_2O —(アミンオキシダーゼ)→ H_2O_2 + NH_3 + グリコールアルデヒド

C PS + H_2O —(ホスホリパーゼ D)→ セリン + PA

セリン + O_2 + H_2O —(アミノ酸オキシダーゼ)→ H_2O_2 + NH_3 + 2- オキソ -3- ヒドロキシプロピオン酸

D PA + $2H_2O$ —(リパーゼ)→ グリセロール -3- リン酸 + 2 脂肪酸

グリセロール -3- リン酸 + O_2 —(グリセロール -3- リン酸オキシダーゼ)→ H_2O_2 + ジヒドロキシアセトンリン酸

E CL + H_2O —(ホスホリパーゼ D)→ PG + PA

PG + H_2O —(ホスホリパーゼ D)→ グリセロール + PA

グリセロール + ATP —(グリセロールキナーゼ)→ グリセロール -3- リン酸 + ADP

グリセロール -3- リン酸 + O_2 —(グリセロール -3- リン酸オキシダーゼ)→ H_2O_2 + ジヒドロキシアセトンリン酸

F SM + H_2O —(スフィンゴミエリナーゼ)→ リン酸コリン + セラミド

リン酸コリン + H_2O —(アルカリホスファターゼ)→ コリン + リン酸

コリン + $2O_2$ + H_2O —(コリンオキシダーゼ)→ $2H_2O_2$ + ベタイン

G PI + H_2O —(ホスホリパーゼ D)→ イノシトール + PA

イノシトール + NAD^+ —(イノシトールデヒドロゲナーゼ)→ イノソース + NADH + H^+

NADH + H^+ + O_2 —(NADH オキシダーゼ)→ H_2O_2 + NAD^+

図3 各リン脂質クラスに対する酵素定量法の原理

A）ホスファチジルコリン（PC）．B）ホスファチジルエタノールアミン（PE）．C）ホスファチジルセリン（PS）．D）ホスファチジン酸（PA）．E）ホスファチジルグリセロール（PG）＋カルジオリピン（CL）．F）スフィンゴミエリン（SM）．G）ホスファチジルイノシトール（PI）．

2. PE酵素蛍光定量法

ホスファチジルエタノールアミン（PE）酵素蛍光定量法の原理（図3B）として，最初にPEにホスホリパーゼDを作用させて，エタノールアミンを遊離させる[11]．次に，エタノールアミンをアミンオキシダーゼにより酸化して，H_2O_2を産生させる．そして，Amplex RedとペルオキシダーゼによりH_2O_2を検出する．この定量法では，幅広いリン脂質クラスに作用する*Streptomyces*属由来のホスホリパーゼD（Enzo Life Sciences社）を用いる．アミンオキシダーゼ（旭化成ファーマ社）は，*Arthrobacter*属由来のもので，さまざまなアミンを酸化させるが，コリンやセリンに対しては活性を示さない．このことから，PE酵素蛍光定量法は，PCやホスファチジルセリン（PS）を検出しない．しかし，サンプル内への種々アミン類の混入には注意する．本定量法は，さまざまなアシル鎖をもつPEや一本鎖のリゾホスファチジルエタノールアミンあるいはエーテル結合を有するプラズマローゲン型PEを同様に定量する．

3. PS酵素蛍光定量法

PSに対する酵素蛍光定量法の原理（図3C）として，まず，ホスホリパーゼDによりPSからセリンを分離する[12]．続いて，アミノ酸オキシダーゼによりセリンを酸化して，H_2O_2を発生させる．このH_2O_2を，Amplex Redとペルオキシダーゼを用いて検出する．このPS酵素蛍光定量法でも，*Streptomyces*属由来のホスホリパーゼD（Enzo Life Sciences社）を使用する．アミノ酸オキシダーゼ（Worthington社）は，ガラガラヘビ毒由来のものであり，セリンを含む複数のアミノ酸に対して活性を示すが，コリンやエタノールアミンを基質としない．PSに比べてアミノ酸を大量に含むサンプルでは，アミノ酸の除去が必要である．本定量法では，さまざまなアシル鎖をもつPSやリゾホスファチジルセリンにおいて，同量で同等の蛍光強度増加を示す．

4. PA・LPA酵素蛍光定量法

ホスファチジン酸（PA）酵素蛍光定量法の原理（図3D）では，第一段階としてリパーゼを用いてPAをグリセロール-3-リン酸と2分子の脂肪酸に分解する[13]．リゾホスファチジン酸（LPA）酵素蛍光定量法の第一段階では，モノグリセリドリパーゼによりLPAを分解してグリセロール-3-リン酸を生成させる．それぞれ次の段階で，グリセロール-3-リン酸オキシダーゼによりH_2O_2を発生させ，Amplex Redとペルオキシダーゼにより検出する．PA定量法で使用する*Pseudomonas*属由来リパーゼ（富士フイルム和光純薬社）は，トリグリセリドに高い活性を示すリパーゼであるが，高濃度でPAとLPAをグリセロール-3-リン酸にまで分解することができる．よって，本PA定量法では，PAとLPAの合計量を求める．しかし，通常の生体サンプルにおいて，LPA量はPA量と比べてごくわずかで無視できることが多い．一方，LPA定量法で用いる*Bacillus*属由来モノグリセリドリパーゼ（旭化成ファーマ社）は，LPAを効果的に分解するが，PAにはほとんど活性を示さない．PAとLPAが混在しているサンプルでは，PA定量法で求めたPA＋LPA合計量からLPA量を差し引くことでPA量を導き出すことができる．グリセロール-3-リン酸オキシダーゼ（東洋紡社）は，

*Pediococcus*属由来のものなどを用いるが，サンプル内にグリセロール-3-リン酸が混在していると同様に検出してしまうので，注意を要する．

5. PG＋CL酵素蛍光定量法

ホスファチジルグリセロール（PG）とカルジオリピン（CL）に対する酵素蛍光定量法（図3E）では，まず，CLまたはPGにホスホリパーゼDを作用させることにより，いずれからも1分子のグリセロールが遊離する[14]．次に，グリセロールキナーゼによりグリセロール-3-リン酸を生成させ，グリセロール-3-リン酸オキシダーゼによりH_2O_2を生じさせる．そして，ペルオキシダーゼによりH_2O_2をAmplex Redと反応させ，蛍光強度測定により検出する．本定量法で使用する*Streptomyces*属由来ホスホリパーゼD（旭化成ファーマ社）は，CLからPGを経てグリセロールを生成させるので，原理としてCLとPGは区別できず，PG＋CLの合計量として求める．*Cellulomonas*属由来のグリセロールキナーゼおよび*Pediococcus*属由来のグリセロール-3-リン酸オキシダーゼ（ともに東洋紡社）を用いる．グリセロールならびにグリセロール-3-リン酸のサンプル内の混在は，定量に影響するので注意する．また，酵素溶液に添加剤としてグリセロールを含んでいるものは使用できない．本定量法は，さまざまなアシル鎖をもつPG・CLとリゾホスファチジルグリセロールを同様に定量する．

6. SM酵素蛍光定量法

SM酵素蛍光定量法（図3F）では，最初にスフィンゴミエリナーゼによりSMからリン酸コリンを切り離し，続いてアルカリホスファターゼによりコリンとする[15]．そして，コリンオキシダーゼによりH_2O_2を発生させ，ペルオキシダーゼによりAmplex RedとH_2O_2を反応させて検出する．PCには作用しない*Bacillus*属由来のスフィンゴミエリナーゼ（シグマ アルドリッチ社）を用いるが，非イオン性界面活性剤Triton X-100存在下ではLPCやSMのリゾ体であるスフィンゴシルホスホコリンに対しても活性を示さない．このことから，SMに対する特異性をもたせるために，スフィンゴミエリナーゼは，Triton X-100を含む反応液中で作用させる．*Alcaligenes*属由来のコリンオキシダーゼ（富士フイルム和光純薬社）を用い，PC定量法と同様にサンプル内のコリンの混在に注意する．本定量法は，SMのアシル鎖組成に影響を受けない．

7. PI酵素蛍光定量法

ホスファチジルイノシトール（PI）酵素蛍光定量法の原理（図3G）では，まずPIにホスホリパーゼDを作用させて，イノシトールを遊離させる[16]．次に，イノシトールとNAD^+にイノシトールデヒドロゲナーゼを作用させて，NADHを生成させる．そして，NADHオキシダーゼによりH_2O_2を発生させ，Amplex RedとペルオキシダーゼによりH_2O_2を検出する．PI定量法では，*Streptomyces*属由来のホスホリパーゼD（旭化成ファーマ社），*Bacillus*属由来のイノシトールデヒドロゲナーゼ（Megazyme社），*Bacillus*属由来のNADHオキシダーゼ（サンヨーファイン社）を使用する．サンプル内へのイノシトールやNAD^+とNADHの混入には注意する．本定量法は，さまざまなアシル鎖をもつPIやリゾホスファチジルイノシトールに加え，PI(4)PとPI(5)Pを同様に定量するが，PI(3)P・PIP_2・PIP_3は検出しない．

注意事項

キット製品が販売していない酵素定量法が必要なときや，キット製品が販売していてもコストを抑えたいときは，自身で酵素と化合物を揃えて行う．その場合，酵素定量法は，原著論文記載のプロトコールに従って行うことが肝心である．酵素は，論文に記載されているものと同じメーカーの同じ生物種由来のものを用いるほうが間違いはない．同じ名前の酵素でも，由来する生物種により，基質特異性や最適反応条件が大きく異なることがある．さらに，同じ由来の酵素でも，メーカーにより精製方法や活性確認方法が異なるため，酵素を購入しても酵素定量法の目的には全く使えないということは多々あるので，注意が必要である．また，複数の酵素反応を組合わせるため，酵素溶液に含まれている安定化剤等の添加物が，別の酵素反応に影響を与えることもある．

測定を行うサンプルに，各酵素反応段階の中間生成物（例えばリン脂質酵素定量法におけるコリン）を含んでいると，間違った大きな値を導く．そのような，中間生成物をサンプル中に含んでいる場合でも，定量する脂質と比べて少量であるならば，その量を求めて差し引くことも可能である．しかし，そのような中間生成物や妨害物質が水溶性である場合は，Bligh-Dyer法やFolch法等の有機溶媒を用いた脂質抽出により除去することを薦める．脂質抽出後には，有機溶媒を蒸発除去し，乾固させた脂質をTriton X-100などの界面活性剤や2-プロパノール等で入念に再可溶化する．もちろん，これらの可溶化剤が酵素反応を阻害しないことが必須である．ロシュ・ダイアグノスティックス社製のTriton X-100のように，H_2O_2の混入がないことが確認されているものを必ず用いる．特に，Amplex Redでは，非特異的な原因不明の蛍光強度増加が生じることがある．そのような場合には，まず，Amplex Redとペルオキシダーゼを含む反応液を用いて，サンプル中にAmplex Redを酸化分解する物質が混入していないか確認する．

標準品は，酵素反応段階の中間生成物を使用して問題ない場合もあるが，なるべく測定対象脂質の精製品を用いる．脂質の精製品については，可溶化しにくい飽和アシル鎖のみを含む分子種ではなく，界面活性剤で可溶化しやすい不飽和アシル鎖を含む分子種が扱いやすい．例えば，PCの酵素定量法では，パルミトイル鎖のみのDPPCではなくオレオイル鎖を有するPOPCや卵黄由来PCを標準品として用いて，検量線を作成するのが良い．

おわりに

多くの脂質酵素定量法では，その測定原理から脂質クラスごとの定量を目的としており，各脂質クラスにおけるアシル鎖の違いは区別せずに定量する．一方，質量分析では，アシル鎖の種類を区別した分子種ごとに検出するが，分子種ごとにイオン化効率が異なるため，脂質クラス単位での定量は困難である．酵素蛍光法で各脂質クラス単位での定量を行い，質量分析でアシル鎖組成を調べることで，情報を補完しあえると考えられる．

今後，幅広い生命科学分野の基礎研究ならびに疾患の治療や予防をめざした臨床研究において，脂質クラス単位で定量を行う必要性が，ますます出てくることが予想される．このことから，さらに多種類の脂質クラスに対する酵素蛍光定量法の開発に取り組み，レパートリーを充実させていきたい．そして，検出感度の向上のために，さらに微量のH_2O_2を高精度で感知できるシステムが登場することを期待している．

◆ 文献

1） Allain CC, et al：Clin Chem, 20：470-475, 1974
2） Takayama M, et al：Clin Chim Acta, 79：93-98, 1977
3） Shimizu S, et al：Anal Biochem, 107：193-198, 1980
4） Tamaoku K et al：Chem Pharm Bull, 30：2492-2497, 1982
5） Zhou M, et al：Anal Biochem, 253：162-168, 1997
6） Mohanty JG, et al：J Immunol Methods, 202：133-141, 1997
7） Zaitsu K & Ohkura Y：Anal Biochem, 109：109-113, 1980
8） Amundson DM & Zhou M：J Biochem Biophys Methods, 38：43-52, 1999
9） Pollegioni L, et al：FEBS J, 276：6857-6870, 2009
10） Fossati P & Prencipe L：Clin Chem, 28：2077-2080, 1982
11） Morita SY, et al：Biochem J, 432：387-398, 2010
12） Morita SY, et al：J Lipid Res, 53：325-330, 2012
13） Morita SY, et al：J Lipid Res, 50：1945-1952, 2009
14） Morita SY & Terada T：Sci Rep, 5：11737, 2015
15） Morita SY, et al：Chem Phys Lipids, 165：571-576, 2012
16） Tsuji T, et al：Sci Rep, 9：8607, 2019

Technical Tips ⑩

マイクロプレートでの反応時の注意点

吸光度や蛍光強度の測定において，キュベットを用いた1サンプルごとの測定に代わり，96ウェル等のマイクロプレートを用いた多サンプル同時測定が多用されている．マイクロプレート上で各種反応を行うことができるが，そのままインキュベートするとサンプルの水分が蒸発してしまい，値が大きくばらついてしまう．マイクロプレートをインキュベートするときには，フィルムテープでしっかりとシールする必要があり，フタをかぶせるだけでは不十分である．また，実験に適したマイクロプレートの選択をすることが重要である．吸光度測定には，透明マイクロプレートを用いる．しかし，蛍光強度測定では，バックグラウンドを抑えるために黒色マイクロプレートを使用する．一方，発光測定では，黒色マイクロプレートを用いることもできるが，より高いシグナルが得られる白色マイクロプレートを通常は用いる．特に黒色マイクロプレートでは，サンプルや反応液・停止液をどのウェルまで入れたのか，見た目では分からなくなることがあるので注意する．

20 市販の脂質定量試薬

藤森幾康

本稿では，体外診断用医薬品の中で脂質定量検査として汎用されている，①中性脂肪，②総コレステロール，③HDL-コレステロール，④LDL-コレステロールの測定試薬の解説を行う．４項目の測定は，日本臨床化学会（JSCC）が定める濃度測定勧告法以外にも，「JSCC法対応試薬」とよばれる，勧告法と同様の測定結果を得ることができる市販試薬がある．今回は勧告法と市販脂質定量法を比較できるように，反応原理図を比較できる構成とした．

中性脂肪（TG）

グリセリド（グリセロールと脂肪酸のエステルの総称）には，グリセロール（別名：グリセリン，$CH_2OHCHOHCH_2OH$）に脂肪酸が3つエステル結合したトリグリセリドのほかに，2つエステル結合したジグリセリド，1つエステル結合したモノグリセリド，ならびに脂肪酸と結合していない遊離グリセロールが含まれる．中性脂肪は総グリセリドから遊離グリセロールを除いたもので，そのほとんどをトリグリセリドが占めている（図1）．そのため臨床検査などにおいては便宜的に中性脂肪をTGと表記することも多く，本稿でも以降そのように表記する．

TGの測定方法として，①血中に存在する遊離グリセロール（図1のFree）を差し引いたTG値を測定する方法（日本で主流）と，②総グリセリド値をそのまま用いる方法（米国ほかで主流）がある．JSCC勧告法は遊離グリセロール消去法を採用している．

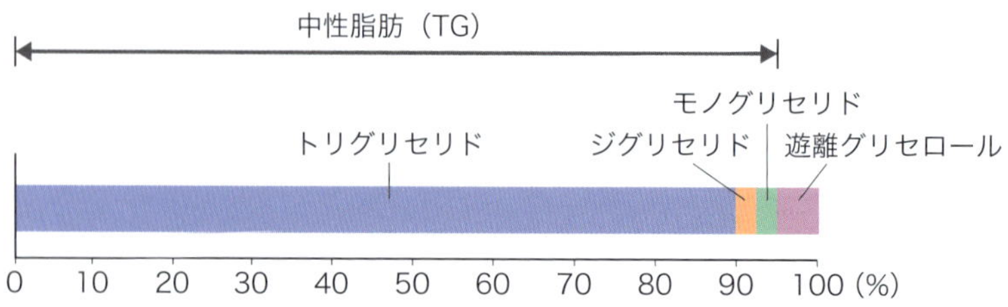

図1　ヒト血清中性脂肪構成比

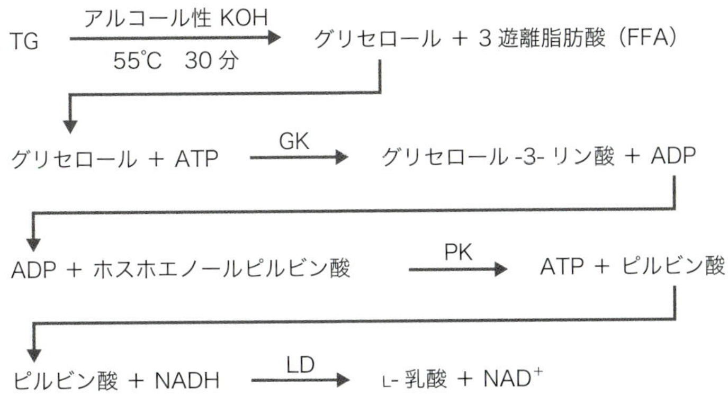

図 2　中性脂肪濃度測定勧告法の反応原理図

TGキットは血清中の中性脂肪としてトリグリセリド，モノおよびジグリセリドをトリグリセリドとして測定する．数値化するに当たっては脂肪酸すべてをオレイン酸（分子量：282.46）として換算する（中性脂肪分子量：939.47）．

1．勧告法の測定原理

勧告法の測定原理を図2に示す．

検体中の中性脂肪をアルコール性水酸化カリウムにより加水分解し，グリセロールと遊離脂肪酸（FFA）にする．グリセロールはATPの存在下でグリセロキナーゼ（GK）の作用によりグリセロール-3-リン酸とADPを生成する．次に，このADPの存在下でホスホエノールピルビン酸はピルビン酸キナーゼ（PK）の作用によりピルビン酸とATPを生成する．生成したピルビン酸は，乳酸脱水素酵素（LD）の作用でL-乳酸となり，同時に補酵素として加えたNADHは NAD^+ となる．この時，グリセロールとNADHは等モルの関係にあるため，NADHの340 nmにおける吸光度減少量を測定することでTG量を算出することができる．

測定方法のアルコール性水酸化カリウムをアルコールのみに置き換えて同様の操作をすることで，遊離グリセロール分を測定できるので，2つの測定値から遊離グリセロール消去TG値が算出できる．

2．市販TGキットの測定原理

市販TGキットの例として，積水メディカル社製キットの反応原理図を示す（図3）．

市販TG測定キットでは第一反応で遊離グリセロールを消去した後，第二反応でTGをリポプロテインリパーゼ（LPL）の作用によりグリセロールと遊離脂肪酸へ分解する．その後，生成したグリセロールをTGとして定量する．

勧告法では遊離グリセロール消去値を求めるため，1つの試料に2回の操作が必要だが，市販TG測定キットでは1回の操作で遊離グリセロール消去値を求めることができる．

後述するすべての市販キットは生化学自動分析装置に搭載して使用することを前提とし

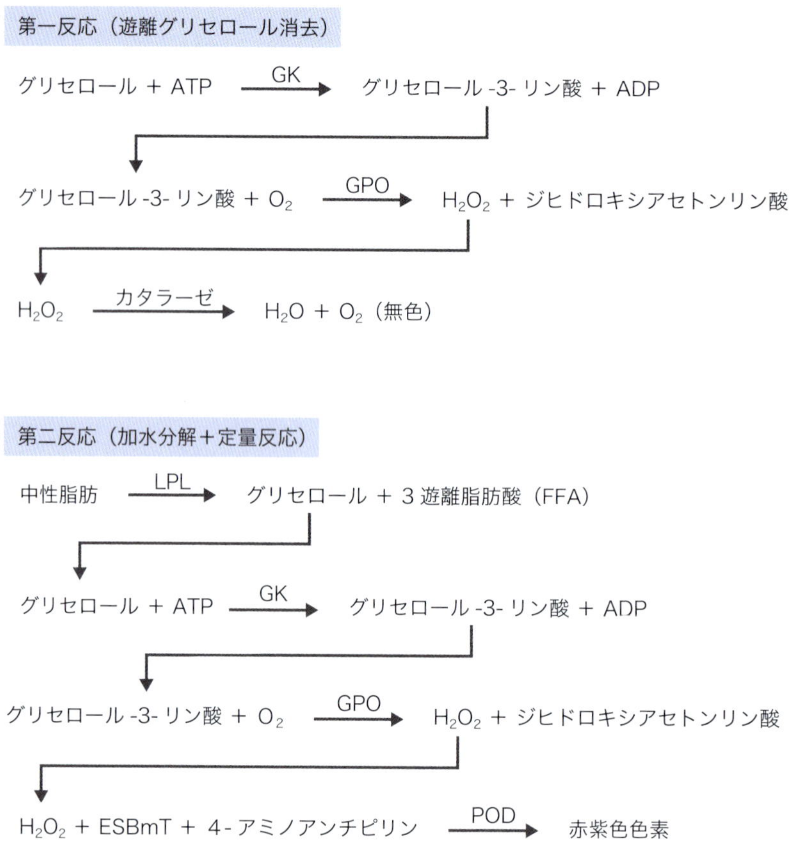

図3　市販中性脂肪測定キット　測定原理図

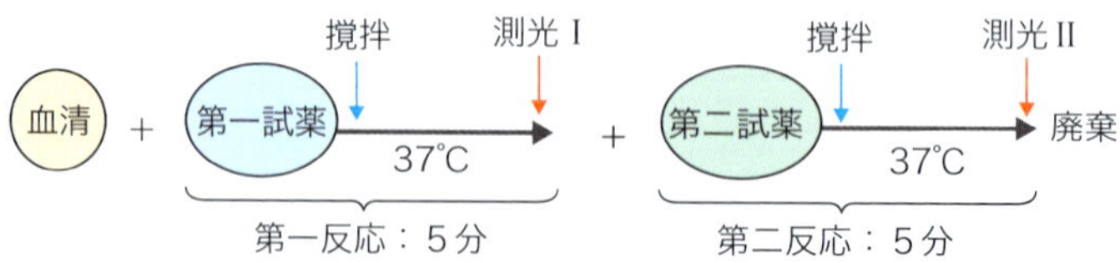

図4　生化学自動分析装置測定ダイヤグラム

て設計したものであるため，実験室で使用する場合は注意が必要である．

自動分析装置での測定ダイヤグラムを図４に示す．

自動分析装置は検体採取，試薬分注加温時間の管理が一定で常に同一条件で測定を行う．そのため，測定条件の厳密さを要求する試薬であることを認識いただきたい．

3. その他

TG測定で遊離グリセロール消去法は日本のみ採用されており，諸外国では総グリセリド（遊離グリセロールを含む測定）を採用している．かつては日本においても総グリセリド測定を行っていたが，浸透圧降下用グリセロールが入っている脳圧降下剤を投与した患者の検体で異常高値の出現が問題となり，現在の測定法になった．

しかし，遊離グリセロール消去法にもTG測定値の低値化リスクがあることを忘れてはならない．例えば，腎透析患者では透析実施時のヘパリンの影響により，血管内皮上のリポプロテインリパーゼ（LPL）が活性化し，TGが低値化する．また，保管検体では特に顕著な低値化が起こるため，注意が必要である．

総コレステロール（CHO）

コレステロールは構造，分子量とも明確である．コントロールサーベイにおいても収束した結果が得られる．

1. JSCC勧告法の測定原理

JSCC勧告法の測定方法を図5に示す．

血清中に存在するエステル型コレステロールを加水分解して，遊離コレステロールへ変え，コレステロールデヒドロゲナーゼ（CD）の作用によりコレステノン（cholest-4-en-3-one）へ変換する．この際，共役酵素として働くNAD^+がNADHへ変化する量を，紫外部吸光度測定をして総コレステロール量に換算する．

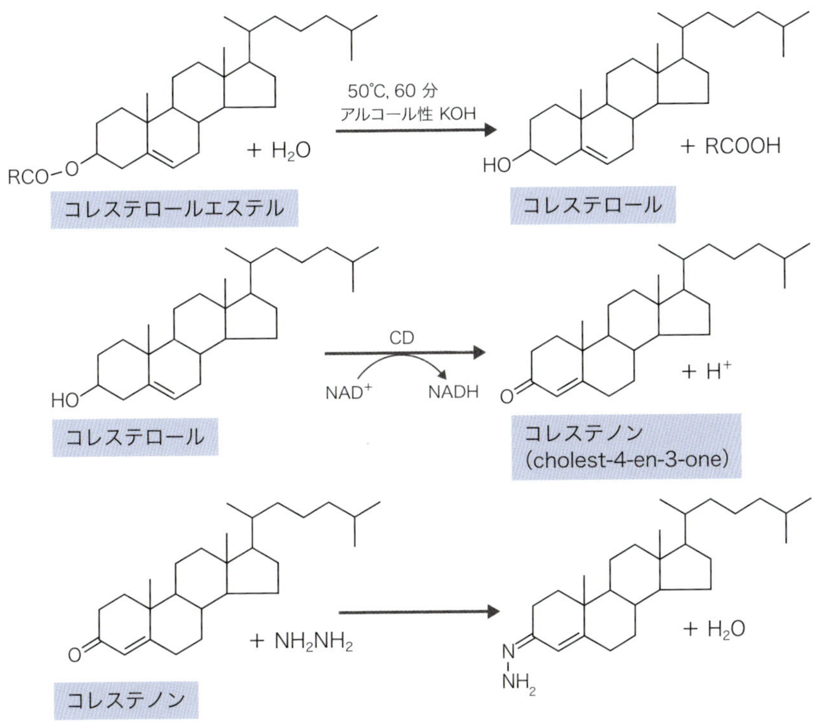

図5　総コレステロール定量勧告法原理図

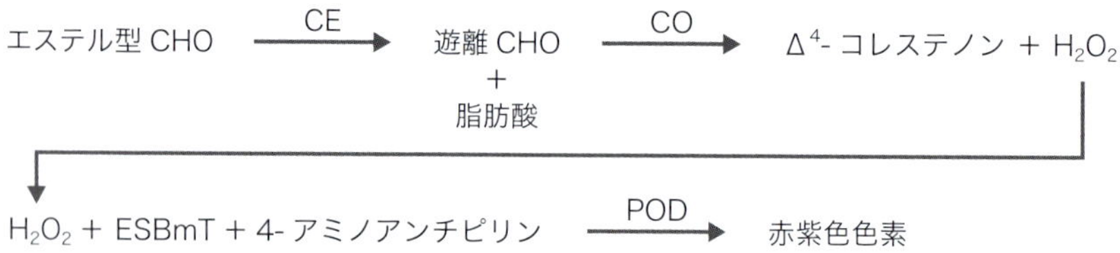

図6　市販CHO測定試薬キット　原理図

CDの反応は可逆反応であるため，試料中のCHOと等モルのNADHを生成させることができない．そこで，勧告法では反応溶液中にヒドラジンを加え，CDにより生成するコレステノンの3β位にケト基ヒドラジンを付加することで不可逆反応とし，すべてのCHOがNADHと等モル反応へ進むようにしている．

2. 市販CHOキットの測定原理

市販CHO測定試薬の例として積水メディカル社製品の反応原理を示す（図6）．

エステル型コレステロールをコレステロールエステラーゼ（CE）の作用で遊離コレステロールに変え，さらにコレステロールオキシダーゼ（CO）を作用させ，Δ^4-コレステノンとH_2O_2を生成する．このH_2O_2と発色基材（ESBmT），4-アミノアンチピリンをパーオキシダーゼ（POD）の作用で赤紫色色素として発色させ吸光度を測定し濃度換算する．

この操作を中性脂肪の項で示した測定ダイヤグラム（図4）に従って自動分析を行う．

HDL-コレステロール（HDL-C），LDL-コレステロール（LDL-C）

生体内の脂質はタンパク質と複合体を形成して，体液中に分散している．脂質そのものに親水性がないため，親水基と疎水基を併せもつリン脂質が複合体形成には必要である（I-9図2B）．

リポタンパク質は図7のように分類される．

このように単一でないリポタンパク質中のCHOをリポタンパク質ごとに分別定量するためには，それぞれの大きさ，比重，表面構造等に着目して，分離，分解，CHO定量を行う必要がある．

古くから，リポタンパク質は超遠心法により分割し，それぞれの成分を測定する方法が行われてきたが，操作が煩雑，長時間を要するなど，実施するには大きな労力を必要とした．そのため，臨床検査には不向きな方法である．

直接法が開発される以前は，HDL-Cの測定は沈殿試薬と検体を一定比率で混合し混濁させ，遠心分離して上清のCHO濃度を測定し，混合比から検体中のHDL-Cを算出する沈殿法が主流であった．またLDL-Cの測定ではFriedewaldが報告した「LDL-C＝T-CHO − HDL-C − TG／5」の計算式が用いられてきた．

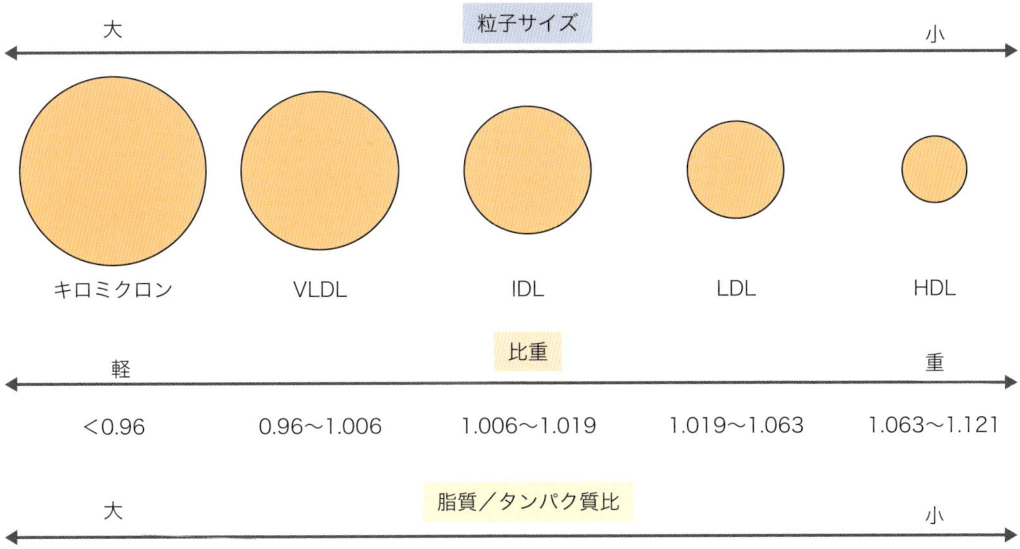

特徴	キロミクロン	VLDL	IDL	LDL	HDL
脂質	ほとんどTG	TGが主体 CHOも少し含む	TGもCHOも含む	CHO主体	脂質とアポタンパクが約50%ずつ
アポタンパク	B48，C，E	B100，C，E	B100，E（多い）	B100が98%占める	Aが多い

図7　リポタンパク質の種類

1980年代後半になると，日本で開発されたHDL-C，LDL-C直接法が市販されはじめた．しかし，2000年代に入りLDL-C直接法の測定値のメーカー間差について疑義が起こり，直接法の測定値の信憑性問題に発展した．日本動脈硬化学会と直接法製造企業による広範な検討がなされ，いくつかのメーカーは撤退し，現在は4社が製造する試薬については使用方法を限定することで，臨床使用が可能なことが確認されている．現在ではHDL-C，LDL-C定量試薬は直接法が主流となっている．

1. HDL-C定量法

1）HDL-C濃度測定勧告法（二次基準測定法）の測定原理

血清に沈殿試薬（デキストラン硫酸とマグネシウムの混合液）を加え，遠心分離を行いHDLの分離を行う．遠心分離後，得られた上清中のCHOを勧告法によって定量し，混合比からHDL-C濃度を算出する（図8）．

2）市販HDL-Cキットの測定原理

市販HDL-C測定試薬の例として積水メディカル社製品の反応原理を示す（図9）．

HDLとHDL以外のリポタンパク質（LDL，VLDL，キロミクロン）に対して異なる作用を示す特殊な界面活性剤の使用により，HDLが選択的に可溶化する．可溶化されたHDL中のCHOはCE，COの作用によりΔ^{4}-コレステノンとH_2O_2を生成する．このH_2O_2と発

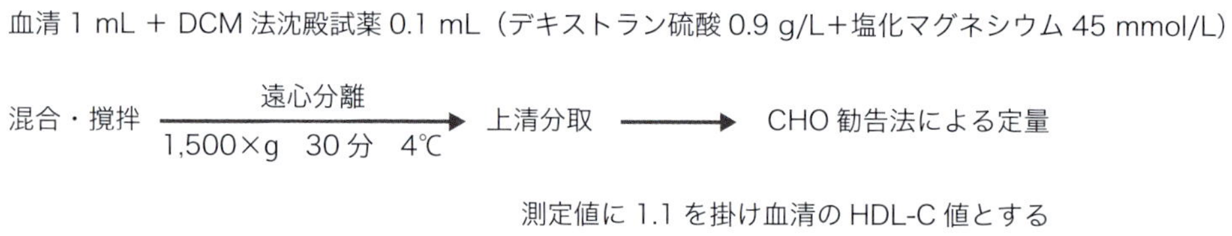

図8 HDL-C濃度測定二次基準測定法

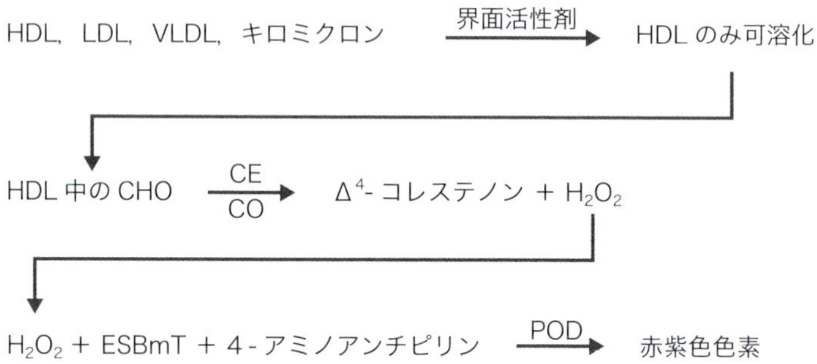

図9 市販HDL-C測定試薬反応原理

色基材（ESBmT），4-アミノアンチピリンをパーオキシダーゼ（POD）の作用で赤紫色色素として発色させ吸光度を測定しHDL-C濃度換算する．

2. LDL-C定量法

1） LDL-C濃度測定勧告法（二次基準測定法）の測定原理

超遠心法によりHDL，LDLを含む分画（A）を分取した後，デキストラン硫酸と塩化マグネシウム混液を加え混合，遠心分離により得られた上清（B）のCHOの測定を行う．

詳細を図10に示す．

2） 市販LDL-Cの測定原理

市販HDL-C測定試薬の例として積水メディカル社製品の反応原理を示す（図11）．

各リポタンパク質の物理化学的な性質の違いにより，界面活性剤との反応が異なることを利用したもので，2種類の界面活性剤を組合わせて使用している．第一反応で添加される界面活性剤1は，LDL以外のリポタンパク質〔キロミクロン（CM），VLDLおよびHDLなど〕の構造のみを変化させる作用をもつ．この界面活性剤の存在下でCOおよびCEを作用させ，LDL以外のリポタンパク質を消去する．第二反応で用いられる界面活性剤2は，すべてのリポタンパク質の酵素反応を促進するものだが，ここでは，第一反応で消去されずに残ったLDL-コレステロールのみを発色反応させる．

血清 5 mL ＋ 比重 1.006 kg/L → 105,000 × g，18.5 時間 ⟶ 下層分画A（HDL＋LDL）分取
※下層分画を 5 mL メスフラスコに移し容量をあわせる．

下層分画A 1 mL ＋ 100 μL（DS 0.9 g/L・$MgCl_2$ 45 mmol/L）混合・遠心（1,500 × g，30 分）
⟶ 上清B（HDL）分取

下層分画A中 CHO － 上清B中 CHO ＝ LDL-C　　CHO 測定は勧告法を用いる．

図10　LDL-C濃度測定勧告法

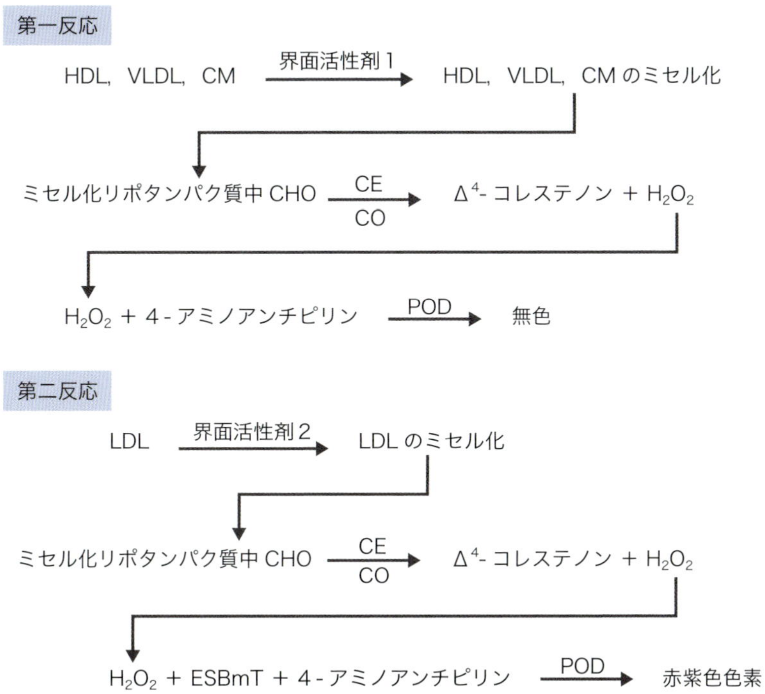

図11　市販LDL-C測定試薬反応原理

◆ 参考文献

「勧告法総集編2012年版」（日本臨床化学会編集委員会/編），日本臨床化学会，2012
「第11回コレステストコントロールサーベイ精度管理調査結果報告書」，積水メディカル，2018
Friedewald WT, et al：Clin Chem, 18：499-502, 1972
Miida T, et al：J Atheroscler Thromb, 24：583-599, 2017

索引
INDEX

数字

欧文

A～C

D～F

G～I

J～N

O～R

S～X

和文

あ行

か行

さ行

た行

な行

は行

ま行

や行

ら行・わ行

執筆者一覧

◆編　集

新井洋由　医薬品医療機器総合機構（PMDA）/東京大学大学院医学系研究科疾患生命工学センター

清水孝雄　国立国際医療研究センター脂質シグナリングプロジェクト/公益財団法人微生物化学研究会

横山信治　中部大学応用生物学部生物機能開発研究所

◆執筆者［五十音順］

秋山央子　理化学研究所脳神経科学研究センター神経細胞動態研究チーム

新井洋由　医薬品医療機器総合機構（PMDA）/東京大学大学院医学系研究科疾患生命工学センター

有田　誠　理化学研究所生命医科学研究センターメタボローム研究チーム/慶應義塾大学薬学部代謝生理化学講座/横浜市立大学大学院生命医科学研究科代謝エピゲノム科学研究室

池田和貴　かずさDNA研究所臨床オミックスユニット/理化学研究所生命医科学研究センターメタボローム研究チーム

伊東　信　九州大学大学院農学研究院生命機能科学部門

植松真章　東京大学大学院医学系研究科リピドミクス社会連携講座/国立国際医療研究センター脂質シグナリングプロジェクト

北　芳博　東京大学大学院医学系研究科ライフサイエンス研究機器支援室/東京大学大学院医学系研究科リピドミクス社会連携講座

蔵野　信　東京大学医学部附属病院検査部

河野　望　東京大学大学院薬学系研究科衛生化学教室

佐々木雄彦　東京医科歯科大学難治疾患研究所病態生理化学分野/東京医科歯科大学大学院医歯学総合研究科脂質生物学分野

佐藤駿平　国際マスイメージングセンター/浜松医科大学医学部細胞分子解剖学講座

佐藤智仁　国際マスイメージングセンター/浜松医科大学医学部細胞分子解剖学講座

清水孝雄　国立国際医療研究センター脂質シグナリングプロジェクト/公益財団法人微生物化学研究会

進藤英雄　国立国際医療研究センター脂質シグナリングプロジェクト/東京大学大学院医学系研究科脂質医科学連携講座

瀬藤光利　国際マスイメージングセンター/浜松医科大学医学部細胞分子解剖学講座

田口友彦　東北大学大学院生命科学研究科細胞小器官疾患学分野

辻　琢磨　順天堂大学医学研究科老人性疾患病態・治療研究センター分子細胞学分野

徳舛富由樹　東京大学大学院医学系研究科リピドミクス社会連携講座

中野　実　富山大学大学院医学薬学研究部

中村浩之　千葉大学大学院薬学研究院薬効薬理学研究室

中村元直　岡山理科大学大学院理学研究科臨床生命科学科

西島正弘　昭和薬科大学

花田賢太郎　国立感染症研究所細胞化学部

馬場健史　九州大学生体防御医学研究所

藤本豊士　順天堂大学医学研究科老人性疾患病態・治療研究センター分子細胞学分野

藤森幾康　積水メディカル株式会社

堀川　誠　国際マスイメージングセンター/浜松医科大学医学部細胞分子解剖学講座

向井康治朗　東北大学大学院生命科学研究科細胞小器官疾患学分野

森田真也　滋賀医科大学医学部附属病院

森田賢史　東京大学医学部附属病院検査部

安田　柊　理化学研究所生命医科学研究センターメタボローム研究チーム

矢冨　裕　東京大学医学部附属病院検査部

横山信治　中部大学応用生物学部生物機能開発研究所

Baasanjav Uranbileg　東京大学医学部附属病院検査部

◆ 編者プロフィール ◆

新井洋由（あらい　ひろゆき）

埼玉県生まれ，1979年，東京大学薬学部卒業，1979～'84年，東京大学大学院薬学系研究科修士・博士修了，薬学博士，1984～'86年，イリノイ大学アーバナ・シャンペーン校食糧科学科，1986～'88年，タフツ大学医学部生理学科ポストドクトラルフェロー，1988～'94東京大学薬学部助手（衛生化学裁判化学教室），1994～2000年，同助教授（1997年大学院重点化に伴い，衛生化学教室准教授と名称変更），2000～'19年，同教授，2019年，（独）医薬品医療機器総合機構（PMDA）審査センター長／レギュラトリーサイエンスセンター長，現在に至る．この間，JBC Editorial Board，東京大学大学院薬学系研究科長・学部長，PMDAレギュラトリーサイエンスセンター長など併任．学部学生から40年間脂質研究一筋．コレステロール，脂溶性ビタミンのビタミンEなどの中性脂質から，生理活性脂質，生体膜リン脂質まで幅広く研究している．近年疾患関連遺伝子が次々に同定されてきている中で，自分が発見してきた脂質関連蛋白質が疾患の原因分子であることが明らかになってきて非常に興奮している．

（アラキドン酸模型を前に．大西成明氏撮影）

清水孝雄（しみず　たかお）

1973年，東京大学医学部卒業，1975～'82年，京都大学医学部医化学，1982～'84年，カロリンスカ研究所，1984年～東京大学医学部助教授（栄養学），1991年，同教授（細胞情報学），2013年より国立国際医療研究センター脂質シグナリングプロジェクト長，現在に至る．この間，医学部長，東京大学副学長，国立国際医療研究センター研究所長など併任．40年間にわたり，生理活性脂質と膜リン脂質の研究に従事．2003年には日本で最初のメタボローム講座設立．2009年，脂質研究で日本学士院賞受賞．脂質は生命の源であるだけでなく，様々な疾患と結びついており，生命の本質にかかわる魅力的研究テーマ．日本では伝統的に化学の強い基盤の上に，分子生物学が合流し，世界の研究をリードしてきた．臨床医学，生物物理，有機化学，構造生物，情報学などの異分野の方が脂質研究に取り組むことで，大きな飛躍が起こることを期待している．プロフィールはウェブ参照（http://brh.co.jp/s_library/interview/99/）

横山信治（よこやま　しんじ）

岐阜県生まれ，1972年，東京大学医学部卒業．東京大学第三内科，シカゴ大学生化学，国立循環器病センター研究所を経て，1988年，カナダ・アルバータ大学内分泌代謝内科教授．同付属病院にLipid Clinicを開設．1996年，名古屋市立大学医学部生化学第一講座教授．同医学部長，副学長，理事を歴任．2011年，中部大学食品栄養科学教授，2018年から同客員教授．BBA，ATVB，JLRなど編集委員歴任．1992～1996年，NIH一般研究費代謝部門常任審査委員．2015年からAMED脂質領域CREST/PRIME研究総括．2009年，日本動脈硬化学会学会賞，2016年，同大島賞．研究分野は，血漿リポ蛋白質代謝と疾患病態，脂質代謝における反応の物理化学的基礎，脂質異常症治療の臨床開発．

実験医学別冊
脂質解析ハンドブック
脂質分子の正しい理解と取扱い・データ取得の技術

2019年10月1日　第1刷発行

編　集　新井洋由，清水孝雄，横山信治
発行人　一戸裕子
発行所　株式会社　羊　土　社
〒101-0052
東京都千代田区神田小川町2-5-1
TEL　03（5282）1211
FAX　03（5282）1212
E-mail　eigyo@yodosha.co.jp
URL　www.yodosha.co.jp/
印刷所　株式会社加藤文明社

ISBN978-4-7581-2241-2